全国高等职业教育机电类“十二五”规划教材

金属材料与热处理

主　编　崔国明　刘志远
副主编　侯毅红　李兴霞
　　　　卢松涛

黄河水利出版社
·郑州·

内 容 提 要

本书是全国高等职业教育机电类“十二五”规划教材。该教材主要由金属学、热处理原理及工艺、常见金属三大部分组成。全书共分11章，主要内容包括金属材料的性能，金属的晶体结构与结晶，合金的结构与相图，铁碳合金相图及碳素钢，金属的塑性变形及再结晶，钢的热处理原理及工艺，常用的金属材料等。此外，本书还简单介绍了非金属材料的知识，作为拓展或选学内容。

本书可作为高职高专院校、成人高校、本科院校举办的二级职业技术学院、民办高校机械、机电类专业的通用教材，也适用于五年制高职、中职的相关专业教学用书，并可作为相关工程技术人员的参考书或企业职工培训教材。

图书在版编目(CIP)数据

金属材料与热处理/崔国明，刘志远主编. —郑州：黄河水利出版社，2012.1

全国高等职业教育机电类“十二五”规划教材

ISBN 978-7-5509-0033-2

Ⅰ.①金… Ⅱ.①崔… ②刘… Ⅲ.①金属材料-高等职业教育-教材 ②热处理-高等职业教育-教材 Ⅳ.①TG14 ②TG15

中国版本图书馆CIP数据核字(2011)第264721号

策划编辑：王文科　电话：0371-66025273　E-mail：wwk5257@163.com

出 版 社：黄河水利出版社

地址：河南省郑州市顺河路黄委会综合楼14层　　邮政编码：450003

发行单位：黄河水利出版社

发行部电话：0371-66026940、66020550、66028024、66022620(传真)

E-mail：hhslcbs@126.com

承印单位：黄河水利委员会印刷厂

开本：787 mm×1 092 mm　1/16

印张：16.75

字数：408千字　　印数：1—4 100

版次：2012年1月第1版　　印次：2012年1月第1次印刷

定价：33.00元

前 言

本教材是根据教育部组织制定的《高职高专教育基础课程教学基本要求》、《高职高专教育专业人才培养目标及规格》和《教育部关于全面提高高等职业教育教学质量的若干意见》等文件精神,由工作在教学第一线的、具有丰富教学实践经验的教师共同编写而成的。

在编写过程中,编者在认真总结多年教学经验,并吸取了许多同类教材优点的基础上,结合当前高等职业教育培养应用型技能人才的需要,精心组织编写内容。其特点是:以"必须、够用、实用"为度,精选理论知识,突出基本知识的针对性、指导性;以能力培养为本,精选实例、习题及实验,突出教材的实用性和应用性;本着科学、严谨的态度,突破传统教材知识陈旧、标准落后的局限性,及时更新教材内容,尽量采用最新国家标准,突出教材的先进性、规范性。

在编写手法上,尽量做到深入浅出、通俗易懂,使教材清晰、形象,易于学习。全书名词、术语、材料的牌号、性能指标等均采用了最新国家标准,使用法定计量单位。每章附有习题,附录中配有实验指导书,以方便教师教学,帮助学生掌握基本概念、巩固所学知识、培养专业应用能力。

该教材主要由金属学、热处理原理和工艺、常见金属三大部分组成,具体编写内容包括金属材料的性能、金属的晶体结构与结晶、合金的结构与相图、铁碳合金相图及碳素钢、金属的塑性变形及再结晶、钢的热处理原理及工艺、常用的金属材料等。此外,本书还简单介绍了非金属材料的知识,作为拓展或选学内容。

本书可作为高职高专院校、成人高校、本科院校举办的二级职业技术学院、民办高校机械、机电类专业的通用教材,也适用于五年制高职、中职的相关专业教学用书,并可作为相关工程技术人员的参考书或企业职工培训教材。

本书由河南机电高等专科学校崔国明、郑州职业技术学院刘志远任主编,周口科技职业学院侯毅红、河南机电高等专科学校李兴霞、商丘科技职业学院卢松涛任副主编。参加编写的还有黄河水利职业技术学院岳鹏,河南机电高等专科学校马天凤、原国森、楚庄。具体编写分工如下:李兴霞编写绪论和第十一章;岳鹏编写第一章和第十章;侯毅红编写第二章、第三章;马天凤编写第四章;卢松涛编写第五章、第七章;崔国明编写第六章;刘志远编写第八章和第九章;原国森编写附录部分;楚庄参加了部分章节的编写和修订工作。全书由崔国明精心组织,负责统稿和定稿。

河南科技大学宋延沛教授和河南机电高等专科学校翟德梅教授审阅了全书,并提出了许多宝贵意见和建议,在此深表感谢。另外,本书在编写过程中参考了大量的文献资料,主要文献列于书后,在此谨向所有参考文献的作者,以及对本教材编写给予大力支持的领导和专家一并表示衷心的感谢。

尽管我们在编写时已做出了很大努力，但由于水平有限，书中难免存在疏漏和不妥之处，恳请读者批评指正，以便下次修订时改进。

编　者
2011 年 8 月

目　录

前　言

绪　论 ……………………………………………………………………………………… (1)

第一节　材料知识概述 ……………………………………………………………… (1)

第二节　金属材料与热处理技术的发展史 ………………………………………… (2)

第三节　金属材料与热处理课程的性质、学习目的和学习方法 ………………… (3)

第一章　金属材料的性能 ……………………………………………………………… (5)

第一节　金属材料的力学性能 ……………………………………………………… (5)

第二节　金属材料的其他性能 ……………………………………………………… (20)

习　题 ……………………………………………………………………………… (23)

第二章　金属的晶体结构与结晶 ……………………………………………………… (25)

第一节　金属的晶体结构 …………………………………………………………… (25)

第二节　实际金属的晶体结构 ……………………………………………………… (30)

第三节　纯金属的结晶 ……………………………………………………………… (35)

第四节　金属铸锭的组织与缺陷 …………………………………………………… (43)

习　题 ……………………………………………………………………………… (45)

第三章　合金的结构与相图 …………………………………………………………… (46)

第一节　合金的基本概念 …………………………………………………………… (46)

第二节　合金的相结构 ……………………………………………………………… (47)

第三节　二元合金相图 ……………………………………………………………… (50)

习　题 ……………………………………………………………………………… (60)

第四章　铁碳合金相图及碳素钢 ……………………………………………………… (61)

第一节　铁碳合金的组元及其基本相 ……………………………………………… (61)

第二节　铁碳合金相图及其应用 …………………………………………………… (63)

第三节　碳素钢 ……………………………………………………………………… (78)

习　题 ……………………………………………………………………………… (86)

第五章　金属的塑性变形及再结晶 …………………………………………………… (88)

第一节　金属的塑性变形 …………………………………………………………… (88)

第二节　冷塑性变形金属在加热时组织和性能的变化 …………………………… (93)

习　题 ……………………………………………………………………………… (98)

第六章　钢的热处理原理及工艺 ……………………………………………………… (99)

第一节　钢在加热时的转变 ………………………………………………………… (99)

第二节　钢在冷却时的转变 ………………………………………………………… (102)

第三节　钢的普通热处理工艺 ……………………………………………………… (112)

第四节　钢的表面淬火和化学热处理 ……………………………………………… (124)

第五节　热处理件质量与技术检验 …………………………………………………… (130)
第六节　热处理技术条件的标注及工序位置的确定 ………………………………… (135)
习　题 ……………………………………………………………………………… (138)
第七章　合金钢 ……………………………………………………………………… (141)
第一节　合金钢的分类及牌号 ……………………………………………………… (141)
第二节　合金元素在钢中的作用 …………………………………………………… (143)
第三节　合金结构钢 ………………………………………………………………… (147)
第四节　合金工具钢 ………………………………………………………………… (157)
第五节　特殊性能钢 ………………………………………………………………… (164)
习　题 ……………………………………………………………………………… (169)
第八章　铸　铁 ……………………………………………………………………… (171)
第一节　铸铁概述 …………………………………………………………………… (171)
第二节　常用铸铁 …………………………………………………………………… (174)
第三节　合金铸铁 …………………………………………………………………… (184)
习　题 ……………………………………………………………………………… (186)
第九章　有色金属及粉末冶金材料 …………………………………………………… (187)
第一节　铝及其合金 ………………………………………………………………… (187)
第二节　铜及其合金 ………………………………………………………………… (191)
第三节　滑动轴承合金 ……………………………………………………………… (194)
第四节　粉末冶金材料 ……………………………………………………………… (198)
习　题 ……………………………………………………………………………… (200)
第十章　非金属材料 …………………………………………………………………… (202)
第一节　高分子材料 ………………………………………………………………… (202)
第二节　陶瓷材料 …………………………………………………………………… (210)
第三节　复合材料 …………………………………………………………………… (213)
第四节　新型材料 …………………………………………………………………… (216)
习　题 ……………………………………………………………………………… (219)
第十一章　材料的选用 ………………………………………………………………… (220)
第一节　失效分析 …………………………………………………………………… (220)
第二节　选材的原则 ………………………………………………………………… (223)
第三节　典型零件选材实例及工艺分析 …………………………………………… (226)
习　题 ……………………………………………………………………………… (233)
附录Ⅰ　实验指导书 …………………………………………………………………… (234)
实验一　金属材料硬度的测试 ……………………………………………………… (234)
实验二　金相显微镜的使用及金相试样的制备 …………………………………… (238)
实验三　铁碳合金平衡组织观察 …………………………………………………… (243)
实验四　钢的热处理综合性实验 …………………………………………………… (246)
附录Ⅱ　压痕直径与布氏硬度对照表 ………………………………………………… (251)
参考文献 ……………………………………………………………………………… (259)

绪　论

第一节　材料知识概述

一、材料的重要地位

材料是人类用来制造各种生产工具和生活用品的物质,是人类赖以生存和发展的物质基础。新材料的产生和应用是人类社会进步和文明程度的重要标志。因此,史学家以新材料的使用作为人类进步的里程碑来划分社会发展阶段,如石器时代、青铜器时代、铁器时代等。

近百年来材料科学发展迅速,人类先后进入了钢铁时代、硅时代,如今正处于人工合成新材料时代。自20世纪70年代以来,材料、能源与信息已逐步成为现代技术的三大支柱,而材料又是能源与信息发展的物质基础。同时,随着高新技术群的兴起,人们又把新材料与信息技术、生物技术并列作为当今新技术革命的三大重要标志。

因此,现代社会中,材料已成为国民经济建设、国防建设和人民生活的重要组成部分。新材料的品种、数量、性能和质量,已成为衡量一个国家科学技术和现代化水平发展的重要标志。

二、材料的分类

现代材料种类繁多,据粗略统计,目前世界上的材料总和已达40余万种,且每年还在不断增加。为了便于认识和应用,学者们从不同角度对材料进行了分类。

按性能特点和主要功用,材料分为结构材料和功能材料两大类。结构材料是以强度、硬度、韧性等力学性能为基础,用以制造承受各种载荷(或受力)为主的构件。为满足特殊条件下的工作需要,结构材料也有导热、线膨胀、抗氧化、抗腐蚀、耐高温等物理化学性能要求。功能材料主要是以物理、化学、生物性能为基础,用以制造具有一定的电、磁、声、光、热、生物等特殊功能的材料,例如半导体材料、超导材料、光电子材料、磁性材料、新能源材料等。功能材料属于一种新型材料,发展潜力很大。但应该指出,在机械制造中仍以结构材料为主,通常所说的机械工程材料主要是指各类结构材料。

按化学成分和结合键的特性,材料可分为金属材料、无机非金属材料(陶瓷材料)、有机高分子材料、复合材料四大类。其中复合材料是由前三类材料的任意两种或两种以上复合而成的新型材料。下面分别介绍一下这四类材料。

(一)金属材料

纯金属及其合金统称金属材料,它是目前应用最广、用量最大且最重要的机械工程材料。在工业上,金属材料分为黑色金属和有色金属两大类。

黑色金属是指铁、锰、铬及其合金。其中锰、铬及其合金在工程上很少单独应用,故常用的黑色金属材料是铁合金，即所谓的钢铁材料，它包括各类钢和铸铁。

有色金属是指除黑色金属外的所有金属材料。按照特性不同，有色金属又分为轻金属（相对密度小于5）、重金属（相对密度大于5）、贵金属、稀有金属等多种。常用的有色金属材料有铝合金、铜合金、钛合金、镁合金等，其中铝、钛、镁合金的密度小，比强度、比刚度大，因此在航空、航天工业领域中被广泛应用。

应当指出，虽然有色金属具有很多优越性能，但受到资源短缺、价格高、工艺复杂等因素的限制，故目前黑色金属钢铁材料仍然是工业中产量最大、应用最广的金属材料。据统计，在一般机械制造业（如农业机械、机床设备、化工设备，及各类工程机械等）中，钢铁材料约占90%，有色金属仅占5%左右。因此，钢铁材料及其相关知识仍然是机械类专业的学习重点。

（二）无机非金属材料

传统的无机非金属材料主要是硅酸盐材料，包括陶瓷、水泥、玻璃及耐火材料四类。其中陶瓷应用历史最早、应用范围最广，也最具代表性，因此无机非金属材料又常常统称为陶瓷材料。新型的无机非金属材料是20世纪中期以后发展起来的新材料，它在组成上已不局限于硅酸盐，还包括人工合成的氧化物、氮化物、硼化物等，例如结构陶瓷、功能陶瓷、半导体、新型玻璃等。传统的无机非金属材料具有耐高温、抗腐蚀、耐磨损等优点，因此仍然是应用最广泛的。

（三）有机高分子材料

有机高分子材料是由碳、氢、氮、氧等元素为组元的高分子化合物组成的，又称为高聚物、聚合物。它通常可分为塑料、橡胶、合成纤维、胶粘剂和涂料等五类。高分子材料具有耐腐蚀性、电绝缘性、隔音、减振、重量轻、原料来源丰富、价廉以及成形加工容易等优点，因此应用日益广泛，并发展非常迅速。

（四）复合材料

上述三类材料各有其优点和缺点，为了克服单一材料的不足，发挥其优势，这样就产生了由不同材料组成的复合材料。按基体材料不同，复合材料可分为金属基、聚合物基、陶瓷碳基等。通常复合材料具有高的比强度和比弹性模量，良好的抗疲劳性、减振性和耐高温性等优良的综合性能，已广泛应用于航空、航天、建筑、国防工业及通用机械等领域。复合材料是一种很有发展前途的新材料。

自进入21世纪，虽然各种非金属材料发展较快，应用范围不断扩大，但金属材料在工业中的主导地位仍不可动摇，因此金属材料及其相关知识仍是本课程的重点内容，而非金属材料在相关章节也有简单介绍。

第二节　金属材料与热处理技术的发展史

我国是最早使用金属材料与热处理技术的国家之一，并取得了辉煌的成就，对人类文明的发展作出了巨大贡献。

金属材料的发展史非常悠久。大汶口文化遗址出土的距今约6 000年的红铜屑表明，早在公元前4000年以前，我们的祖先就已开始使用天然存在的纯铜。至公元前1000多年的殷商时代，我国的青铜冶炼与铸造技术已达到很高的水平，安阳殷墟遗址出土的司母戊鼎是迄今世界上发现最早的大型精美青铜器。早在周代时，我国就开始冶铁，这比欧洲出现铁器的时间早约 2 000 年。到春秋、战国时期，冶铁技术已很发达，铸铁已广泛用于农具生产。洛阳出土的春秋战国之交的铁铲，是迄今发现最早的可锻铸铁件，这比欧洲同种材料早约 2 200年。东汉时期，我国就掌握了炼钢技术，这也比欧洲早 1 600 多年。从汉代到明代，我国的冶铁、炼钢、锻铁、淬火等各种金属加工方法以及钢铁材料的应用都已达到了相当高的水平。所有这些在西汉司马迁的《史记·天管书》、东汉班固的《汉书·王褒传》、明代宋应星的《天工开物》等科学史书中作了详细的记载与论述。

在热处理技术方面，我们勤劳智慧的祖先也作出了杰出贡献。退火工艺的发明应该说是金属热处理的开端。早在殷商时期，退火工艺就被用于青铜器和自然金的加工，如安阳大司空殷商墓出土的金箔，经鉴定是采用锻打和退火工艺制成的。到春秋时期，我国固体渗碳处理已开始用于兵器加工。到战国时期，我国淬火工艺已用于兵器加工，如河北易县战国晚期遗址出土的钢剑，经检验，其刃部主要由淬火马氏体构成。到秦汉以后，金属热处理技术得到很大发展，回火、正火及表面淬火工艺也开始广泛应用。直到明末清初时期，我国的热处理技术一直处于世界领先水平。

历史证明，我国古代人民在金属材料与热处理技术方面有过辉煌成就，但在新中国成立之前的近百年时间，我国工业和科学技术一直处于落后状态。

当今世界各国的科学技术都在迅速发展，我国科学技术也取得了举世瞩目的成就，但在金属材料精深加工、热处理工艺新技术等领域，与发达国家相比仍有一定差距。因此，我们应加倍努力学习专业知识，勇于探索、敢于创新，为赶超世界先进水平作贡献。

第三节　金属材料与热处理课程的性质、学习目的和学习方法

一、本课程的性质

金属材料与热处理是研究金属材料的“成分—工艺—组织—性能”之间关系，探索提高金属材料性能、满足使用要求的途径，介绍常见金属材料的性能特点、应用范围的一门学科，它是机械制造中金属零件选材、制定金属加工工艺、改善金属产品性能的重要理论基础。因此，本课程是机械类及近机械类各专业必修的专业技术基础课。

二、本课程的学习目的

金属材料与热处理课程主要包括金属材料性能、金属学基础知识、钢的热处理、常用金属材料及其选用等内容。其目的是为了让学生了解金属学基本知识，掌握金属材料热处理基本原理，熟悉常见金属材料的热处理工艺、性能特点及应用范围，为后续相关专业课程的学习和将来从事生产技术工作奠定必要的基础知识和专业技能。

三、本课程的学习方法

金属材料与热处理课程是一门理论性和实践性较强的课程。本课程给初学者的印象是名词多、术语多、概念抽象，具有较强的理论性，比较难理解。但只要我们了解到这些理论既

来源于实践，又服务于实践的本质，认识到本课程的可实践性特点，理解并掌握本课程的内容主线和基本规律（材料的成分、工艺决定材料的组织结构，组织结构又决定材料的性能，而性能最终决定材料的应用范围），就一定能把这门课程学好。

总而言之，初学者应结合课程特点和规律进行学习，才能很好地掌握本课程的知识。下面给出几点具体的学习建议，以供参考。

(1)重视传统学习方法。认真听讲并做好笔记，在理解概念的基础上，课后进行必要的识记，为系统、深入学习打下扎实基础。

(2)重视实验教学、认识实习及生产实习等实践性教学环节。通过验证性试验、感性认识来逐步理解和把握金属材料的基本规律，了解课程的实用性和重要性，提高学习兴趣。

(3)注重综合应用能力的培养。要勤于动脑、善于观察，努力尝试分析、解决身边遇到的有关金属材料方面的问题，不断提高自身专业素质，以达到学以致用的最终目的。

(4)坚定自己的学习信心。这一点也很重要，那就是一定要相信自己、肯定自己、超越自己，一定能把这门课程学好、用好，将来在自己的工作岗位上成就一番事业。

第一章　金属材料的性能

材料性能是指材料在外界因素（工艺或使用条件）的作用下所表现出来的行为或性能，通常分为工艺性能和使用性能两大类。工艺性能是指材料在加工过程中所表现出来的对工艺的适应性行为，包括铸造性能、锻压性能、焊接性能和切削加工性能等。使用性能是指材料在使用过程中所表现出来的行为，即保证工件正常工作并有一定工作寿命的性能，包括力学性能、物理性能和化学性能等。

金属材料不仅具有很多良好的工艺性能，而且还具有许多优良的使用性能，因而被广泛应用于制造各类机械构件、零件、工具，以及日常生活用具。因此，了解并掌握金属材料的各种性能，对在机械制造过程中能正确、经济、合理地选用金属材料有重要意义。

第一节　金属材料的力学性能

根据《金属材料　力学性能试验术语》（GB/T 10623—2008）中定义，材料力学性能是指"材料在力作用下所显示的与弹性和非弹性反应相关或包含应力—应变关系的性能"。通俗地讲，金属材料的力学性能是指金属在外加载荷（外力）作用下，或载荷与环境因素（温度、介质和加载速率）共同作用下所表现的力学行为，它在宏观上表现为金属的变形和断裂。

因此，金属材料的力学性能又可以简单地理解为：金属抵抗外加载荷（外力）引起的变形和断裂的能力。这种能力的大小、强弱可用金属力学性能指标来衡量，常用的金属力学性能指标有强度、刚度、弹性、塑性（或延性）、硬度、韧性和疲劳强度等。

一、材料的受力与变形

金属材料在实际使用中受外力和内力的作用，必然产生变形。下面简述这些力和变形。

（一）外力

外力就是指载荷，也称负载或负荷。不同性质的载荷作用在金属材料上，金属材料就表现出不同的力学性能。因此，了解载荷分类就很有必要，载荷一般分静载荷、冲击载荷、交变载荷。

1. 静载荷

大小不变或缓慢变化的载荷，称为静载荷。

2. 冲击载荷

大小突然变化的载荷，称为冲击载荷。

3. 交变载荷

大小、方向或大小和方向同时随时间发生周期性变化的载荷，称为交变载荷，又称循环载荷。

(二)变形

金属材料受载荷作用后,形状和尺寸发生变化,称为变形。变形按卸除载荷后能否完全消失,分为弹性变形和塑性变形两种。

1. 弹性变形

材料在载荷作用下发生变形,当载荷卸除后,变形也完全消失。这种随载荷的卸除而消失的变形称为弹性变形。

2. 塑性变形

当作用在材料上的载荷超过某一限度,此时若卸除载荷,大部分变形随之消失(弹性变形部分),但是仍留下一部分变形不能消失。这种不能随载荷的卸除而消失的变形称为塑性变形,又称永久变形。

(三)应力和应变

单位长度上的变形量称为应变,用 ε 表示。材料发生变形时内部产生了与外力相对抗的力,称为内力。单位面积上的内力称为应力,用 σ 表示,单位为 MPa。

金属在受拉伸载荷作用变形时,其拉伸方向上的应变

$$\varepsilon = \Delta l / l_0$$

式中 l_0——材料拉伸变形前长度;

Δl——材料伸长量。

其横截面上的应力

$$\sigma = F/S$$

式中 S——材料拉伸变形前的横截面面积;

F——拉伸载荷。

二、金属室温静拉伸试验

拉伸试验是应用最广泛的金属力学性能试验方法之一,它是根据《金属材料　室温拉伸试验方法》(GB/T 228—2002)在金属材料拉伸试验机上进行的。

试验前,应根据《金属材料　室温拉伸试验方法》(GB/T 228—2002)进行取坯制样。常用的圆形拉伸试样如图 1-1 所示,其中 d 为试样平行长度部分的原始直径,L_0 为试样原始标距。圆形试样分为长试样($L_0 = 10d$)和短试样($L_0 = 5d$)两种,但试验时一般优先选用短试样。

试验过程:先将试样装夹在试验机上,然后缓慢施加轴向载荷 F,使试样逐渐沿轴向伸长,直至拉断。试验后获得轴向载荷 F 与伸长量 ΔL 之间的关系曲线,即拉伸曲线,又称力—拉伸曲线。如图 1-2 所示是低碳钢的力—拉伸曲线。

由图 1-2 可以看出,低碳钢试样的拉伸过程可分为以下几个变形阶段。

(一)Oe——弹性变形阶段

拉伸曲线的 Op 线段是直线,这一部分严格符合胡克定律,试样伸长量 ΔL 与外力成正比。pe 段试样的伸长量与载荷已不再成比例关系,拉伸曲线不成直线,但试样仍处于弹性变形阶段。在拉伸试验时,若施加在试样上的载荷未超过 F_e(F_e 为试样能恢复到原始形状和尺寸的最大载荷),那么在此阶段试样所发生的变形均为弹性变形。

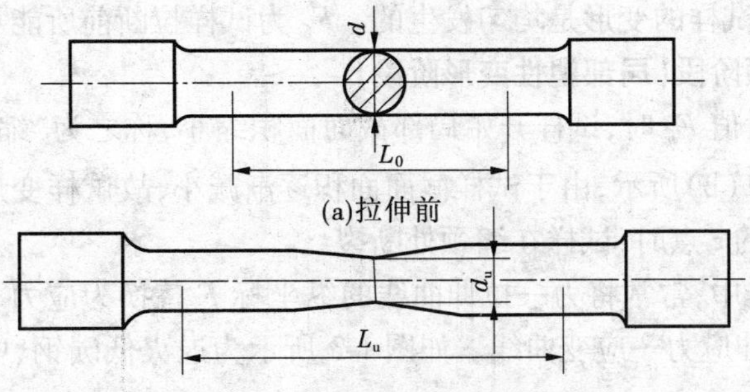

图 1-1　载荷的作用形式

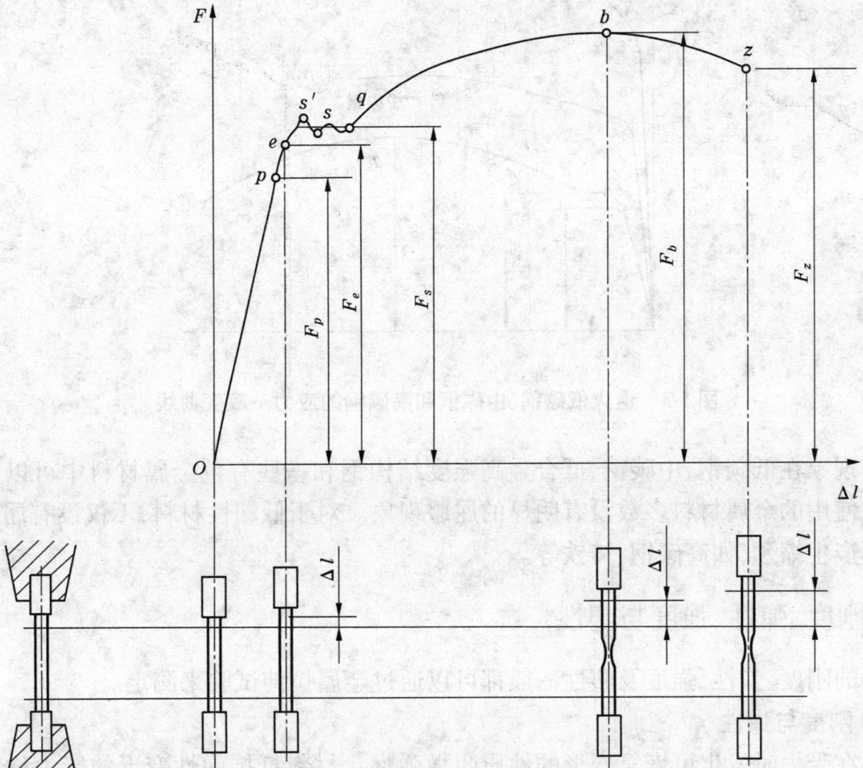

图 1-2　低碳钢的力—拉伸曲线

（二）*eq*——屈服阶段

当载荷超过 F_e 时，试样开始出现微量的塑性变形（也称残余应变），则卸除载荷后试样的变形不能完全消失。当载荷继续增加到 F_s 时，试样开始产生明显的塑性变形，在曲线上出现了水平线段（或水平的锯齿形线段）。此时即使载荷不增加或略有减少，试样仍继续变形，好像材料已经失去了抵抗外力的能力而屈服了，我们把这种现象称为屈服。F_s 称为屈服载荷。屈服后，材料将残留较大的塑性变形。

（三）*qb*——强化阶段

当载荷超过 F_s 后，试样开始出现明显的塑性变形，同时欲使试样继续伸长，载荷必须不断增加，即随着塑性变形量的增加，试样变形抗力也逐渐增加，这种现象称为形变强化（或加工硬化)。此阶段试样的变形是均匀发生的。F_b 为试样拉断前所能承受的最大载荷。

(四)bz——缩颈阶段(局部塑性变形阶段)

当载荷达到最大值 F_b 时,试样开始局部截面面积缩小,称之为"缩颈"。变形主要集中在缩颈部位,如图 1-1(b)所示,由于试样截面面积逐渐减小,故试样变形所需的载荷逐步减小,当达到图 1-2 中的 z 点时,试样在缩颈处断裂。

在实际生产工作中,常常将力—拉伸曲线的纵坐标 F 替换为应力 σ,横坐标 Δl 替换为应变 ε,从而得到拉伸应力—应变曲线。如图 1-3 所示为退火低碳钢、中碳钢和高碳钢的应力—应变曲线。

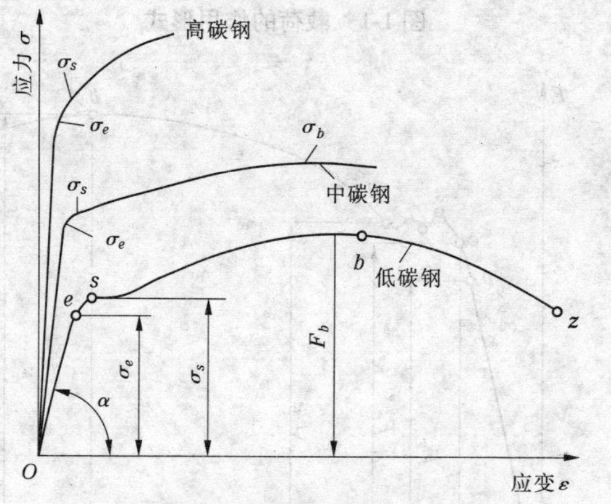

图 1-3　退火低碳钢、中碳钢和高碳钢的应力—应变曲线

屈服现象在低碳钢、中碳钢、低合金高强度结构钢和一些有色金属材料中可以观察到。但工程上使用的金属材料多数没有明显的屈服现象。对于低塑性材料,不仅没有屈服现象,而且也不产生缩颈,如高碳钢、铸铁等。

三、刚度、弹性、强度与塑性

金属的刚度、弹性、强度及塑性一般都可以通过金属拉伸试验来测定。

(一)刚度与弹性

材料在受力时发生可恢复变形的性质叫做弹性。材料抵抗弹性变形的能力称为刚度,它表示材料弹性变形的难易程度。在拉伸试验中的弹性变形阶段可测出材料的弹性模量、弹性极限,并依此确定该材料的刚度和弹性。

1. 弹性模量

在材料拉伸试验中,通常用弹性模量 E 来衡量材料刚度的大小。材料在弹性范围内,应力 σ 与应变 ε 服从胡克定律:$\sigma = E\varepsilon$。由图 1-3 可以看出,弹性模量 E 是拉伸曲线上的斜率,即 $\tan\alpha = E$。斜率 $\tan\alpha$ 越大,弹性模量 E 也越大,弹性变形越不容易进行。也就是说,弹性模量越大,材料的刚度越大,即具有特定外形尺寸的零件或构件保持其原有形状和尺寸的能力也越大。

在设计机械零件时,若需用刚度大的零件,则应选用具有高弹性模量的材料。钢铁材料的弹性模量较大,所以对要求刚度大的零件,通常选用钢铁材料。例如,镗床的镗杆应有足够的刚度，如果刚度不足，当进刀量大时，镗杆的弹性变形就会增大，镗出的孔就会偏小，因而影响加工精度。表1-1列出的是常用金属的弹性模量。

表1-1 常用金属的弹性模量

金属	弹性模量 E(MPa)	切变模量 G(MPa)	金属	弹性模量 E(MPa)	切变模量 G(MPa)
铁	214 000	84 000	钛	118 010	44 670
镍	210 000	84 000	铝	72 000	27 000
铜	132 400	49 270	镁	45 000	18 000

注：G 由扭转试验测得。

2. 弹性极限

材料产生完全弹性变形时所能承受的最大应力值称为弹性极限，它是工作中不允许有微量变形零件（如精密的弹性元件、测力弹簧、炮筒等）的设计与选材的重要依据，其符号用 σ_e（在新的国家标准 GB/T 228—2002 中采用 R_e）表示，单位为 MPa，即

$$\sigma_e = \frac{F_e}{S_0} \tag{1-1}$$

式中 S_0——试样的原始截面面积，mm^2；

F_e——试样完全弹性变形时所能承受的最大载荷，N。

弹性极限 σ_e 是由试验得到的，其值受测量精度影响很大。为了便于实际测量和应用，一般规定以微量塑性变形量为 0.01% 时的应力值 $\sigma_{0.01}$ 为“规定弹性极限”。

(二)强度

金属材料在静载荷作用下，抵抗塑性变形和断裂的能力称为强度。金属材料的强度越高，抵抗塑性变形和断裂的能力越大，在工作中能承受的载荷就越大。由图1-2所示低碳钢的力—拉伸曲线，可确定材料的下列强度指标。

1. 屈服强度

当金属材料出现屈服现象时，在试验期间发生塑性变形，而力不增加时的应力点称为材料的屈服强度，用符号 σ_s 表示（新标准 GB/T 228—2002 中，上屈服强度为 R_{eH}，下屈服强度为 R_{eL}），单位为 MPa，即

$$\sigma_s = \frac{F_s}{S_0} \tag{1-2}$$

式中 S_0——试样的原始截面面积，mm^2；

F_s——试样发生屈服时承受的载荷，N。

另外需要指出的是，在屈服阶段，有些材料的力—拉伸曲线不是一条水平直线，而是不断波动的，如图1-2所示，此时应该区分上、下屈服强度。将载荷首次下降前的最大值（s' 处）所对应的应力称为上屈服强度，用 σ_{sU} 表示。之后，屈服就会进入一个相对稳定的阶段，该阶段的应力值会有所减小，将其中的最小载荷所对应的应力值（s 处）称为下屈服强度，用 σ_{sL} 表示。在存在上、下屈服强度的情况下，通常所说的屈服强度是指下屈服强度 σ_{sL}(R_{eL})。

对于没有明显屈服现象的脆性材料（如普通灰铸铁和淬火高碳钢）而言，为了衡量材料的屈服特性，规定将试样产生永久残余塑性变形等于一定值（一般为 0.2% l_0）时的应力，作为该材料的条件屈服强度，用符号 $\sigma_{r0.2}$（在新标准 GB/T 228—2002 中采用 $R_{r0.2}$）表示，即

$$\sigma_{r0.2} = \frac{F_{0.2}}{S_0} \tag{1-3}$$

式中 S_0——试样的原始截面面积，mm^2；

$F_{0.2}$——永久残余塑性变形量为 $0.2\% l_0$ 时所对应的载荷，N。

屈服强度 σ_s 和条件屈服强度 $\sigma_{r0.2}$ 都是衡量金属材料塑性变形抗力的指标，在工程上具有极为重要的意义。机械零件在工作时如受力过大超过其屈服强度时，则会产生过量的塑性变形而失效。材料的屈服强度或条件屈服强度越高，允许的工作应力也越高，零件的截面尺寸及自身质量就可以相应减小。因此，材料的屈服强度或条件屈服强度是机械零件设计的主要依据，也是评定金属材料性能的重要指标。

2. 抗拉强度

试样在断裂前所能承受的最大应力，称为抗拉强度或强度极限，用符号 σ_b（在新标准 GB/T 228—2002 中采用 R_m）表示，单位为 MPa，即

$$\sigma_b = \frac{F_b}{S_0} \tag{1-4}$$

式中 S_0——试样的原始截面面积，mm^2；

F_b——试样拉断前承受的最大载荷，N。

抗拉强度是工程上最重要的力学性能指标之一。对于塑性较好的材料，σ_b 表示了对最大均匀变形的抗力。对于塑性较差的材料，一旦达到最大载荷，材料便迅速发生断裂，所以 σ_b 也是材料的断裂抗力（断裂强度）指标。一般机器构件都是在弹性状态下工作的，不允许微小的塑性变形，所以在机械设计时应采用 σ_s 或 $\sigma_{r0.2}$ 强度指标，并加上适当的安全系数。但由于抗拉强度测定较方便，而且数据也较准确，所以设计零件时有时也可以直接采用抗拉强度 σ_b，但需使用较大的安全系数。

σ_s/σ_b 的值称为屈强比，是一个有意义的指标。比值越大，越能发挥材料的潜力，减小结构的自重。但为了使用安全，屈强比不宜过大，适合的比值为 0.65～0.75。

（三）塑性

金属材料在断裂前产生塑性变形的能力，称为塑性。通常用断后伸长率和断面收缩率来表示。

1. 断后伸长率

试样拉断后，标距的伸长量与原始标距的百分比称为断后伸长率（也称伸长率），用符号 δ 表示，即

$$\delta = \frac{l_1 - l_0}{l_0} \times 100\% \tag{1-5}$$

式中 l_0——试样原始标距长度，mm；

l_1——拉断试样对接后测出的标距长度，mm。

长试样和短试样的伸长率分别用符号 δ_{10}（新标准 GB/T 228—2002 中采用 $A_{11.3}$）和 δ_5（新标准中采用 A）表示，习惯上将 δ_{10} 写成 δ。应当指出，同一材料的试样长短不同，测得的伸长率数值是不相等的。很明显，短试样缩颈的伸长量所占的比例大，故 δ_5 的值较大，而 δ_{10} 的值较小，例如钢材的 δ_5 大约为 δ_{10} 的 1.2 倍。所以，在比较不同材料伸长率时，应采用同样尺寸规格的试样。

2. 断面收缩率

试样拉断后，缩颈处横截面面积的最大缩减量与原始横截面面积的百分比称为断面收缩率，用符号 ψ（新标准中采用 Z）表示，即

$$\psi = \frac{S_0 - S_1}{S_0} \times 100\% \tag{1-6}$$

式中 S_0——试样的原始截面面积，mm^2；

S_1——试样拉断后缩颈处最小横截面面积，mm^2。

断面收缩率不受试样标距长度的影响，因此能更可靠地反映材料的塑性。

伸长率和断面收缩率越大，表明材料的塑性越好，一般认为 $\psi < 5\%$ 的材料为脆性材料。材料具备一定的塑性才能进行各种成形加工，如冷冲压、锻造、轧制等。另外，具有一定塑性的零件，偶尔过载也能由于发生一定量的塑性变形而不至于立即断裂，在一定程度上保证了零件的工作安全性，因此对于重要的结构零件要求必须具备一定的塑性。

必须指出，塑性指标不能直接用于零件的设计计算，只能根据经验来选定材料的塑性。一般来说，伸长率达5%或断面收缩率达10%的材料，即可满足绝大多数零件的要求。

但对各种具有不同形状、尺寸和应力集中系数的零件来说，对塑性的要求是有一定限度的，并不是越大越好。一般材料的塑性和强度是一对相互矛盾的性能指标，若塑性过大，其强度会降低，这不但会降低钢制零件的使用寿命，而且会加大零件的自身重量，浪费材料。

为与国际接轨，新的国家标准《金属材料　室温拉伸试验方法》（GB/T 228—2002）已替代原《金属拉伸试验方法》（GB/T 228—1987）、《金属薄板（带）拉伸试验方法》（GB/T 3076—1982）和《金属拉伸试验试样》（GB/T 6397—1986）三个标准，且与原标准差异较大。由于原标准已使用十多年，且一些相关产品标准还未同步修订，因此本书将以上强度和塑性符号的新旧标准对照说明。表1-2金属材料强度和塑性的新旧标准对照表。

表1-2　金属材料强度和塑性的新旧标准对照

新标准 GB/T 228—2002		旧标准 GB/T 228—1987	
名　称	符　号	名　称	符　号
屈服强度	—	屈服点	σ_s
上屈服强度	R_{eH}	上屈服点	σ_{sU}
下屈服强度	R_{eL}	下屈服点	σ_{sL}
规定残余延伸强度	$R_{r0.2}$	规定残余伸长应力	$\sigma_{r0.2}$
抗拉强度	R_m	抗拉强度	σ_b
断后伸长率	$A(A, A_{11.3})$	断后伸长率	$\delta(\delta_5, \delta_{10})$
断面收缩率	Z	断面收缩率	ψ

四、硬度

材料抵抗局部变形，特别是塑性变形、压痕或划痕的能力称为硬度，它是衡量金属材料软硬程度的指标。

硬度是各种零件和工具必须具备的力学性能指标。机械制造业所用的刀具、量具、模具等,都应具备足够的硬度才能保证使用性能和寿命。有些机械零件如齿轮、主轴等,也要求有一定的硬度,以保证足够的耐磨性(耐磨性是指材料抵抗磨损的能力)和使用寿命。因此,硬度是金属材料重要的力学性能之一。

硬度值又可以间接地反映金属的强度以及金属在化学成分、金相组织和热处理工艺上的差异,而与拉伸试验相比,硬度试验简便易行,因此在设计图样的技术条件中大多规定材料的硬度值。检验材料或工艺是否合格有时也需用硬度。因此,硬度试验在生产中应用十分广泛。

材料的硬度值是按一定方法测出的数据。采用不同方法在不同条件下测量的硬度值,因含义不同,其数据也不同,因此一般不能进行相互比较。工业生产中经常采用的硬度试验方法有以下几种。

(一)布氏硬度

1. 测试原理

如图 1-4(a)所示为布氏硬度试验机。

(a)布氏硬度试验机　　(b)洛氏硬度试验机

图 1-4　常用的硬度试验设备

布氏硬度试验法的测试原理是使用一定直径的球体(钢球或硬质合金球),以规定的试验压力压入试样表面,经规定保持时间后卸除试验力,然后测量被测试金属表面上所形成的压痕直径,如图 1-5 所示,由此计算压痕的表面面积,进而求出压痕在单位面积上所承受的平均压力值,并以此作为被测试金属的布氏硬度值,用符号 HBS 或 HBW 来表示,即

$$\text{HBS(HBW)} = \frac{F}{S} = 0.102\frac{2F}{\pi D(D - \sqrt{D^2 - d^2})} \tag{1-7}$$

式中　HBS(HBW)——试验时的布氏硬度值(S 表示用淬火钢球,W 表示用硬质合金球);

F——试验力,N;

S——球面压痕表面面积,mm^2;

D——球体直径,mm;

d——压痕平均直径,mm。

需要指出的是,在新国标《金属材料　布氏硬度试验》(GB/T 231.1—2009)中只允许使

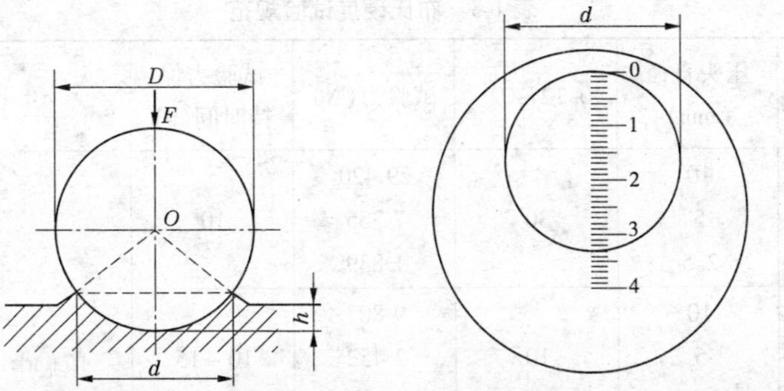

(a)布氏硬度测量示意图　(b)用读数显微镜测量压痕直径

图 1-5　布氏硬度的测量

用硬质合金球作压头，布氏硬度符号为 HBW。由于实际生产中旧标准仍然被广泛采用，在此仍将旧标准的内容予以介绍。

当试验力 F、压头球体直径 D 一定时，布氏硬度值仅与压痕直径 d 的大小有关。d 越小，布氏硬度值越大，硬度也越高。相反，d 越大，布氏硬度值越小，硬度也越低。通常布氏硬度值不标出单位。在实际应用中，布氏硬度一般不用计算，而是用专用的刻度放大镜量出压痕直径 d，根据压痕直径的大小，再从专门的硬度表中查出相应的布氏硬度值。

2. 布氏硬度表示方法

布氏硬度表示的方法：符号 HBS 或 HBW 之前的数字为硬度值，符号后面按以下顺序用数字表示试验条件：

(1)球体直径；

(2)试验力；

(3)试验力保持的时间(10～15 s 不标注)。

例如，170HBS10/1000/30 表示用直径 10 mm 的淬火钢球，在 9 807 N(1 000 kgf)试验力作用下，保持 30 s 时测得的布氏硬度值为 170。530HBW5/750 表示用直径 5 mm 的硬质合金球，在 7 355 N(750 kgf)的试验力作用下，保持 10～15 s 时测得的布氏硬度值为 530。如无特殊要求，一般情况下可不标注测试条件。

实际中，由于金属材料有软有硬，被测工件有薄有厚，尺寸有大有小，如果只采用一种标准的试验载荷 F 和压头直径 D，就会出现某些材料和工件不适应的现象。因此，在进行布氏硬度试验时，应根据被测试金属材料的种类、硬度范围和试样厚度，选用不同的压头直径 D、施加载荷 F 和载荷保持时间，如表 1-3 所示。为了保证同一种材料，使用不同的试验载荷 F 和压头直径 D 测出的硬度值不变，试验载荷 F 和压头直径 D 之间应符合表 1-3 中的倍数关系，以保证布氏硬度不变。

3. 布氏硬度的应用与优缺点

布氏硬度试验法主要用于测量铸铁、非铁金属(有色金属)、硬度较低的钢(如退火、正火、调制处理的钢)。

表 1-3　布氏硬度试验规范

材料种类	HBW	压头直径（mm）	$0.12F/D^2$	试验力（N）	试验力保持时间（s）	备注
钢及铸铁	≥140	10 5 2.5	30	29 420 7 355 1 839	10	压痕中心与试样边缘间距应不小于压痕直径的 2.5 倍 两相邻压痕中心距离应不小于压痕平均直径的 4 倍 试样厚度至少应为压痕深度的 10 倍。试验后，试样支撑面应无可见变形痕迹
钢及铸铁	<140	10 5 2.5	10	9 807 2 452 613	10 ~ 15	
非铁金属	≥130	10 5 2.5	30	29 420 7 355 1 839	30	
非铁金属	35 ~ 130	10 5 2.5	10	9 807 2 452 613	30	
非铁金属	<35	10 5 2.5	2.5	2 452 613 153	60	

测量布氏硬度采用的试验力、球体直径都较大，因而压痕直径也较大，它是所有硬度测试方法中压痕最大的，所以能够在较大范围内反映出被测金属材料的平均硬度，测量数据准确稳定；可以测量组织粗大或组织不均匀材料（如铸铁）的硬度值；布氏硬度与抗拉强度之间存在一定的关系，可根据其值估计出材料的强度值。几种材料的布氏硬度与抗拉强度的近似关系为：

低碳钢：$\sigma_b \approx 3.53$ HBW　　高碳钢：$\sigma_b \approx 3.33$ HBW

合金钢：$\sigma_b \approx 3.19$ HBW　　灰铸铁：$\sigma_b \approx 0.981$ HBW

以上只是近似值，也可根据材料的硬度值，通过相关材料手册直接查出强度值。

布氏硬度的缺点是操作时间较长，对不同材料需要更换压头和试验力；不宜测量较高硬度的材料，用淬火钢压头测量时，硬度必须小于 450 HBS，用硬质合金球压头测量时，硬度必须小于 650 HBW；因压痕较大，而不宜测试成品或薄片金属的硬度。

（二）洛氏硬度

洛氏硬度试验是目前应用最广的硬度试验方法。

1. 测试原理

洛氏硬度试验采用金刚石圆锥体或淬火钢球压头，在规定载荷作用下压入金属表面后，经规定保持时间后卸除主试验力，以测量的压痕深度来计算洛氏硬度值。

如图 1-6 所示，测量时，先加初试验力 F_0，压入深度为 h_1，目的是为消除因零件表面不光滑而造成的误差。然后再加主试验力 F_1，在总试验力（$F_0 + F_1$）的作用下，压头压入深度为 h_2。卸除主试验力，由于金属弹性变形的恢复，压头回升到 h_3 的位置，则由主试验力所引起的塑性变形的压痕深度 $e = h_3 - h_1$。显然，e 值越大，被测金属的硬度越低。为了符合数值越大，硬度越高的习惯，将一个常数 K 减去 e 来表示硬度的大小，并用 0.002 mm 压痕深度作为一个硬度单位，由此获得洛氏硬度值，用符号 HR 表示，即

$$HR = \frac{K - e}{0.002} \tag{1-8}$$

式中 HR——洛氏硬度值；

K——常数（用金刚石圆锥体压头进行试验时 K 为 0.2 mm，用淬火钢球压头进行试验时 K 为 0.26 mm），mm；

e——压痕深度，mm。

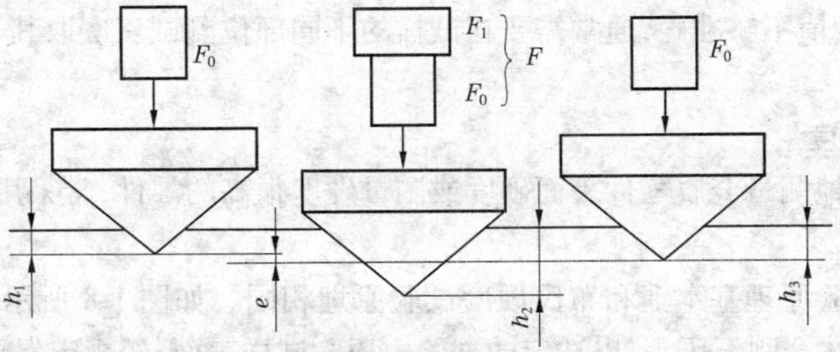

图 1-6 洛氏硬度测试原理

在实际测试时，如图 1-7 所示，硬度值可直接从硬度计的表盘上读出。用金刚石压头测试时，读指示盘外圈上的数值；用钢球压头测试时，读指示盘内圈上的数值。

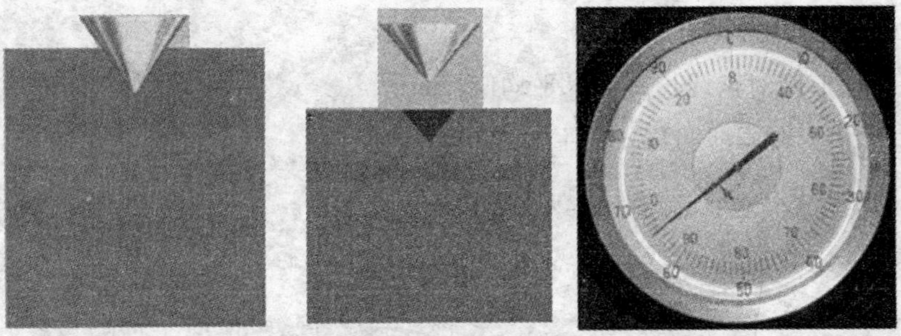

(a)压头压入 (b)表面压痕 (c)洛氏硬度指示盘

图 1-7 洛氏硬度试验

2. 常用洛氏硬度标尺及其适用范围

为了用一台硬度计测定从软到硬不同金属材料的硬度，可采用不同的压头和总试验力组成几种不同的洛氏硬度标尺，每种标尺用一个字母在洛氏硬度符号 HR 后面加以注明。常用的洛氏硬度标尺有 A、B、C 三种，其中 C 标尺应用最为广泛。三种洛氏硬度标尺的试验条件和适用范围见表 1-4。各种不同标尺的洛氏硬度值不能直接进行比较，但可用实验测定的换算表相互比较。

洛氏硬度表示方法如下：符号 HR 前面的数字表示硬度值，HR 后面的字母表示不同洛氏硬度的标尺。例如，45HRC 表示 C 标尺测定的洛氏硬度值为 45。

表 1-4　三种洛氏硬度标尺的试验条件和适用范围

硬度标尺	压头类型	总试验力(N)	硬度的有效范围	应用举例
HRA	120°金刚石圆锥体	588.4	20 ~ 88 HRA	硬质合金、表面淬火钢
HRB	ϕ1.588 mm 钢球	980.7	20 ~ 100 HRB	软钢、退火钢、铜合金
HRC	120°金刚石圆锥体	1 471.0	20 ~ 70 HRC	一般淬火钢件

3. 洛氏硬度的优缺点

洛氏硬度的优点是:操作迅速简便;由于压痕较小,可用于成品检验;采用不同标尺,可测出从极软到极硬的各种材料的硬度。缺点是:由于压痕较小,对组织比较粗大且不均匀的材料,测得的硬度值不够准确,通常需要在试样的不同部位测试三次取其平均值来代表金属的硬度。

(三)维氏硬度

为了更准确地测量金属零件表面硬度或测量硬度很高的零件,常采用维氏硬度,用符号 HV 表示。

维氏硬度试验原理基本上和布氏硬度试验原理相同。如图 1-8 所示,将相对面夹角为 136°的正四棱锥体金刚石压头,以选定的试验力压入试样表面,经规定保持时间后卸除试验力,测量得到压痕对角线的平均长度,进而计算出压痕的表面面积,最后求出压痕表面上的平均压力,并以此作为被测金属的硬度值,即

$$HV = \frac{0.102F}{S_v} = 0.189\,1\frac{F}{d^2} \tag{1-9}$$

式中　F——试验力,N;

d——压痕两对角线长度算术平均值,mm;

S_v——压痕的表面面积,mm^2。

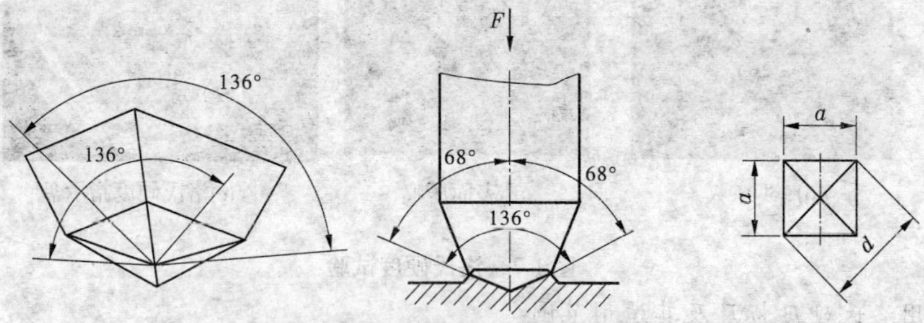

图 1-8　维氏硬度试验原理示意图

在实际工作中,维氏硬度同布氏硬度一样,不用计算,而是根据压痕对角线长度,从相关手册中直接查出。

维氏硬度试验所用的试验力可根据试样的硬度和厚度来选择,常用试验力为 49.03 ~ 980.7 N;小负荷试验力为 1.961 ~ 49.03 N;显微维氏硬度试验力为 9.807×10^{-2} ~ 1.961 N,其压痕非常小,可用于测量金相组织中不同相的硬度。

维氏硬度值表示方法与布氏硬度相同,例如 640HV30 表示用 294.2 N(30 kgf)试验力,保持10 ~ 15 s(可省略不标),测定的维氏硬度值为 640。

维氏硬度因试验时所加的试验力小，压入深度较浅，故可测量较薄的材料；也可测量热处理表面层的硬度，例如10 N试验力特别适用于测量渗碳、渗氮层的硬度。因维氏硬度具有连续性（10～1 000 HV），故可测定从很软到很硬的各种金属材料的硬度，且准确性高。维氏硬度试验的缺点是测量压痕对角线的长度较繁；压痕小，对试件表面质量要求较高。维氏硬度试验方法及技术条件可参阅国家标准GB/T 4340.1—2009。

材料的屈服强度在多数情况下可用HV近似地估算，即

$$\sigma_s = HV0.1^n/3 \tag{1-10}$$

式中　n——材料加工硬化系数。

对于高强度材料，可近似认为$n=0$，$\sigma_s=HV/3$。这种估算有相当的精确性。

五、冲击韧性

实际生产中许多机械零件和工具是在冲击载荷的作用下工作的，如活塞销、锤杆、冲模和锻模等。对于这类零件，仅有足够静载荷作用下的强度和塑性是不够的，还必须考虑其抵抗冲击载荷的能力。金属材料抵抗冲击载荷作用而不破坏的能力称为冲击韧性。目前，常用一次摆锤冲击弯曲试验来测定金属材料的冲击韧性。

（一）冲击试样

为了使试验结果可以相互比较，必须采用标准试样。冲击试样的类型很多，可根据国家标准有关规定来选择。常用的试样有10 mm×10 mm×55 mm的U形缺口试样，其尺寸如图1-9所示。

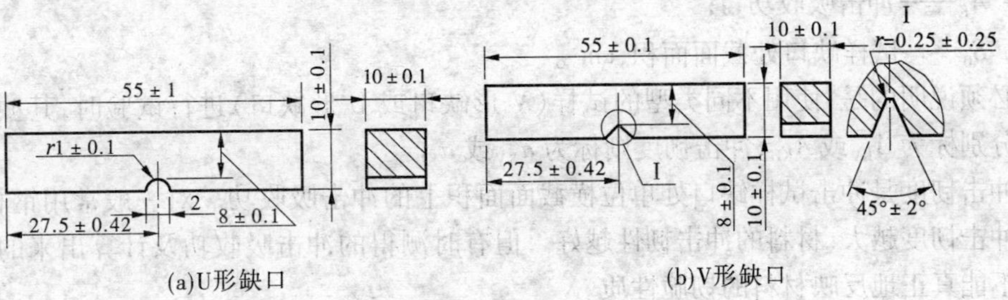

(a)U形缺口　　(b)V形缺口

图1-9　冲击试样

（二）冲击试验的原理及方法

冲击试验是利用能量守恒原理进行的。试样被冲断过程中吸收的能量等于摆锤冲击试样前后的势能差。

冲击试验步骤：将待测的金属材料加工成标准试样，然后放在摆锤冲击试验机的支座上，放置时试样缺口应背向摆锤的冲击方向，如图1-10(a)所示。再将具有一定重量G的摆锤升至一定的高度H_1，如图1-10(b)所示，使其获得一定的势能(GH_1)，然后使摆锤自由下落，将试样冲断。摆锤的剩余势能为GH_2。试样被冲断时所吸收的能量即是摆锤冲击试样所作的功，称为冲击吸收功，用符号A_K表示，即

$$A_K = GH_1 - GH_2 = G(H_1 - H_2) \tag{1-11}$$

式中　A_K——冲击吸收功，J；

G——摆锤的重量，N；

H_1——摆锤初始的高度，m；

H_2——冲断试样后，摆锤回升的高度，m。

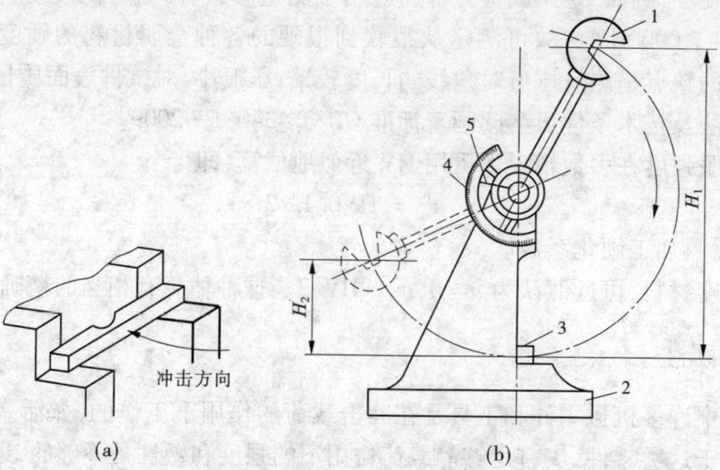

1—摆锤；2—机架；3—试样；4—刻度盘；5—指针

图 1-10　冲击试验示意图

冲击吸收功除以试样缺口处截面面积，即可得到材料的冲击韧度，用符号 a_K 表示。即

$$a_K = \frac{A_K}{S_0} \tag{1-12}$$

式中　a_K——冲击韧度，J/cm²；

A_K——冲击吸收功，J；

S_0——试样缺口处截面面积，cm²。

必须说明的是，使用不同类型的试样（V 形缺口或 U 形缺口）进行试验时，其冲击吸收功应分别标为 A_{KV} 或 A_{KU}，冲击韧度则标为 a_{KV} 或 a_{KU}。

冲击韧度是冲击试样缺口处单位横截面面积上的冲击吸收功。对一般常用钢材来说，所测冲击韧度越大，材料的冲击韧性越好。但有时测得的冲击吸收功及计算出来的冲击韧度值不能真正地反映材料的韧脆性质。

长期生产实践证明，A_K、a_K 值对材料的组织缺陷十分敏感，能灵敏地反映材料品质、宏观缺陷和显微组织方面的微小变化，因而冲击试验是生产上用来检验冶炼和热加工质量的有效办法之一。试验表明，A_K 随温度的降低而减小，如图 1-11 所示，在某一温度范围内，材料的 A_K 值急剧下降，表明材料由韧性状态向脆性状态转变，此时的温度称为韧脆转变温度。金属材料的韧脆转变温度越低，其在低温条件下的韧性越好，可用做低温下的受力零件。对于大型金属结构，如储气罐、船体、桥梁、输送管道等，都要对钢材的韧脆转变温度以及在最低使用温度下应具有的最低韧度值作出规定。

六、疲劳强度

实际生产中有许多机器零件，如齿轮、弹簧、曲轴、各种滚动轴承等，都是在交变载荷下工作的。长时间承受交变载荷的零件，很多时候是在工作应力峰值低于其弹性极限的情况下发生突然断裂的，这种现象称为疲劳。而疲劳断裂与静载荷作用下的断裂不同，它是在事先无明显塑性变形的情况下突然发生的，故其具有很大的危险性，往往引发重大事故。所

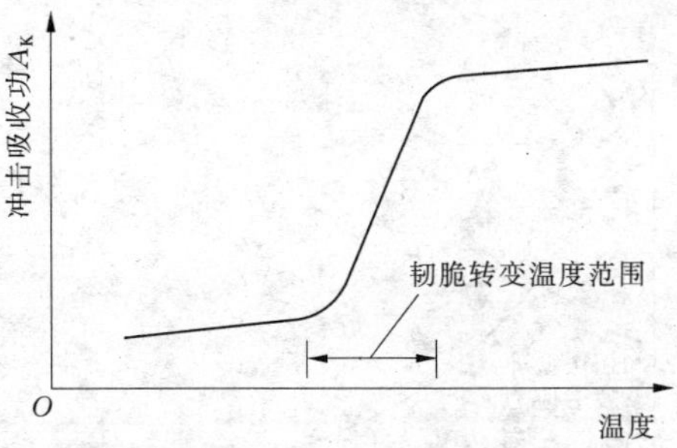

图 1-11　冲击吸收功与温度之间的关系

以，在设计零件选材时，要考虑金属材料对疲劳断裂的抗力。

金属材料的疲劳破坏过程：首先是在其薄弱部位，如在有应力集中或缺陷（划伤、夹渣、显微裂纹等）处产生微细裂纹。这种裂纹是疲劳源，而且一般出现在零件表面上，形成疲劳扩展区。当此区达到某一临界尺寸时，零件就在甚至低于弹性极限的应力下突然脆断。最后的脆断区称为最终破断区。图 1-12（a）是典型疲劳断口（汽车后轴）的宏观照片，而图 1-12（b）是典型断口三个区域的示意图。

(a)汽车后轴的断口

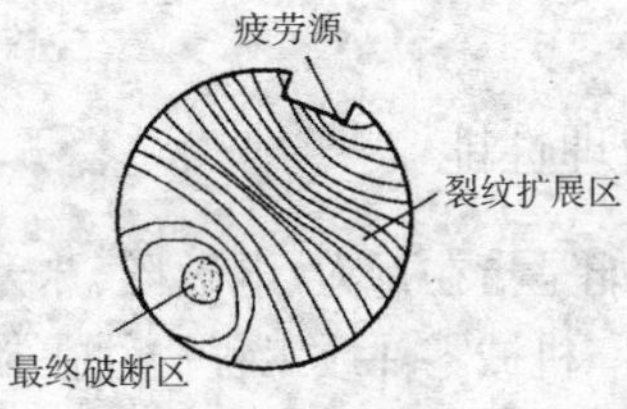

(b)断口示意图

图 1-12　疲劳断口的特征

测定材料的疲劳强度时，要用较多的试样在不同交变载荷下进行试验，作出疲劳曲线，如图 1-13 所示。由图可以看出，循环次数增加，应力降低。当应力降到某一值后，曲线变成水平直线，这就意味着材料可以经受无限次循环载荷而不发生疲劳断裂。我们把试样承受无限次应力循环或达到规定的循环次数才断裂的最大应力，作为材料的疲劳强度。对在弯曲循环载荷下测定的疲劳强度用 σ_{-1} 表示，而在剪切循环载荷下测定的疲劳强度用 τ_{-1} 表示。

图 1-13 是钢铁材料的疲劳曲线，在试验循环次数达到 $N=10^7$ 时，出现水平直线。所以，对于钢铁材料，把循环数达到 10^7 时所测得的最大应力作为疲劳强度。非铁金属（有色金属）和合金的疲劳曲线不出现水平直线，工程上规定循环次数达到 $N=10^8$ 时的最大应力作为它们的疲劳强度。材料的 σ_{-1} 与 σ_b 是紧密相关的。对钢来说，其关系为 $\sigma_{-1}=(0.45\sim0.55)\sigma_b$。可见，材料的疲劳强度随其抗拉强度的增高而增高。

零件的疲劳强度除取决于材料的成分及其内部组织外，与零件的表面状态及其形状也有很大关系。表面应力集中（划伤、损伤、腐蚀斑点等）会使疲劳寿命大大减低。提高零件寿命的方法是：①改善零件结构形式，避免尖角、缺口、截面突变等，以避免应力集中引起疲劳裂纹；②采用化学热处理、表面淬火、喷丸和滚压等表面强化处理，提高其表面强度；

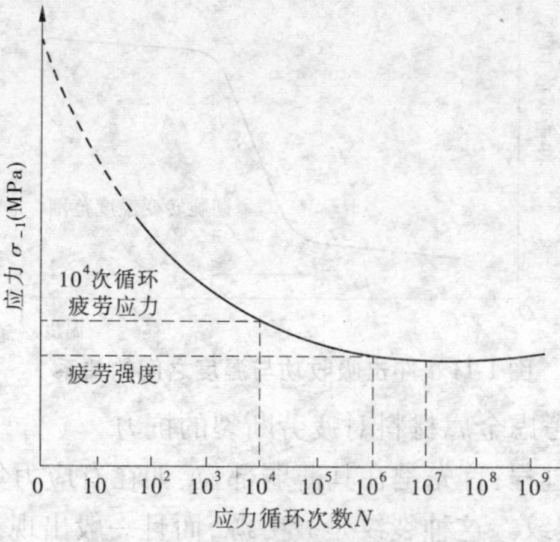

图 1-13　疲劳曲线

③降低零件表面粗糙度，提高表面加工质量，尽可能减少可能成为疲劳源的表面损伤。

第二节　金属材料的其他性能

一、金属的物理性能

材料的物理性能是指在重力、电磁场、热力（温度）等物理因素作用下，材料所表现出来的性能或固有属性。机械零件或工程构件在制造中所涉及的金属材料的物理性能主要包括密度、熔点、导电性、导热性、热膨胀性、磁性等。

（一）密度

密度是指在一定温度下单位体积物质的质量，用符号 ρ 表示，单位为 g/cm^3 或kg/m^3。同一温度下金属材料的密度与水的密度之比叫相对密度。根据相对密度的大小，可将金属分为轻金属（相对密度小于4.5）和重金属（相对密度大于4.5）。Al、Mg、Ti 等及其合金属于轻金属，Cu、Fe、Pb、Zn、Sn 等及其合金属于重金属。在机械制造业中，某些高速运转的零件、车辆、飞机、导弹以及航天器等，常要求在满足力学性能的条件下尽量减轻材料质量，因而常采用铝合金、钛合金等轻金属。

（二）熔点

材料在缓慢加热时由固态转变为液态并有一定潜热吸收或放出时的转变温度，称为熔点。纯金属都有固定的熔点，合金的熔点取决于成分，例如钢是铁、碳合金，含碳量不同，熔点也不同。

熔点低的金属（如 Pb、Sn 等）可以用来制造钎焊的钎料、熔体（保险丝）和铅字等；熔点高的金属（如 Fe、Ni、Cr、Mo 等）可以用来制造高温零件，如加热炉构件、电热元件、喷气机叶片，以及火箭、导弹中的耐高温零件。对于热加工材料，熔点是确定热加工工艺的重要依据之一，例如铸铁和铸铝的熔点不同，它们的熔炼工艺有较大差别。

（三）导电性

材料传导电流的能力称为导电性，用电导率 κ 表示，单位为 S/m。在纯金属中，银的导电性最好，其次是铜、铝。合金的导电性比纯金属差，工程中为减少电能损耗，常采用纯铜或纯铝作为输电导体;采用导电性差的材料(如 Fe - Cr、Ni - Cr、Fe - Cr - Al 等合金,碳硅棒等)作为加热元件。

(四)导热性

材料传导热量的能力称为导热性,用热导率 λ 表示,单位为 W/(m·K)。导热性能是工程上选择保温或热交换材料的重要依据之一,也是确定机件热处理保温时间的一个参数。金属材料的热导率越大,说明导热性越好。一般来说,金属越纯,其导热能力越强,银、铜的导热性最好,铝次之。

合金钢的导热性比碳钢差,因此合金钢在进行加热时的加热速度应缓慢,以保证工件或材料内外温差小,减少变形和开裂倾向。另外,导热性差的金属材料切削加工也较困难。

(五)热膨胀性

材料因温度改变而引起的体积变化现象称为热膨胀性,用线膨胀系数 a_l 和体膨胀系数 a_v 表示。一般来说,金属受热时膨胀,冷却时收缩。在工程实际中,许多场合要考虑热膨胀性。例如,相互配合的柴油机活塞和缸套之间间隙很小,既要允许活塞在缸套内往复运动,又要保证气密性,这就要求活塞与缸套材料的热膨胀性要相近,以避免两者卡住或漏气。又如铸造冷却时工件的体积收缩,精密量具因温度变化而引起读数误差等。

二、金属的化学性能

金属及合金的化学性能主要是指它们在室温或高温时抵抗各种介质的化学侵蚀的能力,一般包括耐腐蚀性、抗氧化性和化学稳定性。

(一)耐腐蚀性

金属材料在常温下抵抗氧、水及其他化学介质腐蚀破坏的能力称为耐腐蚀性,包括化学腐蚀和电化学腐蚀两种类型。化学腐蚀一般是在干燥气体及非电解液中进行的,腐蚀时没有电流产生;电化学腐蚀是在电解液中进行的,腐蚀时有微电流产生。

腐蚀对金属的危害很大,每年因腐蚀损耗掉大量金属材料,这种现象在制药、化肥、制酸、制碱等部门更为严重。因此,提高金属材料的耐腐蚀性,对于节约金属、延长零件使用寿命具有积极的现实意义。

(二)抗氧化性

金属材料在高温条件下抵抗氧化作用的能力称为抗氧化性。高温下(570 ℃以上)使用的钢铁材料,表面易氧化,主要原因是生成了疏松多孔的 FeO,氧原子易通过 FeO 进行扩散,使钢内部不断氧化,温度越高,氧化速度越快。氧化使得在铸、锻、焊等热加工时,钢铁材料损耗严重,也易出现加工缺陷。提高金属材料的抗氧化性,可通过合金化在材料表面形成保护膜,或在工件周围形成一种保护气氛,均能避免氧化。

(三)化学稳定性

化学稳定性是材料耐腐蚀性和抗氧化性的总称。在高温下工作的热能设备(锅炉、汽轮机、喷气发动机等)的零件应选择热稳定性好的材料制造;在海水、酸、碱等腐蚀环境中工作的零件,必须采用化学稳定性良好的材料。例如,化工设备通常采用不锈钢来制造。

三、金属的工艺性能

工艺性能是指金属在加工成产品(零件)的过程中,对各种不同加工工艺方法的适应能力,即金属采用某种加工方法制成成品时的难易程度。它包括铸造性能、锻压性能、焊接性能、热处理性能、切削加工性能等。例如,某种金属材料用铸造成形的方法容易得到合格的铸件,则该种材料的铸造性能好。工艺性能直接影响零件的制造工艺和质量,是选择金属材料时必须考虑的因素之一。

(一)铸造性能

铸造是将金属熔炼成符合一定要求的液体并浇进铸型里,经冷却凝固、清整处理后得到有预定形状、尺寸和性能的铸件的工艺过程。金属在铸造工艺中获得外形准确、内部健全铸件的能力称为铸造性能。衡量铸造性能的主要指标有流动性、收缩性和偏析倾向等。

1. 流动性

流动性是液态金属本身的流动能力,它是金属本身固有属性,主要受金属化学成分杂质含量及温度的影响。流动性好的金属容易充满铸型,从而获得外形完整、尺寸精确、轮廓清晰的铸件。一般纯金属及共晶成分附近的合金具有较好的流动性,因而其铸造性能较好。

2. 收缩性

铸件在凝固和冷却过程中,其体积和尺寸减小的现象称为收缩性。铸件收缩不仅影响尺寸精度,还会使铸件产生缩孔、疏松、内应力、变形和开裂等缺陷,故用于铸造的金属其收缩率越小越好。

3. 偏析倾向

金属凝固后,内部化学成分和组织的不均匀现象称为偏析。偏析严重时能使铸件各部分的力学性能有很大的差异,降低了铸件的质量。这对大型铸件的危害更大。

(二)锻压性能

金属材料利用锻压加工方法成形的难易程度称为锻压性能。锻压性能的好坏主要同金属的塑性和变形抗力有关。塑性越好,变形抗力越小,金属的锻压性能越好。例如,黄铜和铝合金在室温下就有良好的锻压性能。

金属锻压性能是金属材料重要的工艺性能之一。影响锻压性能的主要因素是金属的本质和变形条件。

1. 金属本质的影响

1)化学成分

纯金属的锻压性能比其合金的好。碳素钢随含碳量增加,锻压性能变差。合金钢中合金元素种类和含量越多,其锻压性能越差。

2)组织结构

固溶体的锻压性能较好,尤其是奥氏体,塑性好,变形抗力小,锻压性能好。化合物(如渗碳体等)锻压性能很差。

2. 变形条件的影响

1)变形温度

在不产生过热的条件下,提高金属变形温度,可使原子动能增加,结合力减弱,塑性增加,变形抗力减小,进而使金属锻压性能得到改善。

2)变形速度

变形速度即单位时间内的变形量,随着变形速度的提高,塑性下降,变形抗力增加,锻压性能变差。

3)应力状态

用不同的锻压方法使金属变形时,其内部产生的应力大小和性质(压或拉)是不同的,其所表现出来的锻压性能也各不相同。

(三)焊接性能

焊接是通过加热、加压或两者并用,并且用或不用填充金属,使焊件间达到原子结合的一种加工方法。其本质是达到原子间结合,形成牢固金属键,且具有不可拆性。

金属材料在限定的施工条件下焊接成按规定设计要求的构件,并满足预定服役要求的能力称为焊接性。焊接性好的金属能获得具有一定的力学性能,不易出现裂纹、气孔等缺陷的焊缝。而一般导热性好、收缩小的金属材料焊接性比较好,如低碳钢具有良好的焊接性,高碳钢焊接性较差。

钢材的化学成分,尤其是含碳量,对钢材的焊接性有很大的影响。随钢材的含碳量、合金元素及杂质元素含量的提高,钢材的焊接性降低。通常将钢中合金元素(包括碳)的含量,按其作用换算成碳的相当量,称为碳当量。钢的碳当量越大,其焊接性越差。

(四)热处理性能

金属材料通过加热、保温和冷却改变固态金属内部或表面的组织,从而获得所需性能的工艺称为热处理。钢的热处理性能包括淬透性、淬硬性、晶粒长大倾向、回火稳定性、变形与开裂倾向等,有关内容将在后面的章节中详细介绍。

(五)切削加工性能

金属接受切削加工的难易程度称为切削加工性能。切削加工性能的好坏与多种因素有关,诸如材料的组织成分、硬度、强度、塑性、韧性、导热性,金属加工硬化程度及热处理等。具有良好切削性能的金属材料,必须具有适宜的硬度(一般希望硬度控制在170~230 HBS)和足够的脆性。在切削加工过程中,刀具易于切入,切屑易碎断,就可减少刀具的磨损,降低刃部受热的温度,使切削速度提高,从而降低工件加工表面的粗糙度。

一般说来,有色金属材料比黑色金属材料的加工性能好,铸铁比钢的加工性能好,中碳钢比低碳钢的加工性能要好。热轧低碳钢加工表面精度差,切削加工过程中易出现“粘刀”现象,这是由于它的硬度、强度低而塑性、韧性高的缘故。难切削金属材料、不锈钢和耐热钢是由于它们的强度、硬度(特别是高温强度、硬度)和塑性、韧性都偏高,所以难以切削加工。

习　题

思考题

1. 什么是金属的力学性能?金属的力学性能包括哪些?
2. 画出低碳钢的力—拉伸曲线,并简述拉伸变形的几个阶段。
3. 什么是塑性?其常用性能指标有哪些?各用什么符号表示?
4. 什么是强度?其常用性能指标有哪些?各用什么符号表示?
5. 什么是硬度?常用的硬度试验方法有哪些?各用什么符号表示?
6. 伸长率与断面收缩率,哪一个性能指标能更真实地反映金属的塑性?

7. 布氏硬度、洛氏硬度试验法有哪些优缺点？说明其应用范围。

8. 什么是冲击韧度？其值用什么符号表示？a_K 表示什么意思？

9. 什么是疲劳现象？什么是疲劳极限？疲劳极限常用什么符号表示？

10. 什么是金属的工艺性能？主要包括哪些内容？

第二章　金属的晶体结构与结晶

第一节　金属的晶体结构

对于金属,大家都很熟悉,像铁、铜、锡、铝等都是金属。在已发现的100余种元素中,金属元素约占3/4。常温下,除汞(水银)为液态外,其余均为固态。

在固态下,金属有许多与非金属不同的特性,主要表现在:不透明,有特殊光泽,有可锻性,有良好的导电性和导热性。金属的这些特性是由金属晶体内部原子排列的方式及特征决定的,因此只有研究金属的晶体结构,才能从本质上说明金属性能的差异及变化的实质。

一、晶体结构的基本概念

(一)晶体与非晶体

一切物质都是由原子组成的,根据原子在物质内部排列的特征,固态物质可分为晶体与非晶体两类。晶体是指其内部原子在空间呈有规则、有序排列的物质,如雪花、食盐、绝大多数的固态金属及其合金等。非晶体是指其内部原子呈无规则、散乱无序排列的物质,如普通玻璃、松香、石蜡等。晶体与非晶体的本质区别是内部原子排列方式不同,两者的外在性能区别主要表现在:

(1)晶体在一般情况下应具有规则的外形,如天然金刚石、水晶、食盐等。而非晶体没有规则的几何外形。但有时晶体外形也不一定是规则的,这与晶体的形成条件有关。所以,不能仅从外形来判断是否是晶体,而应该从其内部原子或分子的排列情况来确定。

(2)晶体具有固定的熔点。例如铁的熔点为1 538 ℃,铜的熔点为1 084.5 ℃,铝的熔点为660.4 ℃等。而非晶体则没有固定的熔点。

(3)晶体具有各向异性,即同一种晶体物质在不同方向上具有不同的性能。而非晶体是各向同性的。

晶体和非晶体虽然有上述的区别,但在一定条件下也是可以相互转化的。如非晶态玻璃在高温下,长时间加热可以变为晶态玻璃,即钢化玻璃。而有些金属如从液态快速冷却,也可以制成非晶态金属,即所谓的金属玻璃。与晶态金属相比,非晶态金属有很高的强度和韧性等。

(二)晶格

为了便于描述和理解晶体中原子在三维空间排列的规律性,可以近似地把原子(或离子、分子)看成是处在其振动中心固定不动的刚性小球,那么晶体就是由这些刚性球体按一定规律周期性地堆垛而成的,如图2-1(a)所示。不同晶体的堆垛规律不同。为研究方便,假设将刚性小球视为处于球心的点,称为结点。由结点所形成的空间点的阵列,称为空间点阵。用假想的直线将这些结点连接起来所形成的三维空间格架,称为晶格,如图2-1(b)所示。晶格直观地表示了晶体中原子(或离子、分子)的排列规律。

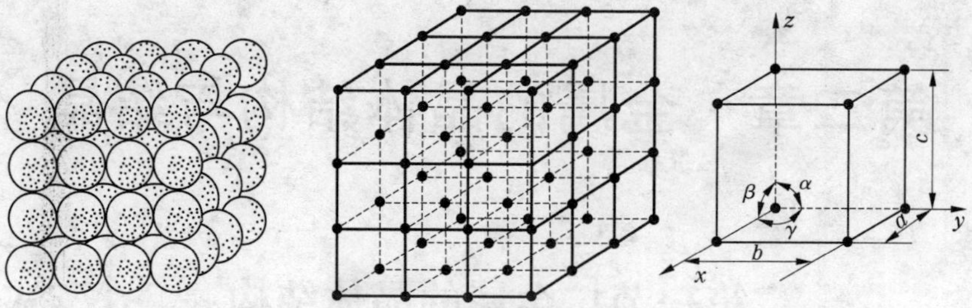

(a)晶体中简单原子排列　　(b)晶格　　(c)晶胞

图 2-1　简单立方晶体示意图

显然,某一晶格中的各结点在空间的位置是一定的,而通过结点所形成的空间格架(即晶格),则因直线的取向不同可有多种形式。因此,必须强调指出,结点是构成晶格的基本要素。

(三)晶胞

由于晶体中原子的规则排列具有周期性的特点,因此为了简便起见,通常只从晶格中选取一个能够完全反映晶格对称特征的、最小的几何单元来分析晶体中原子排列的规律,这个最小的几何单元称为晶胞,如图 2-1(c)所示。整个晶格就是由许多大小、形状和位向相同的晶胞在空间重复堆积而成的。

(四)晶格参数

为了研究晶体结构,通常取晶胞角上的某一结点作为原点,沿其三条棱边作三个坐标轴 x、y、z,且称为晶轴。规定坐标原点的前、右和上方为轴的正方向,反之为负方向。常以晶胞棱边的长度 a、b、c 和棱边之间夹角 α、β、γ 等六个参数作为晶格参数,表示晶胞的几何形状和大小,如图 2-1(c)所示。其中 a、b、c 称为晶格常数,单位为 10^{-10} m。而 α、β、γ 称为晶轴间夹角,单位为度(°)。

根据晶胞的三个晶格常数和晶轴间夹角的相互关系,可将晶体结构分为许多类型(见表 2-1),但工程上应用的金属材料通常为体心立方结构、面心立方结构和密排六方结构。各种晶体由于其晶格类型与晶格参数不同,故呈现出不同的物理、化学性能及力学性能。

表 2-1　7 种晶系的晶胞参数

晶系	棱边长度和夹角关系	举例
三斜	$a\neq b\neq c,\alpha\neq\beta\neq\gamma\neq 90°$	$K_2Cr_2O_7$
单斜	$a\neq b\neq c,\alpha=\gamma=90°\neq\beta$	$\beta-S$、$CaSO_4\cdot H_2O$
正交	$a\neq b\neq c,\alpha=\beta=\gamma=90°$	$\alpha-S$、Ca、Fe_3C
六方	$a_1=a_2=a_3\neq c,\alpha=\beta=90°,\gamma=120°$	Zn、Cd、Mg、NiAs
棱方	$a=b=c,\alpha=\beta\neq\gamma=90°$	As、Sb、Bi
四方	$a=b\neq c,\alpha=\beta=\gamma=90°$	$\beta-Sn$、TiO_2
立方	$a=b=c,\alpha=\beta=\gamma=90°$	Fe、Cr、Ca、Ag、Au

(五)晶格的其他参数

1. 晶胞的原子数

一个晶胞内所包含的原子数目,称为晶胞的原子数。

2. 原子半径

如果将晶体中的金属原子近似地看成是具有一定大小的刚性球，则互相接触的两原子中心距离的一半称为原子半径。据此，就不难根据晶格常数的数据推算出原子半径。

3. 配位数

为了定性地评定晶体中原子排列的紧密程度，常用配位数来表示。所谓配位数，是指晶格中与任一原子最邻近、等距离的原子数目。显然，配位数越大，晶体中原子排列越紧密。

4. 致密度

配位数虽然是表示晶体中原子排列紧密程度的参数，但它只能作定性的评定，若对晶体中原子排列的紧密程度进行定量比较，则要引用致密度这个参数。

致密度是指晶胞中原子所占有的总体积与晶胞体积之比。可用下式表示，即

$$K = nU/V$$

式中 K——晶体的致密度；

n——一个晶胞实际包含的原子数；

U——一个原子(被看成是刚性球)的体积，其值为 $4/3\pi r^3$(r 是该原子半径)；

V——一个晶胞的体积。

二、常见的金属晶格类型

在工业上使用的金属元素中，除少数具有复杂的晶体结构外，绝大多数都具有比较简单的晶体结构，其中最常见、最典型的晶体结构有体心立方晶格、面心立方晶格和密排六方晶格三种类型。

(一)体心立方晶格

如图 2-2 所示，体心立方晶格的晶胞是一个立方体，即晶胞的三个棱边长度相等(晶格常数 $a=b=c$)，三个晶轴间夹角均为 90°。立方体的中心有一个原子，立方体的 8 个顶角上各有一个与相邻晶胞共有的原子。具有体心立方晶格的常见金属有 $\alpha-Fe$、Cr、V、W、Mo、Nb 等。

(a)刚性小球模型

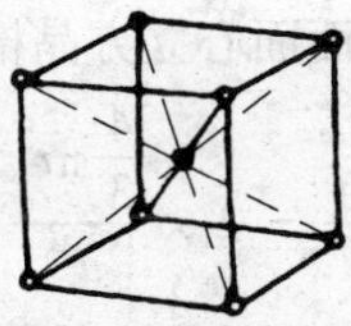
(b)质点模型

(c)晶胞原子数

图 2-2 体心立方晶胞示意图

如图 2-2(a)所示，在体心立方晶格的晶胞中，原子沿立方体的对角线方向紧密地接触着。设晶格常数为 a，则其原子半径为体对角线(原子排列最密的方向)方向上原子间距的一半，即 $r=\frac{\sqrt{3}}{4}a$。

如图 2-2(c)所示，立方体顶角上的原子为 8 个晶胞所共有，而立方体中心的原子为该

晶胞所独有,因而体心立方晶胞的原子数为2(8×1/8+1)。体心立方晶胞中的任一原子与8个原子接触且距离相等,因而体心立方晶格的配位数为8。其致密度为

$$K = n\frac{U}{V} = 2 \times \frac{\frac{4}{3}\pi r^3}{a^3} = 0.68$$

即在体心立方晶格中,有68%的体积为原子所占据,其余32%为间隙体积。可见,原子是不能将整个晶格体积填满的。

(二)面心立方晶格

如图2-3所示,面心立方晶格的晶胞也是一个立方体,晶格常数也只用一个常数 a 表示。在面心立方晶胞的8个顶角和6个面的中心各有一个原子。具有面心立方晶格的常见金属有 $\gamma - Fe$、Al、Cu、Ni、Au、Ag、Pb等。

如图2-3(a)所示,面心立方晶格的原子半径为面的对角线(原子排列最密的方向)上原子间距的一半,即 $r = \frac{\sqrt{2}}{4}a$。

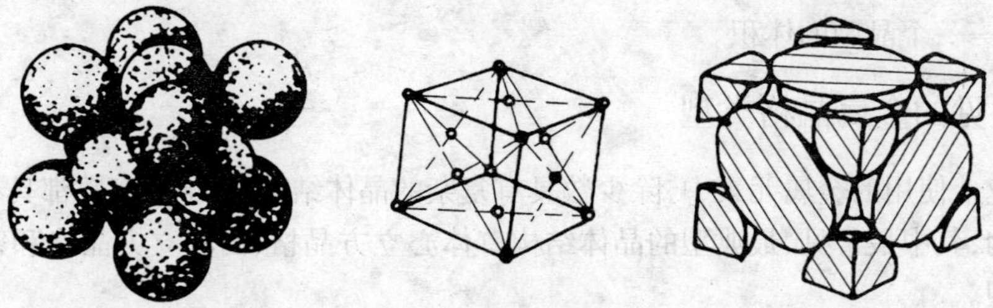

(a)刚性小球模型　(b)质点模型　(c)晶胞原子数

图2-3　面心立方晶胞示意图

如图2-3(c)所示,由于立方体顶角上的原子为8个晶胞所共有,每个晶胞实际占有该原子的1/8,而位于6个面中心的原子为相邻的两个晶胞所共有,每个晶胞只分到面心原子的1/2,因而晶胞原子数为4(8×1/8+6×1/2)。与面心立方晶胞中原子最相邻的是它周围顶角上的4个原子,这5个原子构成了一个平面,这样的平面共有3个,所以与该原子最近邻等距离的原子共有12(3×4)个,因而面心立方晶格的配位数为12。其致密度为

$$K = n\frac{U}{V} = 2 \times \frac{\frac{4}{3}\pi r^3}{a^3} = 0.74$$

这表明,在面心立方晶格中,原子占有晶胞体积的74%,其余26%是晶胞中的空隙体积。

(三)密排六方晶格

密排六方晶格的晶胞如图2-4所示,是一个正六棱柱体,在晶胞的12个角上各有一个原子,上底面和下底面中心各有一个原子,晶胞内还有3个原子,故晶胞中的原子数为6(1/6×12+1/2×2+3)。密排六方晶格的晶格常数有两个:一个是正六边形底边长 a,另一个是上下两底面之间的距离 c,且 $c/a = 1.633$。

原子半径为底面边长的一半,即 $r = \frac{a}{2}$。密排六方晶格中每一个原子(以底面中心的原

子为例）与 12 个原子（同底面上周围有 6 个，上下各有 3 个原子）接触且距离相等，因而配位数为 12。其致密度与面心立方晶格相同，也为 0.74。属于这类晶格的金属有 Mg、Zn、Be、Cd 等。

由上文可知，不同晶格类型的晶胞原子数、配位数和致密度不尽相同，一般配位数越大，则其致密度越高。应当指出，多数固态纯金属的晶格类型是恒定的，但铁、锡、锰、钴、钛等金属的晶格类型会随温度的改变而发生转变，这种晶格类型的转变又往往伴随着体积的改变。例如，纯铁在冷却到 912 ℃时发生 $\gamma-Fe$ 向 $\alpha-Fe$ 的转变，会导致体积膨胀，进而引起内应力。这就是钢在淬火热处理（迅速发生晶格类型转变）易产生变形、开裂的根本原因之一。

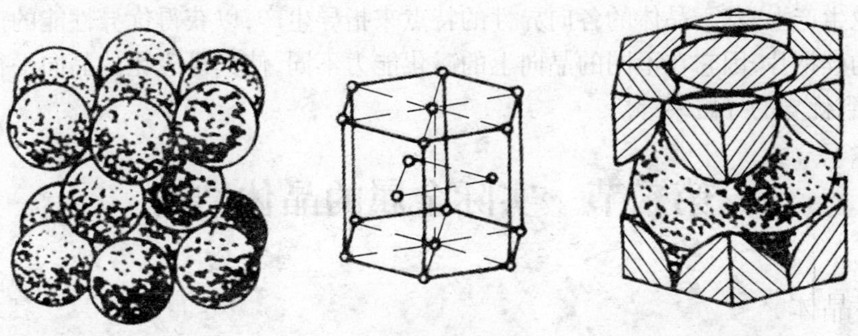

(a)刚性小球模型　(b)质点模型　(c)晶胞原子数

图 2-4　密排六方晶胞示意图

三、晶面和晶向、密排面和密排方向

面心立方晶格和密排六方晶格的配位数、致密度虽然相同，可是这两种晶格类型的金属在力学性能上却有较大差别。如具有面心立方晶格的 $\gamma-Fe$、Al、Cu 等金属具有良好的塑性，而具有密排六方晶格的 Mg、Zn、Be 等金属的塑性却较差。这主要与晶体的不同晶面和晶向上原子排列方式、原子密度和原子间结合力不同有关。

（一）晶面和晶向

为了进一步研究晶体结构特点及其对晶体性能的影响，人们引入了晶面和晶向两个概念。在晶格中，通过一系列原子中心所构成的平面称为晶面，它反映了不同方位的原子层及其原子排列情况。通过任意两个原子中心并指示出方向的直线称为晶向，它具有方向性，反映了不同方向的原子列及其原子排列情况。用以表示各种晶面和晶向在晶格中的分布特征的符号分别称为晶面指数和晶向指数。

（二）密排面和密排方向

不同晶体结构中不同晶面、不同晶向上原子排列方式和排列密度不一样。在晶格中，原子密度最大的晶面，称为密排面。原子密度最大的晶向，称为密排方向。

由于晶体中不同晶面和晶向上的原子密度不同，晶体在不同方向上的性能也不同。材料在塑性变形时会产生滑移，而滑移总是沿着晶体中原子密度最大的密排面和其上密度最大的密排方向进行的，这是由于密排面之间、密排方向之间的间距最大，结合力最弱。因此，滑移面为该晶体的密排面，滑移方向为该面上的密排方向，且滑移面和滑移方向的数目越多，金属的塑性就越好（详细可参见第五章的相关内容）。

四、晶体的各向异性

在相同的晶格中，由于不同晶面和晶向上原子排列情况不同，因而原子间距不同，原子间相互作用的强弱亦不同，从而导致晶体的宏观性能在不同方向上具有不同数值，这种现象称为晶体的各向异性。例如，具有体心立方晶格的铁，其弹性模量 E 就体现了各向异性。在密排方向 $E = 2.9 \times 10^5$ MPa，在非密排方向 $E = 1.35 \times 10^5$ MPa。许多晶体物质如石膏、云母、方解石等常沿一定的晶面易于破裂，具有一定的解理面，也都是这个道理。

晶体的各向异性不论在物理、化学或力学性能方面，即不论是在弹性模量、抗拉强度、屈服强度，还是在电阻率、导磁率、线膨胀系数，以及在酸中的溶解速度等诸多方面都会表现出来。在工业生产上，基于晶体的各向异性的特点来指导生产，以获得优异性能的产品。如制作变压器的硅钢片，因它在不同的晶向上的磁化能力不同，使其易磁化的晶向平行于轧制方向，从而得到优异的导磁率等。

第二节　实际金属的晶体结构

一、多晶体

以上研究金属的晶体结构时，是把晶体看成由原子按一定几何规律作周期性排列而成，即晶体内部的晶格位向是完全一致的，这种晶体称为单晶体。在工业生产中，单晶体只有经过特殊制作才能获得，如半导体工业中的单晶硅。

通常实际应用的金属材料都是由很多小晶体或晶粒组成的多晶体结构。在多晶体中，外形不规则的颗粒状小晶体称为晶粒，单个晶粒内部的晶格位向基本是均匀一致的，但晶粒之间的晶格位向却彼此不同。实际上在金属中，每一个晶粒相当于一个单晶体，晶粒与晶粒之间有明显的界面，即晶界，如图 2-5 所示。

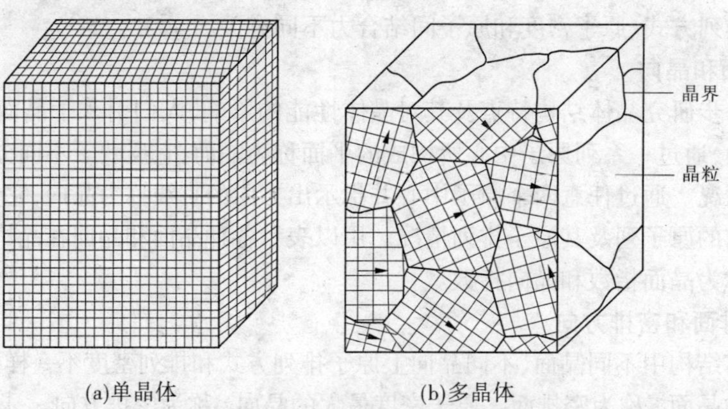

图 2-5　单晶体和多晶体的结构示意图

应当指出，(单)晶体具有各向异性的特点，但多晶体的性能在各个方向基本是一致的，即各向同性。例如，工业用铁的弹性模量 E，无论从哪个方向取样，测定结果表明，其弹性模量 E 均为 2.1×10^5 MPa。

晶粒的尺寸很小，如钢铁材料的晶粒尺寸一般为 $10^{-1} \sim 10^{-3}$ mm，必须在显微镜下才能观察到。在显微镜下才能观察到的金属晶粒的种类、大小、形态和分布,称为显微组织,简称组织。金属的组织对金属的力学性能有很大的影响。

每个晶粒内部,实际上也并不像理想单晶体那样位向完全一致,而是存在着许多尺寸更小,位向差也很小(一般是10′~20′,最大到2°)的小晶块,它们相互镶嵌成一颗晶粒。这些在晶格位向上彼此有微小差别的晶内小区域,称为亚结构(或称亚晶粒)。因其组织尺寸较小,需在高倍显微镜或电子显微镜下才能观察到。

二、晶体缺陷

由于铸造、热处理、变形等生产加工因素的影响,晶体的生成条件、原子扩散、原子受力状态等发生改变,最终导致晶体中原子排列规律性遭到破坏,总是存在一定的原子错排或晶格不完整现象,即晶体缺陷。一般根据几何特征,可将晶体缺陷分为点缺陷、线缺陷和面缺陷三种类型。

在金属中偏离规则排列位置的原子数目很少,至多占原子总数的千分之一,所以实际金属材料的结构还是接近完整的。尽管数量少,这些晶体缺陷却对金属的塑性变形、强度、断裂等起着决定性的作用,并且在金属的固态相变、扩散等过程中起重要作用。

因此,晶体缺陷的分析研究具有重要的理论和实际意义。

(一)点缺陷

点缺陷是指在三维尺度上都很小的不超过几个原子直径的缺陷,亦称零维缺陷。点缺陷主要有空位、间隙原子、置换原子三种,如图2-6所示。

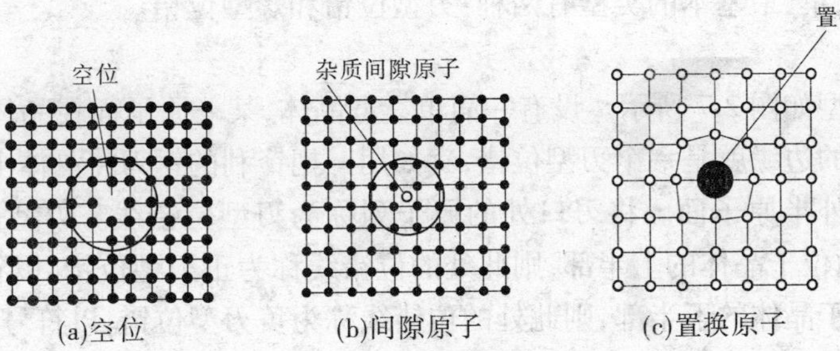

图2-6 晶体中的点缺陷

1. 空位

晶格中某个原子脱离了平衡位置,形成空结点,称为空位。当晶格中的某些原子由于某种原因脱离其晶格结点将产生此类点缺陷。由于空位的存在,其周围原子间的作用力会失去平衡,导致原子偏离平衡位置,这就在空位的周围出现一个涉及几个原子间距范围的弹性畸变区,简称晶格畸变。这种晶格畸变对金属的性能有重要影响,会使金属的强度、硬度和电阻增加。

2. 间隙原子

在晶格结点以外或晶格间隙中存在的原子,称为间隙原子。原结点处原子迁移到间隙中,这样形成一个空位的同时,也就产生一个间隙原子。而异类间隙原子大多是一些尺寸很小的原子,如钢中的氢、碳、氮、硼等,尽管原子尺寸很小,但仍比晶格中的间隙大得多,所以造成的晶格畸变远比空位严重得多。

应当指出,空位和间隙原子都是由于原子热振动而形成的,并处于不断迁移和变化之中，或处于不稳定状态。当空位周围的原子有足够高的能量时，就有可能跳入这个空位，这样原空位消失、新空位产生，这就是所谓的空位迁移。间隙原子也可以从一个间隙位置跳到另一个间隙位置上。当间隙原子跳到空位中去，或两者迁移到晶体表面或晶界时，空位或间隙原子便随之而消失。

特别注意，空位和间隙原子的运动，是金属中原子扩散的主要方式之一。

3. 置换原子

占据晶格结点位置的少数异类原子（或杂质原子），称为置换原子。由于置换原子与原结点处原子的尺寸不可能完全相同，因此置换原子周围也存在一定的晶格畸变现象。

综上所述，不管是哪类点缺陷，都会造成晶格畸变，这将对金属的性能产生重要影响，如使金属的强度和硬度升高、电阻增大、体积膨胀等。此外，点缺陷的存在，将加速金属中原子的扩散过程，因而凡与扩散有关的固态相变或金属热处理，如钢的淬火、渗碳、渗氮工艺等，都与点缺陷（尤其是空位和间隙原子）的存在和运动有着密切的关系。

（二）线缺陷

线缺陷是指晶体内沿某一条线，附近原子的排列偏离了完整晶格所形成的线形缺陷区。其特征是：二维尺度很小，而第三维尺度很大，亦称为一维缺陷。位错就是一种最重要的线缺陷。位错在晶体的塑性变形、断裂、强度等一系列结构敏感性的问题中均起着主要的作用，位错理论是材料强化的重要理论。

位错是在晶体中某处一列或若干列原子发生了有规律的错排现象。这种错排现象是晶体内部局部滑移造成的，根据局部滑移的方式不同，可形成不同类型的位错。虽然位错的种类很多，但其中最简单、最基本的类型有两种：刃型位错和螺型位错。

1. 刃型位错

刃型位错的模型如图 2-7 所示。设有一简单立方晶体，某一原子面在晶体内部中断，这个原子平面中断处的边缘就是一个刃型位错，犹如用一把锋利的钢刀将晶体上半部分切开，沿切口硬插入一额外半原子面。将刃口处的原子列称为刃型位错线。刃型位错有正负之分，若额外半原子面位于晶体的上半部，则此处的位错线称为正刃型位错，以符号“⊥”表示；若额外半原子面位于晶体的下半部，则此处的位错线称为负刃型位错，以符号“⊤”表示。

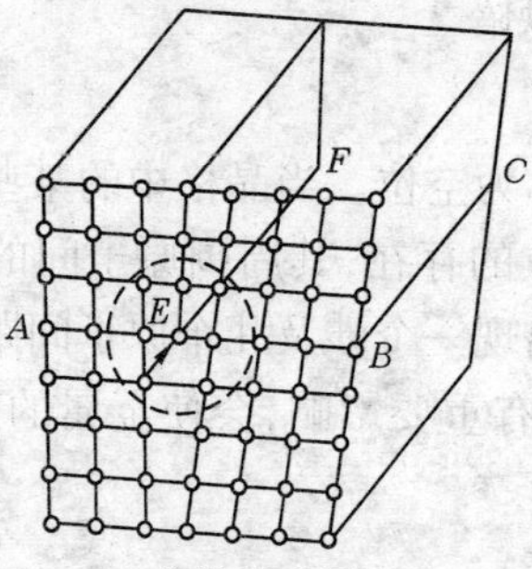

(a)立体示意图

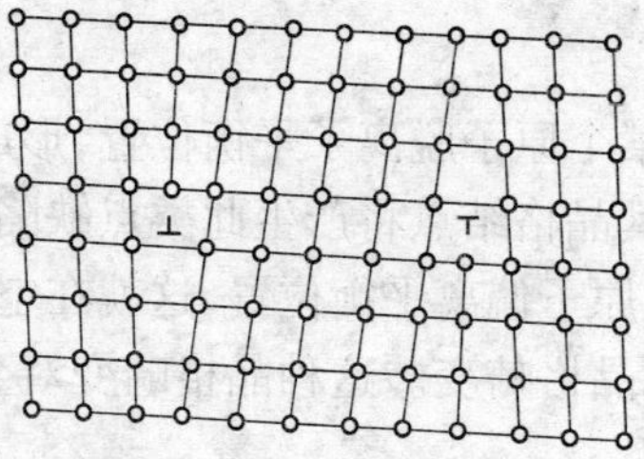

(b)垂直于位错线的原子平面

图 2-7　刃型位错模型

2. 螺型位错

螺型位错模型如图 2-8 所示。仍以简单立方晶体为例，设将晶体的前半部用刀劈开，然后沿劈开面以刃端为界使劈开部分的左右两半沿上下方向发生一个原子间距的相对切变。

这样，虽在晶体切变部分的上下表面各出现一个台阶 AB 和 DC，但在晶体内部大部分原子仍相吻合，就像未切变时一样，只是 BC 附近出现了一个约相当于几个原子宽的切变和未切变之间的过渡区。可以看出，沿 BC 线左边有三列原子是左右错开的，在这个错开区，若环绕其中心线，由 B 按顺时针方向沿各原子逐一走去，最后将达到 C，这就犹如沿一个右螺旋螺纹旋转前进，所以这样的一个宽仅占几个原子间距，长则穿透晶体上下表面的线性缺陷，称为螺型位错且为“右螺旋型”。

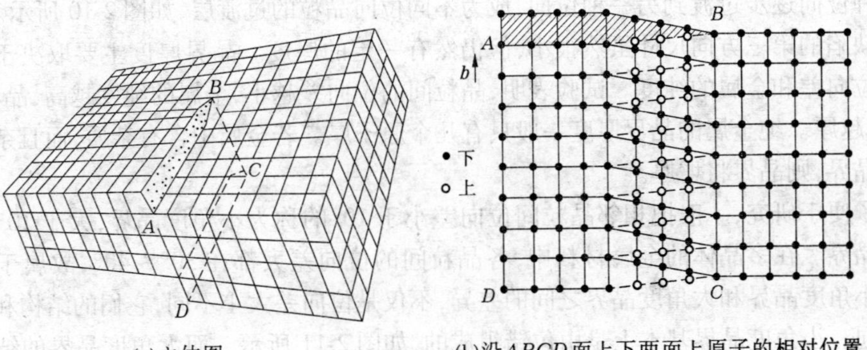

(a)立体图　　(b)沿 $ABCD$ 面上下两面上原子的相对位置

图 2-8　螺型位错模型

在实际晶体中常有大量位错存在，位错数量常用位错密度 ρ 表示，即

$$\rho = L/V$$

式中　V——晶体的体积；

L——体积为 V 的晶体中，位错线的总长度。

位错密度对金属强度有重要影响，其关系如图 2-9 所示。图中的理论强度是根据原子结点计算出来的理想晶体强度值。晶须是由实验室制造出来的一种很细的含缺陷极少的晶体，它的强度接近理想晶体强度值。而未经强化的工业纯金属，位错密度一般为 $10^5 \sim 10^8$ cm^{-2}，易于塑性变形，强度最低；经过了冷变形而强化的金属，其位错密度可增至 $10^{10} \sim 10^{12}$ cm^{-2}，提高了金属的强度。这是因为当金属中位错密度很高时，由于位错间的相互作用和干扰，金属的强度反而会升高，即位错强化。

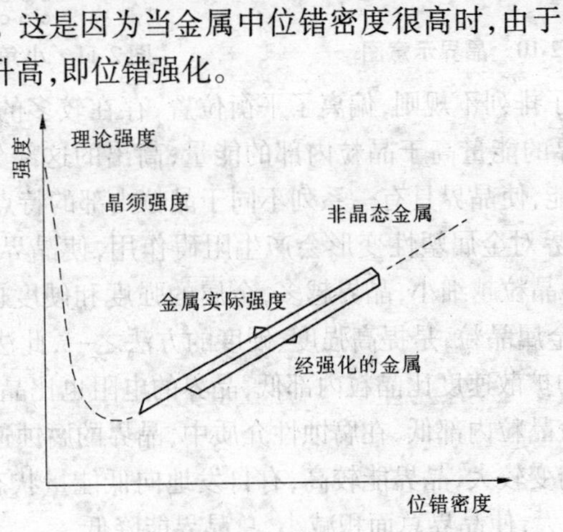

图 2-9　位错密度和强度的关系示意图

当缺陷增至百分之百时，金属原子就失去了有规则排列的特性，而成为非晶态金属，即所谓的金属玻璃，它具有很高的强度。可见，增加位错密度或减小位错密度都是提高金属强

度的有效途径。

（三）面缺陷

面缺陷是指二维尺度很大而第三维尺度很小的缺陷，亦称二维缺陷，包括晶界和亚晶界。

1. 晶界

晶界上的原子同时受到位向不同的相邻晶粒的影响，为了能同时适应两晶粒的位向，必须从一种位向逐步过渡到另一种位向，成为不同位向晶粒的过渡层，如图 2-10 所示。

面缺陷的第三方向尺寸虽然很小，但仍然有一定的厚度。晶界厚度主要取决于相邻晶粒间的位向差和金属的纯度。试验表明，晶粒间的位向差越小，金属的纯度越高，晶界越薄；反之，则越厚。纯金属的晶界厚度一般只有几个原子厚。若金属中含有杂质，而且杂质又常富集于晶界，则晶界将增厚。

为了便于研究，一般把相邻晶粒间位向差小于 10°的称为小角度晶界，大于 10°的称为大角度晶界。在多晶体的金属材料中，各晶粒间的位向差大都在 30°~40°，故属于大角度晶界。小角度晶界和大角度晶界之间的差异，不仅是位向差大小不同，它们的结构和性质也各有不同。小角度晶界基本上是由位错组成的，如图 2-11 所示。而大角度晶界的结构十分复杂，目前还不十分清楚。

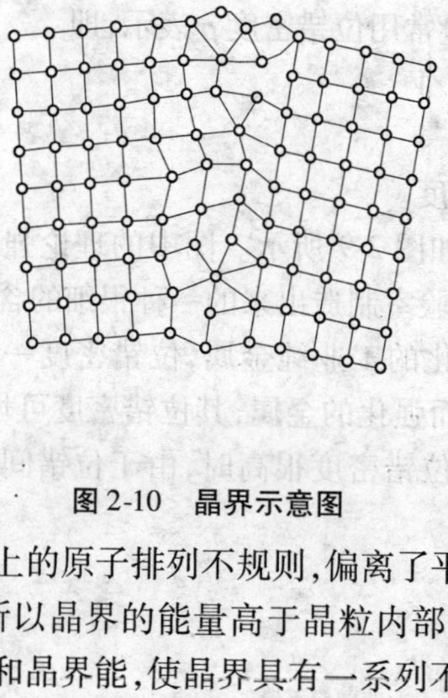

图 2-10　晶界示意图

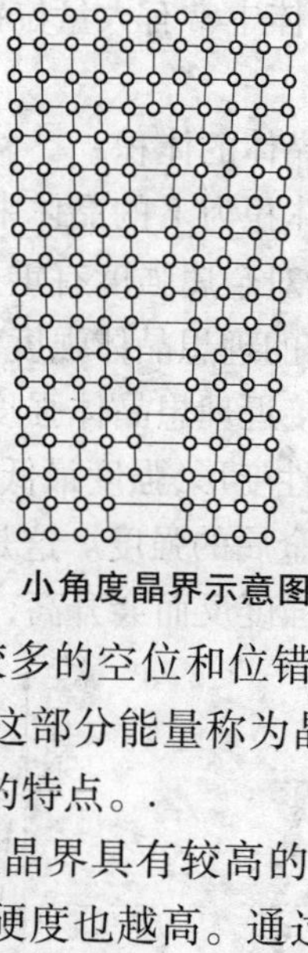

图 2-11　小角度晶界示意图

由于晶界上的原子排列不规则，偏离了平衡位置，存在较多的空位和位错等缺陷，造成了晶格畸变，所以晶界的能量高于晶粒内部的能量，高出的这部分能量称为晶界能或界面能。晶界结构和晶界能，使晶界具有一系列不同于晶粒内部的特点。.

（1）在常温下，晶界对金属塑性变形会产生阻碍作用，使晶界具有较高的强度和硬度。所以，在常温时金属的晶粒越细小，晶界越多，金属的强度和硬度也越高。通过一定的冶金或热处理工艺来细化金属晶粒，是提高强度、硬度的方法之一，此法称为细晶强化。

（2）原子沿晶界的扩散速度比晶粒内部低，晶界的电阻也比晶粒内部高。

（3）晶界的熔点较晶粒内部低，在腐蚀性介质中，晶界的腐蚀速度一般比晶粒内部快。

（4）晶界的晶格畸变较大，晶界能较高，有自发地向低能量状态转化的趋势。如金属在加热时，晶粒会自发长大，使晶界总面积减小，总晶界能降低。

2. 亚晶界

根据 X 射线分析，实际金属的晶粒内部，其晶格位向也不像理想晶体那样完全一致，而是由位向差很小（一般是 5′~2°）的称为嵌镶块的小块所组成的，称为亚晶或亚结构。在亚晶中原子排列位向是一致的。相邻亚晶间的边界称为亚晶界。亚晶界实际上是由一系列刃型位错组成的小角度晶界，如图 2-12 所示。

图 2-12　亚晶界示意图

由于亚晶界也存在着晶格畸变，因此亚晶尺寸对金属的性能也有一定影响。当晶粒大小一定时，亚晶越小或相邻亚晶的位向差越大，塑性变形的阻力也越大，金属的屈服强度也越高。

实际金属中除上述点、线、面缺陷外，还存在着一些其他的晶体缺陷。这些缺陷的存在，破坏了晶体的完整性，大大影响了晶体的性能。但是必须指出，缺陷的存在并不改变金属的晶体性质。晶体学的许多规律，对于实际金属是适用的，只是还应看到各种具体的偏差。

在晶体中，缺陷并不是静止地、稳定不变地存在着，而是随着各种条件的改变而不断变动的，它们可以产生、发展、运动和交互作用，而且能合并和消失。晶体缺陷对金属的许多性能有很大的影响，特别是对塑性、强度、扩散等有着决定性的作用。

第三节　纯金属的结晶

金属自液态经冷却转变为固态的过程，即原子从排列不规则的液态转变为排列规则的晶态的过程，称为金属的结晶过程。研究金属结晶过程的基本规律，对改善金属材料的组织和性能，都具有重要的意义。

一、金属结晶时的过冷现象

纯金属的结晶过程可以通过热分析法进行研究，图 2-13 为热分析装置示意图。首先坩埚中的纯金属熔化成液体，然后缓冷，在冷却过程中，每隔一定的时间测量一次温度，将记录下来的数据描绘在温度—时间坐标图中，便可获得如图 2-14 所示的冷却曲线。

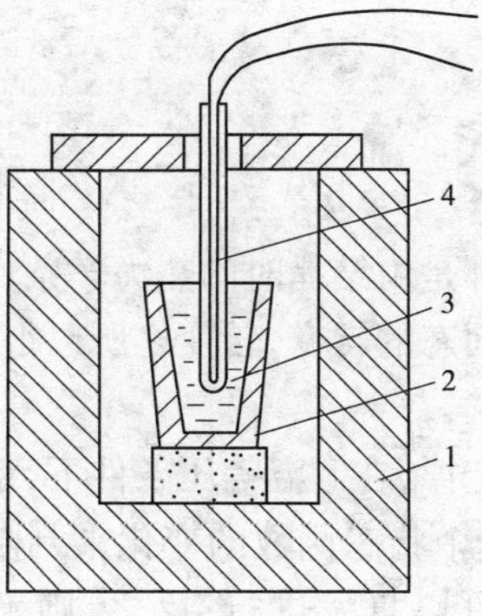

1—电炉；2—坩埚；3—金属液；4—热电偶

图 2-13　热分析装置示意图

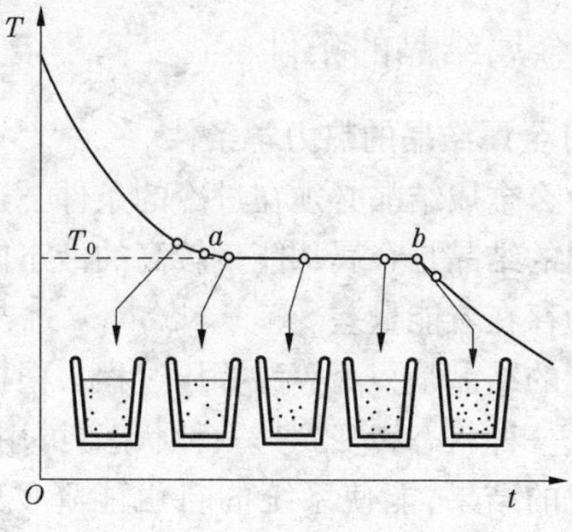

图 2-14　纯金属的冷却曲线

由图 2-14 可见，液态金属在结晶之前，由于热量向外散失，温度将不断降低。当冷却到某一温度时，温度恒定，即在曲线上出现一个平台，这个平台所对应的温度，就是纯金属的结晶温度。出现平台的原因，是金属结晶时放出的结晶潜热补偿了冷却时散失的热量，使结晶温度保持不变。平台延续的时间，就是结晶开始到终了的时间。结晶终了之后，温度又重新下降。金属冷却曲线的形状与冷却速度等因素有关。

纯金属液体在无限缓慢的冷却条件（即平衡条件）下结晶的温度，称为理论结晶温度，用 T_0 表示，如图 2-15（a）中冷却曲线 1 所示。但实际生产中，金属结晶时的冷却速度是较快的，此时液态金属将在理论结晶温度以下某一温度 T_n 才开始结晶，如图 2-15（b）中冷却曲线 2 所示。金属的实际结晶温度 T_n 低于理论结晶温度的现象，称为过冷现象。理论结晶温度与实际结晶温度之差 ΔT，称为过冷度。过冷度 $\Delta T = T_0 - T_n$。

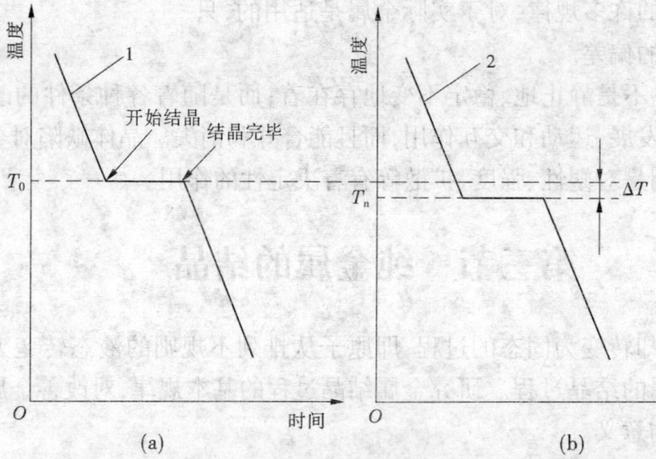

图 2-15　纯金属结晶时的冷却曲线及过冷度示意图

试验研究表明，金属的过冷度不是一个恒定值，而是受金属的性质、纯度、冷却速度等因素的影响而变化的。不同性质的金属，过冷度不同。金属的纯度越高，过冷度越大。同一金属冷却速度越大，过冷度也越大，金属的实际结晶温度越低。

总之，金属的结晶必须在一定的过冷度下进行，若不过冷，就不可能结晶。过冷是结晶的必要条件之一。

二、金属结晶的条件

（一）金属结晶的热力学条件

为什么金属结晶必须在过冷的条件下进行呢？这些都是由结晶时的热力学条件所决定的。金属的结晶是金属从能量较高的液态向能量较低的固态的转变，转变之所以得以进行，则是因为存在着能量差。

金属的结晶是一个等温等压过程。根据热力学第二定律，在等温等压条件下，系统能否自发地从一种状态转变到另一种状态，可用“自由能 G”这个状态函数的变化来判断。如果状态变化的结果，能使系统的自由能降低，则这一过程可以自发进行；反之，则不能自发进行。

物质中能够自动向外界释放出其多余的或能够对外作功的这一部分能量，称为自由能 G。由图 2-16 可见，液态金属自由能 G_L 和固态金属自由能 G_S 都是随温度升高而降低的，但由于自由能曲线的斜率不同，必然在某一温度下相交于一点 T_0。在温度 T_0 时，由于 G_L 和 G_S 相等，自由能差 $\Delta G=0$，即固相与液相处于动平衡状态，也即熔化速度与凝固速度相等，处于两相共存状态，故 T_0 称为理论结晶温度或理论熔点。

在温度低于 T_0 时，固相金属的自由能 G_S 低于液相金属的自由能 G_L，根据一切物质都自发地从高能量状态向低能量状态转变这一规律，液态金属将自发地凝固为固态金属；在温度高于 T_0 时，液态金属的自由能 G_L 则低于固态金属的自由能 G_S，固态金属将熔化而成为液态金属。

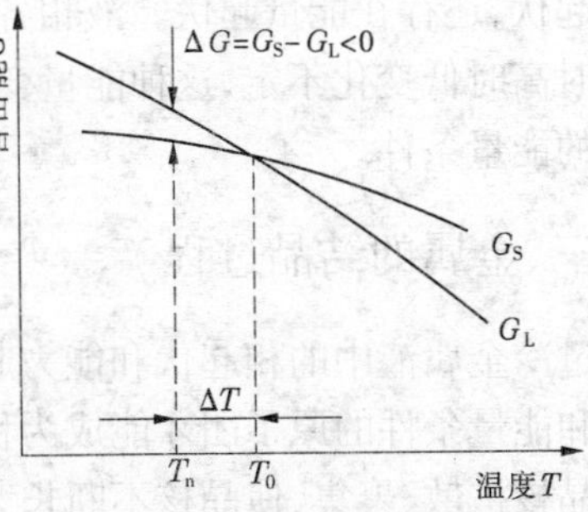

图 2-16　液态金属与固态金属在不同温度下的自由能变化

总之，金属结晶的热力学条件是：固态金属的自由能必须低于液态金属的自由能。只有在过冷的条件下，即 $T_n < T_0$ 时，才能满足这一热力学条件，这正是结晶必须过冷的根本原因。

从图 2-16 还可以看出，过冷度 ΔT 越大，自由能差 ΔG 越大，液态金属结晶成固态金属的驱动力也越大，结晶的倾向也就越大。

应当指出，热力学条件只是转变的必要条件，液态金属还需要满足一定的结构条件和能量条件，才能完成结晶过程。

（二）金属结晶的结构条件

固态金属是晶体，其内部原子呈规则排列，并以一定的平衡位置为中心不停地进行振动。固态金属的这种结构特征，称为“远程有序”结构。

将固态金属加热熔化，固态金属中“远程有序”的结构受到破坏，出现了原子排列的不规则现象。试验表明，在接近熔点时，液态金属的内部存在着很多体积微小但大小不同、存在时间很短、时聚时散的原子集团，这些原子集团中的原子呈规则排列，它们的结构与固态金属相似。对应于固态金属的“远程有序”结构，液态金属的这种结构称为“近程有序”结构。液态金属中规则排列的原子集团时聚时散的现象叫做结构起伏或相起伏。

图 2-17 示意地表示了“远程有序”和“近程有序”结构中原子排列的情况。

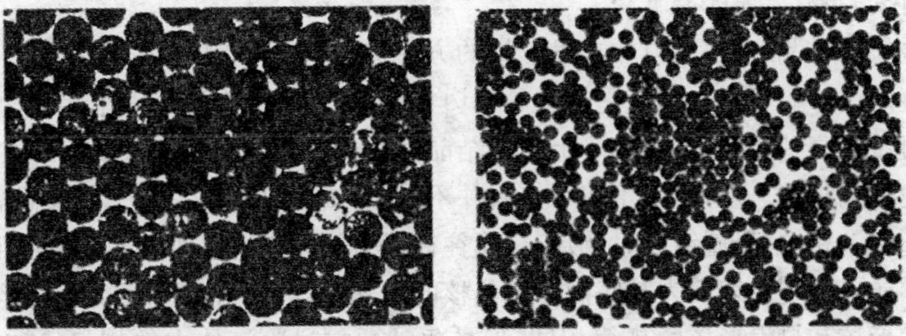
固态晶体的微观结构　　液态晶体的微观结构(相起伏)

图 2-17　**“远程有序”与“近程有序”显微结构**

在过冷的液态金属中，最大的相起伏可能达到几百个原子的大小，这样大的近程有序结构，正是液态金属结晶时形成结晶核心的基础。所以，过冷液态金属中的相起伏就是结晶核心的胚芽，也称晶胚。而尺寸足够大，存在时间足够大的晶胚，才有机会最终成为晶核。因此,相起伏就是液态金属结晶的结构条件。

(三)金属结晶的能量条件

晶胚能否顺利成为晶核,还受形核功的限制。形核功从哪里来?在液态金属中,不但存在相起伏,还存在能量起伏。液相各微观区域内,有的能量偏高、有的能量偏低,同微区内能量也时高时低变化不定,这种能量变化现象称为能量起伏。这种能量起伏提供的形核功,是结晶的能量条件。

三、金属的结晶过程

过冷金属液中的相起伏和能力起伏是形核的基础,只有同时满足上述热力学条件、结构条件和能量条件的原子团才能成为稳定的结晶核心,即晶核。此后,周围金属液中的原子不断向晶核扩散、聚集,使晶核不断长大。同时,过冷金属液中又不断有新的晶核形成并长大,直至晶粒长大到相互接触,金属液全部消失,即结晶结束。因此,如图 2-18 所示,金属的结晶主要包括晶核的形成和晶核的长大两个基本过程。

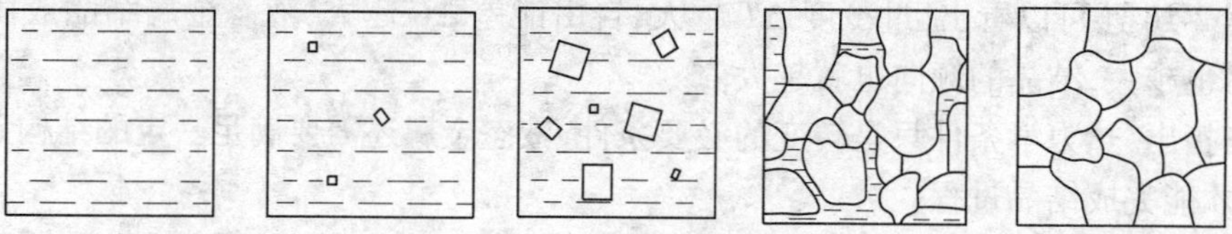

图 2-18 金属结晶过程示意图

(一)晶核的形成

晶核的形成有两种方式,即自发形核(均质形核)与非自发形核(异质形核)。

1. 自发形核(均质形核)

严格满足上述结晶条件,以过冷液态金属中存在的“相起伏”和“能量起伏”为基础的形核方式,称为自发形核。自发形核时,新相晶核是在均匀的液相内形成,液相中各区域出现新相晶核的概率是相同的,故自发形核又称为均匀形核或均质形核。

2. 非自发形核(异质形核)

实际金属的结晶,大都是以非自发形核的方式完成的,而以自发形核的方式完成结晶,只有在纯金属中才有可能。即使是纯金属,其自发形核的过冷度也是很难达到的,如纯铁自发形核的过冷度高达 295 ℃,而实际上金属结晶时的过冷度一般不超过 20 ℃。这说明了自发形核理论的局限性。但是,由于实际金属并不纯,金属熔化后,总会有一些难熔杂质的微小质点分布于液相中,金属结晶时,液态金属往往优先依附于这些质点的表面而形核。这种以微小固体质点的现成表面为基底而形成晶核的方式,称为非自发形核或异质形核。

非自发形核和自发形核的规律相同,形核仍然要靠过冷液体中的相起伏和能量起伏。但由于非自发形核是依附于杂质表面并借助其基底形核,因此它所需要的相起伏和能量起伏都比自发形核小,所以非自发形核比自发形核容易,在较小的过冷度下,就可以形核。非自发形核和自发形核的形核率与过冷度的关系如图 2-19 所示。

在生产中,常在液体金属中有意地加入一些能够促进非自发形核的固态物质,以增加液态金属结晶时的形核率、细化组织、提高力学性能。所加入的物质称为变质剂。这种处理方法称为变质处理。

（二）晶核的长大

1. 晶核长大的机理

结晶时，晶核生成以后，随即是晶核的长大。晶核的长大实质上就是原子由液体向固体表面的迁移、堆砌而结合的过程。因此，金属固－液界面处的结构对原子的结合方式、结合速度有很大影响，并影响着晶体的生长方式、生长速度和最终形态。固－液界面的结构可分为光滑界面和粗糙界面两种，如图2-20所示。

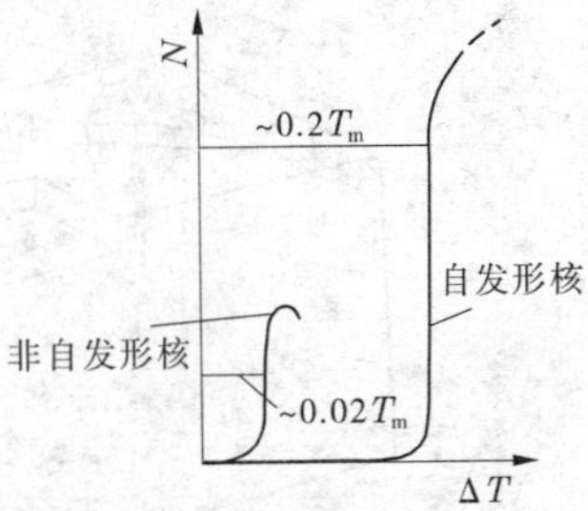

图2-19 非自发形核与自发形核的形核率与过冷度的关系

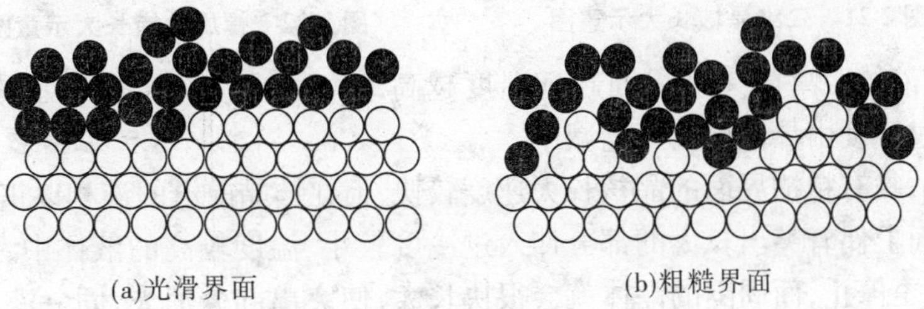

图2-20 固－液界面微观结构示意图

1）粗糙界面长大

根据对界面结构的研究，典型金属的固－液界面，如以原子大小的微观尺度来衡量，是粗糙的，或者说是非光滑的，即高高低低、坎坷不平的。在这样的界面上，大约有50%的正常原子位置是空着的，因此液体中的金属原子很容易连续而无序地添加到界面上。在长大过程中，只要迁移原子供应充足，晶体就可以连续不断地向液相中快速长大，因此这种长大机理称为连续长大或垂直长大。这种长大机理适合大多数金属及某些有机化合物。

2）光滑界面长大

固－液界面用原子大小的微观尺度来衡量是光滑的，即固体表面差不多是一层光滑的原子面。在界面上或者有百分之几的结点位置或者大部分结点位置被结晶原子所占据。这类界面的长大，只有在界面上出现台阶或凸缘时，才能将液相中迁移来的原子稳定地结合在台阶的边缘，依靠台阶向其侧面扩展而长大。这种长大方式称为侧面长大。

侧面长大又分为以下两种：

（1）二维晶核长大。在光滑界面上先形成二维晶核，然后通过二维晶核棱边所形成的台阶逐步扩展而长大，称为二维晶核长大，如图2-21所示。

（2）螺旋位错长大。依靠晶体中存在的某些缺陷作为原子增添的台阶，使晶体连续地长大，称为螺旋位错长大。最简单的台阶，就是存在于光滑界面上的螺旋位错露头，液体原子不断地填充到螺旋界面上，使之成为不会消失的台阶，如图2-22所示。

2. 晶核长大的方式

根据界面性质和界面温度分布的不同，晶核长大的方式主要有两种：平面长大和枝晶长大。但实际金属结晶时，晶体究竟以何种方式长大，主要取决于长大时的过冷条件和能量条件。

1）结晶前沿的液相中存在正温度梯度

在实际铸造生产中，金属在锭模（或铸型）中结晶时，热量是通过模壁向外散失的。固

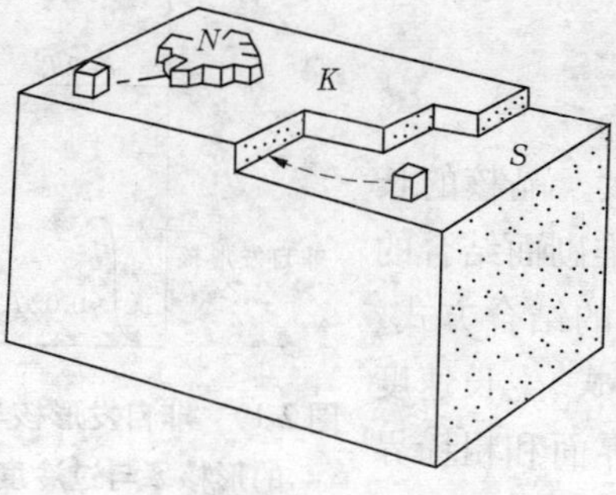

N—二维晶核；*S*—台阶；*K*—弯结

图 2-21　二维晶核长大示意图

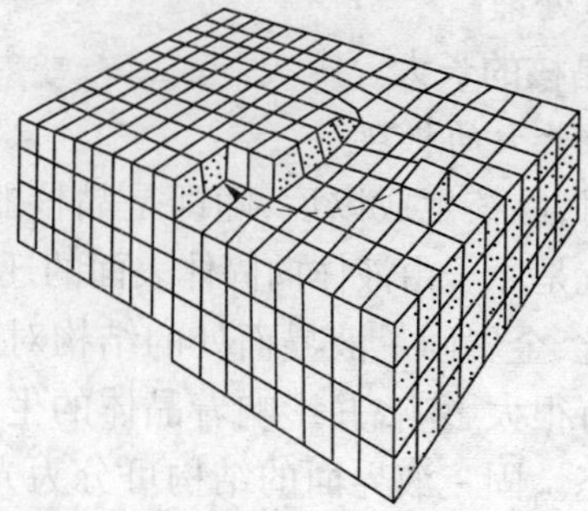

图 2-22　螺旋位错长大示意图

体结晶前沿的液体距离固 - 液界面越远温度越高，形成如图 2-23(a)所示的温度分布，这时，液相中的过冷度由界面向内逐渐减小。

如前所述，具有粗糙界面的晶核长大速度较快，但在结晶前沿的液相以正温度梯度分布的情况下，界面上偶有突出长大的部分伸入过冷度较小、温度较高的液体中，它的长大速度必然会减慢甚至停止，而周围的晶体就会很快长大，使突出部分消失，固 - 液界面又恢复到平面状态，如图 2-23(a)所示。所以，在正温度梯度的条件下，纯金属的结晶只能以平面长大的方式向液相中不断扩展而长大，形成具有规则外形的晶体。

而具有光滑界面的晶体，由于遵循侧面长大机理，因此也只能以平面长大方式而长大。

2)结晶前沿的液相中存在负温度梯度

金属结晶时要释放一定的结晶潜热，在结晶进行时，如果此时已结晶的固体将模壁加厚，使从模壁方向散热不利，那么由于结晶潜热的释放会使液 - 固界面结晶前沿的液体温度升高，液体中将出现如图 2-23(b)所示的负温度梯度。此时，由液 - 固界面向内液体的过冷度逐渐增加。

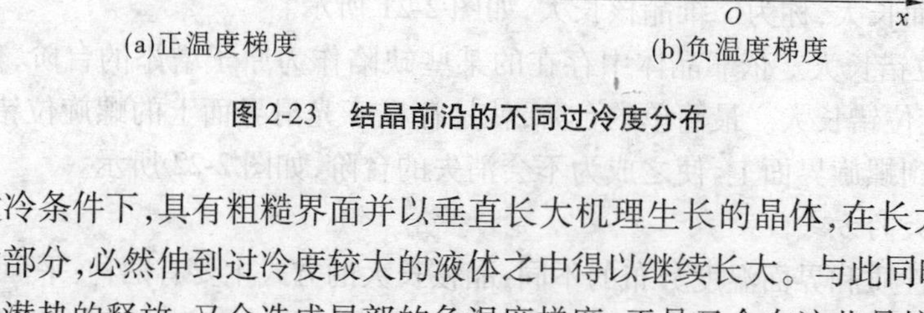

图 2-23　结晶前沿的不同过冷度分布

在这种过冷条件下，具有粗糙界面并以垂直长大机理生长的晶体，在长大过程中，界面上偶有突出的部分，必然伸到过冷度较大的液体之中得以继续长大。与此同时，这些晶柱的侧面由于结晶潜热的释放，又会造成局部的负温度梯度，于是又会在这些晶柱上生出新的分枝。我们把原来生长的晶柱叫做一次轴，在一次轴侧面长出的晶柱叫做二次轴。以此类推，还可以从二次轴上长出三次轴……这些晶轴彼此交错，宛如枝条茂密的树枝，因而称为树枝晶体，简称枝晶。图 2-24 是枝晶生长示意图。

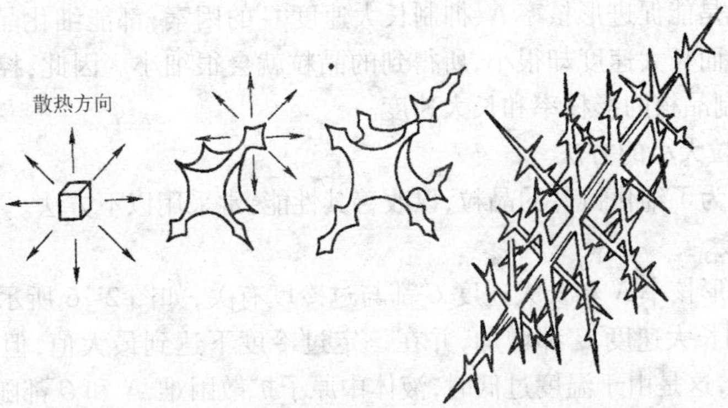

图 2-24　枝晶生长示意图

若金属很纯，结晶过程中又能不断地补充因体积收缩而需要的液体，则凝固后的金属就看不出树枝状晶的痕迹，而只能看到一个个多边形的晶粒。若在金属凝固过程中，金属液体补充不足，在铸锭表面或缩孔处就可以看到明显的树枝状晶。图 2-25 是在锑锭的表面观察到的树枝状晶。

图 2-25　锑锭表面的树枝状晶

四、晶粒大小的控制

(一) 晶粒大小对金属性能的影响

金属的晶粒大小对金属的力学性能有重要的影响。一般地说，晶粒越细小，则金属的强度、硬度越高，且塑性、韧性也越好，即细晶强化、细晶韧化。

对于在高温下工作的金属零件，大小适中的晶粒才具有较高的蠕变强度。用于制造电动机和变压器的硅钢片，却要求晶粒越粗大越好，这是因为晶粒越粗大，磁滞损耗越小，效率越高。因此，晶粒的大小应根据使用性能的要求而定。

(二) 影响晶粒大小的因素

金属的结晶是由晶核的形成与长大两个基本过程完成的，那么晶粒的大小也就必然与形核率 N 以及长大速度 G 密切相关。

实践证明,凡是能促进形核率 N、抑制长大速度 G 的因素,都能细化晶粒。如果晶核的形核率得到提高,而长大速度却很小,所得到的晶粒就会很细小。因此,控制晶粒大小的最重要的方法是控制晶核的形核率和长大速度。

(三)控制晶粒大小的方法

工业生产中,为了细化铸件的晶粒,以改善其性能,常采用以下方法。

1. 增加过冷度

金属结晶时,形核率 N 和长大速度 G 都与过冷度有关,如图 2-26 所示。随着过冷度的增加,形核率 N 和长大速度 G 都增加,并在一定过冷度下达到最大值,但随着过冷度的增加,两者又都减小,这是由于温度过低时,液体中原子扩散困难,N 和 G 都随之减小。在生产实践中,冷却条件往往处于曲线的左边部分。所以,随着过冷度的增加,形核率 N 和长大速度 G 都增加,但形核率 N 增加更快,故 N/G 增大,使晶粒细化。

铸造生产中,通过降低浇注温度、加快冷却速度等都能增大金属液相的过冷度,使晶粒细化。加快冷却速度的方法主要有:采用散热快的金属铸型、降低金属铸型的预热温度、减小涂料层的厚度以及采用水冷铸型等。

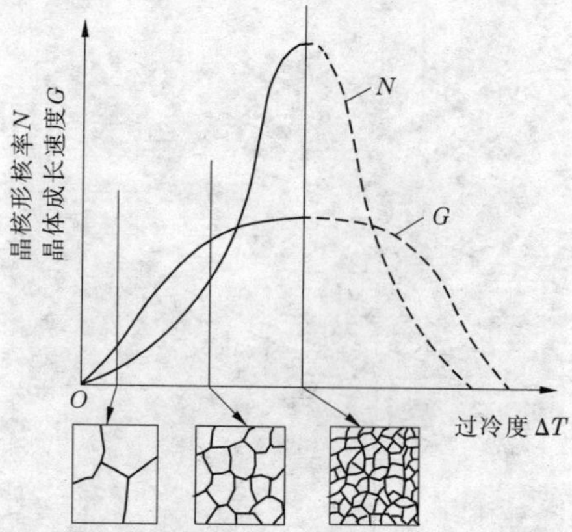

图 2-26　晶核的形核率(N)和成长速度(G)与过冷度(ΔT)的关系

2. 变质处理

变质处理又称为孕育处理,就是在液态金属中加入孕育剂或变质剂,以增加非自发形核的数目,促进形核,抑制晶核长大,从而达到细化晶粒的目的。用于细化晶粒的变质剂有如下几种:在浇注前向液态金属中加入同类金属细粒,或加入结构完全对应的高熔点物质细粒,在液相中直接起着外来晶核的作用。例如,在铝液中加入钛、锆作为质点都能起到非自发形核的核心作用。有些物质不能提供结晶核心,但能阻止晶粒长大,例如钢液中加入硼就属于此类变质剂。

3. 振动处理

对即将结晶的金属液进行振动或搅动,一方面依靠振动输入能量,促使晶核提前形成;另一方面使成长中的晶枝破碎,增大晶核数目,从而提高形核率,细化晶粒。常用的振动方法有机械振动、超声波振动、电磁搅拌等。特别是在钢的连铸中,电磁搅拌已成为控制凝固组织的重要技术手段。

第四节　金属铸锭的组织与缺陷

一、铸锭的组织

铸锭的结晶是大体积液态金属的结晶，虽然其结晶还是遵循了上述的基本规律，但其结晶过程还将受到其他各种因素（如金属纯度、熔化温度、浇注温度、冷却条件等）的影响。图 2-27 为钢锭剖面组织示意图，其组织由如下三层不同的晶粒组成。

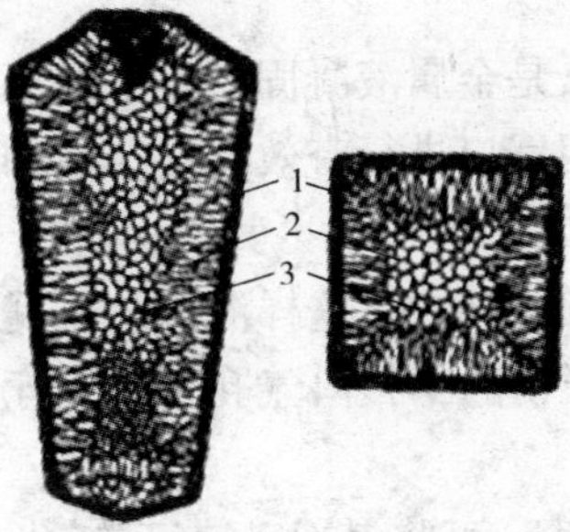

1—表面细晶粒层；2—柱状晶粒层；3—中心等轴晶粒区

图 2-27　钢锭剖面组织示意图

（一）表面细晶粒层

当高温的液体金属被浇注到铸型中时，液体金属首先与铸型的模壁接触。一般来说，铸型的温度较低，产生很大的过冷度，形成大量晶核，再加上模壁的非均匀形核作用，在铸锭表层形成一层厚度较薄、晶粒很细的等轴晶区。

（二）柱状晶粒层

柱状晶粒主要是因为铸锭沿垂直于其模壁方向散热最快，晶粒沿其相反方向择优长大成柱状晶所致。

（三）中心等轴晶粒区

随着柱状晶粒发展到一定程度，通过已结晶的柱状晶粒层和模壁向外散热的速度愈来愈慢，剩余在锭模中部的液体温差也愈来愈小，散热方向性已不明显，晶核在不同方向上的长大速度相同，因而便形成较粗大的等轴晶粒区。

由上述可知，钢锭组织是不均匀的。从表层到心部依次由细小的等轴晶粒、柱状晶粒和粗大的等轴晶粒所组成。改变凝固条件可以改变这三层晶区的相对大小和晶粒的粗细，甚至获得只有两层或单独一个晶区所组成的铸锭。

钢锭一般不希望得到柱状晶组织，因为钢的塑性较差，而且柱状晶平行排列呈现各向异性，在锻造或轧制时容易发生开裂，尤其在柱状晶层的前沿及柱状晶彼此相遇处，当存在低熔点杂质而形成一个明显的脆弱界面时，更容易发生开裂。

但对于某些铸件如涡轮叶片，则常采用定向凝固法有意使整个叶片由同一方向、平行排列的柱状晶所构成。因为这种结构沿一定方向能承受较大的负荷而使涡轮叶片具有良好的使用性能。

二、铸锭的缺陷

铸锭的凝固或结晶缺陷主要包括缩孔、缩松、气孔和成分偏析等。

(一)缩孔和缩松

金属在凝固过程中,伴随着体积收缩现象,如果没有足够的金属液来补充,便会在最后凝固的地方出现孔洞,称为缩孔。通常将容积大而集中的孔洞称为集中性缩孔,简称缩孔;将细小而分散的缩孔称为分散性缩孔,简称缩松。缩孔和缩松的形状不规则、表面粗糙,并带有枝晶特征。缩孔和缩松的存在不仅会降低铸件的致密性,而且还会形成应力集中,降低铸件的力学性能。

产生缩孔和缩松的根本原因,是金属液凝固时发生的液态收缩和凝固体收缩。因此,可以通过设计合理浇注工艺,如利用冒口进行有效补缩,来降低缩孔和缩松倾向。

(二)气孔

金属在液态下比在固态下溶解气体多,这样液态金属凝固时,如果所析出的气体来不及逸出,就会保留在铸锭内部,形成气孔。另外,气孔也可由于液态金属中的化学反应生成的气体而造成。

根据气孔在铸锭中出现的位置,可将其分为表面气孔、皮下气孔和内部气孔三类,如图2-28所示。气孔一般呈圆形、梨形或椭圆形,其表面较光滑。气孔降低工件的有效承载面积,降低金属的力学性能。压力加工时气孔可被压缩,但难以压合,常常在热加工和热处理过程中产生起皮、起泡现象。

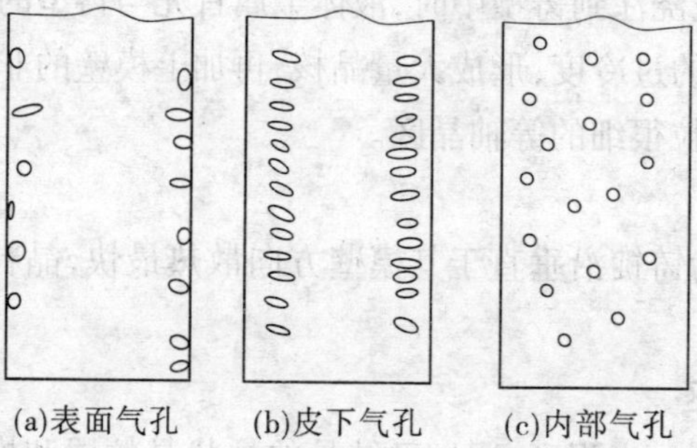

(a)表面气孔　(b)皮下气孔　(c)内部气孔

图2-28　铸锭断面气孔分布状况示意图

(三)成分偏析

铸件(或铸锭)中各部分化学成分不均匀的现象称为成分偏析。根据其范围的大小,可分为显微偏析(微观偏析)和宏观偏析。根据其形成原因和分布位置,又可分为枝晶偏析、区域偏析和比重偏析等。

1. 枝晶偏析

在实际生产条件下,由于冷却速度比较快,金属结晶速度也比较快,使得原子扩散不充分,结果在同一个树枝状晶粒内,先结晶的晶干部分和后结晶的晶枝部分之间的化学成分不均的现象,称为枝晶偏析,又称为晶内偏析。这种偏析属于显微偏析,一般通过高温退火或均匀化退火可以将其消除。

2. 区域偏析

在铸锭结晶过程中,由于外层柱状晶先形核并不断长大,固-液界面不断向中心推进,把低熔点组元、气体及夹杂物也推向中心液相区。这样结晶结束后，铸锭的外层富集大量高熔点组元，而铸锭心部则富集大量低熔点的组元和杂质，这种宏观偏析称为区域偏析。

区域偏析造成的宏观成分不均，会严重影响铸锭的使用性能，铸锭心部往往是薄弱处，易产生裂纹。但区域偏析也有有利的一面，合理利用它可以实现净化或提纯金属的目的，这种工艺称为区域提纯。

3. 比重偏析（密度偏析）

在金属结晶过程中，如果初生的晶体与余下的液相之间比重（或密度）差较大，这些初生晶体在液相中便会下沉或上浮。由此所形成的化学成分不均匀现象称为比重偏析或密度偏析。这种偏析通常是在重力或离心力作用下产生的，因此又称之为重力偏析。比重偏析也属于宏观偏析，常见于 Cu－Pb、Sn－Sb、Al－Sb 等合金铸锭或铸件中。

应当指出，宏观偏析不能通过热处理来消除，而只能在铸造过程中采取适当措施来控制，例如降低浇注温度，提高冷却速度，或附加振动、搅拌等，可防止或减轻宏观偏析现象。

习　题

一、名词解释

晶体；晶格；晶胞；晶格常数；晶向；晶面；致密度；结晶；晶体缺陷；变质处理

二、思考题

1. 常见的金属晶体结构有哪几种类型？$\alpha-Fe$、$\gamma-Fe$、Al、Cu、Ni、Pb、Cr、V、Mg、Zn 各属何种晶体结构？

2. 请计算面心立方晶格的原子半径和致密度（晶格常数为 a）。

3. 有哪些常见的晶体缺陷？简述晶体缺陷对材料力学性能的影响。

4. 纯金属结晶时，其冷却曲线为何有一段水平线？

5. 什么是过冷度？过冷度与冷却速度有何关系？为什么金属结晶时必须过冷？

6. 为什么要细化晶粒？生产中常用的细化晶粒的方法有哪几种？

7. 如果其他条件相同，试比较下列铸造条件下铸铁晶粒的大小：

(1) 金属模浇注与砂型浇注；(2) 铸成薄件与铸成厚件；(3) 浇注时采用振动与不采用振动。

8. 铸锭组织中有哪几个区？其形成原因分别是什么？

第三章　合金的结构与相图

纯金属在生活和生产中的应用十分广泛，主要是利用了纯金属的导电性、导热性、化学稳定性等性能。但由于纯金属种类有限，而且几乎所有的纯金属的强度、硬度、耐磨性等使用性能都比较差，所以不能满足人们对材料多样性的需要。通过合金化过程，可以显著地改变金属材料的结构、组织和性能，从而极大地提高了金属材料的力学性能，同时使其电、磁、耐蚀性等物理、化学性能也得到了保持或提高。因此，同纯金属相比，合金的应用更为广泛。

本章将介绍合金的固态相结构，分析和研究几种典型的二元合金相图，了解合金的结晶过程，掌握合金的成分、组织结构和性能之间的关系，为进一步学习和研究合金的相变奠定理论基础。

第一节　合金的基本概念

一、合金

由两种或两种以上的金属元素、或金属元素与非金属元素，经熔炼、烧结或其他方法组合而成的并具有金属特性的物质，称为合金。例如，普通碳钢和铸铁主要是由铁和碳组成的合金，普通黄铜是由铜和锌组成的合金。

合金不仅具有较高的强度、硬度以及某些优异的物理、化学性能和工艺性能，而且价格比纯金属低廉，所以它比纯金属得到更广泛的应用。

二、组元

组成合金最基本的、独立的物质称为组元，简称为元。一般来说，组元就是组成合金的元素，但也可以是稳定的化合物。例如，黄铜的组元是铜和锌，碳钢的组元是铁和碳或者是铁和金属化合物 Fe_3C。

根据合金中组元数目的多少，合金可分为二元合金、三元合金、多元合金。

三、合金系

在研制合金时，可以选定一组元，以不同配比配制一系列不同成分、不同性能的合金。这一系列合金构成了一个合金系统，简称合金系或系。

四、相

在固态合金中，成分、结构及性能皆相同的均匀组成部分称为相。相与相之间有明显的界面，由一种相组成的合金称为单相合金，由两种不同相组成的合金称为双相合金。以此类推，普通碳钢就是由铁素体（F）和化合物相（Fe_3C）构成的双相合金。

五、组织

所谓合金的组织,是指合金中不同相之间相互组合配制的一种综合状态。换言之,是指用金相观察方法看到的由数量、大小和分布方式不同的相构成了合金不同的组织。由单一相构成的组织称为单相组织,由不同相构成的组织称为多相组织。合金的性能取决于它的组织,而合金组织的性能取决于合金中相的性能。因此,由不同相组成的组织具有不同的性质。为了掌握合金的组织和性能,就必须了解合金的相结构及其性质。

第二节　合金的相结构

在液态下,大多数合金的组元均能相互溶解,成为均匀的液体,因而只有一个液相。但在固态下,由于合金各组元的原子特性或结构不同,其间相互作用也不同,因而可能出现不同的相结构。通常所说的合金相结构,就是指固态合金中相的晶体结构。

虽然合金相的种类繁多,但根据晶体结构的特点,可将其分为两大基本类型:固溶体和金属化合物。

一、固溶体

合金在固态时,组元之间相互溶解,形成在某一组元晶格中包含有其他组元原子的新相,这种新相称为固溶体。固溶体中,保持原有晶格的组元称为溶剂,而其他组元称为溶质。固溶体的结构特点是仍然保持溶剂组元的晶体结构,溶质原子则分布在溶剂晶格之中。例如,单相黄铜就是锌在铜中的固溶体,其中铜是溶剂而锌是溶质,所以黄铜是保持了铜的面心立方晶格的晶体结构。

根据溶质原子在溶剂晶格中所占位置的不同,固溶体可以分为置换固溶体和间隙固溶体。

(一)置换固溶体

当溶质原子代替了一部分溶剂原子而占据溶剂晶格的某些结点位置时,所形成的固溶体称为置换固溶体,如图3-1(a)所示。按照溶质原子在溶剂中的溶解度是否有限制,置换固溶体可以分为有限固溶体和无限固溶体。当溶质原子和溶剂原子直径差别不大时,易形成置换固溶体。当两者直径差别增大时,溶质原子在溶剂晶格中的溶解度减小。如果溶质原子和溶剂原子直径差别很小,两个元素在周期表中位置又靠近,且两者晶格类型又相同,则这两个组元往往能互相无限溶解,即可以任何比例形成置换固溶体,这种固溶体称为无限固溶体。反之,则溶质在溶剂中的溶解度是有限的,这种固溶体称为有限固溶体。

(二)间隙固溶体

若溶质原子分布于溶剂晶格各结点之间的空隙中,所形成的固溶体称为间隙固溶体,如图3-1(b)所示。

由于溶剂晶格的空隙有限,通常只有当溶质原子直径与溶剂原子直径之比小于0.59时,才能形成间隙固溶体。因此,形成间隙固溶体的溶质原子都是原子直径较小的非金属元素,如氢、氧、氮、硼、碳等。碳钢中的铁素体和奥氏体就是碳原子溶入 $\alpha-Fe$ 和 $\gamma-Fe$ 中所形成的两种间隙固溶体。

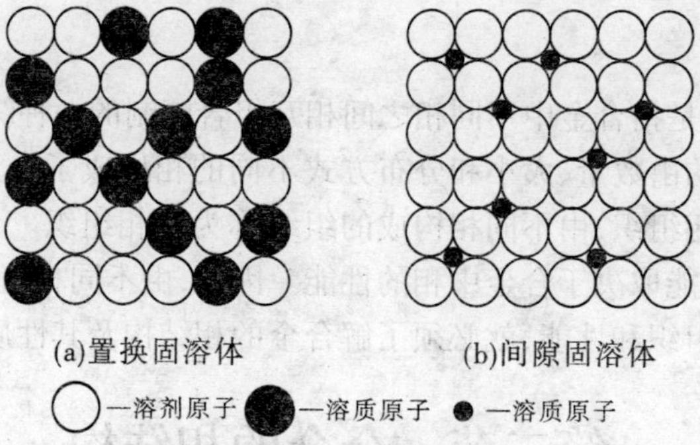

图 3-1　固溶体的结构示意图

由于溶剂晶格中的间隙是有限的，因此间隙固溶体只能形成有限固溶体，且间隙固溶体的溶解度一般都不大。

(三)固溶体的性能

通过溶入溶质原子形成固溶体而使金属的强度、硬度升高的现象称为固溶强化。固溶强化的原因：一是由于溶质原子周围引起的晶格畸变，如图 3-2 所示，形成了晶格畸变应力场，该应力场和位错应力场产生交互作用，使位错运动受阻；二是溶质原子会聚集于刃型位错附近，形成"柯氏"气团，对位错起"钉扎"作用。

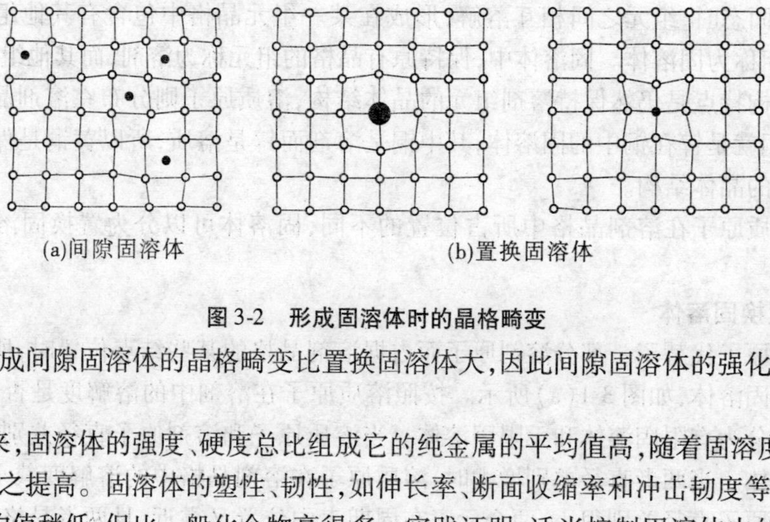

图 3-2　形成固溶体时的晶格畸变

通常，形成间隙固溶体的晶格畸变比置换固溶体大，因此间隙固溶体的强化效果大于置换固溶体。

一般说来，固溶体的强度、硬度总比组成它的纯金属的平均值高，随着固溶度的增加，强度、硬度也随之提高。固溶体的塑性、韧性，如伸长率、断面收缩率和冲击韧度等比组成它的纯金属的平均值稍低，但比一般化合物高得多。实践证明，适当控制固溶体中的溶质含量，可以在显著提高金属材料的强度、硬度的同时，使其仍然保持相当好的塑性和韧性。例如，在铜中加入质量分数为 19% 的 Ni，可使合金的强度由 220 MPa 升高到 380～400 MPa，硬度由 44 HBS 升高到 70 HBS，而伸长率仍然保持在 50% 左右。这说明，固溶体合金的强度、韧性和塑性之间有较好的配合，所以对综合力学性能要求较高的结构材料，几乎都使用以固溶体为基体的合金。

固溶强化是强化金属材料的一种重要途径，但是单纯应用固溶强化所达到的最高强度指标仍然有限，常常满足不了人们对结构材料的性能要求。因此，在固溶强化的基础上，还要应用其他强化方式。

在物理性能方面，随着溶质原子浓度的增加，固溶体的电阻升高，而电阻温度系数下降。

因此,工业上应用的精密电阻和电热材料多采用固溶体合金。

二、金属化合物

金属化合物是指合金组元间按一定比例发生相互作用而形成的一种新相,又称中间相。其晶格类型及性能均不同于任何一组元,一般可用分子式大致表示其组成。金属化合物主要以金属键结合,因而它具有一定的金属性质,所以称之为金属化合物。碳钢中的Fe_3C、黄铜中的CuZn、铝合金中的$CuAl_2$等都是金属化合物。除金属化合物外,合金中还有另一类非金属化合物,没有金属键作用,没有金属特性,如FeS、MnS。在这里我们只研究金属化合物。

金属化合物一般具有熔点高、硬度高、脆性大的性能特点,当合金中存在金属化合物时,将使合金的强度、硬度及耐磨性得到提高,但会使塑性降低。所以,金属化合物是结构材料及工具材料的重要组成相。

影响金属化合物形成及结构的主要因素有电负性、电子浓度、原子尺寸等。每一种影响因素都对应着一类化合物。

根据形成条件及结构特点,金属化合物主要有以下几类。

(一)正常价化合物

正常价化合物符合一般化合物的原子价规律,成分固定,并可用确定的化学式表示。它通常是由在周期表上相距较远、电化学性质相差很大的两种元素形成的,如Mg_2Si、Mg_2Sn、Mg_2Pb等。它们的晶体结构会随化学组成的不同发生较大的变化。

(二)电子化合物

不遵守化合价规律,但按照一定电子浓度(化合物中价电子数与原子数之比)形成的化合物称为电子化合物,多由I_B族或过渡族金属元素与$Ⅱ_B$族、$Ⅲ_A$族、$Ⅳ_A$族、V_A族元素所组成,如CuZn、Cu_3Al等。电子化合物的晶体结构与电子浓度值有一定的对应关系。

电子化合物主要以金属键结合,具有明显的金属特性,可以导电。它们的熔点和硬度很高,但塑性较差,在许多有色金属中作为强化相。

(三)与原子尺寸有关的化合物

这类化合物一般是由原子直径较大的过渡族金属元素(Fe、Cr、Mo、W、V等)和原子直径较小的非金属元素(C、N、B、H等)所组成的,又称为间隙化合物。根据晶体结构的特点,将其分为间隙相和间隙化合物两类。

1. 间隙相

当非金属原子半径与金属原子半径之比小于0.59时,形成的具有面心立方、体心立方、密排六方等简单晶体结构的间隙化合物,称为间隙相。常见的间隙相有VC、WC、TiC等。它们具有极高的熔点、硬度和稳定性,常作为合金工具钢、硬质合金及各类复合材料的强化相,以提高这些材料的强度、硬度、耐磨性及高温力学性能等。

2. 间隙化合物

当非金属原子半径与金属原子半径之比大于0.59时,形成的具有复杂晶体结构的化合物,称为间隙化合物。其硬度和熔点均较高(但不如间隙相),也是金属材料的重要强化相,例如Fe_3C、$Cr_{23}C_6$、Cr_7C_3、Fe_4W_2C等。其中Fe_3C是碳钢中的增强相,$Cr_{23}C_6$是合金钢中的增强相。

三、机械混合物

纯金属、固溶体、金属化合物是组成合金的基本相，由这些基本相按照固定比例构成的组织称为机械混合物。它可以是两种或多种纯金属、固溶体、金属化合物各自组成的机械混合物，也可以是它们之间的混合物。但实际生产中很难看到单相的纯金属化合物。

机械混合物中的各个组成相仍然保持了各自的晶体结构和性能，一般情况下在金相显微镜下可以加以区别。

机械混合物的性能介于各组成相性能之间，其组成相的大小、数量、分布、形状都将影响其性能。工业生产中大多数合金是由机械混合物组成的，例如钢、生铁、黄铜、铝合金等。

第三节 二元合金相图

相图是表示合金系中合金的状态与温度、成分之间关系的图解，是表示合金系在平衡条件下，在不同温度和成分时各相关系的图解。因此，又称之为状态图或平衡图。所谓平衡，即相平衡，是指合金在相变过程中，原子能充分扩散，各相的成分相对质量保持稳定，不随时间改变的状态。在实际的加热或冷却过程中，以极缓慢的速度加热或冷却，就可以认为是接近了相平衡条件。

相图可以表示不同成分的合金在不同温度下，由哪些相组成，相的成分和相的相对量如何，以及合金在加热或冷却过程中可能发生的转变等。所以，相图是进行金相分析，制定焊接、热处理、铸造和锻造等热加工工艺的重要依据。相图中，有二元合金相图、三元合金相图和多元相图，作为相图基础和应用最广的是二元合金相图。下面就介绍一下二元合金相图的相关知识。

一、二元合金相图的测定

目前，所用的相图大部分都是用试验方法建立起来的。通过试验测定相图时，首先配制一系列成分不同的合金，然后测定这些合金的相变临界点（温度），把这些点标在温度—成分坐标图上，把相同意义的点连接成线，这些线就在坐标图中划分出一些区域，这些区域即称为相区。将各相区所存在相的名称标出，相图的建立工作即告完成。

测定相变临界点的方法很多，如热分析法、金相法、膨胀法、磁性法、电阻法、X 射线结构分析法等。下面以 Cu－Ni 合金为例，说明用热分析法测定二元合金相图的过程。

（1）配制几组成分不同的 Cu－Ni 合金。为简化其过程，现配制六组合金成分，如图 3-3（a）所示。

（2）分别将它们熔化，然后极缓慢冷却，同时测定其从液态到室温的冷却曲线，如图 3-3（a）所示。

（3）找出各冷却曲线上开始结晶的温度点 T_{Ni}、1、2、3、4、T_{Cu} 及结晶终了的温度点 T_{Ni}'、1′、2′、3′、4′、T_{Cu}'（称为临界点）。

（4）将各临界点标在以温度为纵坐标、以成分为横坐标的图形中相应合金的成分垂线上，并将意义相同的临界点连接起来，即得到 Cu－Ni 合金相图，如图 3-5（b）所示。

相图中各点、线、区都有一定的含义。由结晶开始点连接起来的相界线称为液相线，表

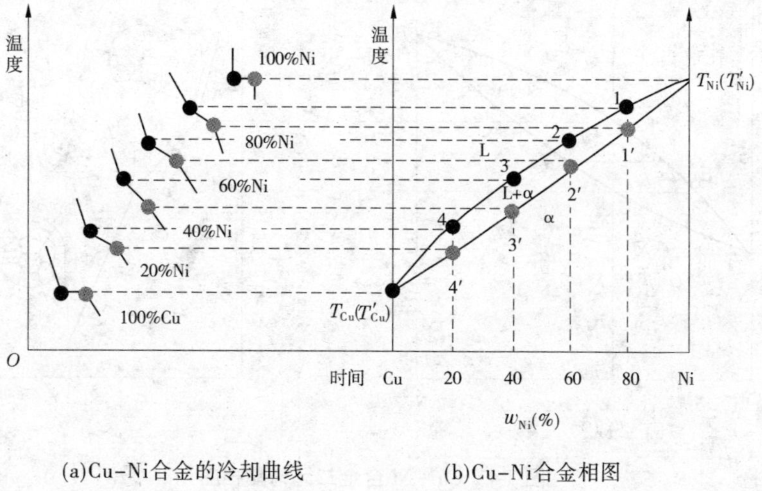

图 3-3　Cu－Ni 合金的测定

示不同成分的合金开始结晶的温度；由结晶终了点连接起来的相界线称为固相线，表示不同成分的合金结晶终了的温度。由相界线划分的区域称为相区，液相线以上为液相区，液、固相线之间是液、固两相共存区，固相线以下为固相区。

二、二元匀晶相图

两组元在液态和固态下均能无限互溶时所构成的相图称为二元匀晶相图。匀晶相图是最简单的二元相图，Cu－Ni、Ag－Au、Fe－Cr、Fe－Ni 等合金都形成这类相图。在这类合金中，结晶时都由单一液相结晶出单相的固溶体。这种从单一液相中结晶出单一固相的转变称为匀晶转变或匀晶反应。现以 Cu－Ni 合金相图为例，分析二元匀晶相图的图形及结晶过程特点。

（一）相图分析

Cu－Ni 合金二元匀晶相图如图 3-4 所示。其中 *A* 点（1 083 ℃）为 Cu 的熔点，*B* 点（1 452 ℃）为 Ni 的熔点。二元匀晶相图的图形较简单，只有两条曲线：液相线（上面一条线），表示合金开始结晶温度；固相线（下面一条线），表示合金结晶终了温度。液相线代表各种成分的合金在缓慢冷却时开始结晶的温度，或在缓慢加热时合金熔化终了温度。固相线代表各种成分的合金冷却时结晶的终了线，或加热时开始熔化的温度。两条线将相图分隔成三个相区：液相线以上是液相区（L），液相区内各种成分的合金均为液态；固相线以下是单相 α 固溶体区（α），在此区域内各种成分的合金呈单相 α 固溶体状态；液、固两线之间是 L、α 两相并存区（L＋α），在此区域内各种成分的合金正在进行结晶，由液相中结晶出 α 固溶体。其中，L 是铜与镍两组元形成的均匀的液相，α 则是铜与镍在固态下互溶形成的固溶体。

（二）合金的平衡结晶过程

平衡结晶是指合金在极缓慢的冷却条件下进行的结晶过程。在平衡结晶条件下得到的组织称为平衡组织。

除纯组元外，其他成分合金结晶过程相似，以 Cu－Ni 合金为例进行平衡结晶过程的分析。在 t_1 温度以上时，合金为液相。合金自液态缓慢冷却到液相线以上的 t_1 温度时，发生

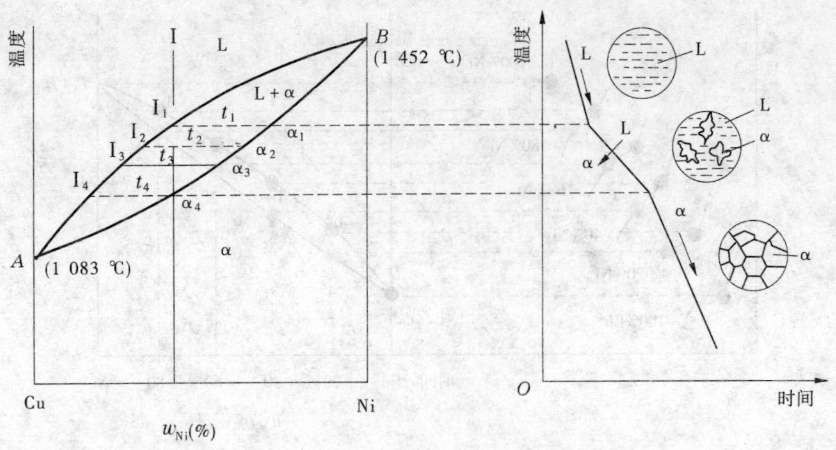

图 3-4　Cu – Ni 合金二元匀晶相图

匀晶反应，开始从液相中结晶出成分为 α_1 的固溶体，其镍含量高于合金的平均含量。随着温度的下降，结晶出的固溶体量逐渐增多，剩余的液相逐渐减少。同时，剩余的液相和已结晶出来的固溶体的成分通过原子的扩散也不断地变化，即液相成分沿着液相线变化，固相成分沿着固相线变化。例如，当温度降到 t_2 时，液相成分变化到 I_2，固溶体成分变化到 α_2；当合金冷却到固相线上的 t_4 温度时，最后一滴 I_4 成分的液体也变为成分为 α_4 的固溶体，此时固溶体的成分又变化到合金成分 Ⅰ。

由此可见，液、固相线不仅是相区分界线，也是结晶时的两相成分变化线。还可以看出，匀晶转变是变温转变，在结晶过程中，液、固两相的成分随温度而变化。在以后所接触的相图中，除水平线和垂直线外，其他相线都是成分随温度的变化线。

合金的结晶过程和纯金属一样，也是包括形核和长大两个基本过程。但是，由于合金存在第二组元，其结晶过程变得复杂，具有下列特点。

1. 需要有一定的成分起伏

从合金中结晶出来的固体成分与原液态合金的成分不同。为此，形核时不仅需要有一定的相起伏和能量起伏，而且还需要有一定的成分起伏。即在形核的地方必须具备有固溶体晶核所要求的成分。一般所说的液态合金成分是指平均成分，但由于液态下原子不断地热运动和扩散，在每一瞬间液相中某些微小体积的成分总是偏离液相的平均成分。这种在微小体积内高于或低于平均成分的现象，称为成分起伏或浓度起伏。

2. 结晶速度比纯金属低

固溶体合金的结晶是在一个结晶温度区间内进行的。在区间内的一定温度下，只能结晶出来一定成分和一定数量的固溶体，而且随着温度的不断降低，固溶体的数量和成分也不断改变。在合金的结晶过程中，必然依赖于两种原子的相互扩散，才能得到成分均匀的固溶体。因此，固溶体的结晶速度比纯金属低。

（三）杠杆定律

分析合金的结晶过程可知，随着结晶过程的进行，合金中各相的成分及其相对质量都在不断地发生变化。这个变化对于分析合金的结晶过程是非常重要的。利用杠杆定律，就能够确定任何成分的合金在任何温度下处于平衡状态的两相成分和两相的相对质量。

1. 两平衡相及其成分的确定

如图 3-5 所示以 Cu – Ni 合金为例说明杠杆定律,设合金成分为 x,过 x 作成分垂线。在结晶至温度 t_x 时,由于成分垂线与温度 t_x 水平线的交点处于液、固两相共存区,所以在该温度下合金是液、固两相共存。过温度 t_x 作水平线,其与液、固相线的交点 a、b 所对应的成分 x_1、x_2 分别为液相和固相的成分。

2. 两平衡相相对质量的确定

参考图 3-6,结合力学中的杠杆原理,以 x 为支点,杠杆两端的质量与其臂长成反比。设合金的质量为 1,液相相对质量为 Q_L,其成分为 x_1,固相相对质量为 Q_a,其成分为 x_2,则有

$$\begin{cases} Q_L + Q_a = 1 \\ Q_L x_1 + Q_a x_2 = x \end{cases}$$

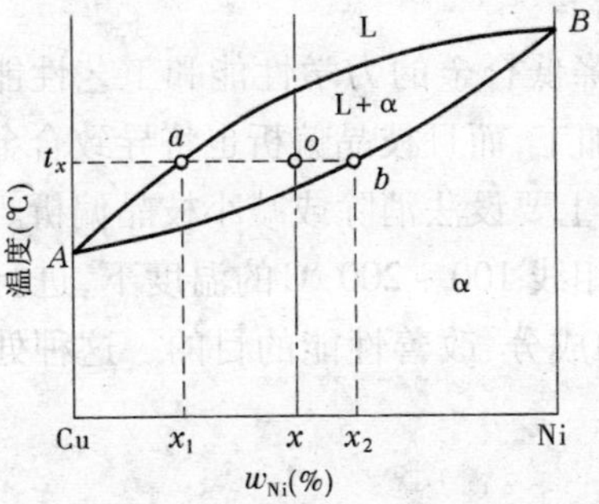

图 3-5　杠杆定律的证明

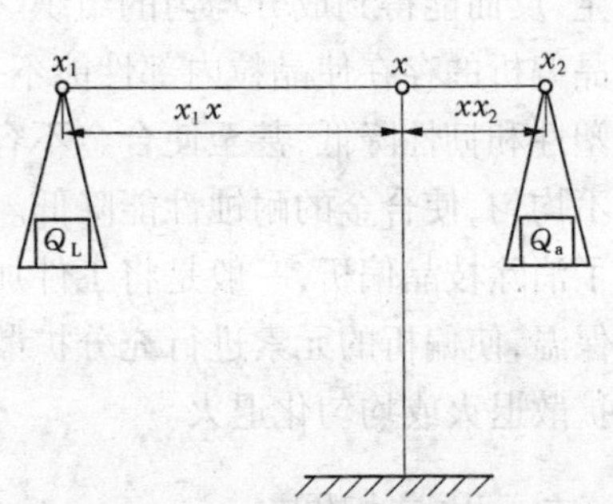

图 3-6　杠杆定律的力学比喻

解方程组得

$$Q_L = \frac{x_2 - x}{x_2 - x_1}, \quad Q_a = \frac{x - x_1}{x_2 - x_1}$$

式中,$x_2 - x_1$、$x_2 - x$、$x - x_1$ 分别为图 3-5 中线段 $x_1x_2(ab)$、$xx_2(ob)$、$x_1x(ao)$的长度。因此,两相的质量分数为

$$Q_L = \frac{xx_2}{x_1x_2} = \frac{ob}{ab}, \quad Q_a = \frac{x_1x}{x_1x_2} = \frac{ao}{ab}$$

两相的质量比为

$$\frac{Q_L}{Q_a} = \frac{xx_2}{x_1x}\left(= \frac{ob}{ao}\right) \quad 或 \quad Q_L \cdot x_1x = Q_a \cdot xx_2$$

上式与力学中的杠杆定律相似,因此也称之为杠杆定律。即合金在某温度下两平衡相的质量比等于该温度下与各自相区距离较远的成分线段之比。在杠杆定律中,杠杆的支点是合金的成分,杠杆的两个端点是所求的两平衡相(或两组织组成物)的成分。

杠杆定律表明,在某温度下,合金中两平衡相的质量比等于这两相成分点到合金成分点距离的反比。

需要注意的是,杠杆定律只适用于相图中的两相区。单相区中相的成分和质量,即合金的成分和质量,没有必要使用杠杆定律。由后面的分析可知,杠杆定律不适用于三相区,并且只能在平衡状态下使用。

(四) 枝晶偏析

在固溶体合金的结晶过程中,只有在极其缓慢冷却使原子能进行充分扩散的条件下,固

相的成分才能沿着固相线均匀地变化，最终获得与原合金成分相同的均匀 α 固溶体。但实际结晶过程不可能是无限缓慢的，而且固态下原子扩散又很困难，致使固溶体内部原子扩散来不及充分进行，结果先结晶的固溶体含高熔点组元（如 Cu－Ni 合金中的 Ni）较多，后结晶的固溶体含低熔点组元（如 Cu－Ni 合金中的 Cu）较多。这种在一个晶粒内部化学成分不均匀的现象称为晶内偏析。因为固溶体的结晶一般是按树枝状方式长大的。首先结晶出枝干，剩余的液体填入枝间，这就使先结晶的枝干成分与后结晶的枝间成分不同。由于这种晶内偏析呈树枝分布，故又称为枝晶偏析。

晶内偏析程度主要取决于凝固时的冷却条件和原子的扩散能力，还与相图的形状有密切关系。在其他条件相同时，在一定范围内，冷却速度越大，实际结晶温度越低，原子扩散能力越小，则偏析程度越严重，但得到的固溶体枝晶越细小。如果冷却速度极大，致使偏析来不及发生，反而能得到成分均匀的组织。

枝晶偏析的存在使晶粒内部性能不一致，会严重降低合金的力学性能和工艺性能。特别是使塑性和韧性降低，甚至使合金不容易进行压力加工，而且枝晶偏析也将导致合金力学性能的不均匀，使合金的耐蚀性能降低。因此，在生产上要设法消除或减小枝晶偏析。

为了消除枝晶偏析，一般是将工件加热到低于固相线 100～200 ℃的温度下，进行较长时间的保温，使偏析的元素进行充分扩散，以达到均匀成分、改善性能的目的。这种处理方法称为扩散退火或均匀化退火。

三、二元共晶相图

组成合金的两组元在液态时无限互溶，在固态时有限互溶，结晶时发生共晶转变的合金系所形成的二元合金相图，称为共晶相图。例如，Pb－Sn、Pb－Sb、Ag－Cu、Al－Si 合金相图均属于这类相图。下面以 Pb－Sn 合金相图为例分析其图形及结晶过程特点。

（一）相图分析

Pb－Sn 相图如图 3-7 所示。*A* 为 Pb 的熔点，*B* 为 Sn 的熔点，*E* 点为共晶点。*AEB* 为液相线，*AMENB* 为固相线，*MEN* 为共晶线，*MF* 为 Sn 在 Pb 中的溶解度曲线，*NG* 为 Pb 在 Sn 中的溶解度曲线。这两条曲线也称为固溶线。

Pb－Sn 合金系有三个基本相：L 是由 Pb 与 Sn 两组元形成的均匀的液相，α 是 Sn 溶于 Pb 的固溶体，β 是 Pb 溶于 Sn 的固溶体。相图中有三个单相区，即 L、α、β 相区。在这些单相区之间，相应地有三个两相区，即 L＋α、L＋β、α＋β 相区。在三个两相区之间有一根水平线 *MEN*，是 L＋α＋β 三相并存区。

成分位于 *E* 点的合金，在温度达到水平线 *MEN* 所对应的温度（t_E = 183 ℃）时，将同时结晶出成分为 *M* 点的 α 相及成分为 *N* 点的 β 相。其转变式为

$$L_E \xrightleftharpoons{\text{恒温}(183\ ℃)} \alpha_M + \beta_N$$

这种在一定温度下，由一定成分的液相同时结晶出一定成分的两个固相的转变过程，称为共晶转变或共晶反应。共晶转变的产物（$\alpha_M + \beta_N$）是由两个固相组成的机械混合物，称为共晶组织。

成分在 *M* 点至 *N* 点之间的所有合金在共晶温度时都要发生共晶反应。成分位于 *E* 点以左、*M* 点以右的合金称为亚共晶合金，成分位于 *E* 点以右、*N* 点以左的合金称为过共晶合金。

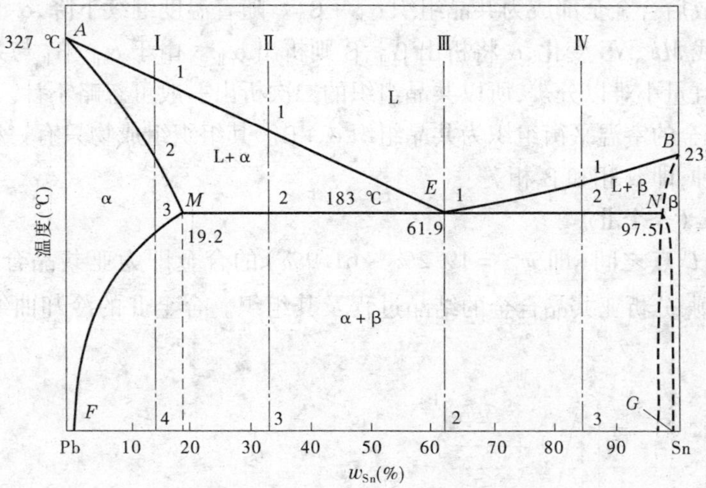

图 3-7 Pb－Sn 相图

(二)合金的平衡结晶过程

1. 固溶体合金(合金Ⅰ)

如图 3-7 所示,成分位于 M 点以左(即 $w_{Sn} \leqslant 19.2\%$)或 N 点以右(即 $w_{Sn} \geqslant 97.5\%$)的合金称为固溶体合金。合金Ⅰ的冷却曲线和结晶过程如图 3-8 所示。

液态合金缓冷至温度 1,开始从 L 相中结晶出 α 固溶体。随温度的降低,液相的数量不断减少,α 固溶体的数量不断增加,至温度 2 时,合金全部结晶成 α 固溶体。温度 2～3 范围内合金无任何转变。冷却至温度 3 时,Sn 在 α 中正好饱合,从 α 中析出 β 二次相($\beta_{Ⅱ}$)。这一过程一直进行至室温,所以合金Ⅰ室温平衡组织为 $\alpha+\beta_{Ⅱ}$。

2. 共晶合金(合金Ⅲ)

成分为 $w_{Sn}=61.9\%$ 的合金Ⅲ即为共晶合金,其冷却曲线和结晶过程如图 3-9 所示。合金缓冷至温度 1(即 $t_E=183$ ℃)时,发生共晶转变。该转变在恒温下进行,所以冷却曲线上相应温度出现一水平线段。

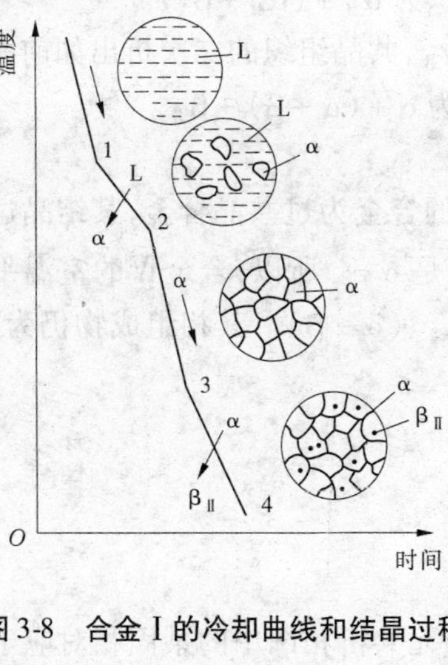

图 3-8 合金Ⅰ的冷却曲线和结晶过程

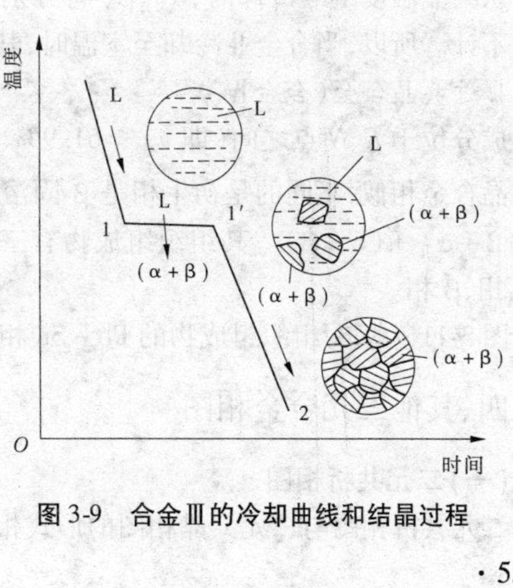

图 3-9 合金Ⅲ的冷却曲线和结晶过程

共晶转变完成后合金全部成为共晶组织 $\alpha_M+\beta_N$。随着温度继续下降，α、β 相的成分将分别沿固溶度曲线 MF、NG 变化，α 将析出 β_{II}，β 则析出 α_{II}。由于 α_{II}、β_{II} 与共晶组织中的 α、β 连接在一起且量小难以分辨，所以共晶组织的二次析出一般可忽略不计。

因此，共晶合金的室温平衡组织为共晶组织 α + β。其组织组成物只有一种，即共晶体。其相组成物有两种，即 α 相和 β 相。

3. 亚共晶合金（合金Ⅱ）

成分位于 M、E 点之间（即 $w_{\mathrm{Sn}}=19.2\%\sim61.9\%$）的合金即为亚共晶合金。以 $w_{\mathrm{Sn}}=50\%$ 的合金Ⅱ为例，分析亚共晶合金的结晶过程及其组织。合金Ⅱ的冷却曲线及结晶过程如图 3-10所示。

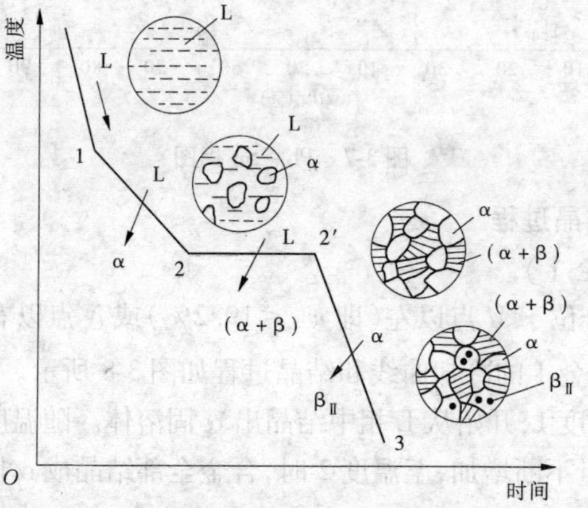

图 3-10 合金Ⅱ的冷却曲线和结晶过程

液态合金缓冷至温度 1 时开始从液相中结晶出初生的 α 固溶体。随着温度下降，α 相不断增加，温度在 1 ~ 2 内的结晶过程与合金Ⅰ的匀晶转变完全相同。L 相不断减少，α 的成分沿固相线 AM 变化，L 的成分沿液相线 AE 变化。当冷却至温度 2（即 $t_E=183$ ℃）时，α 相为 M 点处成分，L 相则为 E 点处成分。液相 L_E 发生共晶转变形成共晶组织 $\alpha_M+\beta_N$，α_M 固溶体保持不变。所以，在共晶转变刚结束时，合金组织为 $\alpha_M+(\alpha_M+\beta_N)$。

从共晶温度继续冷却时，α_M、β_N 将分别析出 β_{II}、α_{II}，共晶组织的二次析出如前所述可忽略不计。所以，当合金Ⅱ冷却至室温时，其平衡组织为 $\alpha+(\alpha+\beta)+\beta_{\mathrm{II}}$。

4. 过共晶合金（合金Ⅳ）

成分位于 E、N 点之间（即 $w_{\mathrm{Sn}}=61.9\%\sim97.5\%$）的合金为过共晶合金，其结晶过程与亚共晶合金相似，不同的是初生相是 β 固溶体，二次相是 α_{II}。所以，合金Ⅳ的室温平衡组织为 $\beta+\alpha_{\mathrm{II}}+(\alpha+\beta)$。其组织组成物有三种，即 β、$\alpha_{\mathrm{II}}$、(α + β)。其相组成物仍为两种，即 α 相、β 相。

图 3-11 为填写组织组成物的 Pb – Sn 相图。

四、其他二元合金相图

（一）二元共析相图

二元共析相图与二元共晶相图的形式相似，只是二元共析相图中的某固相对应于二元

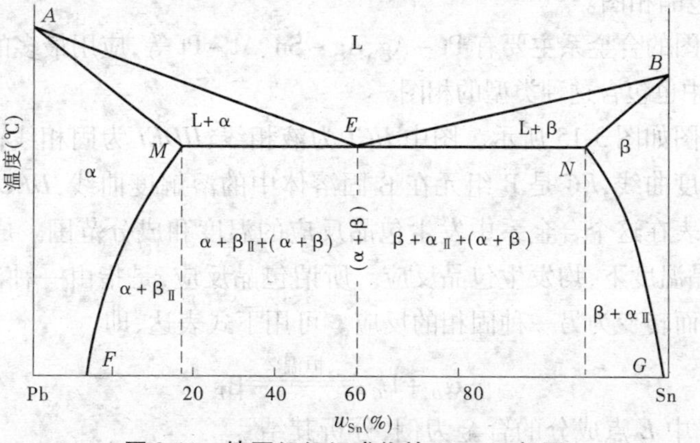

图 3-11　填写组织组成物的 Pb - Sn 相图

共晶相图中的液相。二元合金的两组元为 A 和 B，图 3-12 的下半部为二元共析相图。*ECF* 线与共晶线类似，称为共析线；*C* 点与共晶点类似，称为共析点。共析反应式为

$$\gamma_C \xrightleftharpoons{\text{恒温}} \alpha_E + \beta_F$$

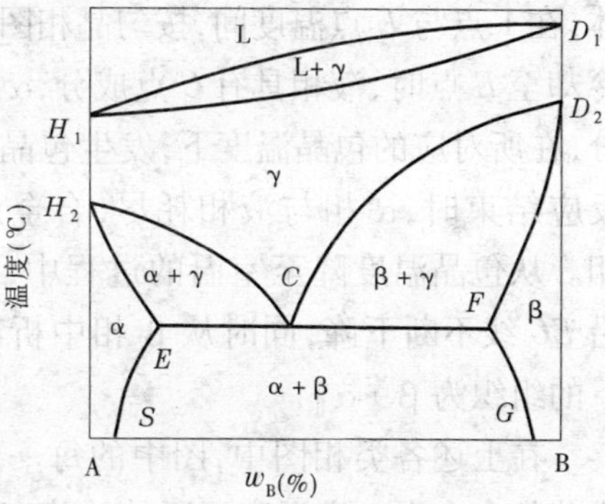

图 3-12　二元共析相图

这种在恒温（共析温度）下由一种固相同时析出两种固相的过程称为共析反应，反应的产物称为共析体或共析组织。由于共析反应是在固态下进行的，原子的扩散困难，转变的过冷度大，因此与共晶体相比，共析体为更加细小的均匀的两种相晶粒交错分布的致密的机械混合物，其主要形态有片层状和粒状两种。与共晶体一样，常用片层状形态示意共析体。

（二）在固态下组元之间不溶解的共晶相图

图 3-13 为二元合金的两组元 A 和 B 在固态时彼此不溶解的共晶相图，称为简单共晶相图。图 3-14 为在固态下组元 B 不能溶解组元 A，而组元 A 能溶解组元 B 的二元共晶相图。

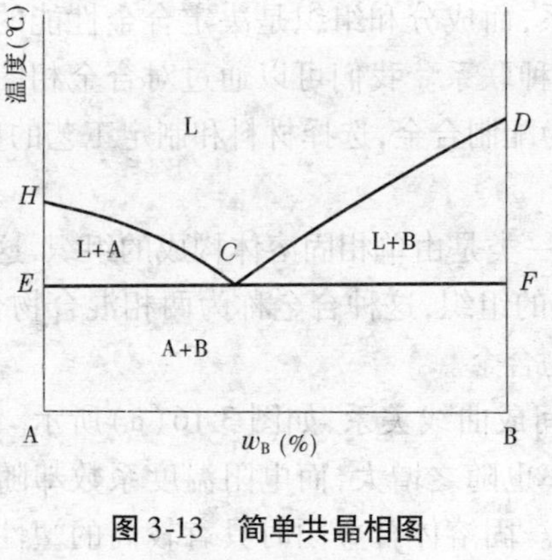

图 3-13　简单共晶相图

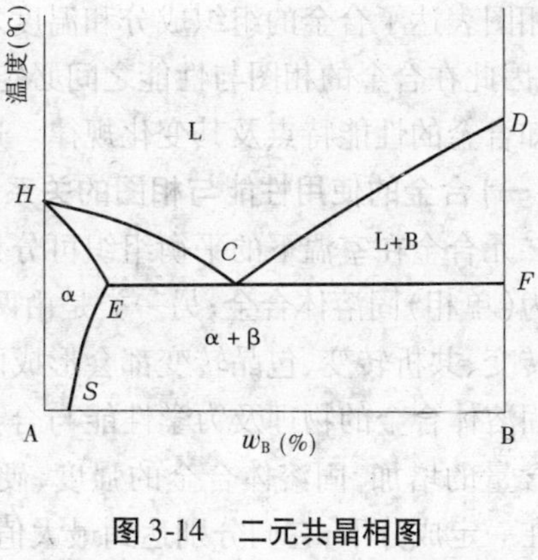

图 3-14　二元共晶相图

（三）二元包晶相图

两组元在液态时无限互溶，在固态时形成有限固溶体，并发生包晶反应的合金系构成的

相图,即为二元包晶相图。

具有包晶相图的合金系主要有 Pt－Ag、Ag－Sn、Al－Pt 等,应用最多的 Cu－Zn、Cu－Sn、Fe－C 等合金系中也包含这种类型的相图。

二元包晶相图如图 3-15 所示。图中 *HCI* 为液相线,*HDEI* 为固相线,*DF* 为 A 组元在 α 固溶体中的溶解度曲线,*EG* 是 B 组元在 β 固溶体中的溶解度曲线,*DEC* 是包晶线,*E* 是包晶点。包晶线代表在这个合金系中发生包晶反应的温度和成分范围。成分在 *D* 点与 *C* 点间的合金,在包晶温度下,均发生包晶反应。所谓包晶反应,是指由一种液相与一种固相在恒温下相互作用而转变为另一种固相的反应。可用下式表达,即

$$\alpha_D + L_C \xrightarrow{\text{恒温}} \beta_E$$

现以图 3-15 中 *E* 点成分的合金为例,分析其结晶过程。液态合金冷却至 1 点温度时结晶出 α 固溶体,在 1 点与 *E* 点温度间,按匀晶相图进行结晶。当冷却至 *E* 点时,液相具有 *C* 点成分,α 相具有 *D* 点成分,在所对应的包晶温度下,发生包晶反应。当包晶反应结束时,α 相与液相耗尽,合金成为单一的 β 相。从包晶温度降至室温的过程中,β 相的溶解度沿 *EG* 线不断下降,同时从 β 相中析出 α_{II},故室温下的组织为 $\beta + \alpha_{II}$。

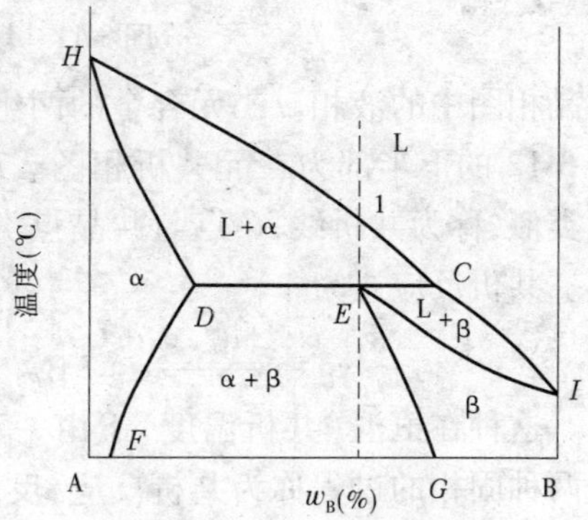

图 3-15　二元包晶相图

在上述各类相图中,图中的每一点都代表一定成分的合金在一定温度下所处的状态。在单相区中表示合金由单相组成,相的成分即合金的成分。两个单相区之间必定存在一个两相区。在两相区中,通过某点的合金的两个平衡相的成分由通过该点的水平线与相应单相区分界线的交点确定。三相等温线(水平线)必然联系三个单相区,这三个单相区分别处于等温线的两端和中间,它表示三相平衡共存。三相等温线主要包括共晶线、共析线和包晶线。

五、相图与性能的关系

相图表达了合金的组织成分和温度之间的关系,而成分和组织是决定合金性能的主要因素,因此在合金的相图与性能之间必定存在着某种联系。我们可以通过对合金相图的分析得知合金的性能特点及其变化规律。这可以作为配制合金,选择材料和制定工艺的参考。

(一)合金的使用性能与相图的关系

二元合金在室温下的平衡组织可分为两大类:一类是由单相固溶体构成的组织,这种合金称为(单相)固溶体合金;另一类是由两固相构成的组织,这种合金称为两相混合物合金。共晶转变、共析转变、包晶转变都会形成两相混合物合金。

固溶体合金的物理及力学性能与合金成分之间成曲线关系,如图 3-16(a)所示。随着溶质含量的增加,固溶体合金的强度、硬度、导电率也随之增大,而电阻温度系数却随之减小。在一定成分下,它们分别达到最大值或最小值。固溶体合金同时具有较高的塑性和韧性,故形成的单相固溶体合金具有较好的综合力学性能。但在一般情况下,固溶强化对提高强度与硬度的作用有限,还不能完全满足工程结构对材料性能的要求。

而两相混合物合金的物理及力学性能与成分主要成直线变化关系，但某些对组织形态敏感的性能还要受到组织细密程度等组织形态的影响。例如，在图3-16(b)中，当合金处在固溶体单相区时，其力学性能和物理性能与成分成曲线变化关系。而当合金处在两相区时，合金的这些性能与成分主要成直线变化关系。但是当合金处在共晶成分附近时，由于合金中两相晶粒构成的细密的共晶体组织的比例大大增加，对组织形态敏感的一些性能（如强度等）偏离，与成分不成直线变化关系，而出现如图3-16(b)中虚线所示的高峰，而且其峰值的大小随着组织细密程度的增加而增加。

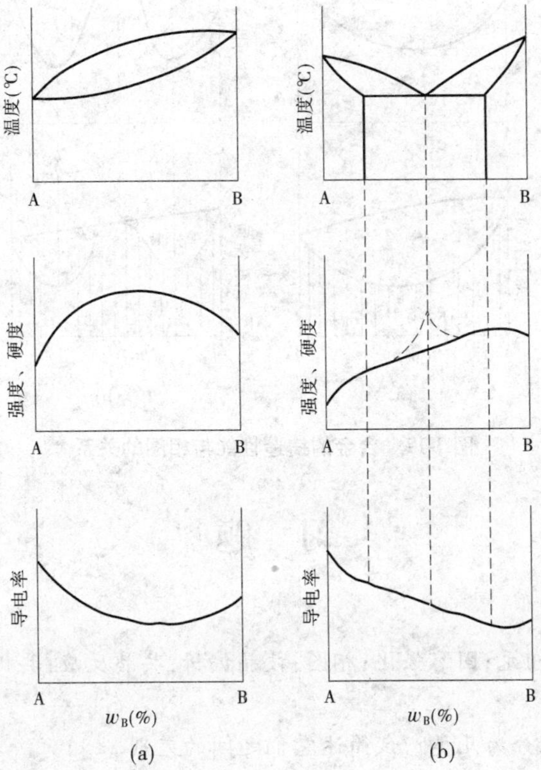

图3-16 合金的物理及力学性能与合金成分的关系

应当指出，只有当两相晶粒比较粗大且均匀分布时，或是对组织形态不敏感的一些性能如密度、电阻等，合金的物理及力学性能与成分才符合直线变化关系。

(二)合金的工艺性能与相图的关系

图3-17为合金的铸造性能与相图的关系。由图可见，合金的铸造性能取决于结晶区间的大小，这是因为结晶区间越大，就意味着相图中液相线与固相线之间的距离越大，合金结晶时的温度范围也越大，这使得形成枝晶偏析的倾向增大，同时容易使先结晶的枝晶阻碍未结晶的液体的流动，从而增加了分散缩孔或缩松的形成，因此铸造性能差。反之，结晶区间小，则铸造性能好。铸造合金在其他条件允许的情况下应尽量选用共晶体较多的合金。

单相固溶体合金的变形抗力小，不易开裂，有较好的塑性，故压力加工性能好。当合金中出现第二相，特别是存在较多的很脆的化合物时，其压力加工性能更差。

单相固溶体合金的切削加工性能差，其原因是硬度低，容易粘刀，表现为不易断屑，表面粗糙度大等，而当合金为两相混合物时，切削加工性能得到改善。

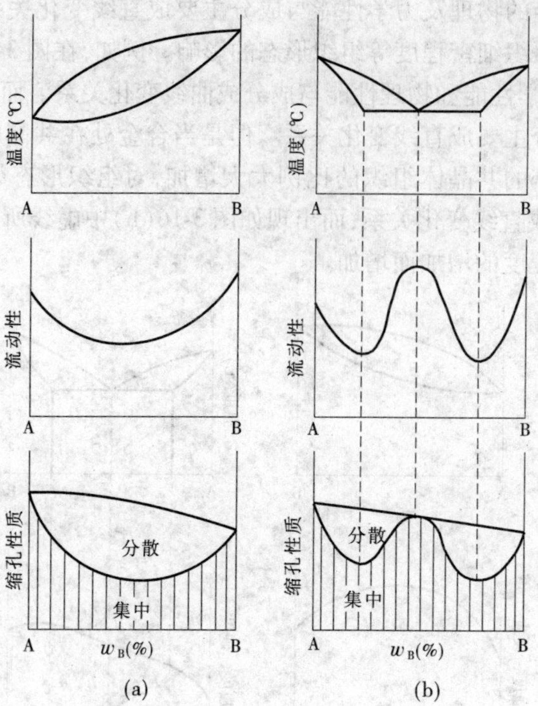

图 3-17 合金的铸造性能与相图的关系

习 题

一、名词解释

相;组织;合金系;组元;固溶强化;相图;枝晶偏析;共晶反应;共析反应

二、思考题

1. 金属化合物可以分为几类?试简述它们之间的差别。

2. 合金的结晶和纯金属相比有哪些特点?

3. 何谓合金?为什么它比纯金属应用广泛?

4. 二元合金相图表达了合金的哪些关系?各有哪些实际意义?

5. 试分析共晶反应、包晶反应和共析反应的异同点。

6. 为什么铸造合金常选用接近共晶成分的合金,而压力加工合金常选用单相固溶体成分合金?

第四章 铁碳合金相图及碳素钢

碳钢和铸铁都是铁碳合金,是应用最广泛的金属材料。铁碳合金相图是研究铁碳合金的重要工具。了解与掌握铁碳合金相图,对于钢铁材料的研究和使用、各种热加工工艺的制定以及工艺废品原因的分析都有很重要的指导意义。

铁与碳两个组元可以形成一系列的化合物:Fe_3C、Fe_2C、FeC 等。但在实际生产中,铁碳合金的含碳量一般不超过 5%,否则铁碳合金脆性变大,力学性能变差,无实用价值,所以在研究铁碳合金时,仅研究 $Fe-Fe_3C$(含碳量为 0~6.69%)部分。我们通常所说的铁碳合金相图,实际上就是 $Fe-Fe_3C$ 相图,其只是 Fe-C 相图的一部分。

铁碳合金中的碳有两种存在形式:渗碳体 Fe_3C 和石墨 G。在通常情况下,碳以 Fe_3C 形式存在,即铁碳合金按 $Fe-Fe_3C$ 系转变。但是 Fe_3C 是一个亚稳相,在一定条件下可以分解为铁(实际上是以铁为基的固溶体)和石墨,所以石墨是碳存在的更稳定状态。因此,铁碳相图就存在 $Fe-Fe_3C$ 和 Fe-G 两种形式。本章仅研究 $Fe-Fe_3C$ 相图,而 Fe-G 相图将在第八章中介绍。

第一节 铁碳合金的组元及其基本相

一、纯铁的概述

铁是元素周期表上第 26 号元素,原子量为 55.85,属于过渡族元素。在常压下,铁于 1 538 ℃熔化,2 738 ℃汽化。铁在 20 ℃时的密度为 7.87 g/cm³。

(一)纯铁的同素异晶转变

大多数金属由液态结晶成固态后,其晶格类型不再发生变化,但是少数金属在结晶成固态且冷却至室温的过程中,其晶格类型还会发生变化。这种金属在固态下随温度的改变,由一种晶格变为另一种晶格的现象称为同素异晶转变(或同素异构转变)。例如,铁有体心立方晶格的 $\alpha-Fe$、$\delta-Fe$ 和面心立方晶格的 $\gamma-Fe$。

图 4-1 为纯铁的冷却曲线。由图可见,液态纯铁在 1 538 ℃结晶成具有体心立方晶格的 $\delta-Fe$,在 1 394 ℃和 912 ℃发生同素异晶转变,分别转变成具有面心立方晶格的 $\gamma-Fe$ 和具有体心立方晶格的 $\alpha-Fe$。纯铁在冷却时的相变过程如下:

$$L \xrightleftharpoons{1\,538\ ℃} \delta-Fe \xrightleftharpoons{1\,394\ ℃} \gamma-Fe \xrightleftharpoons{912\ ℃} \alpha-Fe$$

金属的同素异晶转变过程与液态金属的结晶过程相似,也是由晶核的形成和长大两个阶段组成的,遵循着结晶的一般规律。即有一定的转变温度;转变时需要过冷;有结晶潜热产生;但由于同素异晶转变是在固态下进行的,其原子扩散要比液态下困难得多,因此同素异晶转变需要更大的过冷度。另外,由于转变时晶格类型的变化,致密度发生相应的改变,因此必然引起晶体体积的变化,并产生较大的内应力。为了区别于液态金属的结晶,同素异晶转变也称为重结晶。

图4-2为纯铁重结晶后所得到的组织示意图。其中图4-2(a)为结晶后形成的δ-Fe晶粒，图4-2(b)表示通过重结晶后(A_4转变)由δ-Fe晶粒转变成的γ-Fe晶粒,图4-2(c)为最后又经过一次重结晶(A_3转变)后的α-Fe晶粒。α-Fe的晶核大小显然与γ-Fe晶粒大小有关，当然也与A_3转变的条件有关。由此可见,铁的多晶型转变具有很大的实际意义,它是钢的合金化和热处理的基础。

应当指出,α-Fe在770 ℃还将发生磁性转变,即由高温的顺磁性状态转变为低温的铁磁性状态。通常把这种磁性转变称为A_2转变,把磁性转变温度称为铁的居里点。在发生磁性转变时，铁的晶格类型不变,所以磁性转变不属于相变。

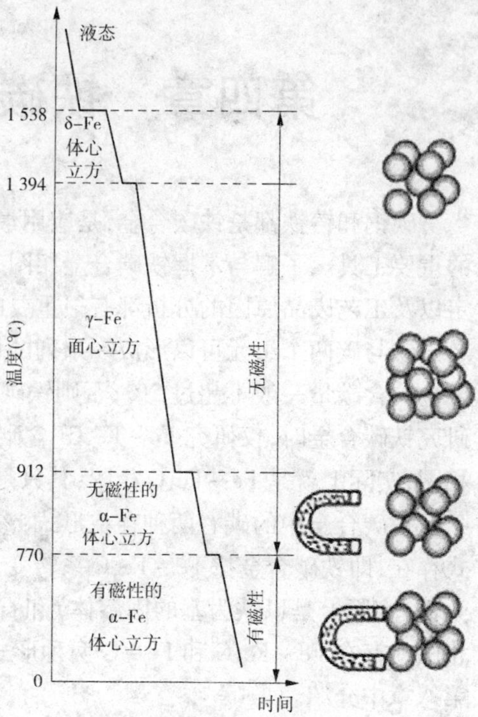

图4-1 纯铁的冷却曲线

(二)纯铁的性能与应用

一般所谓的纯铁,实际指的是工业纯铁,其总含有微量的碳,而且微量的碳对铁的力学性能影响相当大。因此,纯铁的力学性能因其纯度和晶粒大小的不同而差别很大。

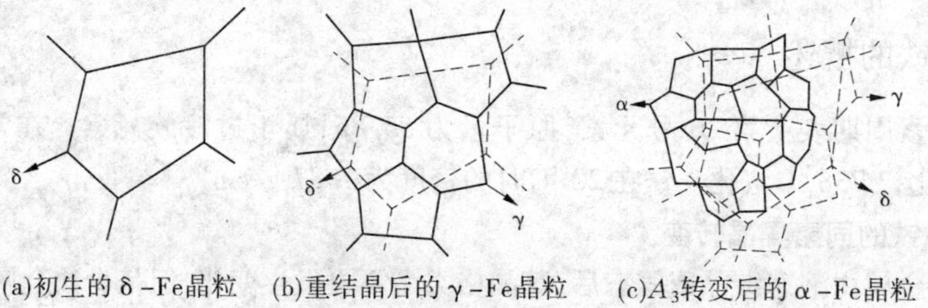

(a)初生的δ-Fe晶粒 (b)重结晶后的γ-Fe晶粒 (c)A_3转变后的α-Fe晶粒

图4-2 纯铁重结晶后的组织

纯铁有很好的塑性和韧性,但其强度和硬度很低,很少用做结构材料。纯铁的主要用途是利用它所具有的铁磁性。工业上炼制的电工纯铁和工程纯铁具有高的磁导率,可用于要求软磁性的场合,如各种仪器仪表的铁芯等。

二、铁碳合金的基本相

在铁碳合金中,因铁和碳在固态下相互作用的不同,铁与碳既可形成固溶体,也可形成金属化合物。在铁碳合金的基本相中,属于固溶体相的有铁素体与奥氏体,属于金属化合物相的有渗碳体。

(一)铁素体

碳溶于α-Fe中所形成的间隙固溶体称为铁素体,用符号F或α表示。铁素体仍然保持α-Fe的体心立方晶格。由于体心立方晶格的间隙很小,所以溶解碳的能力很低,在600 ℃

时溶解碳的质量分数为0.006%。随着温度的升高,溶解碳的质量分数逐渐增加。在727 ℃时,碳的质量分数为0.021 8%。因此,铁素体室温时的性能与纯铁相似,强度、硬度低,塑性、韧性好(σ_b=180～280 MPa,σ_s=100～170 MPa,δ=30%～50%,ψ=70%～80%,a_K=128～160 J/cm^2,50～80 HBS)。铁素体的显微组织呈多边形,晶界曲折,如图4-3所示。

(二)奥氏体

碳溶解于γ-Fe中所形成的间隙固溶体称为奥氏体,用符号A或γ表示。奥氏体仍然保持着γ-Fe的面心立方晶格。

由于面心立方晶格的间隙较大,所以溶解碳的能力也较强,在727 ℃时溶解碳的质量分数为0.77%。随着温度的升高,溶解的碳的质量分数逐渐增加。在1 148 ℃时,碳的质量分数为2.11%。因而,奥氏体具有一定的强度、硬度、塑性很好,易于锻压成形(σ_b=400 MPa,δ=40%～50%,160～220 HBS)。所以,生产中常常将钢材加热到奥氏体状态进行锻造,这也就是"趁热打铁"的原因。奥氏体的显微组织与铁素体的显微组织相似,呈多边形,但是晶界较铁素体平直,如图4-4所示。

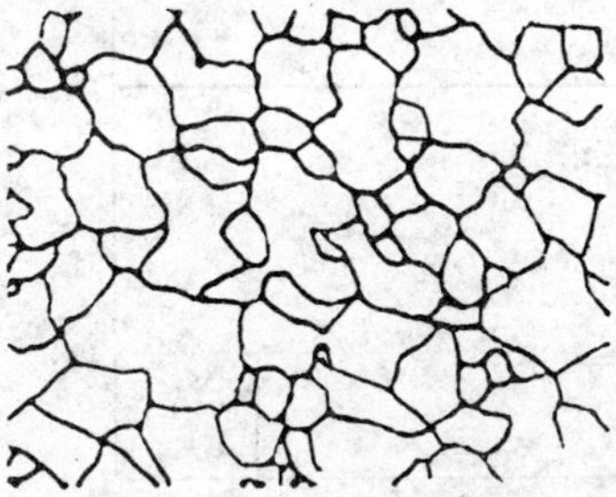

图4-3　铁素体的显微组织

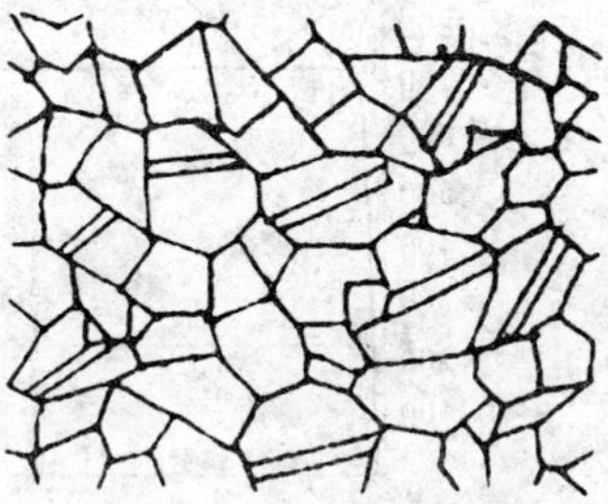

图4-4　奥氏体的显微组织

(三)渗碳体

铁碳合金中,铁和碳相互作用形成的具有复杂晶格的间隙化合物称为渗碳体,用分子式Fe_3C表示。渗碳体的碳的质量分数为6.69%,熔点为1 227 ℃,硬度很高(约1 000 HV),塑性、韧性几乎为零,极脆。渗碳体在铁碳合金中常以片状、球状、网状等形式与其他相共存,是钢中的主要强化相。渗碳体的形态、大小、数量和分布对钢的性能影响很大。

第二节　铁碳合金相图及其应用

一、铁碳合金相图的分析

铁碳合金相图是以温度为纵坐标、含碳量为横坐标的,反映铁碳合金在平衡状态下的成分、温度和相或组织结构之间变化规律的图形。它是研究铁碳合金的力学性能和制定其加工工艺的重要依据。

(一)铁碳合金相图的建立

铁碳合金相图是通过试验方法建立的,利用热分析法测定铁碳合金的临界点,建立铁碳二元合金相图。其建立过程如下:

(1)配制一系列的不同成分的铁碳合金,如100% Fe、99.80% Fe+0.20% C、99.55%

Fe + 0.45% C、99.23% Fe + 0.77% C、98.80% Fe + 1.20% C、…、95.70% Fe + 4.30% C、…、93.31% Fe + 6.69% C。

(2)测出所配合金的冷却曲线。

(3)找出各冷却曲线上的临界点，如结晶开始温度、结晶终了温度、组织转变温度等。

(4)把特性点(温度和成分的交点)标注在温度—成分坐标系中。

(5)把相同意义的特性点连接起来称为特征线，这些特征线将相图划分出一些区域，这些区域称为相区。

(6)在各相区内填入相应的相(或组织)的名称，如图 4-5 所示。

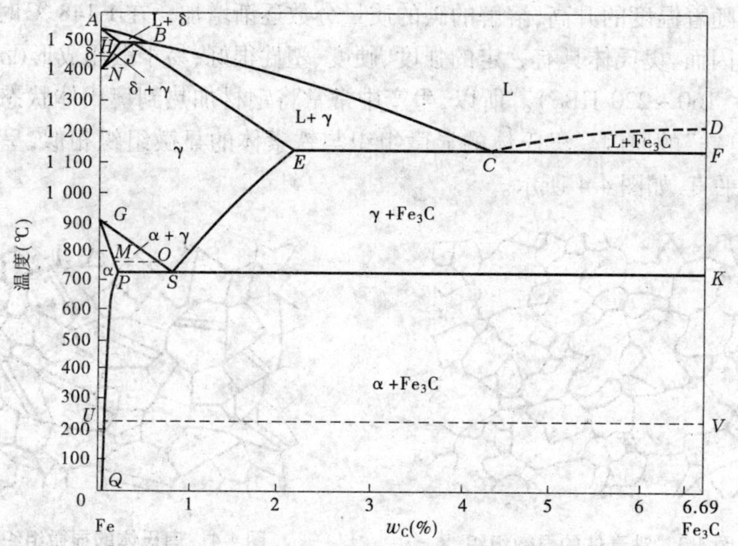

图 4-5　以相组成物标注的铁碳合金相图

(二)铁碳合金相图的分析

图 4-5 是铁碳合金相图，图中各特性点的温度、含碳量及意义见表 4-1。各特性点的符号是国际通用的，不能随意更换。$Fe - Fe_3C$ 相图中的特性线是不同成分的铁碳合金具有相同意义的相变点或临界点的连线，其中 *ABCD* 线为液相线，*AHJECF* 为固相线。$Fe - Fe_3C$ 相图中有五个单相：液相 L、高温铁素体相 δ、铁素体相 α、奥氏体相 γ 和渗碳体相 Fe_3C，它们构成五个单相区(其中 Fe_3C 为一条垂线)。相邻两个单相区之间为两相区，共有七个两相区：L + δ、L + γ、L + Fe_3C、δ + γ、γ + Fe_3C、γ + α 和 α + Fe_3C。

另外，三条水平特性线：包晶转变线 *HJB*、共晶转变线 *ECF*、共析转变线 *PSK*，分别构成三个三相区：L + δ + γ、L + γ + Fe_3C、γ + α + Fe_3C。

为了充分认识铁碳合金的结晶和相变过程，下面重点介绍一下相图中的重要特性线。

1. 液相线和固相线

ABCD 线为液相线，液态合金冷却至此线时，液态中开始结晶出相应的固相，因此又称之为结晶开始线。而 *AHJECF* 为固相线，又称之为结晶终了线，此线以下全部为固相。

2. 磁性转变线

MO 线(770 ℃)为铁素体的磁性转变线，又称为 A_2 线；*UV* 线(230 ℃)为渗碳体的磁性转变线，又称为 A_0 线。

表 4-1 铁碳合金相图中的特性点

特性点	温度(℃)	含碳量(%)	意义
A	1 538	0	纯铁的熔点
B	1 495	0.53	包晶转变时液相成分
C	1 148	4.30	共晶点
D	1 227	6.69	渗碳体的熔点
E	1 148	2.11	碳在 γ - Fe 中最大溶解度
F	1 148	6.69	共晶渗碳体的成分
G	912	0	纯铁的同素异晶转变点 A_3,$\gamma-Fe \xrightleftharpoons{912\ ℃} \alpha-Fe$
H	1 495	0.09	碳在 δ - Fe 中最大溶解度
J	1 495	0.17	包晶点
K	727	6.69	共析渗碳体的成分
N	1 394	0	纯铁的同素异晶转变点 A_4,$\delta-Fe \xrightleftharpoons{1\ 394\ ℃} \gamma-Fe$
P	727	0.021 8	碳在 α - Fe 中最大溶解度
S	727	0.77	共析点(A_1)
Q	600	0.005 7	600 ℃时碳在 α - Fe 中的溶解度

3. 三条水平线

如上文介绍,相图的三条水平线对应三个典型的恒温转变。事实上,它们也对应了相图的三个重要组成部分,即包晶转变部分、共晶转变部分和共析转变部分。

1)包晶转变(水平线 *HJB*)

在 1 495 ℃的恒温下,含碳量为 0.53% 的液相与含碳量为 0.09% 的 δ 铁素体发生包晶反应,形成含碳量为 0.17% 的奥氏体,其反应式为

$$L_B + \delta_H \xrightleftharpoons{1\ 495\ ℃} \gamma_J \tag{4-1}$$

含碳量为 0.17% 的铁碳合金,即包晶合金,进行包晶反应时,奥氏体沿 δ 相与液相的界面形核,并向 δ 相和液相两个方向长大。包晶反应终了时,δ 相与液相同时耗尽,变为单相奥氏体。含碳量在 0.09% ~ 0.17% 的合金,当包晶反应结束后,仍残留一部分 δ 铁素体。这部分 δ 相在随后的冷却过程中,通过同素异晶转变而变成奥氏体。含碳量在 0.17% ~ 0.53% 的合金,在包晶反应结束后,仍残留一定量的液相,这部分液相在随后冷却过程中,通过匀晶转变而结晶成奥氏体。可见,凡是含碳量在 0.09% ~ 0.53% 的合金,都要经历包晶转变过程,而且不论在包晶转变前后转变过程如何,最终都要获得单相奥氏体。

对于含碳量低于 0.09% 的合金,在按匀晶转变凝固为 δ 固溶体之后,继续冷却时将在 *NH* 线与 *NJ* 线之间发生固溶体的同素异晶转变,转变为单相奥氏体。含碳量在 0.53% ~ 2.11% 的合金,按匀晶转变后,组织也是单相奥氏体。

总之,含碳量低于 2.11% 的合金在冷却过程中,都可在一定的温度区间内得到单相的奥氏体组织。这类铁碳合金,即称为碳钢。应当指出,对于碳钢而言,由于包晶反应温度高,

碳原子的扩散较快，所以包晶偏析并不严重。但对于高合金钢来说，合金元素的扩散较慢，就可能造成严重的包晶偏析。

2)共晶转变(水平线 ECF)

共晶转变是在1 148 ℃的恒温下，由含碳量为4.3%的液相转变为含碳量为2.11%的奥氏体和含碳量为6.69%的渗碳体组成的混合物。其反应式为

$$L_C \xrightleftharpoons{1\ 148\ ℃} Ld(A_E + Fe_3C) \tag{4-2}$$

共晶转变形成的奥氏体与渗碳体的混合物，称为莱氏体，用Ld表示。在莱氏体中，渗碳体是连续分布的相，奥氏体呈短棒状或颗粒状分布在渗碳体的基体上。由于渗碳体很脆，所以莱氏体是塑性很差的组织。

含碳量在2.11%~6.69%的铁碳合金都有共晶转变，这类铁碳合金称为铸铁，因含有莱氏体或大量渗碳体，且断口呈亮白色，故又称为白口铸铁。

其中，含碳量在2.11%~4.30%的合金称为亚共晶白口铸铁，含碳量在4.30%~6.69%的合金称为过共晶白口铸铁。过共晶白口铸铁在冷却到液相线温度时，从液相中结晶出的先共晶渗碳体，称为一次渗碳体，用 $Fe_3C_Ⅰ$ 表示。一次渗碳体呈粗大板条状。

3)共析转变(水平线 PSK 线)

$Fe-Fe_3C$ 相图上的共析转变是在727 ℃恒温下，由含碳量为0.77%的奥氏体转变为含碳量为0.021 8%的铁素体和渗碳体组成的混合物，其反应式为

$$A_S \xrightleftharpoons{727\ ℃} P(F_P + Fe_3C) \tag{4-3}$$

共析转变的产物称为珠光体，用符号P表示。共析转变的水平线 PSK，称为共析线，又称为 A_1 线。凡是含碳量大于0.021 8%的铁碳合金都将发生共析转变。

4.四条重要特性线

1)ES 线

ES 线为碳在 $\gamma-Fe$ 中的溶解度曲线，最大溶解度点为1 148 ℃的 E 点，溶碳量为2.11%。随着温度的下降，溶解度减小，至727 ℃时溶碳量仅为0.77%(S 点)。所以，含碳量超过0.77%的铁碳合金自1 148 ℃冷至727 ℃时，过饱和的碳会从奥氏体中以渗碳体的形式析出，此渗碳体称为二次渗碳体，用 $Fe_3C_Ⅱ$ 表示。二次渗碳体通常沿奥氏体晶界呈网状分布。ES 线也是二次渗碳体析出的开始线，故又称为 A_{cm} 线。

2)PQ 线

PQ 线为碳在 $\alpha-Fe$ 中的固溶线。在727 ℃时，碳的溶解度最大，为0.021 8%(P 点)，随着温度的降低，溶解度下降，到室温时溶解度仅为0.000 8%(Q 点)。所以，铁碳合金自727 ℃至室温的冷却过程中，还将从铁素体中析出渗碳体，称之为三次渗碳体，用 $Fe_3C_Ⅲ$ 表示。因其析出量极少，在含碳量较高的铁碳合金中不予以考虑，但是对于工业纯铁和低碳钢，因其以不连续网状或片状分布于铁素体晶界，会降低塑性，所以对于 $Fe_3C_Ⅲ$ 的数量和分布还是要加以控制。

3)GS 线和 GP 线

GS 线为冷却时奥氏体向铁素体转变的开始线，或称之为加热时铁素体向奥氏体转变的终了线；GP 线为冷却时奥氏体向铁素体转变的终了线，或称之为加热时铁素体向奥氏体转变的开始线。其中，GS 线是由相图中 G 点(A_3)演变而来的，故又称 A_3 线。

应当指出,从以上对 Fe－Fe_3C 相图中的特性点、线、区的分析可知,相图左上角的包晶转变部分对普通碳素钢的组织和性能影响不大。因此,在以铁碳合金的固态热加工为主的锻造、热处理生产中,通常省去包晶转变部分,而出现了所谓的简化铁碳合金相图,如图 4-6 所示。本着科学的学习态度,本书仍以完整的 Fe－Fe_3C 相图为研究对象。

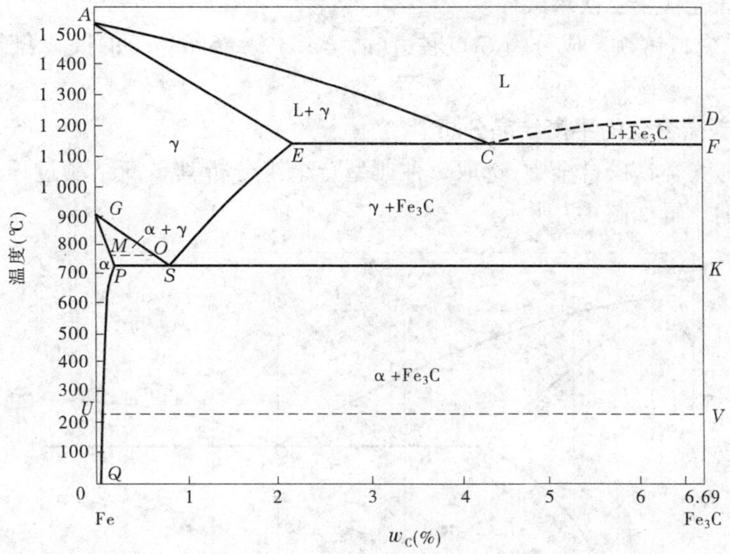

图 4-6　简化的铁碳合金相图

二、典型铁碳合金的平衡结晶及其组织

(一)铁碳合金的分类

铁碳合金的组织是液态结晶和固态重结晶的综合结果,研究铁碳合金的结晶过程,目的在于分析合金的组织形成,以考虑其对性能的影响。为了讨论方便,先将铁碳合金进行分类。铁碳合金根据成分和室温组织的不同,可将铁碳合金分为工业纯铁、碳钢和白口铸铁三大类。

1. 工业纯铁

成分为 P 点以左($w_C < 0.021\ 8\%$)的铁碳合金,其室温组织为铁素体。

2. 碳钢

成分在 P 点与 E 点之间($w_C = 0.021\ 8\% \sim 2.11\%$)的铁碳合金。按室温组织不同又分为以下三种:

(1)共析钢。成分为 S 点($w_C = 0.77\%$)的铁碳合金,室温组织为珠光体。

(2)亚共析钢。成分为 S 点左边($w_C = 0.021\ 8\% \sim 0.77\%$)的铁碳合金,室温组织为珠光体 + 铁素体。

(3)过共析钢。S 点右边($w_C = 0.77\% \sim 2.11\%$)的铁碳合金,室温组织为珠光体 + 二次渗碳体。

3. 白口铸铁

如前文所述,成分在 E 点右面($2.11\% < w_C \leqslant 6.69\%$)的铁碳合金,称为铸铁。按 Fe－

Fe_3C 相图进行结晶的铸铁，其断口呈亮白色，称为白口铸铁。按室温组织不同又分为以下三种：

(1)共晶白口铸铁。成分为 C 点($w_C=4.3\%$)的铁碳合金，室温组织为变态莱氏体。

(2)亚共晶白口铸铁。成分为 C 点左边($w_C=2.11\%\sim4.3\%$)的铁碳合金，室温组织为变态莱氏体+珠光体+二次渗碳体。

(3)过共晶白口铸铁。成分为 C 点右边($w_C=4.3\%\sim6.69\%$)的铁碳合金，室温组织为变态莱氏体+一次渗碳体。

(二)典型铁碳合金的平衡结晶分析

现从上述三大类铁碳合金中，选取7种典型合金来分析其平衡结晶过程及组织。所选合金在相图上的位置如图4-7所示。

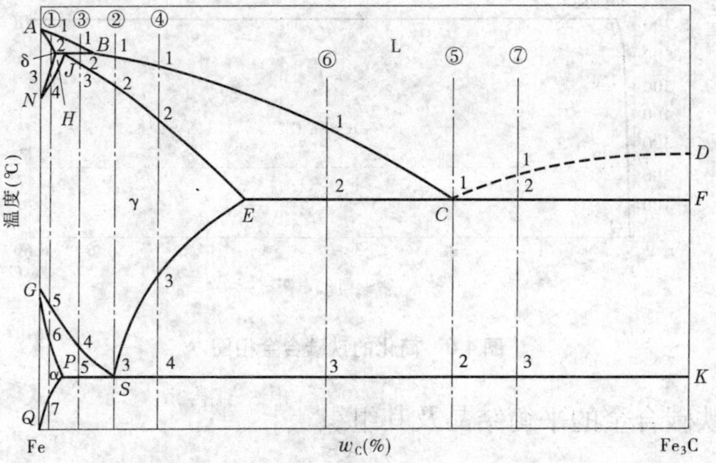

图4-7 典型铁碳合金冷却时的组织转变过程分析

1. 工业纯铁(含碳量小于0.0218%)

以含碳量为0.02%的合金①为例，其结晶过程如图4-8所示。液态合金在1~2点温度区间内，按匀晶转变结晶出δ，冷却至3点时，开始发生固溶体的同素异晶转变δ→γ。奥氏体的晶核通常优先在δ相界上形成并长大，这一转变在4点结束，合金全部变成单相奥氏体。冷却至5点时又发生同素异晶转变γ→α。当温度达到6点时，奥氏体全部转变为铁素体。冷却至7点时，碳在铁素体中的溶解量达到饱和，当冷却至7点以下时，过饱和的碳以三次渗碳体的形式从铁素体中析出。因此，工业纯铁的室温平衡组织为铁素体和沿其晶界分布的片状三次渗碳体，如图4-9所示。

2. 共析钢(含碳量为0.77%)

共析钢即图4-7中的合金②，其结晶过程示意图如图4-10所示。

当液态合金冷却到与液相线相交的1点温度时，开始按匀晶转变结晶出奥氏体。随着温度的下降，奥氏体量不断增加，液相量逐渐减少，至2点温度时，液相全部结晶为奥氏体。从2~S点温度范围内，奥氏体不发生变化，待冷却到 S 点(727 ℃)时，奥氏体将发生共析转变形成珠光体，即 $A_S \xrightarrow{727\ ℃} P(F_P+Fe_3C)$。这种由共析转变而析出的铁素体和渗碳体，又分别称为共析铁素体和共析渗碳体。由于共析转变是在固态下进行，原子扩散较困难，故共析组织均匀、致密。

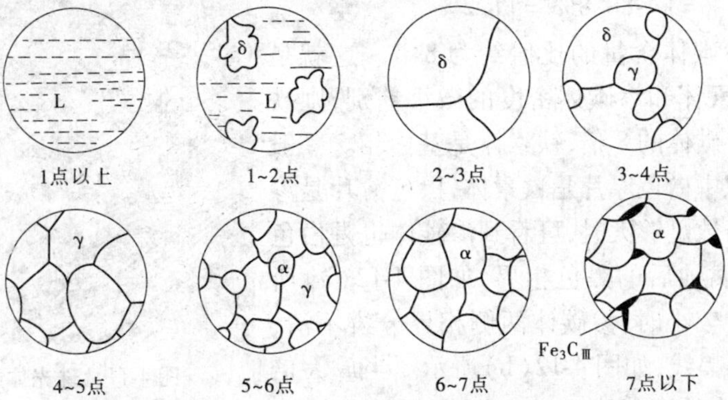

图 4-8　含碳量为 0.02% 的工业纯铁的结晶过程示意图

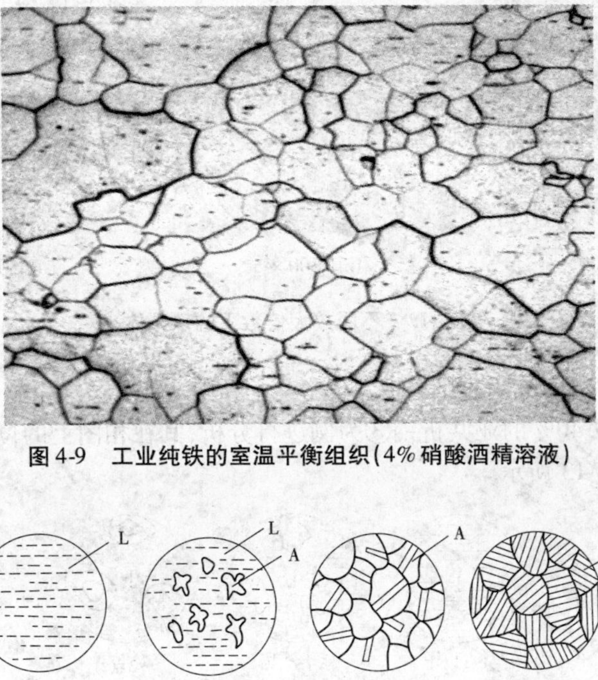

图 4-9　工业纯铁的室温平衡组织(4% 硝酸酒精溶液)

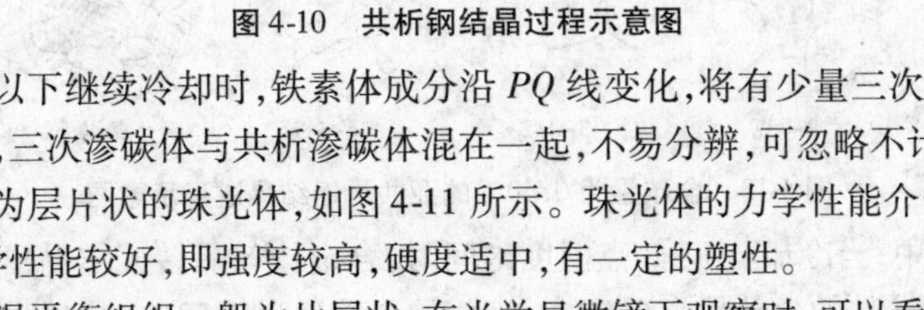

图 4-10　共析钢结晶过程示意图

在 S 点温度以下继续冷却时,铁素体成分沿 PQ 线变化,将有少量三次渗碳体($Fe_3C_{Ⅲ}$)从铁素体中析出,三次渗碳体与共析渗碳体混在一起,不易分辨,可忽略不计。因此,共析钢的室温平衡组织为层片状的珠光体,如图 4-11 所示。珠光体的力学性能介于铁素体和渗碳体之间,综合力学性能较好,即强度较高,硬度适中,有一定的塑性。

珠光体的室温平衡组织一般为片层状,在光学显微镜下观察时,可以看到白色基体的铁素体和黑色条状的渗碳体,如图 4-12 所示。

层片状珠光体中的铁素体和渗碳体的含量可以用杠杆定律进行计算:

$$w_{\alpha} = \frac{SK}{PK} = \frac{6.69 - 0.77}{6.69 - 0.0218} \times 100\% = 88.8\%$$

$w_{Fe_3C} = 1 - 88.8\% = 11.2\%$

铁素体与渗碳体含量的比值约为 8∶1。这就是说,如果忽略铁素体和渗碳体密度的微小差别,则铁素体的体积是渗碳体的 8 倍,铁素体是基体相。一般片状珠光体组织中白色厚片是铁素体,黑色薄片是渗碳体。当放大倍数足够大时,可看到渗碳体也是白色条状,其两侧是腐蚀后的黑色相界,如图 4-12(a)所示。当放大倍数较小时,渗碳体两侧相界分辨不清,看起来合成一条黑线,如图 4-12(b)所示。当放大倍数更小时,铁素体与渗碳体已无法分辨,珠光体呈灰暗的一片,如图 4-12(c)所示。

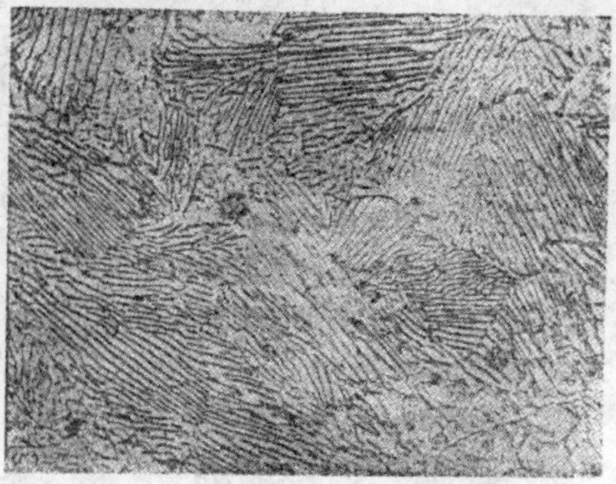

图 4-11　珠光体的显微组织

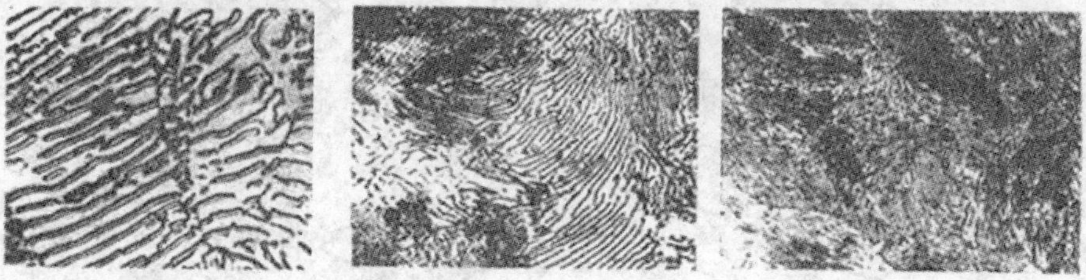

(a)8 000 ×　　(b)1 000 ×　　(c)500 ×

图 4-12　不同放大倍数下的珠光体

3. 亚共析钢(含碳量 0.021 8% ~0.77%)

现以含碳量为 0.40% 的亚共析钢③为例进行分析,其在相图上的位置如图 4-8 所示,结晶过程示意图如图 4-13 所示。

图 4-13　含碳量为 0.40% 的亚共析钢结晶过程示意图

在结晶过程中,当冷却至 1 ~2 点温度区间时,合金按匀晶转变结晶出 δ 固溶体。当冷却到 2 点时,δ 固溶体的含碳量为 0.09%,液相的含碳量为 0.53%,此时的温度为 1 495 ℃,于是液相和 δ 固溶体于恒温下发生包晶转变(L + δ↔γ),形成奥氏体。但由于钢中的含碳量(0.40%)大于 0.17%,所以包晶转变终了后,仍有液相存在。这些剩余的液相在 2 ~3 点之间继续按匀晶结晶成奥氏体,此时液相的成分沿 *BC* 线变化,奥氏体的成分则沿 *JE* 线变化。当温度降到 3 点时,合金全部为 0.40% 的奥氏体所组成。当冷却到 4 点时,在奥氏体晶界上开始析出铁素体，随着温度的降低，铁素体的数量不断增多，此时铁素体的成分沿 *GP* 线变化，而奥氏体的成分则沿 *GS* 线变化，温度降至5点与共析线（727 ℃）相遇时，奥氏体的成分达到了 *S* 点，即含碳量达到0.77%，在恒温下发生共析转变（$\gamma \leftrightarrow \alpha + Fe_3C$），形成珠光体。在5点以下，先共析铁素体和珠光体中的铁素体都将析出三次渗碳体，但其数量很少，一般可忽略不计。因此，该室温下的组织由先共析铁素体和珠光体所组成，如图4-14（b）所示。

亚共析钢的室温组织均由铁素体和珠光体组成。钢中含碳量越高，则组织中的珠光体量越多。含碳量分别为0.20%、0.40%和0.60%亚共析钢的显微组织如图4-14所示，由于放大倍数较小，不能清晰地观察到珠光体的片层特征，图中黑色为珠光体，白色为铁素体。

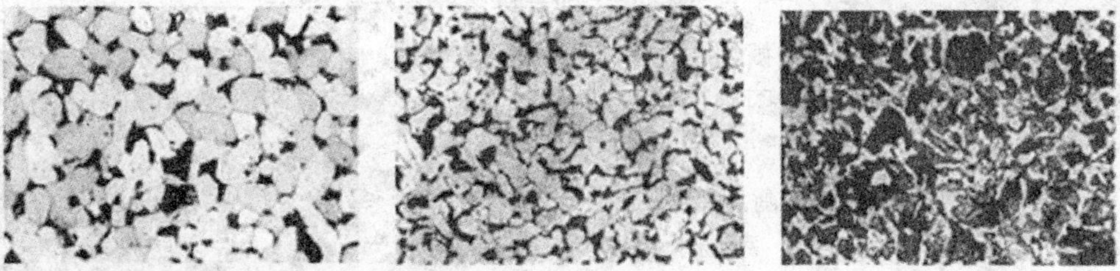

(a)含碳量0.20%　　(b)含碳量0.40%　　(c)含碳量0.60%

图4-14　亚共析钢的室温组织

利用杠杆定律，可以计算出含碳量为0.40%的亚共析钢，在室温下组织组成物和相组成物的相对含量。

组织组成物的相对含量：

先共析铁素体

$$w_{\alpha} = \frac{0.77 - 0.40}{0.77 - 0.0218} \times 100\% = 49.5\%$$

珠光体

$$w_{P} = 1 - 49.5\% = 50.5\%$$

相组成物的相对含量：

铁素体
$$w_{\alpha} = \frac{6.69 - 0.40}{6.69 - 0.0218} \times 100\% = 94.3\%$$

渗碳体
$$w_{Fe_3C} = 1 - 94.3\% = 5.7\%$$

在显微分析中，可以根据珠光体和铁素体所占面积的相对量来估算出亚共析钢中碳的质量分数 w_C，即

$$w_C = P \times 0.77\% \tag{4-4}$$

式中　*P*——珠光体在显微组织中所占的面积百分比。

根据亚共析钢中碳的质量分数，应用杠杆定律同样可以求出组织中珠光体和铁素体的相对量。

4.过共析钢（含碳量为0.77%～2.11%）

以含碳量为1.2%的过共析钢④为例，该钢在相图上的位置如图4-7所示，其结晶过程示意图如图4-15所示。合金在1～2点按匀晶转变为单相奥氏体。当冷却至3点时，奥氏

体中溶碳量达到饱和，碳以二次渗碳体（Fe_3C_{II}）的形式析出，呈网状沿奥氏体晶界分布。由于渗碳体的析出，奥氏体中的含碳量沿 *ES* 线变化，当温度降到 4 点时（727 ℃），奥氏体的含碳量正好达到 0.77%，在恒温下发生共析转变，形成珠光体。

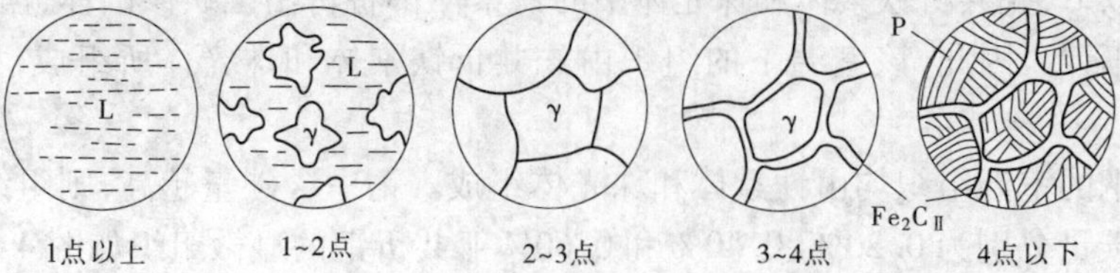

图 4-15　含碳量为 1.2% 过共析钢结晶过程示意图

因此，过共析钢的室温平衡组织为珠光体和二次渗碳体，如图 4-16 所示，图中白色网状相为二次渗碳体，暗黑色为珠光体。

所有过共析钢的室温平衡组织都是由珠光体和网状二次渗碳体组成的。不同的是，随着含碳量的增加，网状二次渗碳体的量增多，珠光体的量减少。当w_C = 2.11% 时，钢中二次渗碳体的量最多，根据杠杆定律可求得其值为 22.6%。

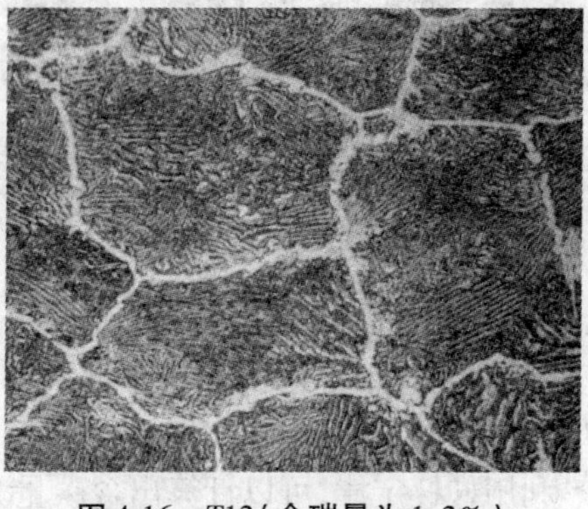

图 4-16　T12（含碳量为 1.2%）钢室温组织（4% 硝酸酒精溶液）

5. 共晶白口铸铁（含碳量为 4.3%）

共晶白口铸铁的含碳量为 4.3%，如图 4-7 所示的合金⑤，其结晶过程示意图如图 4-17 所示。

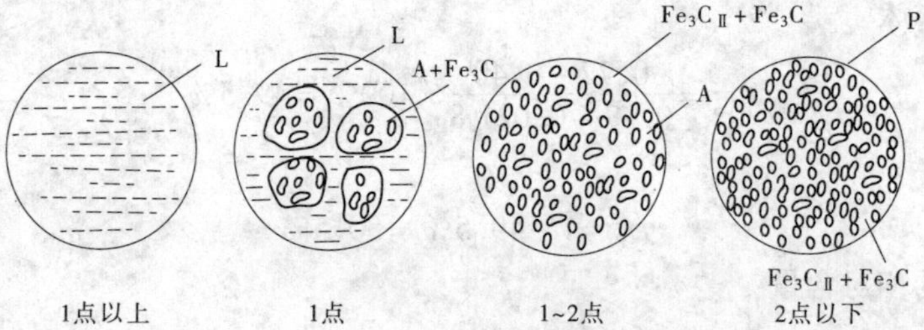

图 4-17　共晶白口铸铁结晶过程示意图

液态合金冷却到 1 点（1 148 ℃）时，在恒温下发生共晶转变（$L \to \gamma + Fe_3C$），形成莱氏体（Ld）。这种由共晶转变而结晶出的奥氏体与渗碳体，分别称为共晶奥氏体与共晶渗碳体。随着温度的降低，奥氏体中的溶碳量沿 *ES* 线变化而不断降低，并不断从奥氏体中析出二次渗碳体，但由于它依附在共晶渗碳体上析出并长大，所以难以分辨。当温度下降到与共析线 *PSK* 相交的 2 点温度（727 ℃）时，共晶奥氏体的含碳量正好降至共析成分（w_C = 0.77%），剩余奥氏体在恒温下发生共析转变形成珠光体，即共晶奥氏体转变为珠光体。最后室温平衡组织是珠光体分布在共晶渗碳体的基体上，即室温莱氏体。室温莱氏体保持了高温下共晶转变后所形成的莱氏体的形态特征，但组织组成物和相组成物均发生了改变。因此，常将室温莱氏体称为低温莱氏体或变态莱氏体，用符号 Ld′表示，两种典型的室温组织如图 4-18 所示。其中，白色的部分为共晶渗碳体基体，黑色的部分为奥氏体转变的产物即珠光体（二次渗碳体和共晶渗碳体混在一起，无法分辨）。

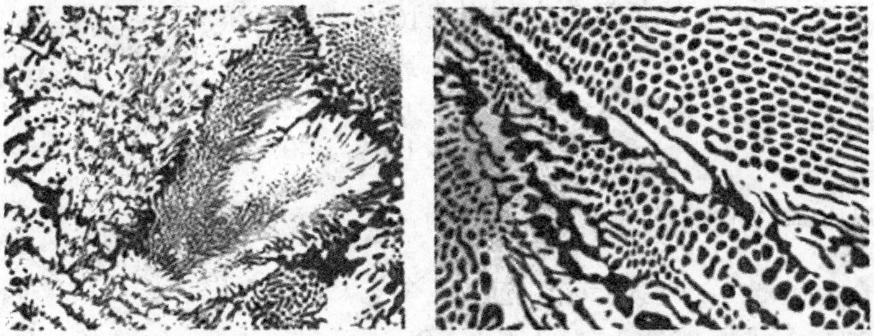

图 4-18 共晶白口铸铁的室温组织

6. 亚共晶白口铸铁（含碳量为 2.11% ~4.3%）

亚共晶白口铸铁的结晶过程要比共晶白口铸铁的复杂，以含碳量为 3.0% 的亚共晶白口铸铁（见图 4-7 中的合金⑥）为例。在结晶过程中，在 1 ~2 点按匀晶转变结晶出初晶（或先共晶）奥氏体，奥氏体的成分沿 *JE* 线变化，而液相的成分沿 *BC* 线变化。当温度降至 2 点时。液相成分到达共晶点 *C*，在恒温（1 148 ℃）下发生共晶转变，即 $L \rightleftharpoons \gamma + Fe_3C$，形成莱氏体。当温度冷却到 2 ~3 点温度区间时，从初晶奥氏体和共晶奥氏体中都析出二次渗碳体。随着二次渗碳体的析出，奥氏体的成分沿着 *ES* 线变化，含碳量不断降低，当温度达到 3 点（727 ℃）时，奥氏体的成分也到达了 *S* 点，在恒温下发生共析转变，所有的奥氏体都转变为珠光体。

图 4-19 为其平衡结晶过程示意图。图 4-20 为该合金的室温显微组织，图中大块黑色部分是由初晶（先共晶）奥氏体转变成的珠光体，而由初晶奥氏体析出的二次渗碳体与共晶渗碳体连成一片，因此难以分辨。

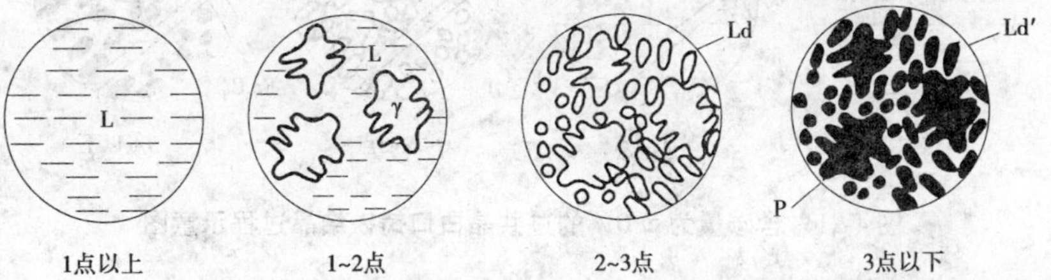

图 4-19 含碳量为 3.0% 的亚共晶白口铸铁结晶过程示意图

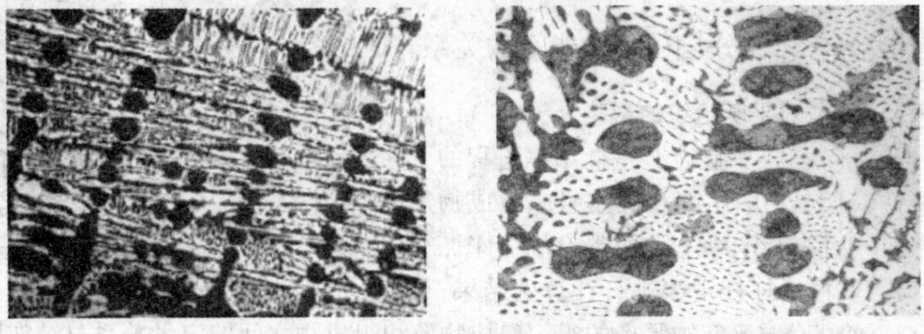

图 4-20 亚共晶白口铸铁的室温组织

根据杠杆定律计算该白口铸铁的组织组成物，其中初晶奥氏体的含量为

$$w_{\gamma}=\frac{4.3-3.0}{4.3-2.11}\times100\%=59.4\%$$

莱氏体含量为

$$w_{\mathrm{Ld}}=\frac{3.0-2.11}{4.3-2.11}\times100\%=40.6\%$$

从初晶奥氏体中析出的二次渗碳体含量为

$$w_{\mathrm{Fe_3C_{II}}}=\frac{2.11-0.77}{6.69-0.77}\times59.4\%=13.4\%$$

所有亚共晶白口铸铁的冷却过程均相似，其室温平衡组织均由珠光体、二次渗碳体与变态莱氏体组成。不同的是，当合金成分越接近共晶成分，室温组织中变态莱氏体的量越多；反之，由初晶奥氏体转变成的珠光体量越多。

7. 过共晶白口铸铁（含碳量为 4.3% ~6.69%）

以含碳量为 5.0% 的过共晶白口铸铁（见图 4-7 中的合金⑦）为例。其结晶过程示意图如图 4-21 所示。在结晶过程中，在1 ~2点温度达到从液相中结晶出粗大的先共晶渗碳体，即一次渗碳体（Fe_3C_{I}）。随结晶过程的进一步进行，一次渗碳体数量逐步增多，液相成分沿着 *DC* 线变化。当温度降至 2 点时，液相成分达到 4.3%，剩余液相在恒温（1 148 ℃）下发生共晶转变，形成莱氏体。在继续冷却过程中，共晶奥氏体先析出二次渗碳体（依附于共晶渗碳体长大，无法分辨），奥氏体成分沿 *ES* 线变化，当温度达到 727 ℃时，奥氏体的成分也到达了 *S* 点，在恒温下发生共析转变，奥氏体转变为珠光体。

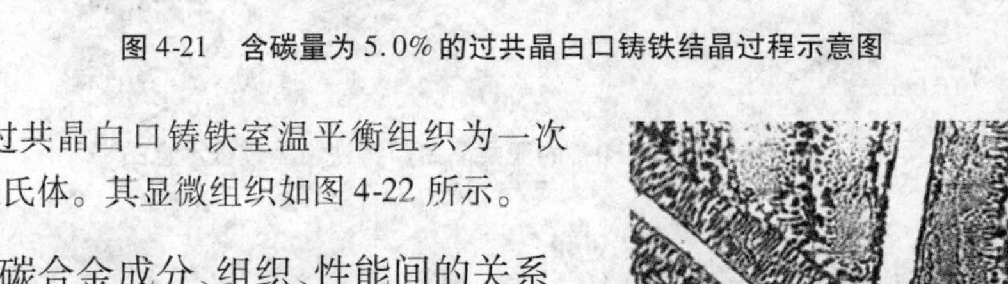

图 4-21　含碳量为 5.0% 的过共晶白口铸铁结晶过程示意图

因此，过共晶白口铸铁室温平衡组织为一次渗碳体和莱氏体。其显微组织如图 4-22 所示。

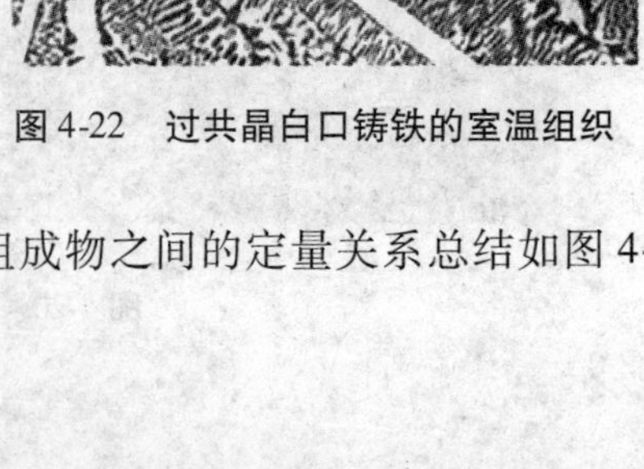

图 4-22　过共晶白口铸铁的室温组织

三、铁碳合金成分、组织、性能间的关系

（一）含碳量对平衡组织的影响

根据前面对各类铁碳合金平衡结晶过程的分析，可将铁碳合金相图中的相区按组织组成物加以标注，形成按组织区分的铁碳合金相图，如图 4-23所示。根据杠杆定律进行计算的结果，可将铁碳合金的成分与平衡结晶后的组织组成物及相组成物之间的定量关系总结如图 4-24 所示。

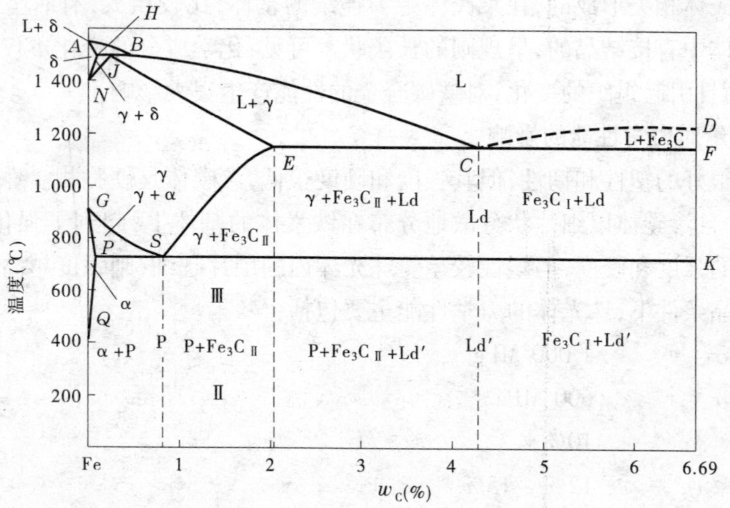

图 4-23　按组织区分的铁碳合金相图

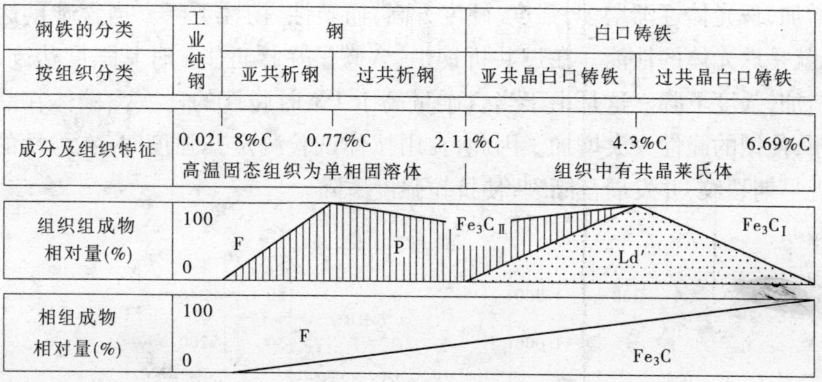

图 4-24　铁碳合金的成分与组织的关系

从相组成的角度来看,铁碳合金在室温下的平衡组织均由铁素体和渗碳体两相组成。当含碳量为 0 时,组织全部由铁素体组成,随着含碳量的增加,铁素体的含量呈直线下降,当含碳量为 6. 69% 时,降低到零。与此相反,渗碳体的含量则由 0 增到 100% 。

含碳量的变化不仅引起铁素体和渗碳体相对含量的变化,而且要引起组织的变化。显然,这是由于成分的变化引起不同性质的结晶过程,从而使相发生变化而造成的。从图 4-23 可以看出,随着含碳量的增加,铁碳合金的组织变化顺序为

$$F \rightarrow F + P \rightarrow P \rightarrow P + Fe_3C_{II} \rightarrow P + Fe_3C_{II} + Ld' \rightarrow Ld' \rightarrow Ld' + Fe_3C_{I} \rightarrow Fe_3C$$

可见,同一种组成相,由于生成条件的不同,虽然相的本质未变,但其形态可以有很大的差异。例如,从奥氏体中析出的铁素体一般呈块状,而经共析反应生成的珠光体中的铁素体,由于同渗碳体要相互制约,呈交替层片状。又如渗碳体由于生成条件的不同,其形态变得十分复杂,铁碳合金的上述组织变化主要是由它引起的。当含碳量低于 0. 021 8% 时,三次渗碳体从铁素体中析出,沿晶界呈小片状分布。共析渗碳体是经共析反应生成的,与铁素体呈交替层片状,而从奥氏体中析出的二次渗碳体,则以网状分布于奥氏体的晶界上。共晶

渗碳体是与奥氏体相关形成的，在莱氏体中为连续的基体，比较粗大，有时呈鱼骨状。一次渗碳体是从液体中直接结晶的，呈规则的长条状。可见，化学成分的变化不仅引起相的相对含量的变化，而且引起组织的变化，对铁碳合金的性能产生很大影响。

(二)含碳量对力学性能的影响

铁素体有很好的塑性和韧性，但其强度和硬度很低，渗碳体是硬脆相。珠光体由铁素体和渗碳体组成，且渗碳体以细片状分散地分布在铁素体的基体上，起到了强化作用。因此，珠光体有较高的强度和硬度，但塑性较差。珠光体内的层片越细，则强度越高。

在平衡结晶条件下，珠光体的力学性能主要包括：

抗拉强度 σ_b	1 000 MPa
屈服强度 σ_s	600 MPa
伸长率 δ	10%
断面收缩率 ψ	12% ~15%
硬度(HB)	241 HB

图 4-25 是含碳量对退火态碳钢力学性能的影响。由图可以看出，在亚共析钢中，随着含碳量的增加，珠光体逐渐增多，强度、硬度升高，而塑性、韧性下降。当含碳量达到 0.77% 时，其性能就是珠光体的性能。在过共析钢中，含碳量在接近 1% 时其强度达到最高值，含碳量继续增加，强度下降。这是由于当含碳量高于 1% 时脆性的二次渗碳体在晶界呈连续的网状分布，使钢的脆性大大增加。因此，在用拉伸试验测定其强度时，在脆性的二次渗碳体处会出现早期裂纹，并发展至断裂，使抗拉强度下降。

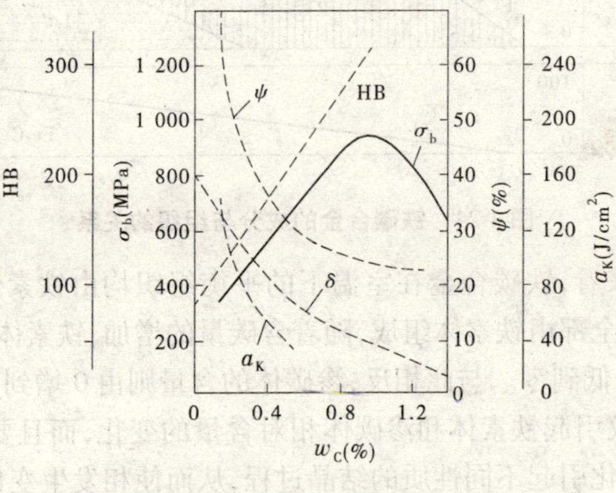

图 4-25 含碳量对退火态碳钢力学性能的影响

在白口铸铁中，由于含有大量的渗碳体，故其脆性很大，强度很低。渗碳体的硬度很高，但是极脆，不能使合金的塑性提高，合金的塑性变形主要由铁素体来提供。因此，当合金中含碳量增加而使铁素体减少时，铁碳合金的塑性不断降低。当组织中出现以渗碳体为基体的莱氏体时，塑性接近零值。

为了保证工业上使用的铁碳合金具有适当的塑性和韧性，合金中的渗碳体相的数量不应过多。对碳素钢及普通低中合金钢而言，其含碳量一般不超过 1.3%。

(三)含碳量对工艺性能的影响

1. 切削加工性能

钢的含碳量对切削加工性能有一定的影响。低碳钢中的铁素体较多,塑性、韧性好,切削加工时产生的切削热较大,容易粘刀,而且切屑不易折断,易影响表面粗糙度,因此其切削加工性能不好。高碳钢中渗碳体多,硬度较高,严重磨损刀具,其切削性能也差。中碳钢中的铁素体与渗碳体的比例适当,硬度和塑性也比较适中,其切削加工性能较好。

2. 锻造性能

金属的锻造性能是指金属在压力加工时,能改变形状而不产生裂纹的性能。钢的锻造性能首先与含碳量有关。低碳钢的可锻性较好,但随着含碳量的增加逐渐变差。

奥氏体具有良好的塑性,易于塑性变形。钢加热到高温时可获得单相奥氏体组织,具有良好的锻造性能。因此,钢材的始锻或终锻温度一般在固相线以下 100 ~ 200 ℃。终锻温度不能过低,以免因温度过低而使塑性变差产生裂纹。一般将亚共析钢终锻温度控制在 *GS* 线以上较近处,将过共析钢控制在 *SE* 线以上较近处。

白口铸铁无论在低温或高温,其组织都以硬而脆的渗碳体为基体,锻造性能很差,因此不能通过锻造进行变形。因此,俗语“趁热打铁”其实是“趁热打钢”。

3. 铸造性能

合金的铸造性能主要取决于相图中液相线与固相线的垂直距离(即结晶温度范围),距离越大,结晶温度范围越大,合金的铸造性能越差。由 $Fe-Fe_3C$ 相图可见,共晶成分($w_C=4.3\%$)的铸铁,不仅液相线与固相线的距离最小,结晶区间最小,而且熔点也最低,故合金的流动性好,铸件分散缩孔少、偏析小,因而铸造性能最好。所以,在铸造生产中,常选用共晶成分附近的铸铁进行铸造。

4. 焊接性能

铁碳合金的焊接性与含碳量有关。随着含碳量的增加,组织中的渗碳体量增加,钢的脆性增加、塑性下降,导致钢的冷裂倾向增加、焊接性变差。含碳量越高,铁碳合金的焊接性能越差,故焊接用钢主要是低碳钢或低碳合金钢。

5. 热处理性

热处理主要通过固态相变,来改善组织、提高性能。由于铁碳合金在加热或冷却过程中有固态相变现象,故钢和铸铁可以通过热处理的方法来改善其组织,达到改善性能的目的。根据 $Fe-Fe_3C$ 相图可确定各种热处理操作的加热温度,具体内容将在第六章“钢的热处理原理及工艺”中详述。

四、应用铁碳合金相图应注意的问题

(1)铁碳合金相图不能表示快速加热或冷却时铁碳合金组织的变化规律。

(2)可参考铁碳合金相图来分析快速冷却和加热的问题,但还应借助于其他理论知识。

(3)相图可以表示铁碳合金可能进行的相变,但不能看出相变过程所经过的时间。相图反映的是平衡相的概念,而不是组织的概念。

(4)铁碳合金相图是用极纯的 Fe 和 C 配制的合金测定的,而实际的钢铁材料中还含有或有意加入许多其他元素。其中,某些元素对临界点和相的成分都可能有很大的影响,此时必须借助于三元或多元相图来分析和研究。

第三节　碳素钢

碳素钢是指 $w_C \leq 2.11\%$，并含有少量锰、硅、硫、磷等杂质元素的铁碳合金，简称碳钢。由于碳钢具有一定的力学性能、良好的工艺性能，且价格低廉，因此是工业中应用最广泛的金属材料，主要用于建筑、交通运输及机械制造工业中。

一、常见杂质元素对碳钢性能的影响

碳钢中除含有铁和碳元素外，还含有少量的硅、锰、硫、磷等元素。这些元素是在冶炼时由矿石、燃料带入钢中的，通常称为杂质元素。它们对钢的质量有较大影响。

（一）锰的影响

锰是炼钢时用锰铁脱氧而残留在钢中的元素。在室温下，锰能溶于铁素体，对钢有一定的强化作用；锰也能溶于渗碳体中，形成合金渗碳体。锰在钢中是一种有益的元素。在碳钢中 $w_{Mn} = 0.25\% \sim 0.8\%$ 时，对钢的性能影响不大。

（二）硅的影响

硅也是作为脱氧剂加入钢中的。在室温下，硅溶入铁素体产生固溶强化，提高钢的强度、硬度。硅在钢中也是一种有益元素。在钢中 $w_{Si} < 0.5\%$ 时，对钢的性能影响不显著。

（三）硫的影响

硫是在炼钢时由矿石和燃料带入的。在固态下，硫在铁素体中的溶解度极小，主要以 FeS 形态存在于钢中。由于 FeS 的塑性差，则含硫量较多的钢脆性较大。更严重的是，FeS 与 Fe 可形成低熔点（985 ℃）的共晶体，分布在奥氏体的晶界上。当钢加热到约 1 200 ℃、进行热压力加工时，晶界上的共晶体已熔化，晶粒间结合被破坏，使钢材在加工过程中沿晶界开裂，这种现象称为热脆性。为了消除硫的有害作用，可在钢中增加锰的含量，锰与硫形成高熔点（1 620 ℃）的 MnS，并呈粒状分布在晶粒内，它在高温下具有一定塑性，从而避免了热脆性。

通常情况下，硫是有害的元素，在钢中要严格限制硫的含量。但含硫量较多的钢可形成较多的 MnS，在切削加工中，MnS 能起断屑作用，改善钢的切削加工性。这是硫有利的一面。

（四）磷的影响

磷是由矿石带入的。一般磷能全部溶于铁素体中，使钢的强度、硬度增加，但塑性、韧性则显著降低，尤其在低温时更为严重，这种现象称为冷脆性。磷在结晶过程中，容易产生晶内偏析，使局部含磷量偏高，导致韧脆转变温度升高，从而发生冷脆。冷脆对在高寒地带和其他低温条件下工作的结构件具有严重的危害性。此外，磷的偏析还使钢材在热轧后形成带状组织。

在通常情况下，磷也是有害元素，在钢中也要严格控制磷的含量。但当含磷量较多时，由于脆性较大，对制造炮弹用钢以及改善钢的切削加工性方面则是有利的。

（五）非金属夹杂物的影响

在炼钢过程中，少量的炉渣、耐火材料及冶炼中反应产物可能进入钢液，形成非金属夹杂物，例如氧化物、硫化物、硅酸盐、氮化物等。它们都会降低钢的力学性能，特别是降低塑性、韧性及疲劳强度。严重时，还会使钢在热加工和热处理时产生裂纹，或使用时突然脆断。非金属夹杂物也促使钢形成热加工纤维组织与带状组织，使材料具有各向异性。严重时，横向塑性仅为纵向的一半，并使冲击韧性大为降低。因此，对于重要用途的钢（如滚动轴承钢、弹簧钢等），要检查非金属夹杂物的数量、形状、大小与分布情况，并按相应的等级标准进行评级检验。

二、碳素钢的分类

生产中使用的碳钢品种繁多，为了便于生产、管理、选用和研究，有必要将钢加以分类和统一编号。碳钢的分类方法很多，常用的分类方法如下。

（一）按钢中碳的含量分类

根据钢中碳含量的多少，可分为低碳钢（$w_C < 0.25\%$）、中碳钢（$0.25\% \leqslant w_C \leqslant 0.60\%$）、高碳钢（$w_C > 0.60\%$）。

（二）按钢的质量分类

根据钢中有害杂质硫、磷含量的多少，可分为普通质量钢（$w_S \leqslant 0.050\%$，$w_P \leqslant 0.045\%$）、优质钢（$w_S \leqslant 0.035\%$，$w_P \leqslant 0.035\%$）、高级优质钢（$w_S \leqslant 0.025\%$，$w_P \leqslant 0.025\%$）。

（三）按钢的用途分类

根据钢的用途不同，可分为碳素结构钢和碳素工具钢。碳素结构钢主要用于制造各种机械零件和工程构件，一般属于低、中碳钢。碳素工具钢主要用于制造各种刃具、量具和模具，一般属于高碳钢。

此外，按冶炼方法不同，可分为转炉钢和电炉钢；按冶炼时脱氧程度不同，可分为沸腾钢（脱氧不完全）、镇静钢（脱氧较完全）和半镇静钢（脱氧程度介于沸腾钢和镇静钢之间）。

三、碳素钢的牌号、性能和用途

我国现行的碳素钢牌号命名是以钢的质量和用途为基础来进行的，一般分为普通碳素结构钢、优质碳素结构钢和碳素工具钢。

（一）普通碳素结构钢

按 GB/T 700—2006 规定，普通碳素结构钢的牌号由代表屈服强度的字母、屈服强度数值、质量等级符号、脱氧方法符号等四个部分按顺序组成。例如，Q235AF 的牌号中符号含义为：

Q——钢材屈服强度“屈”字汉语拼音首位字母；

A、B、C、D——质量等级符号；

F——沸腾钢“沸”字汉语拼音首位字母。

其中，质量等级有 A（$w_S \leqslant 0.050\%$，$w_P \leqslant 0.045\%$）、B（$w_S \leqslant 0.045\%$，$w_P \leqslant 0.045\%$）、C（$w_S \leqslant 0.040\%$，$w_P \leqslant 0.040\%$）、D（$w_S \leqslant 0.035\%$，$w_P \leqslant 0.035\%$）四级。例如，Q235AF 表示 $\sigma_s \geqslant 235$ MPa，质量等级为 A 级的沸腾钢。

在牌号组成表示方法中，“Z”与“TZ”符号可以省略，其中：

Z——镇静钢“镇”字汉语拼音首位字母；

TZ——特殊镇静钢“特镇”两字汉语拼音首位字母。

普通碳素结构钢的牌号、化学成分见表 4-2。普通碳素结构钢的力学性能见表 4-3。

表 4-2　普通碳素结构钢的牌号、化学成分(GB/T 700—2006)

牌号	统一数字代号[a]	等级	厚度或直径(mm)	脱氧方法	化学成分的质量分数(%),不大于				
					C	Si	Mn	P	S
Q195	U11952	—	—	F、Z	0.12	0.30	0.50	0.035	0.040
Q215	U12152	A	—	F、Z	0.15	0.35	1.20	0.045	0.050
	U12155	B							0.045
Q235	U12352	A	—	F、Z	0.22	0.35	1.40	0.045	0.050
	U12355	B			0.20[b]				0.045
	U12358	C		Z	0.17			0.040	0.040
	U12359	D		TZ				0.035	0.035
Q275	U12752	A	—	F、Z	0.24	0.35	1.50	0.045	0.050
	U12755	B	≤40	Z	0.21			0.045	0.045
			>40		0.22				
	U12758	C	—	Z	0.20			0.040	0.040
	U12759	D		TZ				0.035	0.035

注:a. 表中为镇静钢、特殊镇静钢牌号的统一数字,沸腾钢牌号的统一数字代号如下:

Q195F——U11950;

Q215AF——U12150,Q215BF——U12153;

Q235AF——U12350,Q235BF——U12353;

Q275AF—U12750。

b. 经需方同意,Q235B 的碳含量可不大于 0.22%。

普通碳素结构钢一般以热轧、控轧或正火状态交货。其中,牌号 Q195 是不分质量等级的,牌号 Q215、Q235、Q275 的普通碳素结构钢,当质量等级为 A、B 级时,在保证力学性能要求下,化学成分可根据需方要求作适当调整。

Q195 钢、Q215 钢(相当于旧牌号 A1、A2 钢)含碳量较低,强度不高,但具有良好的塑性、韧性和焊接性,常用来制造铆钉、地脚螺栓、垫圈、铁钉、铁丝及各种薄板,如黑铁皮、白铁皮(镀锌薄钢板)、马口铁(镀锡薄钢板)。也可代替 08F 钢或 10 钢制造冲压和焊接结构件。

Q235 钢(相当于旧牌号 A3 钢)强度较高,用来制作钢筋、型钢、钢板、农业机械的机件和各种不重要的机器零件,如螺栓、螺母、套环和连杆等。其中,Q235 - C 钢、Q235 - D 钢用来制作建筑、桥梁工程上质量要求较高的焊接结构件。

Q275 钢(相当于旧牌号 A5 钢)属于中碳钢,强度较高,可代替 30 钢、40 钢制造稍重要的某些零件,如齿轮、链轮、吊钩等,以降低原材料的成本。

(二)优质碳素结构钢

优质碳素钢中的有害杂质元素磷、硫的含量受到严格控制,非金属夹杂物含量较少,因此其塑性和韧性较好,常用来制造各种较重要的机械零件。

优质碳素结构钢的牌号用两位数字表示,这两位数字表示钢中平均含碳量的质量分数的万倍。例如,45 钢表示钢中平均含碳量的质量分数为 0.45%。

表 4-3　普通碳素结构钢的力学性能（GB/T 700—2006）

牌号	等级	屈服强度[a] R_{eH}（N/mm^2），不小于						抗拉强度[b] R_m（N/mm^2）	断后伸长率 A（%），不小于					冲击试验（V 型缺口）	
		厚度或直径（mm）							厚度或直径（mm）					温度（℃）	冲击吸收功纵向（J），不小于
		≤16	>16～40	>40～60	>60～100	>100～150	>150～200		≤40	>40～60	>60～100	>100～150	>150～200		
Q195	—	195	185	—	—	—	—	315～430	33	—	—	—	—	—	—
Q215	A	215	205	195	185	175	165	335～450	31	30	29	27	26	—	—
	B													+20	27
Q235	A	235	225	215	215	195	185	370～500	26	25	24	22	21	—	—
	B													+20	27[c]
	C													0	
	D													−20	
Q275	A	275	265	255	245	225	215	410～540	22	21	20	18	17	—	—
	B													+20	27
	C													0	
	D													−20	

注：a. Q195 的屈服强度值仅供参考，不作交货条件。

b. 厚度大于 100 mm 的钢材，抗拉强度下限允许降低 20 N/mm^2。宽带钢（包括剪切钢板）抗拉强度上限不作交货条件。

c. 厚度小于 25 mm 的 Q235B 级钢材，如供方能保证冲击吸收功值合格，经需方同意，可不作检验。

优质碳素结构钢按含锰量不同，分为普通含锰量（w_{Mn} = 0.25% ～0.8%）、较高含锰量（w_{Mn} = 0.7% ～1.2%）两组。含锰量较高的一组，在其两位数字后面加化学元素锰的符号，例如 65Mn 钢。若为高级优质钢，在两位数字后加"A"。若为沸腾钢，在牌号末尾加"F"，例如 08F 钢。优质碳素结构钢的牌号、化学成分见表 4-4。优质碳素结构钢的热处理和力学性能见表 4-5。

优质碳素结构钢按冶金质量等级分为优质钢、高级优质钢、特级优质钢，各个质量等级对 S、P 含量的控制如表 4-6 所示。

根据优质碳素结构钢中碳含量的不同，可用来制造各种不同性能的零件。例如，08F 钢含碳量低，塑性好，强度低，一般由钢厂轧成薄钢板或钢带供应，主要用于制造冷冲压件，如外壳、容器、罩子等。

10 钢～25 钢具有良好的冷塑性变形能力和焊接性，常用来制造受力不大、韧性要求高的冲压件和焊接构件，如螺栓、螺钉、螺母、杠杆、轴套和焊接容器等。此外，这类钢经热处理（如渗碳）后，钢材表面具有高硬度，心部具有一定强度和韧性，还常用于制作承受冲击载荷的零件，如凸轮、齿轮、销、摩擦片等。

表 4-4 优质碳素结构钢的牌号、化学成分(GB/T 699—1999)

序号	统一数字代号	牌号	化学成分(%)					
			C	Si	Mn	Cr	Ni	Cu
						不大于		
1	U20080	08F	0.05~0.11	≤0.03	0.25~0.50	0.10	0.30	0.25
2	U20100	10F	0.07~0.13	≤0.07	0.25~0.50	0.15	0.30	0.25
3	U20105	15F	0.12~0.18	≤0.07	0.25~0.50	0.25	0.30	0.25
4	U20082	08	0.05~0.11	0.17~0.37	0.35~0.65	0.10	0.30	0.25
5	U20102	10	0.07~0.13	0.17~0.37	0.35~0.65	0.15	0.30	0.25
6	U20152	15	0.12~0.18	0.17~0.37	0.35~0.65	0.25	0.30	0.25
7	U20202	20	0.17~0.23	0.17~0.37	0.35~0.65	0.25	0.30	0.25
8	U20252	25	0.22~0.29	0.17~0.37	0.50~0.80	0.25	0.30	0.25
9	U20302	30	0.27~0.34	0.17~0.37	0.50~0.80	0.25	0.30	0.25
10	U20352	35	0.32~0.39	0.17~0.37	0.50~0.80	0.25	0.30	0.25
11	U20402	40	0.37~0.44	0.17~0.37	0.50~0.80	0.25	0.30	0.25
12	U20452	45	0.42~0.50	0.17~0.37	0.50~0.80	0.25	0.30	0.25
13	U20502	50	0.47~0.55	0.17~0.37	0.50~0.80	0.25	0.30	0.25
14	U20552	55	0.52~0.60	0.17~0.37	0.50~0.80	0.25	0.30	0.25
15	U20602	60	0.57~0.65	0.17~0.37	0.50~0.80	0.25	0.30	0.25
16	U20652	65	0.62~0.70	0.17~0.37	0.50~0.80	0.25	0.30	0.25
17	U20702	70	0.67~0.75	0.17~0.37	0.50~0.80	0.25	0.30	0.25
18	U20752	75	0.72~0.80	0.17~0.37	0.50~0.80	0.25	0.30	0.25
19	U20802	80	0.77~0.85	0.17~0.37	0.50~0.80	0.25	0.30	0.25
20	U20852	85	0.82~0.90	0.17~0.37	0.50~0.80	0.25	0.30	0.25
21	U21152	15Mn	0.12~0.18	0.17~0.37	0.70~1.00	0.25	0.30	0.25
22	U21202	20Mn	0.17~0.23	0.17~0.37	0.70~1.00	0.25	0.30	0.25
23	U21252	25Mn	0.22~0.29	0.17~0.37	0.70~1.00	0.25	0.30	0.25
24	U21302	30Mn	0.27~0.34	0.17~0.37	0.70~1.00	0.25	0.30	0.25
25	U21352	35Mn	0.32~0.39	0.17~0.37	0.70~1.00	0.25	0.30	0.25
26	U21402	40Mn	0.37~0.44	0.17~0.37	0.70~1.00	0.25	0.30	0.25
27	U21452	45Mn	0.42~0.50	0.17~0.37	0.70~1.00	0.25	0.30	0.25
28	U21502	50Mn	0.48~0.56	0.17~0.37	0.70~1.00	0.25	0.30	0.25
29	U21652	60Mn	0.57~0.65	0.17~0.37	0.70~1.00	0.25	0.30	0.25
30	U21652	65Mn	0.62~0.70	0.17~0.37	0.90~1.20	0.25	0.30	0.25
31	U21702	70Mn	0.67~0.75	0.17~0.37	0.90~1.20	0.25	0.30	0.25

注:表中所列牌号为优质钢,在牌号后面加“A”(统一数字代号最后一位数字改为“3”);如果是特级优质钢,在牌号后面加“E”(统一数字代号最后一位数字改为“6”);对于沸腾钢,牌号后面为“F”(统一数字代号最后一位数字改为“0”);对于半镇静钢,牌号后面为“b”(统一数字代号最后一位数字改为“1”)。

表 4-5　优质碳素结构钢的热处理和力学性能(GB/T 699—1999)

序号	牌号	试样毛坯尺寸(mm)	推荐热处理(°)			力学性能					钢材交货状态硬度 HBS10/3000 不大于	
			正火	淬火	回火	σ_b(MPa)	σ_s(MPa)	δ_s(%)	ψ(%)	A_{KU2}(J)	未热处理钢	退火钢
						不小于						
1	08F	25	930			295	175	35	60		131	
2	10F	25	930			315	185	33	55		137	
3	15F	25	920			355	205	29	55		143	
4	08	25	930			325	195	33	60		131	
5	10	25	930			335	205	31	55		137	
6	15	25	920			375	225	27	55		143	
7	20	25	910			410	245	25	55		156	
8	25	25	900	870	600	450	275	23	50	71	170	
9	30	25	880	860	600	490	295	21	50	63	179	
10	35	25	870	850	600	530	315	20	45	55	197	
11	40	25	860	840	600	570	335	19	45	47	217	187
12	45	25	850	840	600	600	355	16	40	39	229	197
13	50	25	830	830	600	630	375	14	40	31	241	207
14	55	25	820	820	600	645	380	13	35		255	217
15	60	25	810			675	400	12	35		255	229
16	65	25	810			695	410	10	30		255	229
17	70	25	790			715	420	9	30		269	229
18	75	试样		820	480	1 080	880	7	30		285	241
19	80	试样		820	480	1 080	930	6	30		285	241
20	85	试样		820	480	1 130	980	6	30		302	255
21	15Mn	25	920			410	245	26	55		163	
22	20Mn	25	910			450	275	24	50		197	
23	25Mn	25	900	870	600	490	295	22	50	71	207	
24	30Mn	25	880	860	600	540	315	20	45	63	217	187
25	35Mn	25	870	850	600	560	335	18	45	55	229	197
26	40Mn	25	860	840	600	590	355	17	45	47	229	207
27	45Mn	25	850	840	600	620	375	15	40	39	241	217
28	50Mn	25	830	830	600	645	390	13	40	31	255	217
29	60Mn	25	810			695	410	11	35		269	229
30	65Mn	25	830			735	430	9	30		285	229
31	70Mn	25	790			785	450	8	30		285	229

注:1. 对于直径和厚度小于 25 mm 的钢材,热处理是在与成品截面尺寸相同的试样毛坯上进行的。

2. 表中所列推荐保温时间不少于 30 min,空冷;淬火推荐保温时间不少于 30 min,70 钢、80 钢、85 钢油冷,其余钢水冷;回火推荐保温时间不少于 1 h。

表 4-6 各个质量等级对 S、P 含量的控制

组别	P 不大于(%)	S 不大于(%)
优质钢	0.035	0.035
高级优质钢	0.030	0.030
特级优质钢	0.025	0.020

30 钢~55 钢及 40Mn、50Mn 钢经调质处理后,可获得良好的综合力学性能,主要用来制造齿轮、连杆、轴类、套筒等零件,其中以 40 钢和 45 钢应用最广泛。

60 钢~85 钢及 60Mn、65Mn、75Mn 钢经适当热处理后,可得到较高的弹性极限、足够的韧性和一定的强度,主要用来制作弹性零件和易磨损零件,如弹簧、弹簧垫圈、轧辊等。

(三)碳素工具钢

当碳素工具钢的含碳量为 0.65%~1.35%时,一般需热处理后使用。这类钢经热处理后具有较高的硬度和耐磨性,主要用于制造低速切削的刃具以及对热处理变形要求低的一般模具、低精度量具等。

根据钢中有害杂质硫、磷含量的不同,碳素工具钢分优质碳素钢($w_S \leqslant 0.030\%$,$w_P \leqslant 0.035\%$)和高级优质碳素工具钢($w_S \leqslant 0.020\%$,$w_P \leqslant 0.030\%$)两类。碳素工具钢的牌号用"T"(碳的汉语拼音字首)和数字表示,数字表示钢中平均含碳量的质量分数的千倍。例如,T7 表示平均含碳量的质量分数为 0.7% 的优质碳素工具钢。若牌号末尾加"A",则表示高级优质碳素工具钢,例如 T8A。含锰量较高者,在牌号后标以"Mn",如 T8Mn。碳素工具钢的牌号、化学成分见表 4-7。其中硫、磷含量及参与铜、铬、镍含量控制应符合如表 4-8 的规定。

表 4-7 碳素工具钢的牌号、化学成分(GB/T 1298—2008)

序号	牌号	化学成分的质量分数(%)		
		C	Mn	Si
1	T7	0.65~0.74	≤0.40	≤0.35
2	T8	0.75~0.84		
3	T8Mn	0.80~0.90	0.40~0.60	
4	T9	0.85~0.94	≤0.40	
5	T10	0.95~1.04		
6	T11	1.05~1.14		
7	T12	1.15~1.24		
8	T13	1.25~1.35		

注:高级优质钢在牌号后加"A"。

表 4-8　不同质量等级硫、磷含量及参与铜、铬、镍含量控制(GB/T 1298—2008)

钢类	P	S	Cu	Cr	Ni	W	Mo	V
	质量分数(%),不大于							
优质钢	0.035	0.030	0.25	0.25	0.20	0.30	0.20	0.02
高级优质钢	0.030	0.020	0.25	0.25	0.20	0.30	0.20	0.02

注:供制造铅浴淬火钢丝时,钢中残余铬含量不大于 0.10%,镍含量不大于 0.12%,铜含量不大于 0.20%,三者之和不大于 0.40%。

碳素工具钢均为优质钢,若含硫、磷量更低,则为高级优质钢,则在钢号后面标注"A"字。例如,T12A 表示碳质量分数为 1.2% 的高级优质碳素工具钢。

碳素工具钢用来制造各种刃具、量具、模具等。T7、T8 硬度高,韧性较好,可制造冲头、錾子、锤子等工具。T9、T10、T11 硬度高,韧性适中,可制造钻头、刨刀、丝锥、手锯条等刃具及冷作模具等。T12、T13 硬度高,韧性较差,耐磨性好,可制作锉刀、刮刀等刃具及量规、样套等量具。碳素工具钢在使用前都要进行热处理。

(四)铸钢

碳的质量分数 w_C = 0.15% ~ 0.60% 的铸钢,在生产中主要用于制作形状复杂、难以进行锻造或切削加工,且要求承受冲击载荷的零件。

工程用铸钢牌号前冠以"铸钢"两字汉语拼音字首位字母"ZG"。根据 GB/T 5613—1995 规定,当用力学性能表示时,在"ZG"后面有两组数字,第一组数字表示该钢屈服点的最低值,第二组数字表示其抗拉强度的最低值。例如,ZG310 - 570 表示最低屈服点为 310 MPa、最低抗拉强度为 570 MPa 的工程用铸钢。

工程用铸钢的牌号、化学成分见表 4-9。

表 4-9　工程用铸钢的牌号、化学成分(GB/T 11352—2009)

<table>
<tr><th rowspan="2">牌号</th><th rowspan="2">C</th><th rowspan="2">Si</th><th rowspan="2">Mn</th><th rowspan="2">S</th><th rowspan="2">P</th><th colspan="6">残余元素</th></tr>
<tr><th>Ni</th><th>Cr</th><th>Cu</th><th>Mo</th><th>V</th><th>残余元素总量</th></tr>
<tr><td>ZG200 - 400</td><td>0.20</td><td rowspan="5">0.60</td><td>0.80</td><td rowspan="5">0.035</td><td rowspan="5">0.035</td><td rowspan="5">0.40</td><td rowspan="5">0.35</td><td rowspan="5">0.40</td><td rowspan="5">0.20</td><td rowspan="5">0.05</td><td rowspan="5">1.00</td></tr>
<tr><td>ZG230 - 450</td><td>0.30</td><td rowspan="4">0.90</td></tr>
<tr><td>ZG270 - 500</td><td>0.40</td></tr>
<tr><td>ZG310 - 570</td><td>0.50</td></tr>
<tr><td>ZG340 - 640</td><td>0.60</td></tr>
</table>

注:1. 对上限减少 0.01% 的碳,允许增加 0.04% 的锰,对 ZG200 - 400 的锰最高至 1.00%,其余四个牌号锰最高至 1.20%。

2. 除另有规定外,残余元素不作为验收依据。

工程用铸钢的力学性能应符合表 4-10 规定,其中断面收缩率和冲击吸收功,如需方无要求,由供方选择其一。

表 4-10 工程用铸钢的力学性能(GB/T 11352—2009)

牌号	屈服强度 R_{eH} ($R_{P0.2}$)(MPa)	抗拉强度 R_m(MPa)	伸长率 A_5(%)	根据合同选择		
				断面收缩率 Z(%)	冲击吸收功 A_{KV}(J)	冲击吸收功 A_{KU}(J)
ZG200-400	200	400	25	40	30	47
ZG230-450	230	450	22	32	25	35
ZG270-500	270	500	18	25	22	27
ZG310-570	310	570	15	21	15	24
ZG340-640	340	640	10	18	10	16

注:1. 表中所列的各牌号性能,适应于厚度为 100 mm 以下的铸件。当铸件厚度超过 100 mm 时,表中规定的 R_{eH}($R_{P0.2}$)屈服强度仅供设计使用。

2. 表中冲击吸收功 A_{KU} 的试样缺口为 2 mm。

ZG200-400 用于制造受力不大、要求韧性好的各种机械零件,如机座、变速箱壳等。ZG230-450 用于制造受力不大、要求韧性好的各种机械零件,如砧座、外壳、轴承盖、底板阀体等。ZG270-500 用于制造轧钢机机架、轴承座、连杆、箱体、曲轴、缸体等。ZG310-570 用于制造载荷较高的零件,如大齿轮、缸体、制动轮、辊子等。ZG340-640 用于制造齿轮、棘轮等。

习 题

思考题

1. 铁碳合金的基本相和组织有哪些?各用什么符号表示?分别叙述它们的定义及基本性能。

2. 什么是共析转变和共晶转变?试以铁碳合金为例,说明这两种转变过程及其显微组织的特征。

3. 分析一次渗碳体、二次渗碳体、三次渗碳体、共晶渗碳体、共析渗碳体的异同之处。

4. 绘出 $Fe-Fe_3C$ 相图,并叙述各特性点、线的名称及含义。标出各相区的相组成物和组织组成物。

5. 分析 $\omega_C=0.3\%$、$\omega_C=1.0\%$ 的铁碳合金从液态平衡冷却到室温的转变过程,用冷却曲线和组织示意图说明各阶段的组织,并分别计算室温下相组成物及组织组成物的相对含量。

6. 分析 $\omega_C=3.5\%$、$\omega_C=5.0\%$ 的铁碳合金从液态平衡冷却到室温的转变过程,用冷却曲线和组织示意图说明各阶段的组织,并分别计算室温下相组成物及组织组成物的相对含量。

7. 现有两种铁碳合金,其中一种合金的显微组织中珠光体量占 75%、铁素体量占 25%,另一种合金的显微组织中珠光体量占 92%、二次渗碳体量占 8%。问这两种合金各属于哪一类合金?其含碳量各为多少?

8. 含碳量对铁碳合金的力学性能和工艺性能有何影响?

9. 铁碳相图有哪些应用？又有哪些局限性？

10. 钢的铸造性能随钢中含碳量的增加而降低，但铸铁中碳的含量远高于钢，为什么铸铁的铸造性能却比钢的好？

11. 为什么绑扎物件一般用铁丝(镀锌的低碳钢丝)，而起重机吊重物时却用钢丝绳(用60、65、70 等钢制成)？

12. 常存杂质对碳钢的性能有何影响？为什么？

13. 碳钢的钢号是如何表示的？指出 20、45、60、Q235、T8、T10A、65Mn 各属于哪一类钢？

14. 说明 ZG230－450 是什么钢。

第五章　金属的塑性变形及再结晶

在工业生产中，经常对金属材料进行塑性变形加工。例如，将铸锭轧制成各种规格品种的型材，将钢料锻造成零件的毛坯，通过冲压制造某些器具和零件等。这些都属于对金属材料的塑性加工。所谓塑性加工，是利用外力使金属产生塑性变形，来获得具有一定形状、尺寸和力学性能的型材、毛坯或零件的加工方法，又称为压力加工。塑性加工包括锻压、轧制、挤压、冲压、拉拔等工艺。

塑性变形，不仅能改变材料的外形和尺寸，而且还能改善组织，提高组织致密性，显著提高金属产品的力学性能，这也是铸件和焊件所不能达到的。因此，很有必要对金属材料塑性变形的一些规律进行了解，以便更好地制定和实施压力加工的工艺，并充分发挥材料的性能潜力。

第一节　金属的塑性变形

一、金属的塑性变形基本知识

金属在载荷的作用下，随着载荷的不断增加，金属将产生弹性变形，当载荷增加到一定值后，除发生弹性变形外，同时还会发生塑性变形，即弹塑性变形，并且随着载荷的继续增加，塑性变形不断增大，最终将会导致金属发生断裂破坏。这就是金属材料在载荷作用下变形过程的三个阶段，即弹性变形、弹塑性变形和断裂。

弹性变形：从宏观上看，当载荷去除后，弹性变形会消失，试样恢复原来形状。从微观上看，是在正应力作用下，晶格被拉长或在切应力作用下被扭曲，使原子偏离平衡位置，当应力去除后，晶格会依靠原子间结合力自动恢复到原平衡位置。若正应力继续增大，超过原子间结合力，则晶格破裂，即发生断裂。

塑性变形：从宏观上看，试样在载荷作用下发生永久变形，当载荷去除后不能恢复原来形状。从微观上看，是在切应力作用下晶格的一部分相对另一部分发生了相对滑动或切变。实际金属材料都是多晶体，其塑性变形的过程比较复杂，为了便于了解塑性变形的实质，先介绍单晶体的塑性变形，然后再介绍多晶体的塑性变形。

(一)单晶体的塑性变形

常温下，单晶体金属塑性变形的主要形式有滑移和孪生两种，其中滑移是最重要、最基本的方式。

1. 滑移

所谓滑移，是指在切应力的作用下，单晶体(或晶粒)内晶体的一部分相对另一部分沿着一定的晶面和晶向产生原子间距整数倍距离的移动，当应力除去后也不能恢复原位的相对移动，如图 5-1 所示。

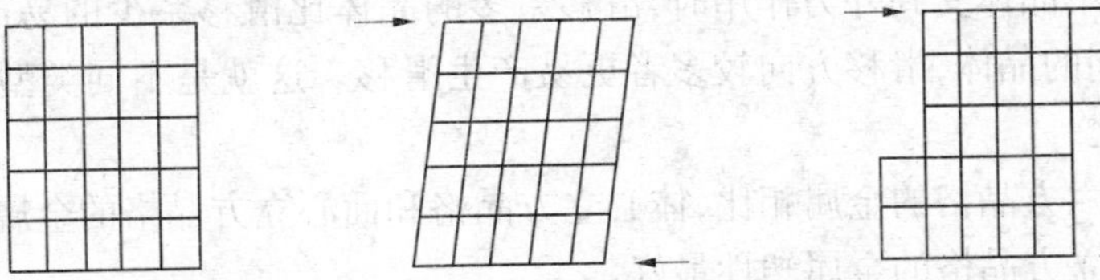

图 5-1　滑移示意图

1）滑移线与滑移带

如果使铜试样产生适当的塑性变形以后，将其移至金相显微镜下观察，可以观察到滑移后的晶体表面出现一些与外力方向成一定角度的细线，如图 5-2（a）所示。实际上，这些细线是一条条的小台阶，称为滑移带。每个滑移带又是由一些更小的台阶组成的。这些更小的台阶称为滑移线，如图 5-2（b）所示。每条线所对应的台阶高度称为该滑移面的滑移量（一般约为 10^3 倍原子间距）。两条滑移线之间部分称为滑移层，其厚度约为 10^2 倍原子间距。各滑移带之间距离约为 10^4 倍原子间距。可见，晶体的滑移不是均匀分布的。即使发生均匀的宏观塑性变形，晶体内也仅是有限部分发生滑移。对于一个滑移系来说，也仅是部分晶面上的滑移。

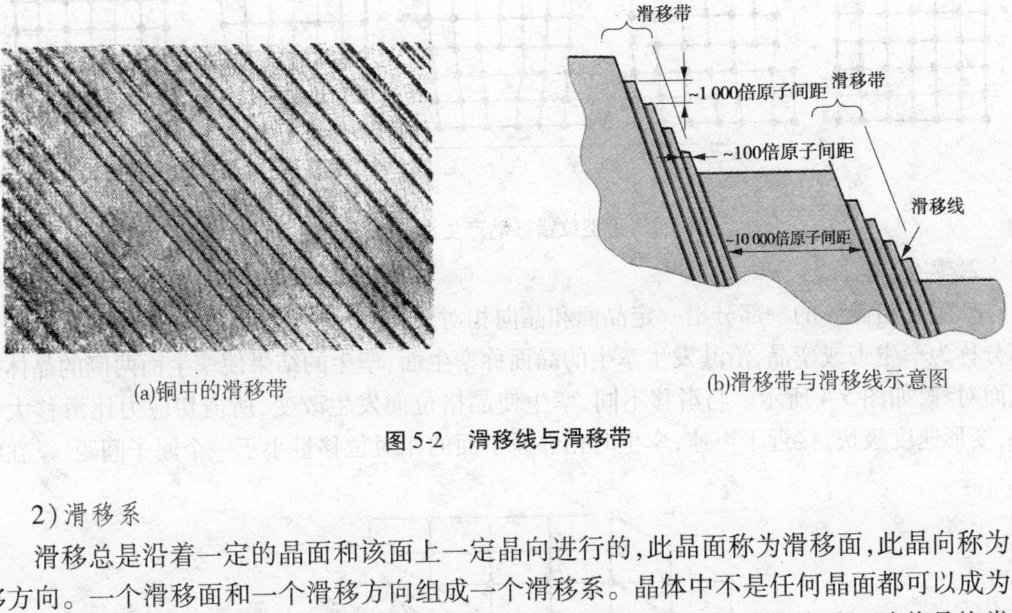

(a)铜中的滑移带　　(b)滑移带与滑移线示意图

图 5-2　滑移线与滑移带

2）滑移系

滑移总是沿着一定的晶面和该面上一定晶向进行的，此晶面称为滑移面，此晶向称为滑移方向。一个滑移面和一个滑移方向组成一个滑移系。晶体中不是任何晶面都可以成为滑移面和滑移方向，只是那些原子排列最密的晶面和晶向才可能成为滑移系。随着晶格类型的不同，晶体中滑移的数量也不同，如表 5-1 所示。

表 5-1　金属三种常见晶格的滑移系

晶格类型	体心立方晶格	面心立方晶格	密排六方晶格
滑移面	$\{110\}$ 6 个	$\{111\}$ 4 个	$\{0001\}$ 1 个
滑移方向	$\langle 111 \rangle$ 2 个	$\langle 110 \rangle$ 3 个	$\langle 1120 \rangle$ 3 个
滑移系数目	$6 \times 2 = 12$	$4 \times 3 = 12$	$1 \times 3 = 3$

一般来说，当单晶体受到外力作用时，滑移系多的晶体比滑移系少的易产生滑移，对于滑移系的数目相同的晶体，滑移方向较多者更易产生滑移。这就是不同类型晶格的金属屈服点不同的原因之一。

因此，与密排六方晶格的金属相比，体心立方晶格和面心立方晶格的金属往往表现出更好的塑性，且面心立方晶格的金属塑性最好。

3）滑移的特点

滑移具有以下特点：

（1）滑移只能在切应力作用下发生，且不同金属产生滑移的最小切应力（临界切应力）也不同。

（2）滑移是晶体内部位错在切应力作用下运动的结果，其变形是通过位错运动来实现的，且变形总量一定是原子间距的整数倍，如图 5-3 所示。

（3）滑移总是沿着晶体的密排面和密排方向进行的。

（4）滑移的同时，往往伴随着晶体的转动或扭转。

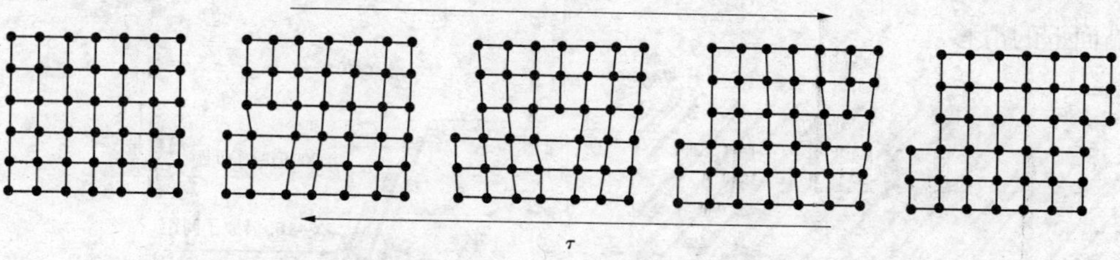

图 5-3　刃型位错移动产生滑移的示意图

2. 孪生（孪晶）

孪生是指晶体的一部分沿一定晶面和晶向相对于另一部分所发生的切变。发生切变的部分称为孪生带或孪晶，沿其发生孪生的晶面称孪生面，孪生的结果使孪生面两侧的晶体呈镜面对称，如图 5-4 所示。与滑移不同，孪生使晶格位向发生改变，所需切应力比滑移大得多，变形速度极快，接近于声速，孪生时相邻原子面的相对位移量小于一个原子间距 。在常

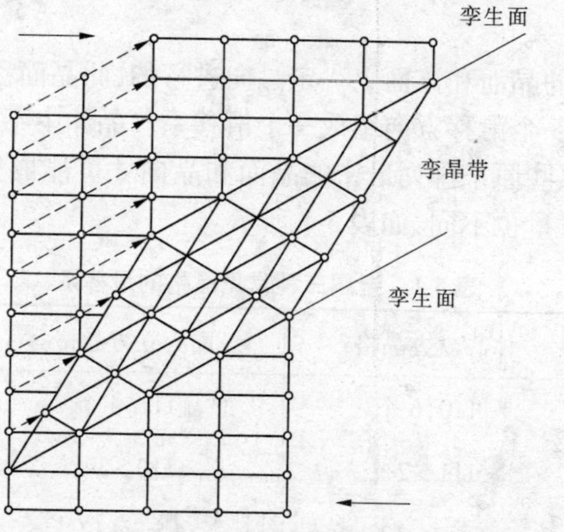

图 5-4　孪生示意图

见的晶格类型中,密排六方晶格金属滑移系较少,常以孪生方式变形。体心立方晶格金属只有在低温或冲击作用下才发生孪生变形。面心立方晶格金属一般不发生孪生变形,但在这类金属中常发现有孪晶存在,这是由于在相变过程中原子重新排列时发生错排而产生的,称退火孪晶。

(二)多晶体的塑性变形

多晶体金属的塑性变形与单晶体金属的相比并无本质上的差别,即每个晶体的塑性变形仍以滑移等方式进行。但由于晶界的存在和每个晶粒中的晶格位向不同,在多晶体中的塑性变形过程要比单晶体中的复杂得多。

1. 晶界和晶粒的晶格位向对滑移变形的影响

多晶体中的晶界对塑性变形有较大的阻碍作用。晶界的这种特性可以通过拉伸试验进行证实,试样远离夹头的地方和晶界的晶粒中部会出现明显的颈缩,而在晶界附近则难以变形,出现“竹节现象”,如图 5-5 所示。这主要是由于晶界附近是两晶粒晶格位向的过渡之处,晶格排列紊乱,而且该处的杂质原子往往较多,增大其晶格畸变,因而使该处在滑移时位错运动的阻力较大,难以发生变形。这就是细晶强化,也称为晶界强化,即晶粒越细,金属的晶界总面积越大,金属的塑性变形的抗力越大,强度越高,同时塑韧性也越好。

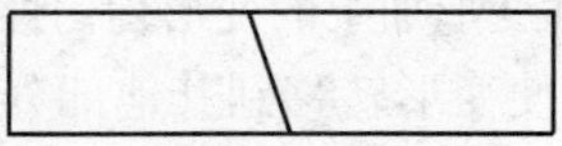

(a)变形前

(b)变形后

图 5-5　由两个晶粒所构成的试样在拉伸时的变形

此外,多晶体中各晶粒晶格位向的不同也会增加其滑移抗力,这是因为其中任意晶粒的滑移都必然会受到它周围不同晶格位向晶粒的约束和障碍,各晶粒必须相互协调、相互适应,才能发生变形,否则发生断裂。因此,多晶体金属的塑性变形抗力总是大于单晶体金属。

2. 实际金属滑移引起塑性变形的过程

在实际金属中,由于每个晶粒的晶格位向都不同,因而其滑移面和滑移方向的分布不同,故在外力的作用下,每个晶粒中不同滑移面和滑移方向上所受的分切应力也不同。由材料力学可知,试样的分切应力在与外力成 45°的方向上最大,在与外力相平行或垂直的方向上最小。因此,在拉伸试样中,凡滑移面和滑移方向处于或者接近于与外力成 45°角的晶粒将先发生滑移变形,通常称这种位向的晶粒处于“软位向”。而滑移面和滑移方向处于或者接近于与外力相平行或者垂直的晶粒位向称为“硬位向”,软位向晶粒中分切应力最小,难发生滑移。与单晶体金属塑性变形相似,首批处于软位向的晶粒在滑移过程中也伴随有晶体的转动。转动的结果会导致由软位向逐步过渡到硬位向,进而停止滑移。与此同时,临近的硬软位向逐步向软硬位向过渡,并开始滑移。这样一批一批晶粒逐次发生,由少数晶粒开始逐步扩大到多数晶粒,最后到全部晶粒,并且从不均匀的变形逐步发展到均匀的变形。这也反映了多晶体金属塑性变形的不同时性和相互协调性。

二、冷塑性变形对金属组织和性能的影响

冷塑性变形可使金属的组织和性能发生一系列的重大变化,这些变化大致可以分为以下几个方面。

(一)冷塑性变形对金属性能的影响

冷塑性变形对金属性能的主要影响就是产生加工硬化。

在冷变形过程中,随着金属材料变形量的逐渐增加,抗拉强度逐渐增大,延伸率明显下降。这种金属的强度和硬度随变形量增大而增加,塑性和韧性下降的现象称为加工硬化,也称为形变强化或冷作硬化。

产生加工硬化的根本原因是金属材料在塑性变形时位错密度不断增加。金属的塑性变形主要是通过位错运动来实现的,如果位错运动受阻,金属的塑性变形就难以进行。随着塑性变形的进行,位错在运动时可通过各种机制发生增值,使位错密度不断增加,各种位错在运动中会频繁相遇,位错间相互作用加剧,出现位错纠结等现象,使位错的运动阻力增大。要使位错持续不断运动,即塑性变形不断进行,就必须增大外力,从而引起塑性变形抗力增加,而塑性变形抗力的增加又进一步加剧位错运动的阻力,使位错在晶体中发生塞积,从而造成位错密度的增加速度加快。这样,金属的塑性变形就变得越发困难,要想继续变形就必须增大外力,因此提高了金属的强度。

金属的加工硬化现象,对金属材料的使用有非常重要的实际意义。首先,它是提高金属强度的重要方法,尤其对于那些不能用热处理强化的材料,加工硬化更为重要,如纯金属、某些铜合金等。其次,加工硬化现象的存在有利于金属塑性变形加工的变形均匀性。例如,冲压金属杯坯,正是由于已变形部分产生了加工硬化,才能使变形转移到其他部分继续变形,从而获得壁厚均匀的杯件。

但是,加工硬化在工业生产中也有不利的方面。由于金属材料塑性的降低给其进一步冷塑变形带来了困难,使得进一步变形需要更大的动力。有时由于塑性过低,机械变形会导致金属开裂。为了消除加工硬化现象,需要进行再结晶退火处理。

此外,经过冷塑性变形的金属,其某些物理和化学性能也会发生明显的变化。例如,金属的电阻率增加,导电性能和电阻温度系数下降,导热系数也略微下降,导磁率下降,密度减小。塑性变形后由于金属中的晶体缺陷增加,金属的化学活性增加,腐蚀速度加快,即金属的耐腐蚀性能下降。这些性能的变化也会影响一些零件的使用,在使用前必须经过一定的热处理。

(二)冷塑性变形对组织结构的影响

1. 产生纤维组织

塑性变形使金属的晶粒形状发生了变化,即随着金属外形的压扁或拉长,其内部晶粒的形状也会被压扁或拉长,一般与颈缩的改变成比例。当变形量较大时,各晶粒将被拉长成细条状或纤维状,晶界变得模糊不清,形成所谓的纤维组织。纤维组织的出现是金属材料由原来的各向同性变形成各向异性,使沿着纤维方向的强度大于垂直纤维方向的强度。

2. 产生变形织构

由于在滑移过程中晶体的转动和旋转,当塑性变形量很大时,各晶粒某一位向大体上趋于一致了,这种现象称择优取向。这种由于塑性变形引起的各个晶粒的晶格位向趋于一致的晶粒结构称为变形织构。

织构的存在会使材料产生严重的各向异性。由于各方向上的塑性、强度不同会导致非均匀变形,因此筒形零件的边缘出现严重不齐的、筒壁四周厚薄不均匀的现象,称为制耳,如图 5-6 所示。显然有制耳的零件质量是不合格的。

(三)产生残余内应力

经过塑性变形,外力对金属所作的功约90%以上在使金属变形的过程中变成了热,使金属的温度升高,随后散掉;部分功转化为内应力残留于金属中,使金属的内能增加。残余的内应力就是指平衡于金属内部的应力,它主要是金属在外力的作用下所产生的内部变形不均匀而引起的。根据残余的内应力的作用范围分为三类。

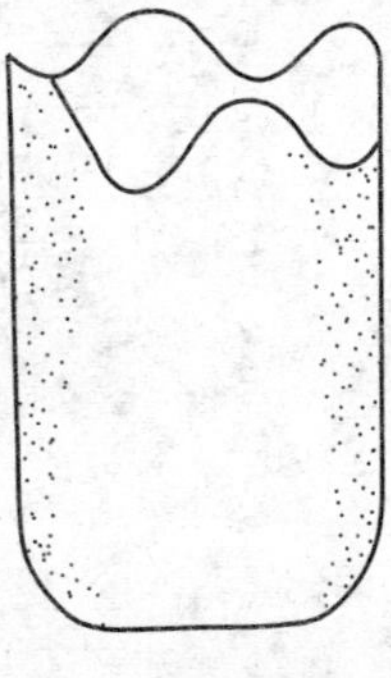

图5-6　冷冲压件的制耳现象

1. 第一类内应力

第一类内应力,又称宏观内应力。它是由于金属材料各部分变形不均匀而造成的宏观范围内的残余应力。它是整个物体范围内处于平衡的力,当除去它的一部分后,这种力的平衡就会遭到破坏,会立即产生变形。

2. 第二类内应力

第二类内应力,又称为微观残余应力。它是平衡于晶粒之间的内应力或亚晶粒之间的内应力,是由于晶粒之间的内应力或亚晶粒之间变形不均匀引起的。此应力在某些局部地区可达到很大数值,致使工件在不大的外力下产生裂纹,并导致断裂。

3. 第三类内应力

第三类内应力,又称为晶格畸变内应力。其作用范围很小,只是在晶界、滑移面等附近不多的原子群范围内维持平衡。此应力是由在塑性变形中形成的大量点阵缺陷(如空位、间隙原子、位错等)引起的,是金属塑性变形内应力的主要表现形式,严重影响金属性能。

第一、二类内应力虽然占的比例不大,但是在一般情况下都会降低材料的性能,而且还会因应力松弛或重新分布而引起材料的变形,是有害的内应力。

应当指出,内应力的存在,尤其是拉应力的存在,还会降低材料的抗腐蚀,即所谓的应力腐蚀。变形的钢丝易生锈就是此理。所以,金属在塑性变形后通常要进行退火处理,以消除或降低这些残余应力。

第二节　冷塑性变形金属在加热时组织和性能的变化

金属经冷塑性变形后,其组织结构发生了很大的变化,如晶格畸变严重,位错密度增加,晶粒碎化等,以及金属内部各部分变形不均匀引起的内应力,这一切都使形变后的金属处于高能不稳定的状态,存在着自发向原来稳定状态转变的趋势。但是由于室温下原子活动能力极弱,这种不稳定状态能得以长期保存。可是,若对变形金属加热来提高原子活动能力,则变形后的金属材料就会以多种方式释放多余的内能,恢复到变形前的低内能的稳定状态。然而,随着加热温度的不同及原子活动的能力不同,恢复的程度也不同。变形金属在加热中一般经历三个过程,即回复,再结晶,晶粒长大,如图5-7所示。

一、回复

回复是指在加热温度较低时,由于金属中点缺陷及位错的近距离迁移而引起的晶内某些变化,如空位与其他缺陷合并、同一滑移面上的异号位错相遇合并而使缺陷数量减少等。

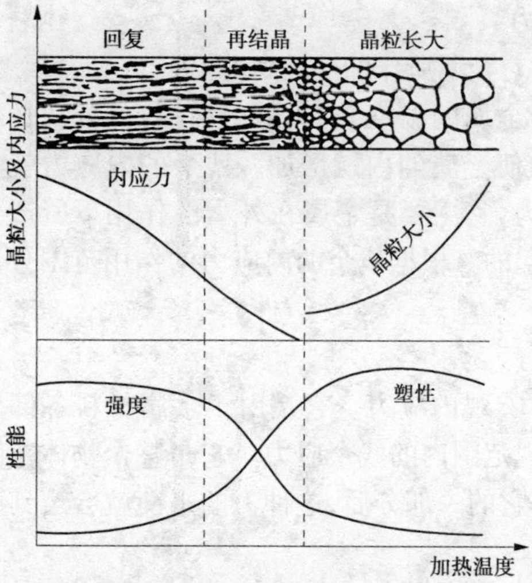

图 5-7　冷塑性变形金属的组织性能

此外,由于位错运动使其由冷塑性变形时的无序状态变为垂直分布,形成亚晶界,这一过程称为多边形化。

在回复阶段,金属组织变化不明显,其强度、硬度略有下降,塑性略有提高,但内应力、电阻率等显著下降。在工业上,常利用回复现象将冷变形金属低温加热,既消除应力、稳定组织,同时又保留了加工硬化性能,这种热处理方法称为去应力退火。例如,用冷拉钢丝卷制的弹簧要通过 250 ~ 300 ℃的低温处理来消除应力,使其定形,经深冲工艺制成的黄铜弹壳要进行 260 ℃的去应力退火,以防止晶间应力腐蚀开裂等。

二、再结晶

通过回复,虽然金属中的点缺陷大为减少,晶格畸变应力有所下降,但整个变形金属的晶粒碎裂拉长的状态仍未改变,组织仍处于不稳定的状态。再结晶是指冷变形金属在加热到一定温度时保温,在原来变形组织中重新形核并长大,产生无畸变的新等轴晶粒,使加工硬化现象全部消失的热处理过程。经再结晶处理后,金属材料不仅力学性能得到恢复,其物理、化学性能也恢复到变形前的水平。

(一)再结晶过程

变形后的金属在较高温度加热,原子活动能力较强时,会在变形晶粒或晶粒内的亚晶界处以不同于一般结晶的特殊成核方式产生新晶核。随着原子的扩散移动,新晶核的边界面不断向变形的原晶粒中推进,使新晶核不断消耗原晶粒而长大。最终由一批新生的等轴晶粒取代了原来变形的晶粒,完成了一次新的结晶过程,如图 5-8 所示。再结晶没发生晶格类型的变化,只是晶粒形态和大小的变化。也可以说,只有显微组织变化而没有晶格结构变化,故称为再结晶,以有别于固态相变的结晶(重结晶)。

(二)再结晶温度

再结晶不是相变,没有确定的转变温度,而是在一个较宽的温度范围内进行的。在金属学中,通常把能够发生再结晶的最低温度称为金属的再结晶温度。但是,为了便于比较和使用,通常把再结晶温度定义为:经过大变形量冷塑性变形的金属(变形度 >70%),在 1 h 保

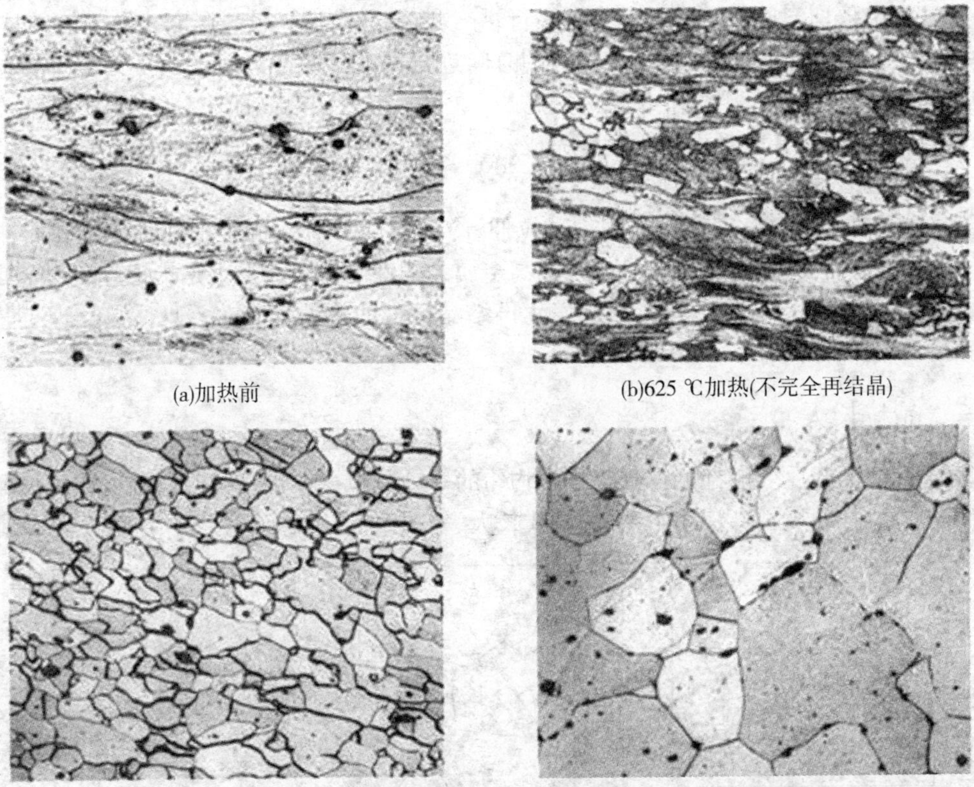

(a)加热前　(b)625 ℃加热(不完全再结晶)

(c)670 ℃加热(完全再结晶)　(d)750 ℃加热(晶粒长大)

图 5-8　经 70% 塑性变形的工业纯铁加热时的组织变化(400×)

温时间内能够完成再结晶转变(转变量>95%)的温度。

发生并完成再结晶的驱动力是塑性变形给金属内部所增加的内能。而这种驱动力发挥作用的热力学条件是变形金属内原子应具有的足够的迁移能力。迁移能力是靠足够的温度和时间来保证的。这个温度就是再结晶温度。再结晶温度不仅随金属的化学成分而变化，而且即使化学成分一定，也随其他诸因素的变化而变化。再结晶温度的主要影响因素有以下几种。

1. 金属变形量的影响

金属的预先变形量越大，金属中的储存能就越大，再结晶的驱动力也将越大，其再结晶温度便越低。

2. 金属熔点的影响

金属的熔点越高，其再结晶温度便越高。

3. 化学成分的影响

金属中常含有微量杂质或合金元素，这些物质会阻碍原子扩散或晶界的迁移，从而不利于再结晶的形核和长大，阻碍再结晶过程，故金属中的化学成分越复杂，尤其是含有高熔点合金时，会显著提高其再结晶温度。

4. 加热速度和保温时间的影响

由于再结晶过程需要有一定时间才能完成，当加热速度过快时，再结晶的成核和长大因在各温度下的停留时间过短来不及充分进行，导致再结晶推迟到较高温度才发生；当加热温度过慢时，变形金属在加热过程中有足够的时间进行回复，使存储能减少，从而减少再结晶的驱动力，使再结晶温度升高。保温时间越长，原子的扩散移动越能充分进行，再结晶温度便越低，再结晶过程在较低温度下就能完成。

(三)再结晶退火

在对金属材料进行冷变形塑性加工(拉伸、冷拔等)过程中，为了消除加工硬化带来的加工困难，往往需要进行再结晶退火，以提高金属的塑性。再结晶退火是指把冷变形金属加热到再结晶温度以上的温度保温，使其发生再结晶过程的热处理工艺。具体热处理工艺可参见第六章的部分内容。

三、晶粒长大

再结晶后的金属一般都能得到细小而均匀的等轴晶粒。如果继续升高温度或延长保温时间，再结晶后的晶粒将以互相吞并的方式长大，如图 5-9 所示。

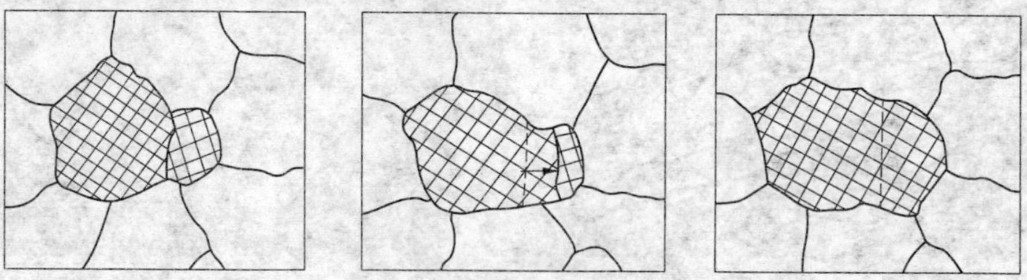

图 5-9　晶粒长大示意图

晶粒长大的实质是一种晶界的位移过程。在通常情况下，这种晶粒的长大是逐步地缓慢进行的，称为正常长大。某些因素(如细小杂质粒子、变形织构等)阻碍晶粒正常长大，但是一旦这种阻碍失效常会出现晶粒突然长大，而且长得很大。将这种晶粒不均匀的现象称为反常长大。对于机械工程结构材料，是不希望出现反常长大的。但是对于硅钢片等电气材料，则常利用这个反常长大得到粗晶来获得高的物理性能。

四、金属的热加工

(一)热变形加工与冷变形加工的区别

从金属学的观点来看，热加工和冷加工的区别是以再结晶温度为界限。在再结晶温度之下进行变形加工，在变形的同时没有发生再结晶，这种变形加工称为冷变形加工。而金属在再结晶温度以上进行塑性变形就称为热变形加工。两者并不是以具体的加工温度高低来划分的，例如铁的最低再结晶温度为 450 ℃，故即使它在 400 ℃时的加工变形仍应属于冷加工，而锡的最低再结晶温度为 -7 ℃，即使是在室温下进行的加工也属于热加工。

热加工过程中的回复和再结晶分为两类：一类是回复、再结晶与变形同步进行，称为动态回复和动态再结晶；另一种是回复、再结晶是在形变终止后进行保温或冷却的过程中进行的，称为静态回复和静态再结晶。

这两种变形加工各有所长。冷变形加工可以达到较高的精度和较低的表面粗糙度，并有加工硬化的效果。但是，冷变形加工的变形抗力大，故对那些变形量较大、特别是截面尺寸较大的工件,冷变形加工比较困难。热变形加工与此相反,因为金属的强度和硬度会随着温度的升高而降低,塑性会随着温度的升高而升高,特别是金属在高温下的原子扩散速度很快,金属的再结晶现象随时会发生,故热变形加工时金属的变形抗力小,塑性大,而且不会产生加工硬化现象。因此,热变形加工多用于成形形状较复杂的零件毛坯、大件毛坯的锻造和热轧钢锭成钢材等,而冷变形加工多用于截面尺寸较小,要求表面粗糙度值低的零件和坯料。

(二)热变形加工对金属组织与性能的影响

由于热变形加工在变形的同时伴随着动态再结晶,即使在变形停止后,在冷却至室温的过程中仍然有再结晶发生。热变形加工会使金属的组织和性能发生很大变化,主要表现在以下几方面。

1. 改善铸态组织

热变形加工可以使金属铸锭中的组织缺陷显著减少,如气孔、显微裂纹等,铸态疏松得到改善,从而提高材料的致密度,使金属的力学性能得到提高。

2. 细化晶粒

热变形加工的金属经过塑性变形,可以破坏掉铸态的大枝晶和柱状晶,并发生再结晶,使晶粒细化,因此经过轧制和锻造的钢材,力学性能比铸造件优良。热加工金属的晶粒大小与变形量和终锻温度有关。铸态的粗大晶粒需给予较大的变形量才能使之细化。在终锻温度的选择上要适当,如果温度过高,会使再结晶晶核少而晶核长大快,加工后得到粗大晶粒;如果温度过低,又会造成较高硬化及残余应力。因此,必须制定合理的热加工工艺。

3. 形成热加工的纤维组织

热变形加工可以使铸态金属的偏析和非金属夹杂沿着变形的方向拉长,形成所谓的流线,也称为热变形加工的纤维组织。流线的存在使金属材料产生各向异性。沿流线方向的强度、塑性、韧性大于垂直流线的方向。因此,一般情况下,流线沿零件的形状分布为好,如图 5-10 所示。图 5-10(a)中铸造的流线分布合理,其力学性能较好,承载能力大;图 5-10(b)中的切削加工的流线分布不好,其力学性能较差,承载能力小。

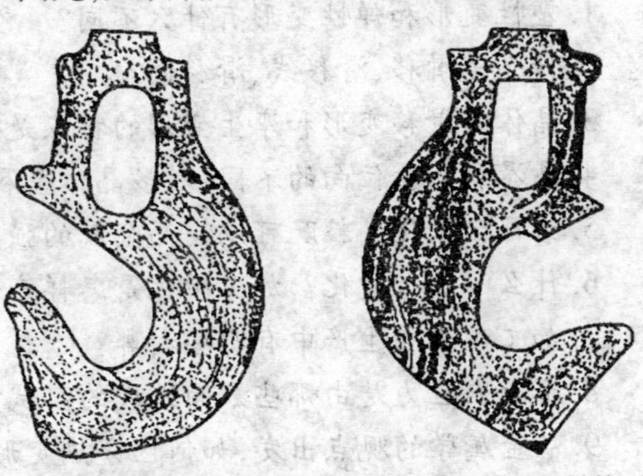
(a)铸造的吊钩　　(b)切削加工的吊钩

图 5-10　吊钩流线示意图

只要热变形加工的工艺条件适当,热变形加工的工件力学性能要高于铸件。所以,受力复杂、负荷较大的重要工件一般都是选用锻件,不用铸件。但是,热变形加工工艺参数不当,也会降低热变形加工工件的性能。例如,若加热温度过高,可能使热变形后的工件晶粒粗大,强度和塑性下降;若热变形加工停止的温度过低,可能带来加工硬化,残余应力加大,甚至出现裂纹等问题。

4. 形成带状组织

复相合金中的各个相(或组织组成物),在热变形加工时沿着变形方向交替地呈带状分布,这种变形组织称为带状组织。当钢中存在较多的夹杂物或偏析时,则热变形时它们也会沿变形方向呈带状分布。如图 5-11 所示为热轧低碳钢板中铁素体、珠光体呈交替分布的带状组织。高碳合金钢在热变形加工后,其碳化物颗粒也呈带状分布,通常称之为碳化物带,如图 5-12 所示。

图 5-11　热轧低碳钢带状组织

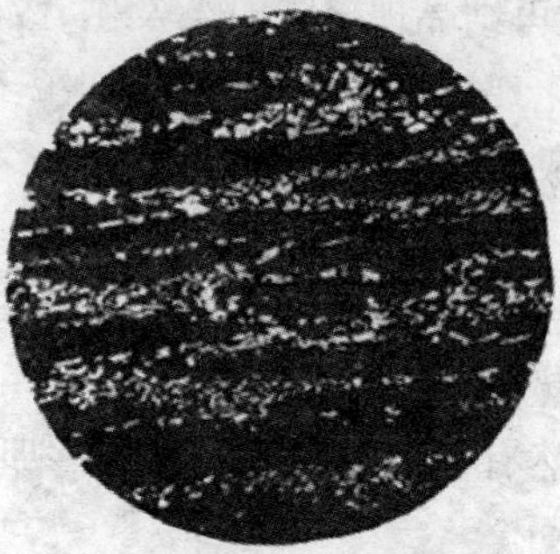

图 5-12　高碳合金钢带状组织

带状组织是一种缺陷,会引起钢力学性能的各向异性,降低钢的热处理性能。碳化物带状组织还会影响滚动轴承和工具(刃具)的使用寿命。一般带状组织可通过扩散退火及随后的正火来加以消除或减轻。

习　题

思考题

1. 塑性变形和弹性变形有什么不同?
2. 什么是滑移、滑移线、滑移面?
3. 晶体的滑移变形和孪生变形的特点是什么?有何区别?
4. 晶界和晶粒位向的不同,对多晶体金属塑性变形有哪些影响?
5. 为什么细化晶粒既可以提高金属的强度,又可以提高金属的塑性?
6. 什么叫加工硬化?加工硬化是怎样产生的?
7. 加工硬化在生产中有哪些利弊?
8. 形变内应力是由哪些方面造成的?试举例说明内应力的利弊。
9. 从金属学的观点出发,如何区分热变形加工和冷变形加工?

第六章　钢的热处理原理及工艺

热处理是将固态金属材料在一定介质中加热到一定温度，并保温一定时间，然后以一定的速度冷却，以改变其整体或表面组织结构，从而获得所需性能的一种热加工工艺。

热处理的种类很多，根据热处理的用途或加工对象可分为钢的热处理、铸铁的热处理和有色金属的热处理等。根据其加热和冷却方法可分为普通热处理，也叫整体热处理（如退火、正火、淬火、回火），表面热处理（如各类表面淬火）以及化学热处理（如渗碳、渗氮）等。按其在整个工艺路线中的位置和作用可分为预先热处理（如退火和正火）和最终热处理（如淬火和回火）两大类。

尽管热处理种类繁多，但其基本过程都由加热、保温和冷却三个阶段组成。图 6-1 为最基本的热处理工艺曲线，其中加热温度、保温时间、冷却速度是三个主要工艺参数。控制工艺参数就可调整材料的组织和性能，但加热时无相变的金属除外。

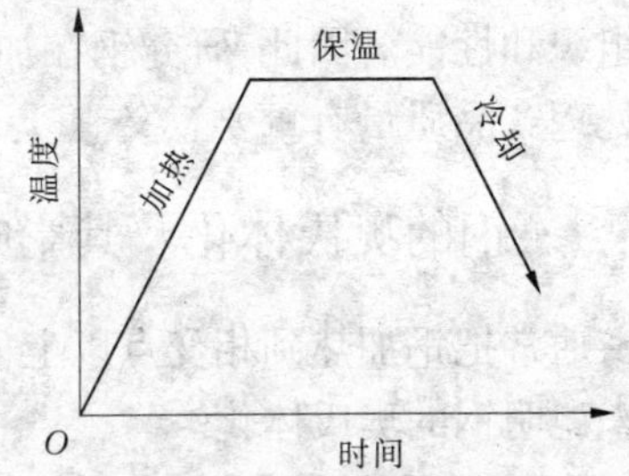

图 6-1　热处理工艺曲线

热处理的主要目的是改变金属材料的性能，包括使用性能和工艺性能。例如，提高材料力学性能，从而充分发挥材料潜力，并提高工件质量和使用寿命；消除毛坯（如铸件、锻件等）中的成分及组织缺陷，改善工艺性能，为后续冷热加工做好组织和性能准备；改变工件表层的成分、组织，提高表面的耐磨性、耐腐蚀性等特殊性能。

热处理作为一种重要的金属材料加工工艺，已被广泛应用于机械制造工业。例如，在机床制造中约 70% 的零件需热处理，在汽车、拖拉机制造中约 80% 的零件需热处理，在刃具、模具、弹簧和滚动轴承等产品中则必须全部进行热处理。而钢件在机械零件中所占比例最大、应用最广，且绝大多数钢件都需进行热处理。因此，学习钢的热处理有重要意义。

第一节　钢在加热时的转变

钢件之所以能进行热处理，是因为钢在固态下能发生相变或组织转变。金属或合金在加热或冷却时发生相变的温度称为相变点，又称临界点。由 $Fe-Fe_3C$ 相图可知，在平衡状态即非常缓慢加热或冷却条件下，碳钢在 $PSK(A_1)$ 线、$GS(A_3)$ 线和 $ES(A_{cm})$ 线上都要发生相变。通常将 A_1、A_3、A_{cm} 称为碳钢的平衡相变点。但在实际热处理中，加热或冷却速度都较快，因此钢的相变并非在平衡相变点进行，而是有一定的滞后现象，即过热或过冷现象。实际相变点与平衡相变点的温度差称为过热度（加热时）或过冷度（冷却时）。过热度或过冷度随加热或冷却速度的增大而增大。如图 6-2 所示，为了与平衡相变点相区别，通常用 Ac_1、Ac_3、Ac_{cm} 表示钢加热时的相变点，用 Ar_1、Ar_3、Ar_{cm} 表示钢冷却时的相变点。

加热是钢的热处理的第一道工序，其主要目的就是得到奥氏体。大多数热处理的过程

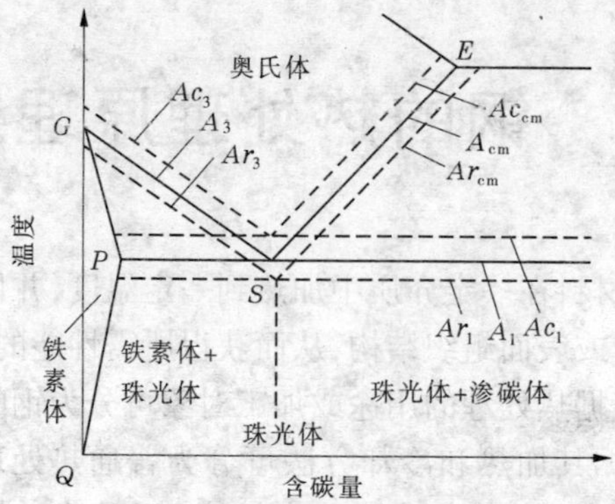

图 6-2　钢加热和冷却时各临界点的实际位置

是，首先必须把钢加热到一定奥氏体状态，然后以适当方式冷却以获得所期望的组织和性能。应当指出，加热时形成奥氏体的化学成分、均匀化程度及晶粒大小直接影响钢在冷却后的组织和性能。因此，研究钢在加热时的组织转变规律，对于充分挖掘钢材性能潜力、保证热处理产品质量有重要意义。

一、钢的奥氏体化及其影响因素

通常把钢加热到相变点以上而获得奥氏体的转变过程称为奥氏体化。下面以共析钢为例来说明钢的奥氏体化。

（一）奥氏体化

根据 $Fe-Fe_3C$ 相图，共析钢在 A_1 点以下全部为珠光体组织，组织中的铁素体具有体心立方晶格，在 A_1 点时，其 $w_C=0.021\,8\%$；渗碳体具有复杂正交晶格，其 $w_C=6.69\%$。而加热到 Ac_1 点以上时，珠光体变成具有面心立方晶格的奥氏体，其 $w_C=0.77\%$。由此可见，奥氏体化过程就是一个晶格改组和铁、碳原子扩散的相变过程，也遵循“形核与长大”这一相变的基本规律。共析钢奥氏体化过程可分为以下四个连续阶段，如图 6-3 所示。

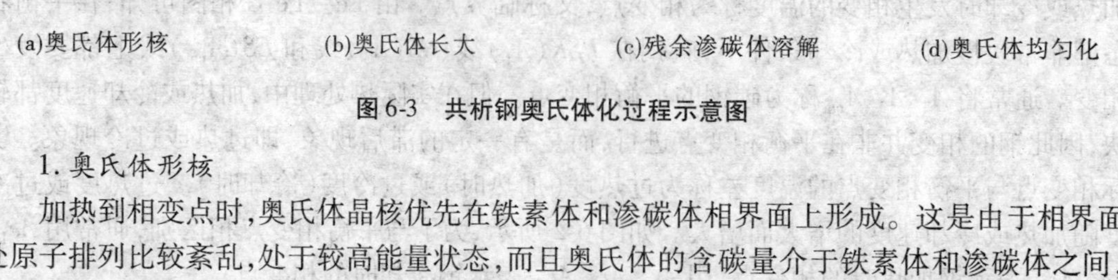

(a)奥氏体形核　(b)奥氏体长大　(c)残余渗碳体溶解　(d)奥氏体均匀化

图 6-3　共析钢奥氏体化过程示意图

1. 奥氏体形核

加热到相变点时，奥氏体晶核优先在铁素体和渗碳体相界面上形成。这是由于相界面处原子排列比较紊乱，处于较高能量状态，而且奥氏体的含碳量介于铁素体和渗碳体之间，故在两相的相界面上，为奥氏体的形核提供了良好的条件。

2. 奥氏体长大

奥氏体晶核一面与渗碳体相接，另一面与铁素体相接，因此奥氏体晶核的长大是相界面往渗碳体与铁素体方向同时推移的过程。它是通过铁、碳原子的扩散，使邻近的渗碳体不断溶解、铁素体晶格改组成为面心立方晶格来完成的。

3. 残余渗碳体溶解

由于渗碳体的成分和结构与奥氏体相差很大，所以铁素体全部消失后，仍有部分渗碳体尚未溶解。这部分未溶解的渗碳体将随着保温时间的延长，继续不断地溶入奥氏体中，直至完全消失为止。

4. 奥氏体均匀化

残余渗碳体完全溶解后，奥氏体的碳浓度是不均匀的，在原渗碳体处碳浓度较高，而原铁素体处碳浓度较低。只有继续延长保温时间，让碳原子充分扩散才能得到成分均匀的奥氏体。应当指出，保温不仅是为了使工件热透和相变完全，还是为了获得成分均匀的奥氏体，以确保冷却后能得到良好的组织和性能。

亚共析钢和过共析钢的奥氏体化过程与共析钢的基本相同，但两者仅加热到 Ac_1 点以上后，会有“过剩相”出现，即得到的组织为奥氏体和先析的铁素体或渗碳体，这种现象称为不完全奥氏体化。只有加热到 Ac_3 或 Ac_{cm} 以上，先析相会继续向奥氏体转变或溶解，直到获得单一的奥氏体组织，才是完全奥氏体化。

(二)影响奥氏体化的因素

1. 加热温度

加热温度越高，铁、碳原子的扩散速度越快，且铁的晶体改组也越快，因而加速了奥氏体的形成，促进了奥氏体化。

2. 加热速度

加热速度越快，过热度越大，则相变驱动力越大，促进奥氏体化。

3. 原始组织

当钢成分相同时，其原始组织越细、相界面越多，则越有利于奥氏体的形核，也促进奥氏体化。例如，对于相同成分的钢，细片状珠光体比粗片状珠光体的奥氏体化速度快，同时片状珠光体也比球状珠光体的奥氏体化速度快。

4. 化学成分

随着钢中含碳量的增多，铁素体与渗碳体的相界面积增大，有利于奥氏体化。另外，合金元素也显著影响奥氏体化速度。除钴、镍外，大多数合金元素，尤其是强碳化物形成元素均阻碍原子扩散，阻碍奥氏体化。

二、奥氏体晶粒的大小及其影响因素

奥氏体晶粒的大小对钢冷却后的室温组织和性能有很大影响。因此，了解奥氏体晶粒度的概念及影响奥氏体晶粒大小的因素是十分必要的。

(一)奥氏体晶粒度

晶粒度是指多晶体内的晶粒大小。根据《金属平均晶粒度测量方法》(GB/T 6394—2002)规定，晶粒度的基本测量方法有比较法、面积法和截点法三种。其中，比较法是将金相组织放大100倍时与标准晶粒度等级图片金相比较来确定晶粒度级别的，应用较广。一般把晶粒度分为00、0、1～10共12个基本等级，等级数越大，则晶粒越细小。

为了研究方便，通常按奥氏体晶粒的形成过程和长大倾向，把晶粒度分为以下三类。

1. 起始晶粒度

起始晶粒度指奥氏体形成刚结束、奥氏体晶粒边界刚刚相互接触时的晶粒大小。它一般比较细小而均匀，但会随加热温度的升高或保温时间的延长而长大。

2. 实际晶粒度

实际晶粒度指钢在某具体加热条件下实际获得的奥氏体晶粒大小。它一般比起始晶粒度大，其大小直接影响钢热处理后的组织和性能。

3. 本质晶粒度

本质晶粒度表示在特定条件下钢的奥氏体晶粒长大的倾向性，它并不代表奥氏体具体的晶粒大小。通常把钢加热到(930±10)℃，保温3～8 h后的奥氏体晶粒度称为本质晶粒度。本质晶粒度为1～4级的钢被认为晶粒长大倾向大，称为本质粗晶粒钢；本质晶粒度为5～8级的钢被认为晶粒长大倾向小，称为本质细晶粒钢。工业生产中，一般用铝脱氧的钢多为本质细晶粒钢，而只用锰硅脱氧的钢为本质粗晶粒钢。沸腾钢一般为本质粗晶粒钢，而镇静钢一般为本质细晶粒钢。需经热处理的零件一般都采用本质细晶粒钢制造。

应当指出，本质晶粒度只表示钢在一定温度范围内晶粒长大的倾向性。当加热温度超过一定范围时，本质细晶粒钢的奥氏体晶粒也可能迅速长大，甚至超过本质粗晶粒钢，如图6-4所示。

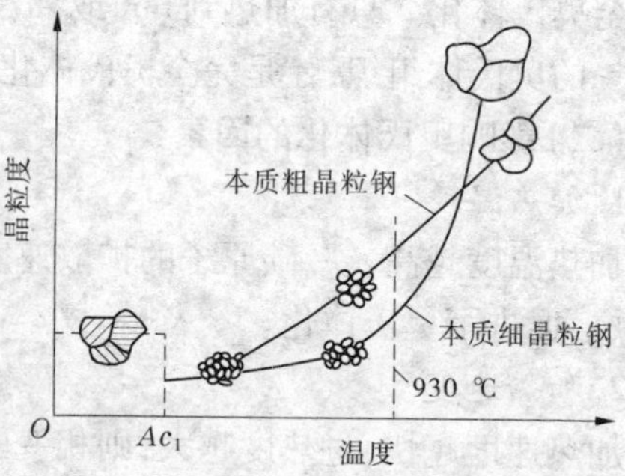

图6-4 奥氏体晶粒长大倾向示意图

(二)影响奥氏体晶粒大小的因素

1. 加热温度和保温时间

加热温度越高，保温时间越长，奥氏体晶粒长得越大。通常加热温度对奥氏体晶粒长大的影响比保温时间更显著。

2. 加热速度

当加热温度确定后，加热速度越快，奥氏体晶粒越细小。因此，快速高温加热和短时间保温，是生产中常用的一种细化晶粒的方法。

3. 化学成分

碳和合金元素对奥氏体晶粒影响较为复杂。在一定加热条件和一定含碳量范围内，随着含碳量增加，碳与铁原子在奥氏体中的扩散速度增大，促进奥氏体晶粒长大，但当含碳量超过一定值后，由于形成过剩二次渗碳体而阻碍奥氏体晶粒长大。大多数合金元素均能不同程度地阻碍奥氏体晶粒长大，尤其是强碳化物形成元素(如铬、钼、钨、钒等)形成的碳化物熔点高，弥散分布在奥氏体晶界上，阻碍奥氏体晶粒长大，但锰、磷则促使奥氏体晶粒长大。

第二节 钢在冷却时的转变

钢的加热转变或者钢的奥氏体化是为了获得均匀、细小的奥氏体晶粒，但它不是热处理的最终目的。由于大多数钢件都在室温下工作，其使用性能最终取决于奥氏体冷却转变后的室温组织，因此钢从奥氏体状态到室温组织的冷却过程才是热处理的关键工序。研究不同冷却条件下钢中奥氏体的冷却转变规律，具有更重要的实际意义。

奥氏体在临界转变温度以上是稳定的，不会发生转变。奥氏体冷却至临界温度以下，在热力学上处于不稳定状态，要发生转变。这种在临界点以下存在的不稳定的且将要发生转变的奥氏体，称为过冷奥氏体。过冷奥氏体的转变产物取决于它的转变温度，而转变温度又主要与冷却的方式和速度有关。在热处理中，钢在奥氏体化后通常有两种冷却方式：一种是等温冷却方式，如图 6-5 中线 1 所示，将奥氏体迅速冷却到临界点以下某一温度保温，使其发生恒温组织转变，然后再冷却到室温；另一种是连续冷却方式，如图 6-5 中线 2 所示，即钢从高温奥氏体一直连续冷却至室温，使其在连续冷却过程中发生组织转变。

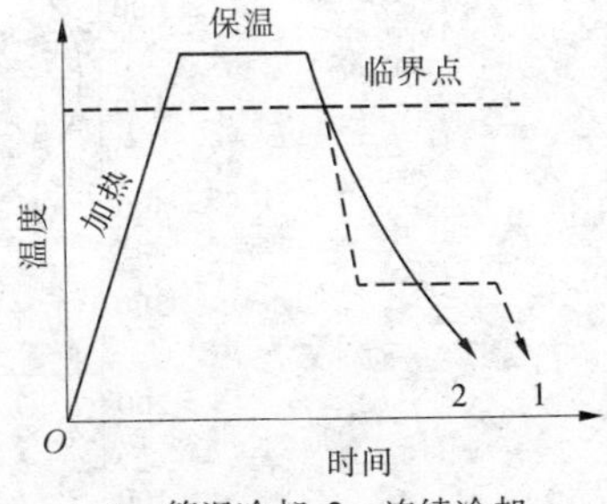

1—等温冷却；2—连续冷却

图 6-5　奥氏体不同冷却方式示意图

为了研究奥氏体的冷却转变规律，分别绘出过冷奥氏体等温转变曲线和过冷奥氏体连续冷却转变曲线。这两条曲线揭示了过冷奥氏体转变的规律，是钢热处理的重要理论依据。

一、过冷奥氏体的等温冷却转变

过冷奥氏体在不同温度下的等温转变，将使钢的组织和性能发生明显变化，而研究这种变化的最重要的工具就是过冷奥氏体等温转变曲线。下面以共析钢为例，介绍过冷奥氏体等温转变规律。

（一）过冷奥氏体等温转变曲线（C 曲线）

用于描述过冷奥氏体在不同过冷温度下的等温过程中的转变温度、转变时间与转变产物（产物种类及数量）的关系曲线图，称为过冷奥氏体等温转变曲线，也称 TTT 曲线，因其主体部分形似字母 C，故又称 C 曲线，如图 6-6 所示。

1. C 曲线的测定

C 曲线是利用过冷奥氏体转变产物的组织形态和性能的变化来测定的。常用的测定方法有热分析法、膨胀法、磁性法、金相硬度法等。现以共析钢为例，简单介绍用金相硬度法测定 C 曲线的过程。

首先将共析钢制成很多薄片试样，分为若干组，并在相同加热条件下进行完全奥氏体化。然后将各组试样分别淬入 A_1 点以下不同温度的恒温盐浴槽中，并从淬入时刻起记录等温时间。针对每一组试样，每隔一定时间从盐浴槽中取出一个试样淬入水中，待冷却后进行金相组织分析和硬度测量，从而找出不同温度下过冷奥氏体的转变开始时刻和终了时刻。最后将测试结果标注在温度—时间坐标系中，并把所有的转变开始点和转变终了点分别用光滑的曲线连接起来，即测得如图 6-6 所示的共析钢 C 曲线。

2. C 曲线的分析

C 曲线主要由五条线和五个区组成。五条线包括三条水平线和两条 C 曲线，即奥氏体与珠光体间的平衡相变温度线 A_1、马氏体转变开始线 M_s、马氏体转变终了线 M_f、等温转变开始线（第一条 C 曲线）、等温转变终了线（第二条 C 曲线）。

五个区包括：A_1 线以上为稳定奥氏体区；A_1 线以下、等温转变开始线以左为过冷奥氏

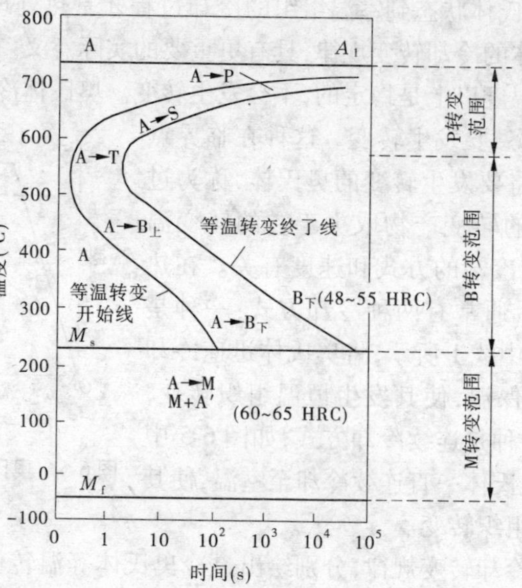

图 6-6　共析钢 C 曲线

体区;等温转变开始线与等温转变终了线之间为等温转变区(珠光体或贝氏体转变区);等温转变终了线以右为转变产物区(珠光体或贝氏体区);M_s 线和 M_f 线之间为马氏体转变区。

应当指出,过冷奥氏体等温转变并非瞬间就开始,而是需要一定的孕育期(以等温转变开始线与纵坐标之间的水平距离表示)。孕育期越长,过冷奥氏体越稳定;反之,则越不稳定。由图 6-6 可见,共析钢在 550 ℃左右孕育期最短,即奥氏体最不稳定,转变速度最快,形成 C 曲线的“鼻尖”。这是因为在“鼻尖”以上,随温度下降(即过冷度增大),相变驱动力增大,则孕育期变短,转变速度加快;在“鼻尖”以下,随温度下降,转变所需的原子的扩散能力显著降低,孕育期变长,转变速度减慢。

(二)过冷奥氏体等温转变产物的组织及性能

由上文 C 曲线分析可知,共析钢过冷奥氏体等温转变产物有三种类型:高温珠光体型转变、中温贝氏体型转变和低温马氏体型转变。但应该指出,与前两种转变不同,马氏体型转变主要依靠连续降温进行,为典型的连续冷却转变。下面主要介绍珠光体型和贝氏体型这两种等温冷却转变。

1. 珠光体型转变

珠光体型转变温度为 A_1 ~550 ℃,因转变温度较高,也称之为高温转变,而且其铁、碳原子均进行扩散,因此又称为扩散型转变。

珠光体是由铁素体(F)和渗碳体(Fe_3C)组成的层片相间的机械混合物,即片状珠光体。珠光体转变是依靠铁、碳原子的扩散和晶格的改组进行的,也遵循“形核和长大”的基本规律,且铁素体和渗碳体交替形核,呈片状长大,其形成过程如图 6-7 所示。

片状珠光体的性能主要取决于片间距。转变温度越低(即过冷度越大),片间距越小(即组织越细小),力学性能越好。通常按片间距的大小,珠光体可分为三种,即珠光体 P、索氏体 S(细珠光体,是以英国冶金学家 H. C. Sorby 的名字命名的)和托氏体 T(极细珠光体,

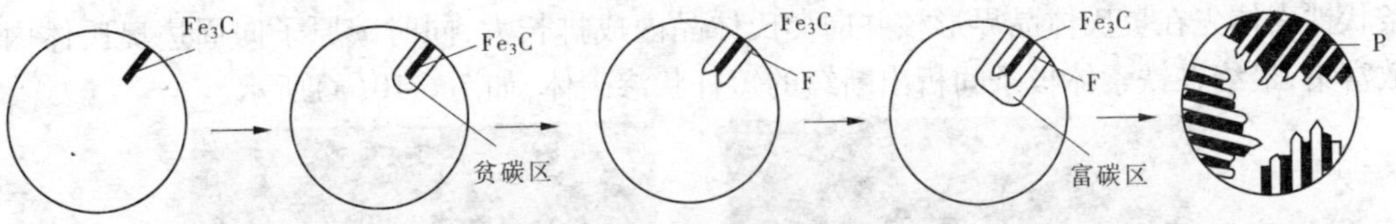

图 6-7　片状珠光体的形成过程

也称屈氏体，是以法国金相学家 L. Troost 的名字命名的）。用电镜进行金相组织观察后发现：不论是珠光体还是索氏体或托氏体，都是片状组织，只是片间距不同而已，如图 6-8 所示。这三种组织没有本质区别，也没有严格界限。它们的符号、形成温度和性能等特征如表 6-1 所示。

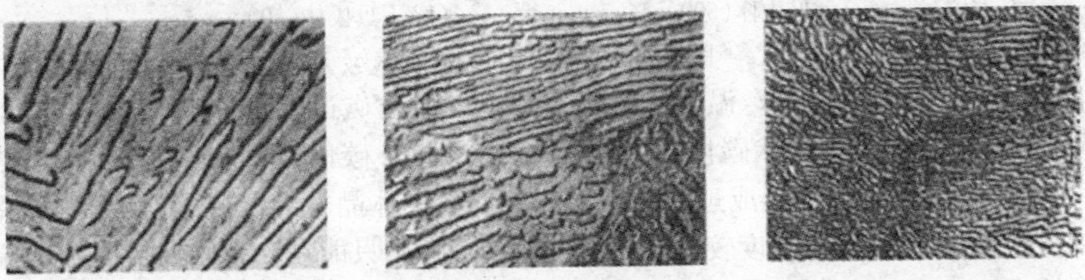

(a)珠光体 P(3 800×)　(b)索氏体 S(8 000×)　(c)托氏体 T(8 000×)

图 6-8　珠光体型组织的电镜照片

表 6-1　珠光体型组织特征

名称	符号	形成温度（℃）	片间距（μm）	显微组织特征	硬度（HRC）
珠光体	P	A_1 ~650	>0.4	F 与 Fe_3C 呈片状，需放大 400 倍以上可辨	<25
索氏体	S	650 ~ 600	0.4 ~ 0.2	F 与 Fe_3C 呈细片状，需放大 1 000 倍以上可辨	25 ~ 35
托氏体	T	600 ~ 550	<0.2	F 与 Fe_3C 呈极细片状，光镜下无法分辨（呈黑球状），需电镜下观察	35 ~ 42

应当指出，珠光体组织的片间距越小，不仅使钢的强度增大，而且塑、韧性也增大。这是因为片间距越小，则相界面越多，塑性变形抗力越大，故强度、硬度越高。此外，片间距越小，则渗碳体片越薄，越易随铁素体一起变形而不脆断，因而塑性和韧性也有所提高。这也就是冷拔钢丝要求具有索氏体组织才容易拉拔成形而不至于拉断的原因。

2. 贝氏体型转变

贝氏体型转变在 550 ℃ ~ M_s 进行，属于中温转变。由于转变温度降低，铁原子不扩散，只发生晶格改组和碳原子的扩散，因此也称为半扩散型转变。贝氏体（用 B 表示，是以美国冶金学家 E. C. Bain 的名字命名的）是由铁素体和碳化物组成的混合物，但其铁素体有一定的碳过饱和度，其碳化物包括 Fe_3C 和其他碳化物。

按转变温度和组织形态的不同，贝氏体分为上贝氏体（$B_上$）和下贝氏体（$B_下$）两种。上贝氏体是在 350 ~ 550 ℃形成的，它是由成束的、碳过饱和度不大的板条状铁素体和断续分布在其间的短杆状渗碳体组成的，在光镜下呈羽毛状，如图 6-9(a)所示。其形成过程是板条状铁素体先在奥氏体晶界形核并向奥氏体晶内成排长大，同时碳原子向周边奥氏体内扩散富集，最终在铁素体板条间析出断续的短杆状渗碳体，如图 6-10(a)所示。

(a)上贝氏体(500×)

(b)下贝氏体(500×)

图 6-9 贝氏体光学组织形貌

下贝氏体是在 350 ℃ ~ M_s 温度范围内形成的，它由含碳过饱和的针片状铁素体和其内弥散分布的细小的片状或粒状碳化物(一般为 $Fe_{2.4}C$，即 ε 碳化物)组成，在光镜下呈黑色针片状，如图 6-9(b)所示。其形成过程是铁素体先在奥氏体晶界形核，并沿奥氏体的一定晶向呈针片状长大，同时由于温度较低，碳原子扩散能力差，只能在铁素体针片内扩散偏聚并沿与针轴成 55°~60°的方向上以细片状或粒状碳化物的形式析出，如图 6-10(b)所示。

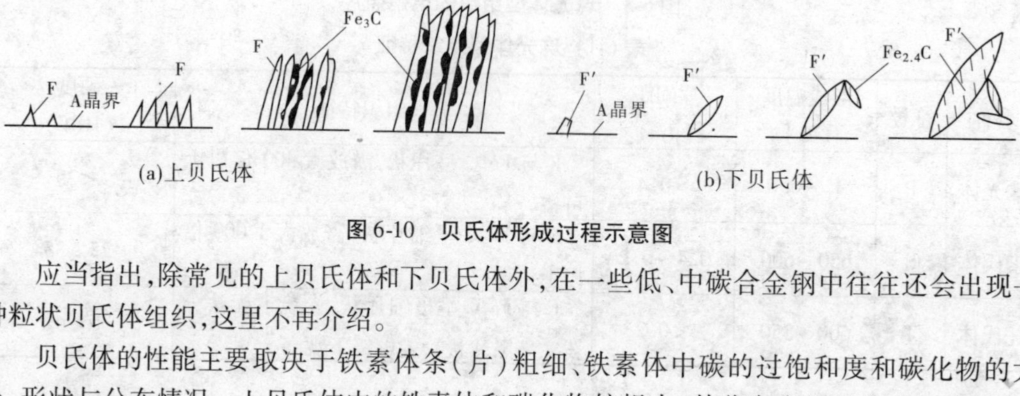

(a)上贝氏体　　(b)下贝氏体

图 6-10 贝氏体形成过程示意图

应当指出，除常见的上贝氏体和下贝氏体外，在一些低、中碳合金钢中往往还会出现一种粒状贝氏体组织，这里不再介绍。

贝氏体的性能主要取决于铁素体条(片)粗细、铁素体中碳的过饱和度和碳化物的大小、形状与分布情况。上贝氏体中的铁素体和碳化物较粗大，其分布有明显方向性，易使铁素体条间产生脆断，因此上贝氏体不仅强度、硬度较低，而且韧性较差，在生产中极少使用。而下贝氏体中的铁素体片细小、碳过饱和度大，且碳化物在铁素体内细小弥散析出，因此下贝氏体的强度、硬度、塑性和韧性均高于上贝氏体，具有优良的综合力学性能，在生产中常用等温淬火来获得下贝氏体，以提高材料的强韧性。

(三)影响 C 曲线的因素

C 曲线的位置和形状反映了过冷奥氏体的稳定性、等温转变速度及转变产物等特性。因此，凡是影响 C 曲线的因素，就是影响过冷奥氏体稳定性的因素，也就是影响过冷奥氏体等温转变的因素。

1. 化学成分

1)含碳量

由铁碳相图可知，在奥氏体转变为珠光体之前，亚共析钢有先析相铁素体析出，过共析钢有先析相渗碳体析出。因此，与共析钢（见图 6-11（b））不同，亚共析钢与过共析钢的 C 曲线的上部分别多了一条先析相铁素体析出线（见图 6-11（a））和先析相渗碳体析出线（见图 6-11（c））。

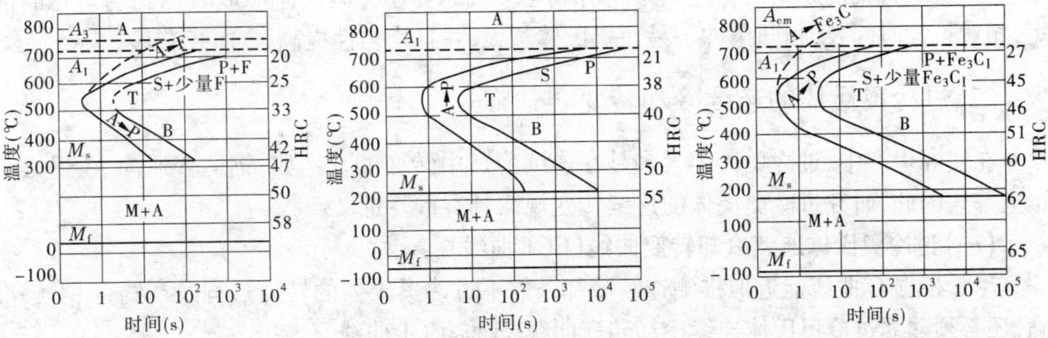

(a)亚共析钢　　(b)共析钢　　(c)过共析钢

图 6-11　碳钢的 C 曲线的对比

在正常热处理条件下，亚共析钢的 C 曲线随含碳量的增加而右移，过共析钢则相反，因此共析钢 C 曲线最靠右。这是由于亚共析钢完全奥氏体化时，过冷奥氏体的含碳量越高，先共析铁素体析出速度越慢，而过共析钢不完全奥氏体化时，含碳量越高，未溶渗碳体越多，越有利于过冷奥氏体分解的缘故。但过共析钢完全奥氏体化后，C 曲线仍随含碳量的增加而右移。

2）合金元素

除钴外，大多数合金元素溶入奥氏体后均能增大过冷奥氏体的稳定性，使 C 曲线右移，如图 6-12（a）所示。其中，碳化物形成元素（如铬、钨、钼、钒等）不仅使 C 曲线右移，而且还使 C 曲线形状发生改变，出现两个“鼻尖”，如图 6-12（b）所示。

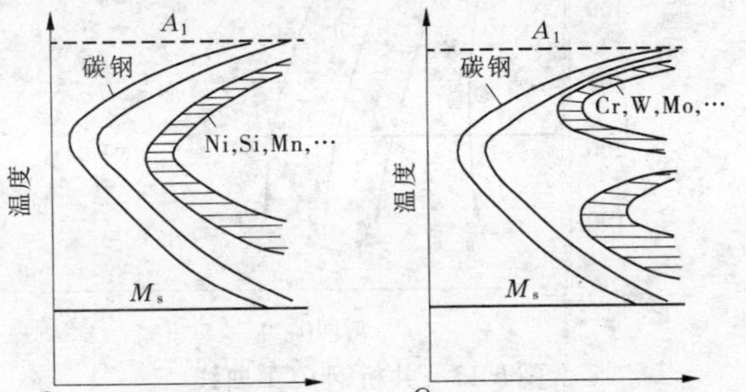

(a)C曲线右移　　(b)出现两个“鼻尖”

图 6-12　合金元素对 C 曲线的影响示意图

应当指出，当强碳化物形成元素含量较多时，若在钢中形成稳定的碳化物，在奥氏体化过程中不能全部溶解，而以残留碳化物的形式存在，它们会降低过冷奥氏体的稳定性，使 C 曲线左移。

2. 加热条件（或奥氏体化条件）

一般加热温度越高、保温时间越长，则奥氏体成分越均匀，晶粒也越粗大，未溶碳化物减少，晶界或相界面积越少。这样会降低等温转变的形核率，提高过冷奥氏体的稳定性，会使C曲线右移。

3. 原始组织

一般认为，钢的原始组织越细小越有利于C原子扩散，奥氏体形成时达到均匀化时间短，相对长大时间长，相同条件下易使奥氏体长大，并且均匀性提高，C曲线右移。

二、过冷奥氏体的连续冷却转变

在实际生产中，过冷奥氏体大多是在连续冷却中转变的。例如，钢的普通淬火、退火和正火等。因此，研究过冷奥氏体的连续转变规律具有重要意义。

（一）过冷奥氏体连续冷却转变曲线（CCT曲线）

尽管根据C曲线能近似推测连续冷却条件下过冷奥氏体的转变过程及产物，但不够准确，还必须建立过冷奥氏体连续冷却转变曲线（又称CCT曲线）。

1. CCT曲线的测定

与C曲线相似，CCT曲线也是通过试验测定出来的。常用的测定方法有膨胀法、磁性法、热分析法等。这些方法，包括现代化的多功能相变仪，通常都要辅之以金相－硬度法，以判别组织类型。例如，将共析钢加热到奥氏体状态，以不同速度冷却（图6-13中$v_1 \sim v_4$、v_K、v_K'），测出过冷奥氏体转变开始点和终了点所对应的温度和时间，并标在温度—时间（对数）坐标系中，分别连接所有的开始点和终了点，即可得到共析钢的CCT曲线，如图6-13所示。

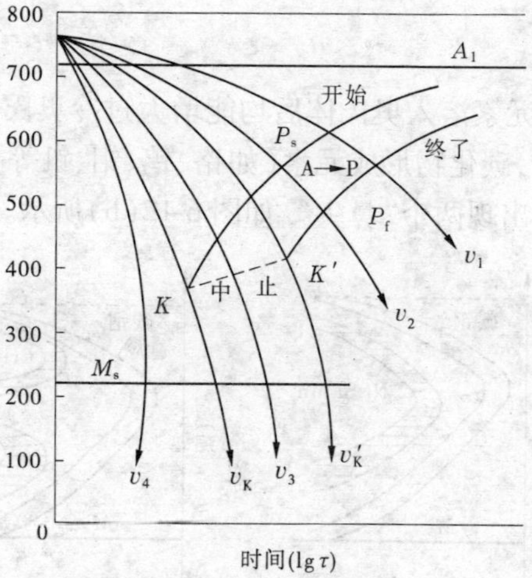

图6-13　共析钢CCT曲线

2. CCT曲线的分析

由图6-13可见，连续冷却转变曲线只有C曲线的上半部分，没有下半部分，即连续冷却转变只发生珠光体和马氏体转变，而不发生贝氏体转变。

P_s线为珠光体转变的开始线；P_f线为珠光体转变的终了线；K线为过冷奥氏体向珠光体转变的中止线，它表示当冷却速度线碰到K线时，珠光体转变中断，剩余过冷奥氏体一直保持到M_s线以下发生马氏体转变。因此，在CCT曲线中，v_K称为上临界冷却速度，即过冷奥氏体全部转变为马氏体的最小冷却速度，其值越小，钢的淬透性越好；v_K'称为下临界冷却速度，即过冷奥氏体全部转变为珠光体的最大冷却速度，其值越小，则退火所需时间越长。

冷却速度在 v_K 和 v'_K 之间时，将得到珠光体和马氏体的混合物组织。

（二）马氏体转变

当奥氏体快速过冷到 M_s 线以下时，就开始发生马氏体转变，它是钢件热处理强化的主要手段。由于转变温度低，过冷度大，且形成速度极快，使马氏体转变只发生 γ－Fe 向 α－Fe 的晶格切变改组，而无铁、碳原子的扩散，因此马氏体转变属于非扩散型转变，原固溶于奥氏体的碳被全部保留在 α－Fe 中。这种由过冷奥氏体直接转变为碳在 α－Fe 中的过饱和固溶体，称为马氏体（用 M 表示，它是以德国冶金学家 A. Martens 的名字命名的）。

1. 马氏体的组织形态

马氏体有板条状马氏体（见图 6-14（a））和片状马氏体（见图 6-15（a））两种基本形态。

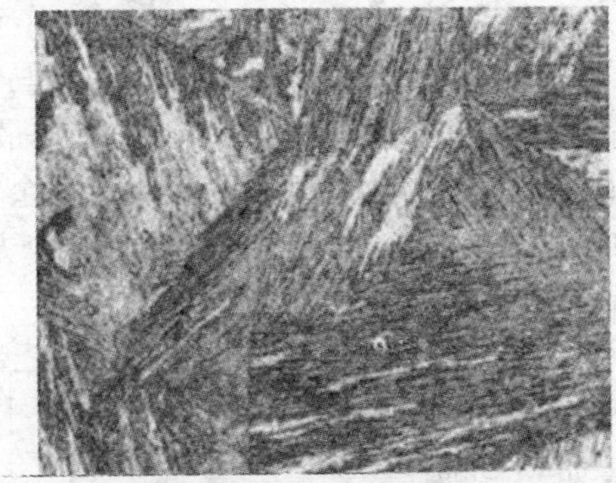

（a）低碳板条状马氏体

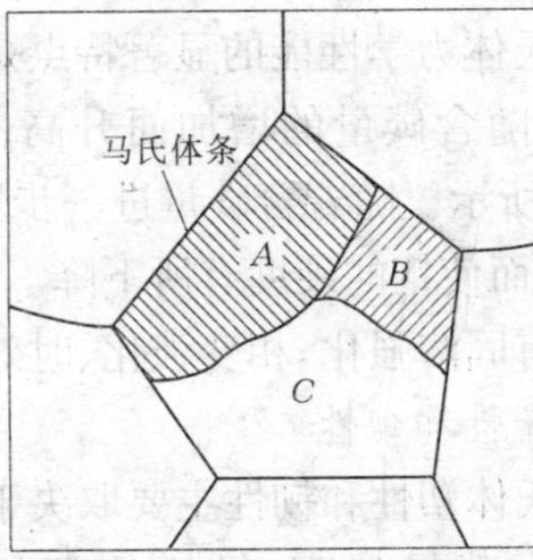

（b）板条状马氏体示意图

图 6-14　板条状马氏体组织形态

（a）高碳片状马氏体

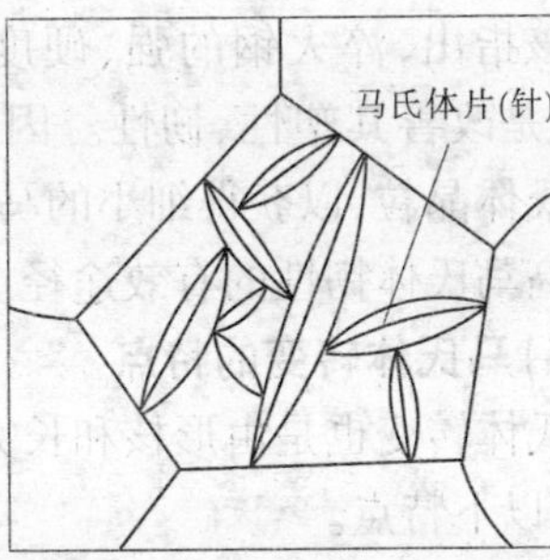

（b）片状马氏体示意图

图 6-15　片状马氏体组织形态

1）板条状马氏体

板条状马氏体的立体形态呈细长的板条状。在显微组织中，板条状马氏体成束状分布，一组尺寸大致相同并平行排列的板条构成一个板条束。板条束内的相邻板条之间以小角度晶界分开，束与束之间具有较大的位向差，如图 6-14（b）所示。板条状马氏体的亚结构以位错为主，故又称为位错马氏体。

2）片状马氏体

片状马氏体的立体形态呈凸透镜状，截面呈针状或竹叶状，故又称为针状马氏体或竹叶状马氏体。片状马氏体之间交错成一定角度。由于马氏体晶粒一般不会穿越奥氏体晶界，最初形成的马氏体片往往贯穿整个奥氏体晶粒，较为粗大，而后形成的马氏体片则逐渐变细、变短，如图6-15(b)所示。由于片状马氏体内的亚结构主要为孪晶，故又称其为孪晶马氏体。

3）影响马氏体形态的因素

马氏体形态主要取决于钢的含碳量。当含碳量小于0.20%时，马氏体几乎完全为板条状，故板条状马氏体也称为低碳马氏体；当含碳量大于1.0%时，马氏体基本为片状，故片状马氏体也称为高碳马氏体；当含碳量介于两者之间时，则为两种马氏体的混合组织，多见于中碳钢。

2. 马氏体的力学性能

1）硬度与强度

马氏体力学性能的显著特点是高硬度、高强度。马氏体的硬度主要取决于马氏体的含碳量，并随含碳量的增加而升高，当含碳量达到0.6%时，淬火钢的硬度接近最大值，如图6-16所示。随着含碳量进一步增加，虽然马氏体硬度会继续提高，但由于残余奥氏体量增加，反而使钢的硬度有所下降。马氏体的强度则取决于含碳量和合金元素两个方面，其强化机理有固溶强化、相变强化、时效强化和晶界强化等。

2）塑性和韧性

马氏体塑性和韧性主要取决于含碳量和亚结构。含碳量越高，马氏体塑韧性越差，如图6-16所示。板条状马氏体含碳量低，为位错亚结构，塑性和韧性较好。片状马氏体含碳量高，且为孪晶亚结构，塑性和韧性差。

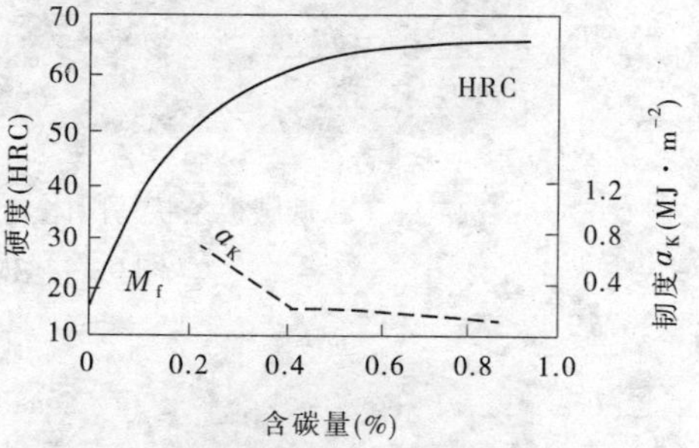

图6-16 含碳量对马氏体硬度和韧度的影响

应该指出，淬火钢的强、硬度一般不成问题，关键是改善其塑性、韧性。因此，应尽可能细化奥氏体晶粒，以获得细小的马氏体组织，这也是提高马氏体韧性的有效途径。

（三）马氏体转变的特点

马氏体转变也是由形核和长大两个基本过程组成的，但与珠光体转变和贝氏体转变相比，它有以下特点。

1. 转变的非扩散性

马氏体转变是在较低温度下进行的，铁、碳原子都不能扩散，只发生了固溶体晶格改组，即由体心立方晶格变为体心正方晶格。转变的非扩散性反映了马氏体转变的本质，这也是区别其他转变的主要特征。

2. 转变的非恒温性和快速性

马氏体转变是在$M_s \sim M_f$之间不断降温下快速完成的。当冷却到M_s点以下任一温度时，马氏体转变几乎不经过孕育期，便以切变共格的形式快速进行，但转变很快停止。为了使转变继续进行，必须不断降低温度，以产生新的马氏体。

3. 转变的膨胀性

在钢的组织中，马氏体比容最大，奥氏体最小，贝氏体和珠光体居中，所以奥氏体转变为马氏体时，必然伴随体积膨胀，并产生内应力。特别指出，马氏体含碳量越高，晶格畸变越严重，比容也越大，故膨胀越明显，其内应力也越大。这就是高碳钢淬火易裂的主要原因之一。

4. 转变的不完全性

马氏体转变一般不能完全进行，总有一小部分奥氏体未转变而残留下来，这部分奥氏体即为残余奥氏体。产生残余奥氏体的原因有两个：一是由于马氏体转变时伴有体积膨胀，对未转变的奥氏体产生了压应力，抑制奥氏体转变；二是大多数钢的 M_f 点均在室温以下，在正常淬火冷却条件下，必然存在一定量残余奥氏体。通常，奥氏体含碳量越高，则 M_s 和 M_f 点的温度越低，残留奥氏体的量也越多，如图 6-17 和图 6-18 所示。

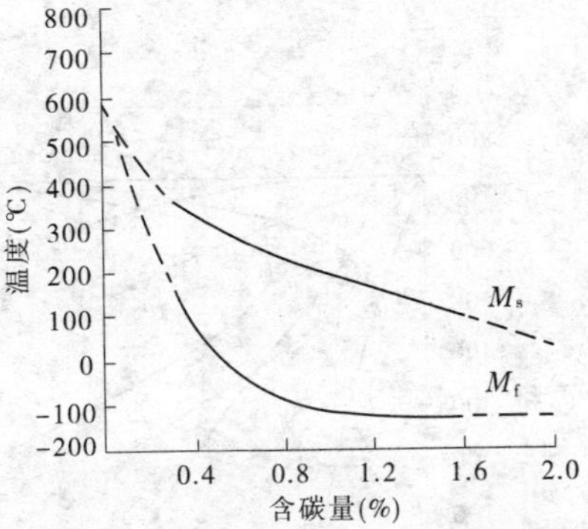

图 6-17　含碳量对 M_s 和 M_f 的影响

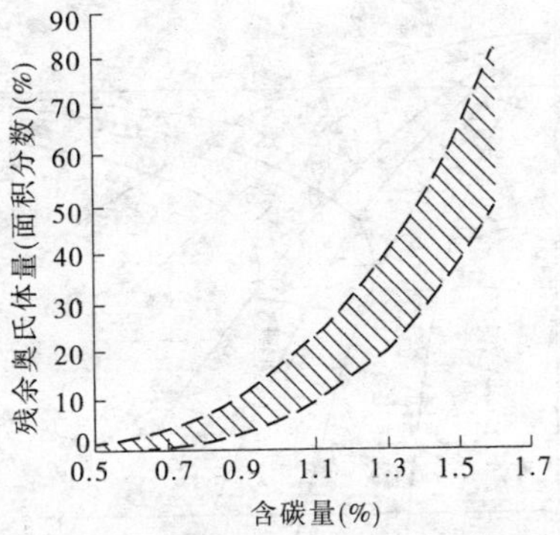

图 6-18　含碳量对残余奥氏体量的影响

应当指出，残留奥氏体对改善工件的塑、韧性有好处，但更多时候，它不仅会降低工件的硬度和耐磨性，而且在工件的长期使用过程中，还会逐渐转变马氏体或贝氏体，使工件形状尺寸发生变化，降低工件的精度。因此，在生产中，对精密量具、丝杆及轴承等高精度工件经普通淬火后，必须随即放到 0 ℃以下的介质中冷却，以最大限度地消除残留奥氏体，达到提高硬度、耐磨性与尺寸稳定性的目的，这种处理称为冷处理。

三、共析钢 C 曲线与 CCT 曲线的区别

对比共析钢 C 曲线和 CCT 曲线，如图 6-19 所示，可发现两者有以下区别。

（一）形状不同

CCT 曲线只有 C 曲线的上半部分，为半个“C”。这说明共析钢在连续冷却时只有珠光体和马氏体转变，而没有贝氏体转变。

（二）位置不同

CCT 曲线位于 C 曲线的右下方，说明连续冷却时过冷奥氏体更稳定，孕育期更长，组织转变温度更低。

（三）组织不同

CCT 曲线获得的组织不单一、不均匀。连续冷却温度范围大，转变产物的组织多样化，且先转变的组织较粗，后转变的组织较细。

（四）应用不同

钢的热处理多数是在连续冷却条件下进行的，因此 CCT 曲线可直接用于制定热处理工艺规范。C 曲线是制定等温转变热处理工艺（如等温淬火）的主要依据。但在生产实际中，

CCT 曲线的测定比较困难，通常用 C 曲线来定性地分析连续冷却时的组织转变情况。具体方法是：将连续冷却曲线绘制在 C 曲线上，依其与 C 曲线交点的位置来判断连续冷却后的组织类型。

例如，图 6-20 就是利用共析钢的 C 曲线分析奥氏体连续冷却转变情况。图中 v_1、v_2、v_3、v_4 分别相当于炉冷、空冷、油冷和水冷的冷却速度，根据它们与 C 曲线相交的位置，可推断出奥氏体将相应转变为珠光体、索氏体、托氏体 + 马氏体 + 少量残余奥氏体和马氏体 + 少量残余奥氏体的连续冷却组织。

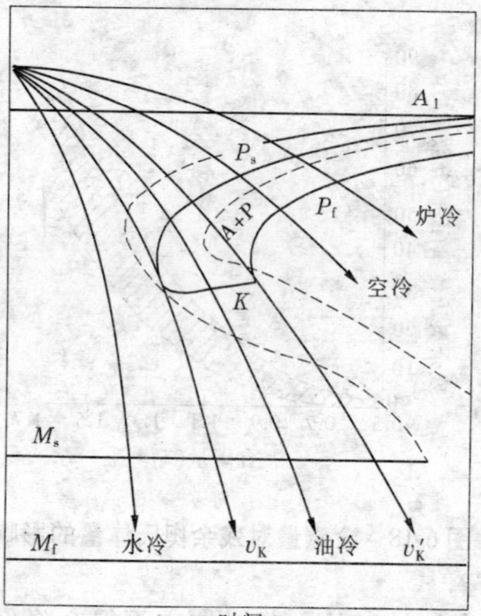

图 6-19　共析钢 C 曲线和 CCT 曲线的对比示意图(虚线表示 C 曲线)

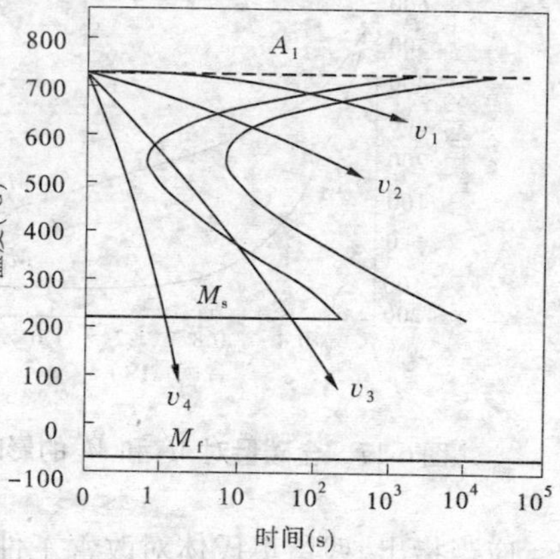

图 6-20　C 曲线在连续冷却转变中的应用

必须指出，用 C 曲线来估计连续冷却过程是很粗略的、不精确的。随着试验技术的发展，将有更多的、更完善的连续冷却转变曲线被测得，用该曲线来解决连续冷却过程才是最合理的。

第三节　钢的普通热处理工艺

前面我们讨论了钢在加热和冷却时的组织转变规律，即钢的热处理原理。下面主要介绍如何通过控制热处理工艺参数(加热温度、保温时间、冷却速度)来改变钢的组织和性能，即热处理工艺。钢的普通热处理工艺主要包括退火、正火、淬火和回火，一般也称为热处理的“四把火”。普通热处理工艺是最基本、最重要，也是最常用的热处理工艺，它通常用来改变钢件的整体。

一、钢的退火

退火是将钢加热到适当温度，保温一定时间，然后缓慢冷却(一般为随炉冷却或埋入石灰中冷却)，以获得接近平衡状态组织的热处理工艺 。其主要目的是消除钢的化学成分及组织的不均匀性，细化晶粒，降低硬度，改善工艺性能，去除内应力，以及为淬火做好组织准备等。

钢的退火工艺种类很多，根据加热温度分两大类：一类是在临界温度（Ac_1 或 Ac_3）以上的退火，又称为相变重结晶退火，包括扩散退火、完全退火、不完全退火（含球化退火）、等温退火；另一类是在临界温度以下的退火，包括去应力退火和再结晶退火。各种退火、正火工艺的加热温度范围和工艺曲线如图 6-21 所示。

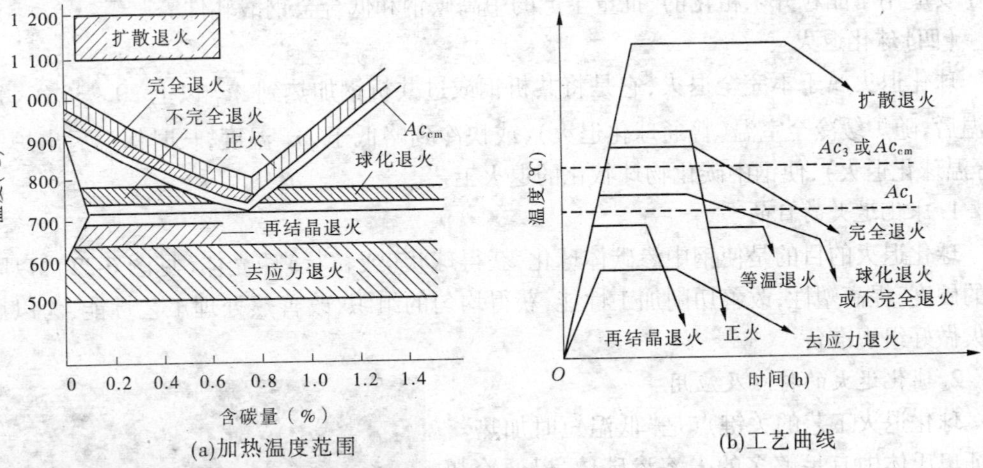

图 6-21　碳钢各种退火、正火加热温度范围和工艺曲线示意图

（一）扩散退火

扩散退火又称为均匀化退火，它是将铸锭、铸件或锻坯加热到略低于固相线的温度（固相线以下），长时间保温，然后缓慢冷却，以消除化学成分不均匀现象的一种热处理工艺。扩散退火加热温度通常为 Ac_1 以上 150 ~ 300 ℃，具体加热温度视钢种及偏析程度而定，保温时间一般为 10 ~ 15 h。

应该指出，由于扩散退火具有“高温长时”的加热特点，退火后钢的晶粒非常粗大，需要再进行一次完全退火或正火来细化晶粒。同时，由于扩散退火生产周期长，消耗能量大，工件烧损严重，以及生产成本高，所以一般不轻易采用。

（二）完全退火

完全退火是将亚共析钢加热到 Ac_3 以上 20 ~ 30 ℃，保温后，随炉缓慢冷却至 600 ℃左右出炉空冷，以获得接近平衡组织的一种热处理工艺，又称为重结晶退火或普通退火。

1. 完全退火的目的

完全退火的目的是降低钢的硬度，提高切削加工性；消除残余应力，稳定工件尺寸，以防变形或开裂；细化晶粒，改善组织，以提高力学性能和改善工艺性能，为最终热处理做好组织准备。

2. 完全退火的特点和应用

完全退火的周期比较长，需要数十小时，甚至数天时间，因此是一种费时的工艺。它主要用于含碳量为 0.25% ~0.77% 亚共析成分的碳钢和合金钢的铸件、锻件、热轧型材，有时也用于焊接结构等。一般可作为重要件的预先热处理，也可作为不重要件的最终热处理。

低碳钢和过共析钢不宜采用完全退火。低碳钢完全退火后硬度偏低，不利于切削加工。过共析钢完全退火后，会有网状二次渗碳体析出，难以切削加工，且使钢的强度、韧性降低。

（三）不完全退火

将钢加热到Ac_1 ~ Ac_3（亚共析钢）或Ac_1 ~ Ac_{cm}（过共析钢），保温后缓冷，以获得接近平衡组织的热处理工艺，称为不完全退火。其目的是降低硬度、改善切削加工性、消除应力等。与完全退火相比，不完全退火的优点是加热温度低、能耗低、工艺成本低、周期短、效率高，因此主要应用于晶粒并未粗化的、批量生产的中高碳钢和低合金钢锻轧件等。

（四）球化退火

球化退火属于不完全退火，它是将共析钢或过共析钢加热到Ac_1以上20~30 ℃，短时保温后，随炉缓冷至室温（普通球化退火），或快冷到略低于Ar_1温度，长时保温后出炉空冷（等温球化退火），使钢中碳化物球状化的退火工艺。

1. 球化退火的目的

球化退火的目的是使钢中渗碳体球化，获得球状（或粒状）珠光体（见图6-22），以降低钢的硬度，提高塑性，改善切削加工性能，获得均匀的组织，改善热处理工艺性能，为以后的淬火做好组织准备。

2. 球化退火的特点及应用

球化退火工艺的关键点是“低温短时加热”，保证奥氏体中有足够多的未溶渗碳体，以便冷却时作为新生渗碳体的核心并局部聚集球化。对于存在有严重网状二次渗碳体的钢，为保证组织均匀性和球化效果，可在球化退火前先进行一次正火处理，将渗碳体网破碎。

球化退火主要用于共析钢、过共析钢和高碳合金钢的刃具、量具、模具等的预先热处理。但近年来，球化退火应用于亚共析钢也取得较好效果，只要工艺控制恰当，同样可使渗碳体球化，从而有利于冷成形加工。

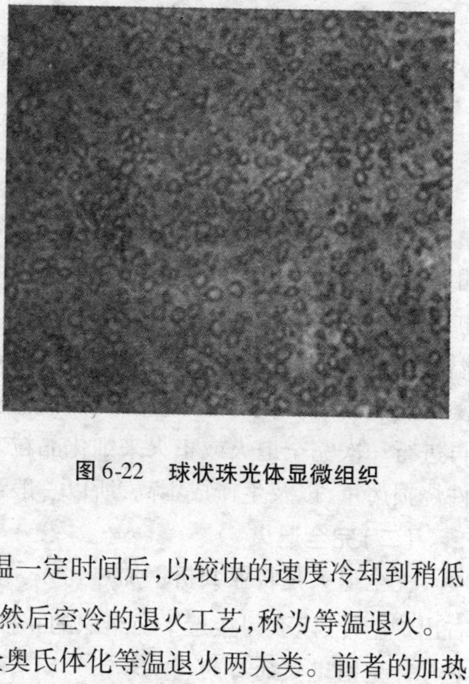

图6-22　球状珠光体显微组织

（五）等温退火

将钢件加热到Ac_3（或Ac_1）以上20~30 ℃，保温一定时间后，以较快的速度冷却到稍低于Ar_1某一温度进行等温转变，以获得珠光体组织，然后空冷的退火工艺，称为等温退火。

等温退火包括完全奥氏体化等温退火和不完全奥氏体化等温退火两大类。前者的加热工艺和目的均与普通完全退火相同，但效率高，成本低，且组织可控性好，因此用于大型工件及合金钢工件，代替完全退火，能显著缩短退火周期，如图6-23所示。后者的典型代表是等温球化退火，能获得更加细小弥散的碳化物颗粒，改善力学性能。

（六）去应力退火和再结晶退火

1. 去应力退火

去应力退火又称低温退火，它是将工件缓慢加热到Ac_1以下100~200 ℃（一般为500~600 ℃），保温一定时间，随炉缓冷至200 ℃出炉空冷的工艺。由于加热温度低于A_1点，钢在去应力退火过程中不发生组织变化。其主要目的是：消除工件在铸、锻、焊和切削加工过程中产生的内应力，稳定尺寸，减少变形。

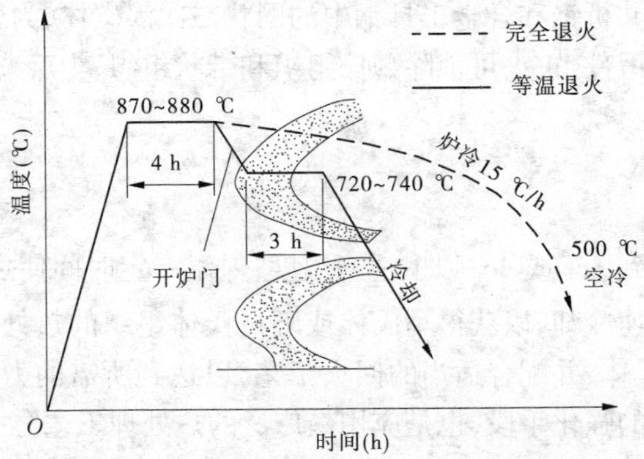

图 6-23　某合金钢等温退火与完全退火工艺比较

去应力退火主要用于消除铸件、锻件、焊接件、冷冲压件以及机加工工件中的残余应力。如果这些残余应力不消除，工件在随后的机械加工或长期使用过程中，将引起变形或开裂。

2. 再结晶退火

再结晶退火又称软化退火或中间退火，它是将冷变形金属加热到 Ac_1 以下 50 ~ 150 ℃或再结晶温度以上 30 ~ 50 ℃，保温一定时间后空冷，使其产生再结晶现象，从而消除加工硬化的退火工艺。再结晶退火主要用于冷变形金属，它既可作为钢材或其他合金多道冷变形加工工序之间的中间软化退火，也可作为冷变形钢材或其他合金成品件的最终热处理。

二、钢的正火

正火是将钢件加热到 Ac_3 或 Ac_{cm} 以上 30 ~ 50 ℃，保温一定时间，使之完全奥氏体化，然后在空气中冷却，得到以细小珠光体为主的均匀组织的热处理工艺。

(一) 正火的实质

对非共析钢而言，正火的实质是完全奥氏体化加伪共析转变（非共析成分的钢获得全部或较多的珠光体组织）。一般钢的含碳量在 0.6% ~ 1.4% 时，正火组织中不出现先共析相，只有伪共析珠光体或索氏体。当含碳量小于 0.6% 时，正火组织中才会有少量铁素体。

(二) 正火与退火的区别

与退火（或完全退火）相比，正火的冷却速度较快，过冷度大，组织较细小，硬度和强度较高，综合力学性能较好，同时操作简便，生产周期短，成本也较低。因此，在工业生产中应尽量用正火代替退火。

正火与退火的加热温度范围和工艺曲线的区别可参考图 6-21。

(三) 正火的应用及目的

目前正火应用较广泛，主要表现在以下两个方面。

1. 作为最终热处理

正火可消除铸造、锻造中产生的过热缺陷，细化组织，提高力学性能。因此，对性能要求不高的普通结构零件可用正火作为最终热处理；对大型或形状复杂的钢件，因淬火时易变形或开裂，故也可用正火代替淬火作为最终热处理。

2. 作为预先热处理

正火可提高低碳钢和低碳合金钢的硬度，消除切削加工过程中的粘刀现象，即改善切削加工性。正火可消除过共析钢和合金工具钢中的网状二次渗碳体，为球化退火做组织准备。对于截面较大的钢件或锻件，正火可消除魏氏组织和带状组织，为后续淬火或调质处理做好组织准备。

三、钢的淬火

淬火是将钢件加热到 Ac_3 或 Ac_1 以上适当温度，保温一定时间使之奥氏体化后，以大于马氏体临界冷却速度快速冷却，以获得马氏体或下贝氏体组织的热处理工艺。其主要目的是：获得细小均匀的马氏体，并配合适当的回火工艺，以达到所需的力学性能。淬火是钢件最重要、最有效、最经济的强化手段，也是应用最广泛的热处理工艺之一。

（一）淬火工艺

1. 淬火加热温度

淬火加热温度是淬火工艺的主要参数，它的选择应以得到均匀细小的奥氏体晶粒为原则，以便淬火后获得细小的马氏体组织。淬火温度主要根据钢的化学成分和相变临界点，即相图来确定，一般限制在临界点以上 30 ~ 50 ℃。碳钢淬火加热温度范围如图 6-24 所示。

1）亚共析钢淬火加热温度

亚共析钢淬火加热温度为 $Ac_3 + (30 \sim 50)$ ℃，亚共析钢一般采用完全奥氏体化淬火，即完全淬火。但若温度过高，奥氏体晶粒粗化，淬火后为粗大的马氏体，使钢脆性增大，同时氧化脱碳严重，淬火应力大，易导致变形或开裂。若温度过低（如在 $Ac_1 \sim Ac_3$），则会在淬火组织中出现较多铁素体，造成淬火钢硬度不足，甚至出现“软点”现象。

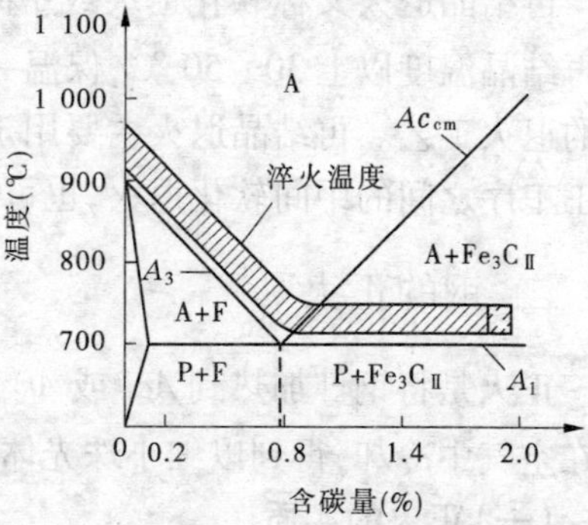

图 6-24　碳钢淬火加热温度范围

2）共析钢和过共析钢淬火加热温度

共析钢和过共析钢淬火加热温度为 $Ac_1 + (30 \sim 50)$ ℃。共析钢发生完全淬火，淬火组织为细小的马氏体和少量残余奥氏体。而过共析钢发生不完全淬火，可获得细小的马氏体、一定量粒状渗碳体和少量残余奥氏体的混合组织，其中粒状渗碳体，不但提高钢的硬度和耐磨性，而且还改善钢的韧性。若过共析钢的加热温度过高或超过 Ac_{cm}，则不仅奥氏体晶粒粗化、氧化脱碳严重、淬火应力大，而且渗碳体大量溶解使奥氏体含碳量剧增，淬火后会得到粗大的高碳马氏体和较多的残余奥氏体。这反而使钢的硬度和耐磨性降低、脆性增大，也使钢件的变形和开裂倾向加大。

应当指出，考虑到合金元素对奥氏体化和奥氏体晶粒长大的影响，合金钢的淬火温度应偏高一些，一般为临界点以上 50 ~ 100 ℃，甚至更高。这样利于合金碳化物的溶解，提高奥氏体中合金元素的含量，以取得较好的淬火效果。但含碳、锰量较多的本质粗晶粒钢则应采用较低的淬火温度，以防止奥氏体晶粒粗化。

2. 淬火保温时间

淬火保温时间与钢件的成分、形状尺寸、加热炉类型、装炉量等因素有关。保温时间的确定应以工件烧透、内外温度均匀、奥氏体晶粒不粗化为原则，一般根据工件的有效厚度来计算，即

$$t = kD$$

式中　k——加热系数,min/mm;

　　D——工件有效厚度,mm。

关于加热系数与工件的有效厚度的数值可查阅有关资料。

3. 淬火冷却介质

冷却是淬火的关键工序,它直接决定钢淬火后的组织和性能。工件快速冷却时所用的介质称为淬火介质。淬火工艺中,既要保证工件快冷后得到马氏体,又要控制快冷引起的应力、变形和开裂,因此必须合理选择冷却介质。

1)理想的淬火介质

分析钢的C曲线和CCT曲线可知,要得到马氏体,并非整个冷却过程都要快速冷却,理想淬火介质的冷却速度曲线应如图6-25所示,在650 ℃以上应慢冷,以减小工件内外温差引起的热应力,防止变形;在400～650 ℃范围内(C曲线"鼻尖"附近),过冷奥氏体最不稳定,应快速冷却,避免过冷奥氏体向珠光体转变;在M_s附近及其以下也应慢冷,以减小马氏体转变引起的相变应力(也称为组织应力)。目前,符合这一特性要求的理想淬火介质还没有找到。

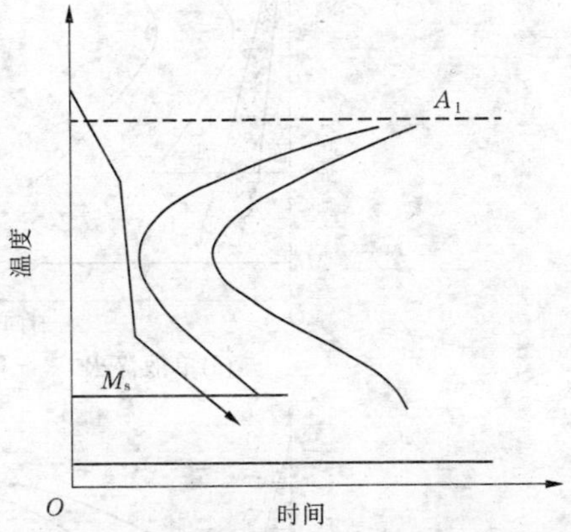

图6-25　理想淬火介质的冷却速度曲线

2)常用的淬火介质

生产中常用的淬火介质有水、盐或碱的水溶液及各类矿物油等。

(1)水。水是既经济又有很强冷却能力的淬火冷却介质,但在400～650 ℃范围内需要快冷时,水的冷却速度相对较慢;在200～300 ℃范围内需要慢冷时,其冷却速度又相对较快。因此,水常用于形状简单、截面较大的碳钢工件的淬火,且使用温度一般在20～40 ℃。

(2)盐或碱的水溶液。为提高水在400～650 ℃范围内的冷却能力,常加入少量(5%～15%)的NaCl(或NaOH)制成盐(或碱)水溶液。其中,盐水在200～300 ℃冷却速度仍较快,取代纯水,主要用于形状简单的低、中碳钢件的淬火。与盐水相比,碱水的高温冷却能力大,低温冷却能力小,冷却特性相对较好,但其腐蚀性较大,主要用于易产生淬火裂纹的大型碳钢件或高碳钢件。盐或碱的水溶液的使用温度一般在60 ℃以下。

(3)油。常用的有机油、变压器油、柴油等矿物油。油在200～300 ℃范围内的冷却速度比水小,有利于减小相变应力,防止工件的变形和开裂,而且油在400～650 ℃范围内冷却速度也比水小。因此,在实际生产中,油主要用做过冷奥氏体稳定性好的合金钢和尺寸小的碳钢零件的淬火,且使用时油温应控制在40～80 ℃范围内。

(4)其他淬火介质。熔融状态的碱浴和硝盐浴也常用做淬火冷却介质。碱浴在高温区的冷却能力比油强而比水弱,而硝盐浴在高温区的冷却能力比油略弱。在低温区域,碱浴和硝盐浴的冷却能力都比油弱。因此,碱浴和硝盐浴广泛用做截面不大、形状复杂、变形要求严格的工具钢的分级淬火或等温淬火的冷却介质。

(二)淬火方法

为了保证淬火质量,除正确选用淬火冷却介质外,还应采用合理的淬火方法。生产中常用的淬火方法有以下几种。

1. 单液淬火

将奥氏体化后的工件投入一种淬火介质中连续冷却获得马氏体的方法称为单液淬火，如图6-26(a)所示。这种方法操作简单，易实现机械化与自动化热处理，但它只适用于形状简单的碳钢和合金钢零件的淬火。

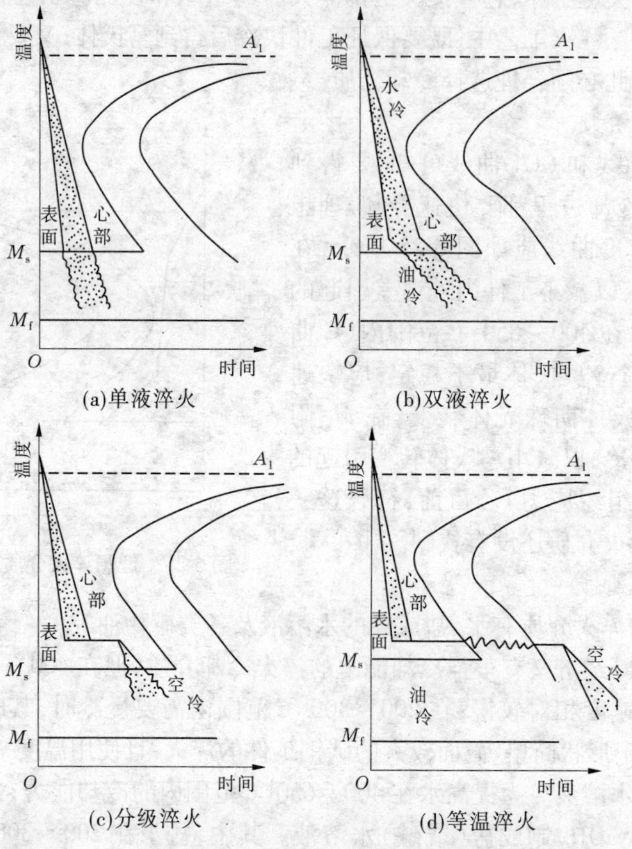

图6-26　常用淬火方法示意图

2. 双液淬火

先把奥氏体化的工件投入冷却能力较强的介质中冷却到稍高于 M_s 温度，再立即把工件转移到另一冷却能力较弱的介质中发生马氏体转变的方法，称为双液淬火，如图6-26(b)所示。这种淬火方法利用了两种介质的优点，在保证工件获得马氏体组织的同时，减小了淬火应力，有效防止了工件的变形或开裂。生产中常以水和油分别作为两种冷却介质，故又称之为水淬油冷法。转移温度是双液淬火的关键点，这需要一定的实践经验，否则难以保证淬火质量。

3. 分级淬火

把奥氏体化的工件投入温度稍高于 M_s 点的盐浴或碱浴中，保持适当时间，待工件内外层都达到介质温度后取出空冷，以获得马氏体组织的淬火方法，称为分级淬火，如图6-26(c)所示。这种淬火方法显著降低了淬火应力，因而能有效减少工件的变形和开裂的倾向。因受冷却能力的限制，它只适用于尺寸较小的工件。

4. 等温淬火

把奥氏体化的工件投入温度稍高于 M_s 点的盐浴或碱浴中,保温足够长的时间,使之发生下贝氏体转变的淬火工艺称为等温淬火,如图 6-26(d)所示。等温淬火后的工件不仅强度高,而且韧性好,同时淬火应力很小,淬火变形极小。它多用于形状复杂、尺寸较小、综合力学性能要求好的工具、模具等钢件。

(三)钢的淬透性

淬透性是钢的一个重要的热处理工艺性能,也是选材和制定热处理工艺的重要依据。

1. 淬透性的概念

钢的淬透性是指奥氏体化后的钢在淬火时获得马氏体的能力,它是钢材本身固有的属性。淬透性的大小可用钢在一定条件下淬火获得马氏体淬硬层的深度表示,淬硬层越深,表明钢的淬透性越好。

从理论上讲,淬硬层深度应该是工件整个截面上全部淬成马氏体的深度。但实际上,当钢的淬火组织中含有少量非马氏体组织时,硬度值变化不明显,且金相检验也较困难。因此,一般规定从工件表面向里至半马氏体组织区(马氏体与非马氏体组织各占一半)的垂直距离作为淬硬层深度。实际生产中,零件淬火所能获得的淬硬层深度是变化的,随着钢的淬透性、零件尺寸和形状以及工艺规范的不同而变化。

2. 淬透性与淬硬层深度的区别

钢的淬透性与具体淬火条件下实际工件的淬硬层深度是有区别的。淬透性是钢本身固有的属性,在相同的奥氏体化条件下,同一种钢的淬透性是相同的,但它的淬硬层深度受工件的形状尺寸和冷却介质的影响。例如,同一种钢在相同的奥氏体化条件下,水淬要比油淬的淬硬层深度大,小件要比大件的淬硬层深度大。但不能认为,同一种钢水淬要比油淬的淬透性好,小件要比大件的淬透性好。所以,只有在其他条件都相同的情况下,才可按淬硬层深度来判定钢的淬透性高低。

3. 淬透性与淬硬性的区别

钢的淬硬性和淬透性是两个不同的概念。钢的淬硬性是指钢在正常淬火后能达到最高硬度的能力。它主要取决于马氏体的含碳量,而合金元素的含量对淬硬性没有显著影响,但对钢的淬透性却有很大影响。所以,淬透性好的钢,其淬硬性不一定高。例如,过共析碳钢的淬硬性高,但淬透性低,而低碳合金钢的淬硬性虽然不高,但淬透性很好。

4. 影响淬透性的因素

钢的淬透性在本质上取决于过冷奥氏体的稳定性。过冷奥氏体越稳定(C 曲线越靠右),临界冷却速度越小,钢件在一定条件下淬火后得到的淬硬层深度越大,则钢的淬透性越好。因此,凡是提高过冷奥氏体稳定性的因素,亦即使 C 曲线右移的因素,都能提高钢的淬透性;反之,则降低钢的淬透性。具体影响因素可参见本章第二节相关内容,此处不再赘述。

5. 淬透性的测定方法

1)端淬法

端淬法是目前国内外广泛使用的淬透性的试验测定方法。具体端淬试验方法应根据《钢　淬透性的末端淬火试验方法(Jominy)》(GB/T 225—2006)进行。其基本过程是先将标准试样(ϕ25 mm × 100 mm)加热到奥氏体状态,接着迅速放入专用端淬试验装置上进行喷水淬火，如图6-27(a)所示；然后将淬火试样的轴向表面磨去0.4~0.5 mm，并从试样末端起每隔一定距离测量一个硬度值，如图6-27(b)所示；最后将硬度变化与距末端的距离绘成曲线，即得到淬透性曲线，如图6-27(c)所示。由图6-27(c)可知，45钢比40Cr钢硬度下降得快，这表明40Cr钢的淬透性比45钢要好。由图6-27(d)配合图6-27(c)，可找出钢半马氏体区至末端的距离，该距离越大，淬透性越好。

根据淬透性曲线，钢的淬透性值可用 $J\dfrac{\text{HRC}}{d}$ 表示。J 表示末端淬透性，d 表示距水冷端的距离，HRC 表示该处的硬度值。例如，$J\dfrac{42}{5}$ 表示距水冷端5 mm处的硬度值为42 HRC。

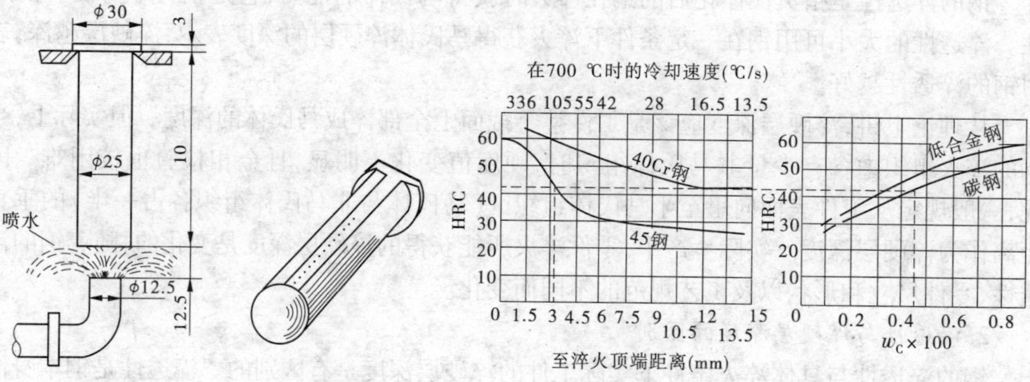

(a)喷水端淬（单位：mm）　(b)测量硬度　(c)淬透性曲线　(d)半马氏体硬度与含碳量的关系

图6-27　端淬法

2)临界淬透直径法

在热处理生产中，还常用临界淬透直径(D_0)来衡量钢的淬透性。临界淬透直径是指工件在某种介质中淬火后，心部得到全部马氏体或半马氏体组织时的最大直径。直径越大，钢的淬透性越好。表6-2为几种常用钢的临界淬透直径。

表6-2　几种常用钢的临界淬透直径

牌号	$D_{0水}$(mm)	$D_{0油}$(mm)	心部组织	牌号	$D_{0水}$(mm)	$D_{0油}$(mm)	心部组织
45	10~18	6~8	50% M	T8~T12	1 518	5~7	95% M
60	20~25	9~15	50% M	GCr15	—	30~35	95% M
40Cr	20~36	12~24	50% M	9SiCr	—	40~50	95% M
20CrMnTi	32~50	12~20	50% M	Cr12	—	200	90% M

6. 淬透性对钢力学性能的影响

钢的淬透性好坏对热处理后的力学性能影响很大。例如，当工件完全淬透时，无论淬火后还是"淬火+回火"后，工件表面和心部的组织和性能均匀一致，如图6-28(a)所示。但是如果未完全淬透，则工件表面和心部的组织不同，回火后整个截面上硬度变化不大，但未淬透部分的抗拉强度 R_m(或 σ_b)，特别是屈服强度 R_{eL}(或 σ_s)和韧性 a_K 却显著降低，如图6-28(b)所示。钢的淬透性越小，工件的淬透层越浅，如图6-28(c)所示，这样使工件的承载能力大大下降。

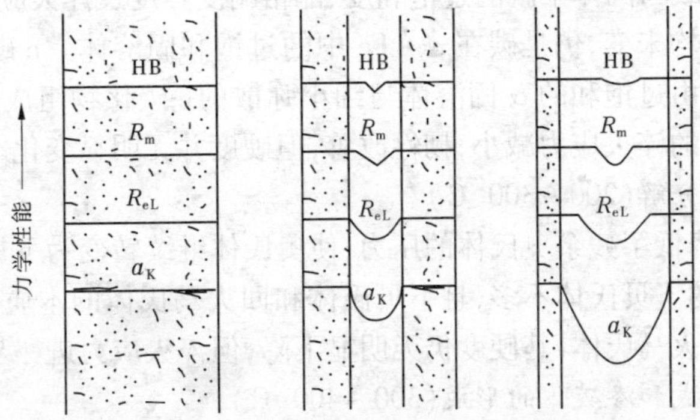

(a)完全淬透　(b)部分淬透　(c)浅层淬透

图 6-28　淬透性对钢力学性能的影响

7. 淬透性在选材方面的应用

机械制造中许多大截面工件和在动载荷下工作的许多重要零件,以及承受轴向拉伸和压缩的连杆、螺栓、拉杆、锻模、锤杆等重要零件,常要求零件表面和心部的力学性能一致,故应选用淬透性好的钢。对于承受弯曲、扭转应力的零件(如轴类),以及表面要求耐磨并承受冲击载荷的模具(如冷锻凸模),因应力主要集中在工件外表层,心部应力较小,故不要求全部淬透,可选用淬透性较低的钢。焊接件一般不选用淬透性高的钢。否则,易在焊缝及热影响区出现淬火组织,导致焊件的变形和开裂。

四、钢的回火

将淬火后的工件重新加热到 A_1 以下某一温度,保温一定时间,然后冷却(通常为空冷)到室温的热处理工艺,称为回火。钢在淬火后不宜直接使用,必须经过适当的回火处理才能满足使用要求,因此回火是很重要的热处理工序。

(一)回火的目的

(1)获得工件所要求的力学性能。工件经淬火后,具有高的硬度,但塑性和韧性却显著降低。为了满足各种工件的不同性能要求,可通过适当回火来改变淬火组织,获得所要求的力学性能。

(2)稳定工件尺寸。淬火工件中的马氏体和残余奥氏体都是不稳定组织,在室温下会自发地发生分解,从而引起工件尺寸和形状的改变。通过回火使淬火组织转变为稳定组织,从而保证工件在以后的使用过程中不再发生尺寸和形状的改变。

(3)消除或减少淬火内应力。工件淬火后存在很大的内应力,如不及时回火,往往会使工件发生变形甚至开裂。

(二)淬火钢的回火转变

淬火组织中不稳定的马氏体和残余奥氏体有着自发向稳定组织转变的倾向,而回火加热能促进这种自发的转变过程。现以共析钢淬火组织为例,随回火温度的升高和保温时间的延长,它将发生以下四个阶段的回火转变。

1. 马氏体的分解(≤200 ℃)

在 80 ℃以下回火时,淬火钢中没有明显的组织转变,此时只发生马氏体中碳原子的偏聚。在 80 ~200 ℃范围内回火时,马氏体中一部分过饱和碳原子以亚稳定的ε碳化物(一般

为 $Fe_{2.4}C$)形式析出,故马氏体中碳的过饱和度、晶格畸变程度及淬火应力均有所降低,但此时马氏体形态和本质均未变,仍是碳在 α - Fe 中的过饱和固溶体。ε 碳化物是弥散度极高的薄片状组织。这种由过饱和的 α 固溶体与细小弥散的 ε 碳化物组成的混合组织,称为回火马氏体。此阶段钢的淬火应力减小,韧性改善,但硬度并无明显变化。

2. 残余奥氏体的分解(200 ~ 300 ℃)

马氏体的分解,降低了残余奥氏体的压力,使奥氏体继续转变为下贝氏体。由于残余奥氏体的量有限,得到的下贝氏体不多,且下贝氏体和回火马氏体的本质是相似的,所以此阶段的组织仍主要是回火马氏体,其硬度仍无明显下降,但淬火应力进一步减少。

3. 马氏体分解完成和渗碳体的形成(300 ~ 400 ℃)

马氏体继续分解,直至过饱和的碳原子全部从 α 固溶体析出,即实际上已转变成铁素体,但形态仍为针状。与此同时,亚稳定 ε 碳化物逐渐转变为极细小的、粒状的稳定 θ 碳化物(Fe_3C),即渗碳体。这种由针状铁素体和极细小弥散的粒状渗碳体组成的混合物,称为回火托氏体。这时钢的淬火应力基本消除,且硬度显著降低。

4. 渗碳体的聚集长大和铁素体相再结晶(400 ℃以上)

在 400 ℃以上,弥散的细小粒状渗碳体逐渐聚集长大成普通的粒状,铁素体在 500 ~ 600 ℃发生再结晶,也就是说,铁素体由针状转变为等轴状(或多边形块状)。这种在等轴状铁素基体上分布着粒状渗碳体的混合组织称为回火索氏体。此时钢的强度、硬度继续降低,但韧性却明显改善。

由上述可知,回火转变的四个阶段是在不同温度范围内进行的,且其温度范围会有交叉重叠。淬火钢在回火过程中,回火温度、回火组织、钢的性能三者之间存在着一一对应关系。随着温度升高,依次获得回火马氏体、回火托氏体、回火索氏体等,同时钢的强度、硬度降低,而塑性、韧性升高,且温度越高,其力学性能变化越明显,如图 6-29 所示。

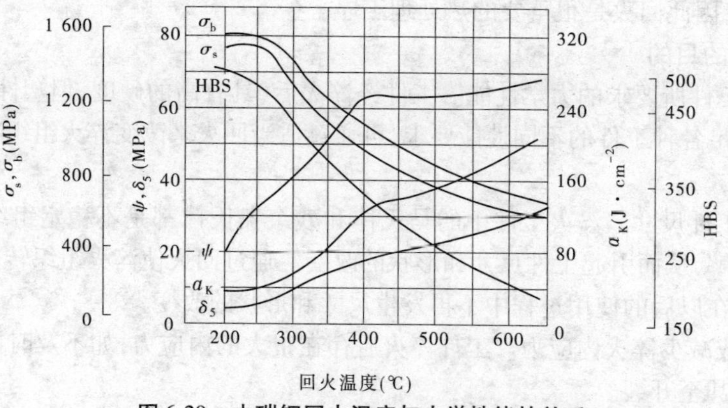

图 6-29 中碳钢回火温度与力学性能的关系

应当指出,与过冷奥氏体直接转变成的普通托氏体和索氏体相比,回火托氏体和回火索氏体具有较优越的力学性能,例如在硬度相同时,具有较高的屈服强度、塑性和韧性。这主要是因为它们的组织形态不同造成的,一般回火组织中碳化物为较细小的粒状,且分布较为弥散。

(三)回火的种类及应用

根据对工件性能要求的不同,生产中按回火温度的高低可将回火分为以下三种。

1. 低温回火(150～250 ℃)

低温回火所得组织为回火马氏体。其目的是在保持淬火钢的高硬度和高耐磨性的前提下,降低其淬火内应力和脆性,以免使用时崩裂或过早损坏。它主要用于各种高碳的切削刃具、冷冲模具、滚动轴承以及渗碳件等,回火后硬度一般为 58～64 HRC。

2. 中温回火(350～500 ℃)

中温回火所得组织为回火托氏体。中温回火的目的是获得高的屈服强度、弹性极限,并有一定的塑性和韧性。它主要用于各种弹性制件(弹簧或板簧)和热作模具的热处理,回火后硬度一般为 35～50 HRC。

3. 高温回火(500～650 ℃)

高温回火所得组织为回火索氏体。通常将淬火＋高温回火称为调质处理。高温回火的目的是获得强度、硬度和塑性、韧性都较好的综合力学性能。因此,广泛用于汽车、拖拉机、机床等的重要结构零件,如连杆、曲轴及高强度螺栓。回火后硬度一般为 200～330 HBS。

调质处理一般作为最终热处理,也可以作为表面淬火和化学热处理的预先热处理。因为调质后钢的硬度不高,便于切削加工并能获得较好的表面质量。

必须指出,虽然钢正火和调质处理后的硬度值相近,但重要的结构零件一般都选择调质处理。这是由于调质处理后组织为回火索氏体,不仅强度较高,而且塑性与韧性明显较好。表 6-3 为 45 钢(ϕ20～40 mm)经调质处理与正火后的力学性能的比较。

表 6-3　45 钢经调质处理和正火后的力学性能比较

热处理状态	力学性能				
	R_m(MPa)	$A\times100$	a_K(J/cm^2)	HBS	组织
正火	700～800	15～20	50～80	163～220	细珠光体＋铁素体
调质	750～850	20～25	80～120	210～250	回火索氏体

(四) 回火脆性

如图 6-30 所示,淬火钢回火时,其冲击韧性并非随着回火温度的升高而单调地增大,有些钢在一定温度范围内回火时,其冲击韧性明显下降,这种脆化现象称为钢的回火脆性。根据回火脆性形成温度的不同,分为低温回火脆性和高温回火脆性两大类。

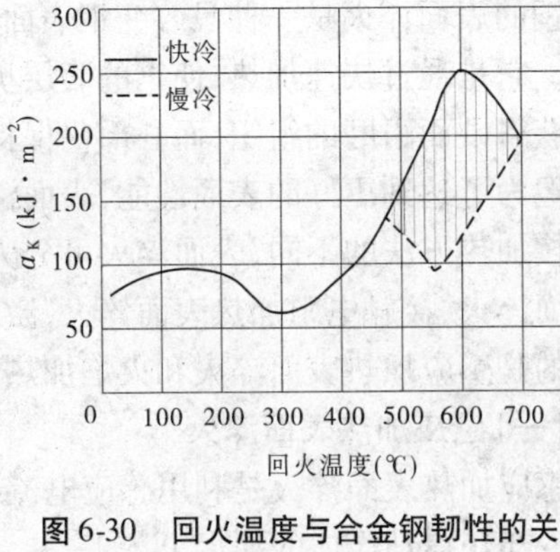

图 6-30　回火温度与合金钢韧性的关系

1. 低温回火脆性

淬火钢在 250～400 ℃温度范围内回火出现的脆性称为低温回火脆性,也称为第一类回火脆性。几乎所有的淬火钢在 300 ℃左右回火时都会出现这种脆性。一般认为,低温回火脆性是由于马氏体分解时在其晶界上析出断续的薄壳状碳化物,降低了晶界断裂强度,使裂纹容易沿着晶界形成与扩展,因而导致脆性断裂。若进一步提高回火温度,可使碳化物聚集球化,从而减轻和消除界面脆化,钢的韧性又得到恢复和提高。此后,即使再一次在 300 ℃左右回火，脆性也不会重新出现。因此，又称低温回火脆性为不可逆回火脆性。目前，尚无有效的方法来完全消除第一类回火脆性，只有避开这个回火温度范围。

2. 高温回火脆性

淬火钢在 500 ~ 650 ℃温度范围内回火出现的脆性称为高温回火脆性，又称为第二类回火脆性。这类回火脆性主要出现在含 Cr、Ni、Mn、Si 等合金元素的合金钢中，且与冷却速度有关。当淬火钢在 550 ℃左右加热保温后，若缓慢冷却，会出现明显的脆化现象，若快速冷却，脆化现象不会出现或受到抑制。若将已产生脆化的钢重新加热到 550 ℃左右保温并快速冷却，可消除脆性；反之，若将已消除脆性的钢重新加热到高温回火温区，然后缓慢冷却，则脆性又会再次出现。因此，高温回火脆性又称可逆回火脆性。

一般认为，高温回火脆性主要原因是 Sb、Sn、P、As 等有害杂质元素在晶界偏聚，削弱了晶界上原子间的结合力，从而降低了晶界断裂强度。而 Ni、Cr、Mn 等元素不但促进上述有害元素向晶界偏聚，而且自身也会向晶界偏聚，所以增大了回火脆性倾向。

防止高温回火脆性的措施有：尽量减少钢中有害元素的含量；添加一定量的钨、钼元素来抑制有害元素的偏聚；高温回火后快冷，如在水或油中冷却，使有害元素来不及扩散偏聚，但主要用于结构简单、尺寸不大的工件。

第四节　钢的表面淬火和化学热处理

许多机械零件在工作时，要求其表面和心部具有显著不同的性能。例如，在交变载荷作用及摩擦条件下工作的齿轮、凸轮、传动轴、曲轴等，其表面与其他零件有接触摩擦，因而要求表面有高的硬度和耐磨性，而零件要传递运动或力，作用有比较大的力矩、扭矩甚至冲击，故要求心部有高的强度和韧性。一般材料很难满足这些互相矛盾的性能要求，但材料通过表面热处理（或表面淬火）和化学热处理却很容易来实现。

一、钢的表面淬火

钢的表面淬火是一种只改变钢表面层组织，不改变表面层化学成分的表面强化热处理方法。它是通过快速加热，使钢的表层奥氏体化，在热量尚未传至心部时，立即淬火冷却，使表层获得硬而耐磨的组织，而心部仍保持原来塑性和韧性较好的退火、正火或调质状态的组织。但为了达到更好的表面性能，表面淬火后一般要进行低温回火。

按加热方法的不同，表面淬火可分为感应加热表面淬火、火焰加热表面淬火、电解液加热表面淬火、接触电阻加热表面淬火、激光或电子束加热表面淬火等。目前，生产中应用最广泛的是感应加热表面淬火和火焰加热表面淬火。

（一）感应加热表面淬火

感应加热表面淬火是利用感应电流通过工件产生的热效应，使工件表层局部加热，然后快速冷却获得马氏体的淬火工艺。

1. 感应加热的基本原理

感应加热表面淬火如图 6-31 所示，将工件放在铜管（管内通水冷却）绕成的感应器（线圈）中，感应器中通过一定频率的交流电时，由于电磁感应效应，工件内也产生同频率的感应电流并在工件内形成回路，即产生涡流。而涡流在工件内分布是不均匀的，表面密度大，心部密度小,且通入感应器的电流频率越高,涡流集中的表层越薄,这种现象称为集肤效应。由于钢本身具有电阻,因而集中于工件表层的涡流,使工件表面被快速加热到淬火温度(心部温度仍较低),随后喷水冷却,工件表面即被淬硬,这样就达到了表面淬火的目的。

2. 感应加热表面淬火的分类及应用

根据对表面淬火淬硬层深度的要求,应选择不同的电流频率和感应设备,故生产中常按电流频率的高低把感应加热表面淬火分为以下三类:

(1)高频感应加热表面淬火。是应用最广泛的表面淬火。常用频率为200~300 kHz,淬硬层深度为0.5~2 mm。适用于要求淬硬层较薄的中、小模数齿轮和中、小型轴类件等。

(2)中频感应加热表面淬火。常用频率为2 500~8 000 Hz,淬硬层深度为2~10 mm。主要用于大、中模数齿轮和较大直径轴类零件等。

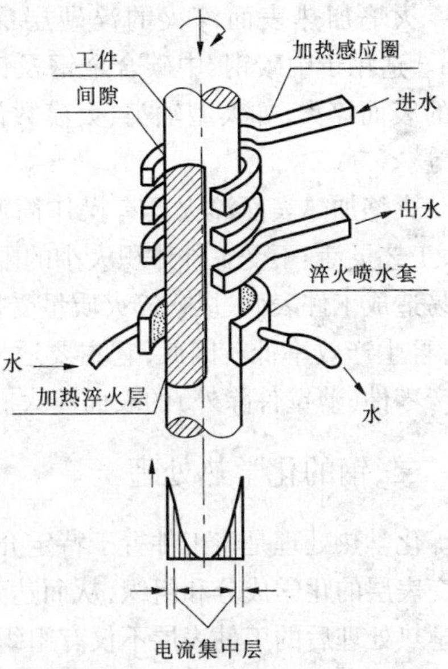

图6-31 感应加热表面淬火示意图

(3)工频感应加热表面淬火。电流频率为50 Hz,淬硬层深度为10~20 mm。主要用于大直径零件(如轧辊、火车车轮等)的表面淬火和大直径钢件的穿透加热。

需特别指出的是,对于上述三种感应加热表面淬火,最适宜的钢种是中碳钢和中碳合金钢,如40、45、40Cr、40MnB等。若含碳量过高,会增加淬硬层脆性,增加淬火开裂倾向,并降低心部塑性和韧性;若含碳量过低,会降低零件表面淬硬层的硬度和耐磨性。不过,在某些条件下,也可用于高碳工具钢、低合金工具钢及铸铁件的表面淬火。

3. 感应加热表面淬火的特点

与普通加热相比,感应加热表面淬火有以下特点:

(1)感应加热速度极快,过热度大,相变临界点升高,组织转变温度更高,淬火温度更高,一般感应加热淬火温度为Ac_3以上80~150 ℃。

(2)由于感应加热速度快、时间短,因而奥氏体晶粒细小,淬火后表层可获得极细小的针状马氏体组织,使表层淬火硬度比普通淬火硬度高出2~3 HRC,且具有较低的脆性。

(3)由于表面马氏体转变产生的体积膨胀,在工件表层造成了有利的残余压应力,能有效地提高疲劳强度,并降低缺口敏感性。

(4)工件表面不易氧化、脱碳,而且由于工件内部未被加热,因此淬火变形减小。

(5)生产率高,易实现机械化和自动化操作,适用于大批量生产。

感应加热表面淬火的主要缺点是设备较贵,维修调整要求较高,复杂零件的感应器不易制造,且不宜用于单件生产。

(二)火焰加热表面淬火

火焰加热表面淬火是用乙炔－氧或煤气－氧的混合气体燃烧的高温火焰,将工件表面迅速加热到淬火温度,然后立即喷水冷却,从而获得预期硬度和淬硬层深度的一种表面淬火方法,如图6-32所示。

火焰加热表面淬火的淬硬层深度一般为 2 ~ 10 mm。适用于中碳钢、中碳合金钢及铸铁铸成的大型零件的表面淬火，如大型轴类、大模数齿轮、轧辊、机床导轨等。

火焰加热表面淬火具有操作简便、设备简单、成本低、工艺灵活、不受工件体积大小的限制等优点，但缺点是易造成工件表面过热，淬火质量受操作者技能影响较大，且生产效率低。因此，它主要适用于单件或小批量生产零件（薄壁件除外）的表面淬火。

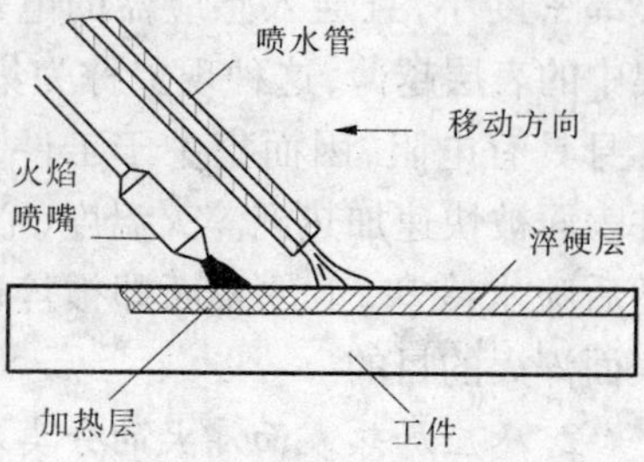

图 6-32　火焰加热表面淬火示意图

二、钢的化学热处理

化学热处理是将工件置于特定介质中加热和保温，使介质中的活性原子渗入工件表层，改变表层的化学成分和组织，从而达到改进表层性能的一种热处理工艺。与表面淬火相比，化学热处理后的工件表层不仅有组织的变化，而且有化学成分的变化，所以化学热处理使工件表层性能提高的程度超过了表面淬火的水平。

化学热处理不仅可以显著提高工件表层的硬度、耐磨性、疲劳强度和耐腐蚀性能，而且能够保证工件心部具有良好的强韧性。因此，化学热处理在工业生产中已获得越来越广泛的应用。

化学热处理的基本过程是：活性介质在一定温度下通过化学反应进行分解，形成渗入元素的活性原子；活性原子被工件表面吸收，即活性原子溶入铁的晶格形成固溶体，或与钢中某元素形成化合物；被吸收的活性原子由工件表面逐渐向内扩散，形成一定深度的渗层。

化学热处理的种类很多，按渗入的元素不同，化学热处理可分为渗碳、渗氮、碳氮共渗、渗硼、渗铝等。其中最常用的是渗碳和渗氮工艺。

（一）钢的渗碳

渗碳是将工件置于渗碳介质中，加热并保温，使碳原子渗入工件表层的化学热处理工艺。其目的是提高工件表层的含碳量并在其中形成一定的碳含量梯度，经淬火和低温回火后，提高工件表面的硬度、耐磨性和疲劳强度，同时保持心部具有一定强度和良好的塑性与韧性。

渗碳用钢一般为低碳钢和低碳合金钢，如 15、20、20Cr、20CrMnTi 等渗碳钢。它们经渗碳和热处理后，能兼有高碳钢和低碳钢的性能，从而使它们既能承受磨损和较高的表面接触应力，同时又能承受弯曲应力及冲击载荷的作用。因此，广泛应用于承受较大冲击载荷和严重磨损下工作的零件（如齿轮、活塞销、套筒等）的表面热处理。

1. 渗碳方法

根据渗碳剂状态的不同，渗碳方法可分为固体渗碳法、气体渗碳法和液体渗碳法三种。气体渗碳法的生产率高，渗碳过程容易控制，渗碳层质量较好，易实现机械化与自动化，故应用最为广泛。这里只介绍气体渗碳法。

气体渗碳法是将工件置于密封的渗碳炉内（见图 6-33），加热到 900 ~ 950 ℃（常用 930 ℃），并向炉内滴入煤油、苯、甲醇、丙酮等有机液体（也可通入煤气、石油液化气、丙烷等有机气体），使其在炉内高温分解出活性碳原子。随后活性碳原子被工件表面吸收而溶入奥氏体中，并向内部扩散形成一定深度的渗碳层。渗碳层的深度取决于保温时间。在一定的渗碳加热温度下，保温时间愈长，渗碳层愈厚。

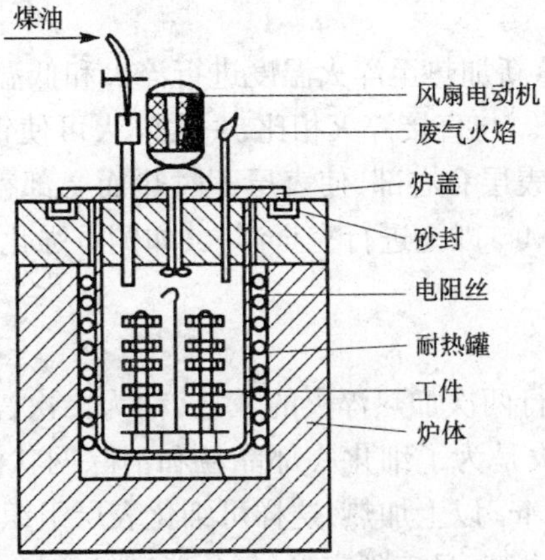

图 6-33　气体渗碳法示意图

2. 渗碳层成分、组织和厚度

低碳钢渗碳后，表层含碳量可达过共析成分(一般 0.8% ~1.1% 为好)，由表往里碳浓度逐渐降低，直至渗碳钢的原始成分。所以，渗碳件缓冷后，其组织分为三层区域(见图 6-34)，即表层组织为过共析组织(珠光体加二次渗碳体)；心部为原始亚共析组织(铁素体加少量珠光体)；两者之间为过渡层，越靠近表层铁素体越少。一般规定，从表层到过渡层一半处的厚度为渗碳层的厚度。

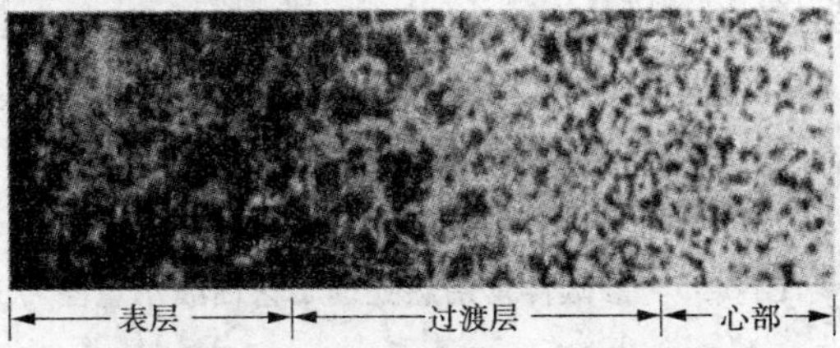

图 6-34　低碳钢渗碳缓冷后的组织特点

渗碳层的厚度主要根据零件的工作条件来确定。一般机械零件的渗碳层厚度为 0.5 ~2.0 mm。渗碳层太薄，易产生表面疲劳剥落；反之，则使承受冲击载荷的能力降低。

3. 渗碳后热处理

从渗碳后缓冷的组织可知，要使渗碳层发挥出应有的作用，渗碳后还需进行淬火和低温回火处理。根据不同性能要求，并结合相图，如图 6-35(a)所示，制定出以下三种渗碳后热处理工艺。

1) 直接淬火法

工件渗碳完毕，出炉经预冷后，直接淬火和低温回火的热处理工艺，称为直接淬火法，如图 6-35(b)所示。预冷的目的是减少淬火变形及开裂，并使表层析出一些碳化物，降低奥氏体的含碳量，从而降低淬火后的残余奥氏体量，提高表层硬度。预冷温度应略高于钢的 Ar_3，以免工件心部析出铁素体。

直接淬火法操作简单、成本低、生产率高，但由于渗碳时工件在高温下长期保温，奥氏体晶粒易长大，影响淬火后工件的性能，故只适用于本质细晶粒钢或受力不大、耐磨性要求不高的零件。

2）一次淬火法

渗碳件出炉空冷后，再重新加热至淬火温度进行淬火和低温回火的热处理工艺，称为一次淬火法，如图6-35(c)所示。与直接淬火相比，一次淬火可使钢的组织得到一定程度的细化。淬火温度的选择应兼顾表层和心部，使表层不过热而心部得到充分的强化。如侧重强化心部则加热到心部成分的 Ac_3 以上进行完全淬火，如侧重强化表层，则应加热到表层成分的 Ac_1 以上进行不完全淬火。

3）二次淬火法

将工件渗碳缓冷后再进行两次加热淬火的工艺，称为二次淬火法，又称为双重淬火，如图6-35(d)所示。第一次淬火是为了细化心部晶粒和消除网状渗碳体，加热温度应高于心部 Ac_3；第二次淬火选在表层 Ac_1 以上加热，这样可细化表层组织，对于心部影响不大。二次淬火法工艺复杂，周期长，成本高，且工件变形、氧化脱碳倾向增大，应尽量少用。

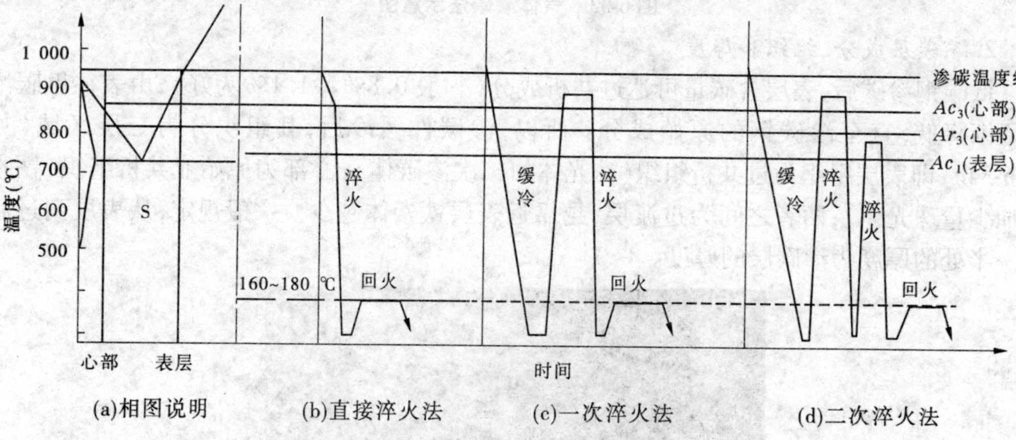

图6-35 渗碳件常用热处理工艺曲线示意图

应该指出，渗碳件淬火后应进行低温回火（一般160～180 ℃）。直接淬火和一次淬火经低温回火后，表层组织为回火马氏体和少量渗碳体；二次淬火后表层组织为回火马氏体和粒状渗碳体。经渗碳、淬火和回火后的表面硬度可达到58～64 HRC。心部组织取决于钢的淬透性，心部未淬透时组织为索氏体和铁素体；心部淬透时组织为低碳回火马氏体，具有较高的强度、韧性和一定的塑性。

（二）钢的渗氮（氮化）

在一定温度下，使活性氮原子渗入工件表面，形成含氮硬化层的化学热处理工艺，称为渗氮，又称为氮化处理。其目的在于提高工件的表面硬度、耐磨性、疲劳强度，同时还可提高工件的热硬性、耐腐蚀性和抗咬合性等特殊性能。

常见的渗氮方法有气体渗氮和离子渗氮。其中，气体渗氮应用最广、技术最成熟。

1. 气体渗氮

1）气体渗氮工艺

气体渗氮是将工件放入通有氨气（NH_3）的井式渗氮炉中并加热，使氨气分解出的活性氮原子被工件表面吸收后，逐渐向内部扩散而形成氮化层。

渗氮加热温度一般为 480 ~ 570 ℃(一般比调质时的回火温度低 40 ~ 70 ℃)。这样既可保证获得足够量的、弥散细小的氮化物,又可保证不影响工件调质后的心部强度。

渗氮保温时间取决于所需的渗氮层厚度和加热温度。由于渗氮加热温度较低,氮原子扩散速度慢,因此需要较长的渗氮保温时间。一般渗氮层深度为 0.4 ~ 0.6 mm,其渗氮时间为 40 ~ 70 h,故气体渗氮的生产周期很长。

2)气体渗氮用钢

气体渗氮适用于含有 Al、Cr、Mo、V、Ti 等合金元素的低、中碳合金钢,因为这些合金元素很容易与氮形成颗粒细小、分布均匀、硬度很高且非常稳定的各种氮化物,可使工件表层获得非常高的硬度、耐磨性和热硬性。典型的渗氮用钢有 38CrMoAlA、20CrWA 、35CrMo 等,它们渗氮层的硬度高达 69 ~ 73 HRC,而且可在 600 ~ 650 ℃保持较高的硬度。

3)气体渗氮前的准备工作

渗氮前零件须经调质处理,获得回火索氏体组织,以提高心部的性能。对于形状复杂或精度要求较高的零件,在渗氮前精加工后还要进行消除应力的去应力退火,以减少渗氮时的变形。渗氮后一般不再加工,也很难加工,最多只能进行精磨或研磨,因此渗氮前,必须进行粗磨加工,以保证渗碳件质量。

4)气体渗氮的特点及应用

与渗碳相比,气体渗氮的特点是:渗氮温度较低,且不需随后的热处理,故工件变形小;渗氮层的硬度、耐磨性、疲劳强度、耐蚀性及热硬性均较高,但渗氮层较薄而脆;渗氮处理时间较长,生产效率较低,成本相对也较高。

因此,目前气体渗氮主要用于耐磨性及精度均要求很高的传动件,或要求耐热、耐磨及耐腐蚀的特殊零件,例如高精度机床的丝杠、镗床及磨床的主轴、精密传动齿轮和轴、气轮机阀门、发动机汽缸和排汽阀以及热作模具等。

2. 离子渗氮

离子渗氮是近几十年来发展起来的一种新的渗氮工艺,它是在一定的真空度下,利用工件(阴极)和阳极之间产生的辉光放电的现象进行的。其优点是:渗氮速度快,生产周期短(仅为气体渗氮的 1/4 ~ 1/3);渗氮层综合性能好,有一定韧性,这是普通气体渗氮达不到的;保温时间短,工件变形小;对渗氮用钢的适应性强,除适用于气体渗氮用钢外,还可对碳钢、铸铁及有色金属(如铝合金、钛合金)进行离子渗氮。

离子渗氮的缺点是:设备复杂,成本高,操作要求严格,质量不稳定。目前某些技术问题(如温度的测量与均匀性)还有待进一步研究。

(三)碳氮共渗(氰化)

碳氮共渗是向钢件表层同时渗入活性碳原子和活性氮原子的化学热处理工艺。因早期只使用剧毒的氰盐(NaCN 或 KCN)作为介质,故俗称氰化处理。现多用无毒的含碳和氮的介质,例如向炉膛通入煤油和氨气的热分解气体,同时形成渗碳、渗氮气氛的气体氰化。碳氮共渗是渗碳和渗氮工艺的综合,兼有两者的长处,其主要目的也是提高工件的表面硬度、耐磨性和疲劳强度。

按共渗介质状态可分固体碳氮共渗、液体碳氮共渗、气体碳氮共渗三种,其中气体碳氮共渗应用最广泛。根据加热温度的高低,气体碳氮共渗又分为高温、中温和低温三种共渗工艺,目前后两种应用较多。

1. 低温气体氮碳共渗

低温气体氮碳共渗是以渗氮为主的共渗工艺，与渗氮层相比，共渗层硬度较低，故也称"软氮化"。其主要方法是将工件置入井式炉中，通入含有活性氮、碳原子的氨气、醇类液体及尿素并加热，分解出的活性氮、碳原子被工件表面吸收，通过扩散渗入工件表层，从而获得以氮为主的氮碳共渗层。

共渗温度为 520 ~ 570 ℃，因为有活性碳原子与活性氮原子同时存在，共渗速度大有提高，一般保温时间为 2 ~ 3 h，渗层深度为 0.01 ~ 0.02 mm。

工件经氮碳共渗后，具有较高的硬度、耐磨性和疲劳强度。共渗层具有一定的韧性，不易剥落，并有减摩的特点，在润滑不良和高磨损条件下，有抗咬合、抗擦伤的优点。由于处理温度低，时间短，所以工件变形小。

低温气体氮碳共渗不受钢种限制，适于碳钢、合金钢和铸铁等材料，可用于处理各种模具、量具、高速钢刀具以及其他耐磨件，但由于其表面氮碳化合物层太薄，不宜用于重载条件下。

2. 中温气体碳氮共渗

中温气体碳氮共渗的共渗温度一般为 820 ~ 860 ℃，共渗介质种类较多，最简便的是将渗碳气体和氨气同时通入炉内，在高温作用下分解出活性碳、氮原子渗入工件表面形成共渗层。共渗时间取决于渗层深度、共渗温度以及所用的共渗介质。中温共渗后的工件需要进行淬火和低温回火处理。

目前，中温气体碳氮共渗主要用于低、中碳的碳钢和合金钢工件，如汽车变速箱齿轮、高速大功率传动轴及连杆等零件。

第五节　热处理件质量与技术检验

热处理件质量直接影响机械产品（或工件）的使用性能、工艺性能和使用安全性能。如果出现热处理缺陷，会使半成品件加工性能下降，使成品件不合格或报废，造成经济损失。如果热处理缺陷不能及时发现，工件在使用过程中可能引起重大安全事故。

所以，了解影响热处理件质量的因素、常见的热处理缺陷及技术检验方法，对提高、保障热处理质量非常重要。

一、影响热处理件质量的因素

热处理件的质量受多方面因素的影响，其中最主要的是工件的化学成分、热处理工艺及工件结构等因素。

（一）化学成分

工件的化学成分是制定热处理工艺的基本依据，是决定工件热处理后的组织和性能是否达到技术要求的根本条件。因此，化学成分是影响热处理件质量的最根本的原因。

（二）热处理工艺

工件热处理后的组织和性能除取决于化学成分外，还直接受具体热处理工艺的影响。当成分相同，但工艺不同时，工件的组织、性能也不尽相同。另外，若工艺方案不合理，或工艺参数不正确，会直接导致很多热处理缺陷产生。因此，热处理工艺是影响热处理件质量的最直接的原因。

(三)工件结构

工件的结构设计要符合热处理工艺的基本要求,即工件要有好的热处理结构工艺性。若结构工艺不合理,则往往会导致较大的热处理应力,增大工件的变形与开裂倾向,严重影响热处理件的质量。因此,工件结构也是影响热处理质量的重要因素。

应当指出,除上述因素外,工件尺寸(壁厚)、热处理前的各种加工工艺(锻造、铸造、焊接、切削)对热处理件质量的影响也较大。

二、常见的热处理缺陷

在热处理生产中,往往由于热处理工艺控制不当,使工件产生某些缺陷,如氧化、脱碳、过热、过烧、硬度不足、变形和开裂等,这对热处理件的质量影响很大。

(一)过热和过烧

过热是指工件加热温度偏高或保温时间过长,使晶粒过度长大、晶粒严重粗化,造成力学性能显著降低的现象。过烧是指工件的局部熔化,由于加热温度过高(可能接近液相线),使晶界氧化和部分晶界熔化,有时还伴有钢材冒火花的现象。

一般工件过热可用正火来消除,而过烧的工件无法挽救,只能报废。控制过热和过烧的措施是合理确定加热温度,经常检查仪表,以免仪表失灵,造成温度过高。

(二)氧化和脱碳

氧化是指工件加热时,介质中的氧、二氧化碳和水蒸气与其反应,使工件表面形成氧化皮的现象。脱碳是指工件加热时,其表层的碳与加热介质作用,表层含碳量降低的现象。加热温度越高,保温时间越长,氧化现象越明显,脱碳也越严重。

氧化和脱碳使钢材料损耗,降低工件表层硬度、耐磨性和疲劳强度,增加淬火开裂倾向。为防止氧化和脱碳,常采用可控气氛热处理、真空热处理或用脱氧良好的盐浴炉加热。同时,还要正确控制加热温度和保温时间。

(三)变形和开裂

热处理时工件形状和尺寸发生的变化称为变形。变形很难避免,通常是将变形控制在允许范围内。开裂是不允许的,工件开裂后只能报废。

例如,淬火中变形和开裂主要是由淬火时形成的内应力所引起的。根据内应力形成原因的不同,可分为热应力和相变应力两种。热应力是指在热处理过程中,由于工件不同部位出现温差而导致热胀和冷缩不均所产生的应力。相变应力是指在热处理过程中,由于工件不同部位组织转变不同步而产生的应力,也称为组织应力。热应力和相变应力是同时存在的,当两者的合力超过了材料的屈服强度时,工件发生变形,而当两者的合力超过材料的抗拉强度时,工件产生开裂。

为了减小变形,防止开裂,应采用以下措施:正确选择零件材料,合理进行结构设计,合理选择热处理工艺,冷、热加工密切配合,以及正确的操作方法等。

(四)软点和硬度不足

软点是淬火后工件表面局部出现许多未被淬硬的小区,或局部区域出现硬度偏低的现象。软点产生的主要原因是工件淬火加热不均匀或冷却不均匀,同时还与工件化学成分及原始组织的不均匀性有关。

硬度不足一般多指淬火件的整体硬度偏低或整个表面硬度偏低的现象。产生硬度不足的原因可能是加热不当或不足、冷却速度不够快、表面脱碳严重等。

三、热处理工艺对工件结构的要求

虽具有相同的化学成分、相同的热处理工艺,但因热处理件的结构不同,会出现不同的热处理件质量。合理的工件结构能减少或避免热处理缺陷的产生;反之,则热处理件质量很难保证。这就是热处理工艺对工件结构的要求,亦即工件的结构工艺性要求。因此,在设计热处理件结构时应充分考虑以下几点原则。

(一)减小热处理应力的结构设计

(1)壁厚要均匀,避免厚薄悬殊的截面。截面厚薄悬殊的工件,在热处理时由于冷却不均匀,热应力较大,易产生变形和开裂。在设计工件时应采取适当措施,如开工艺孔、变盲孔为通孔、合理改变孔的位置和数量等方法,如图 6-36 所示。

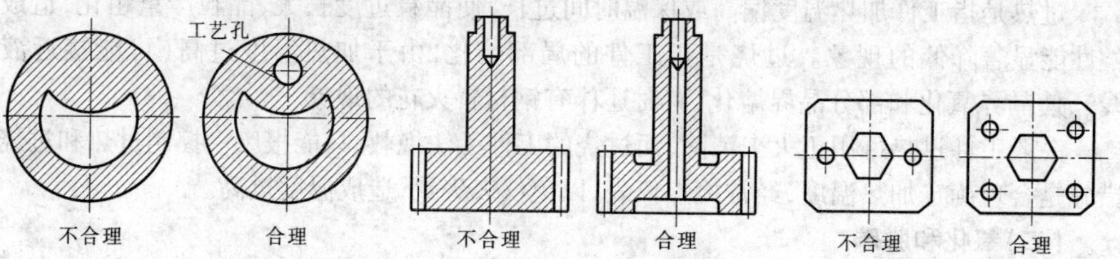

(a)开工艺孔　(b)变盲孔为通孔　(c)合理改变孔的位置和数量

图 6-36　避免厚薄悬殊的截面

(2)结构要利于自由收缩。在热处理过程中,工件会发生明显的热胀冷缩现象,如果收缩受阻,就会产生较大应力。因此,要尽可能让工件各部分处于自由收缩状态,如图 6-37 所示,轮辐从偶数、直线形改进为奇数、弯曲形,便可大大减小热处理应力。

(二)防止热处理变形的结构设计

(1)尽量采用对称结构。若工件的形状不对称,会使应力分布不均匀,易产生变形。如图 6-38 所示,镗杆截面要求渗氮后变形极小,原设计在镗杆一侧开槽,热处理后弯曲变形很大,改在两侧开槽(所开槽应不影响镗杆使用性能),使镗杆呈对称结构,可显著减小热处理变形。

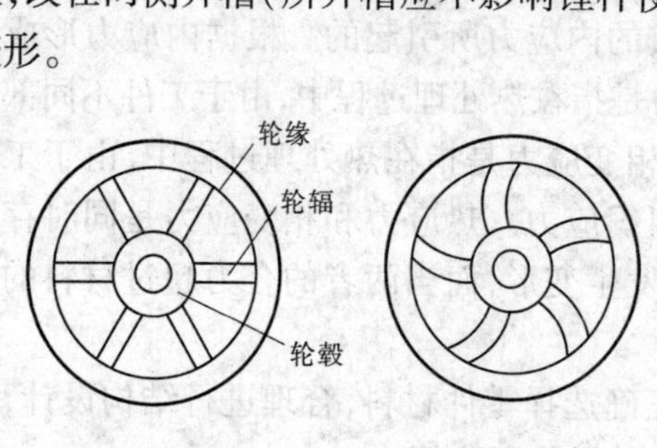

(a)不合理　(b)合理

图 6-37　轮辐自由收缩的结构设计

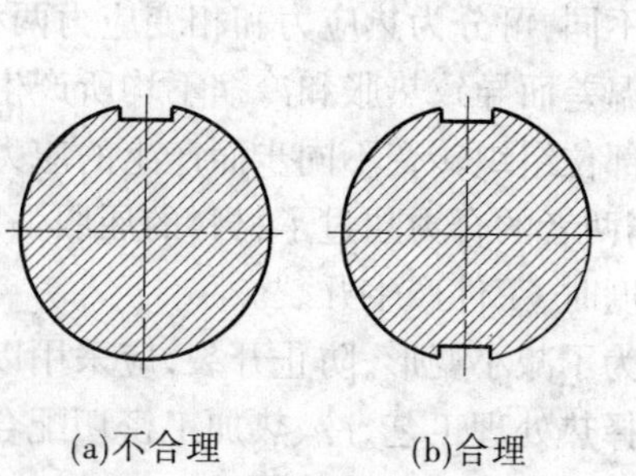

(a)不合理　(b)合理

图 6-38　镗杆的截面结构设计

(2)尽量采用封闭结构。开口型工件在热处理时容易发生外张变形,为减小热处理变形，可在开口头部预留工艺筋，使之成为封闭结构，如图6-39所示。图6-40为汽车拉条的热处理工件图，其中双点画线部分为工艺筋，待淬火、回火后再用砂轮片切割成形，以减小变形。

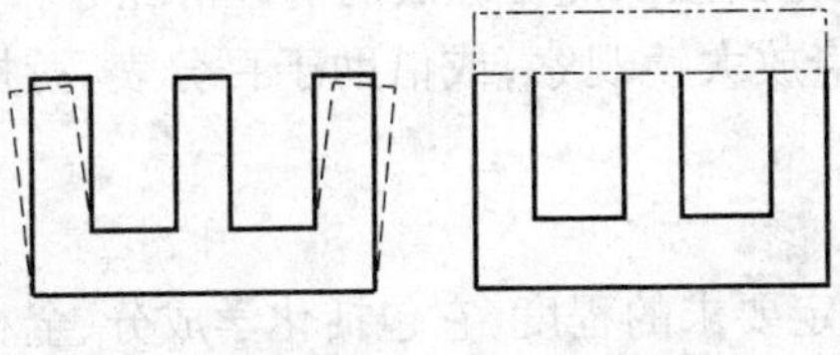

图6-39 开口型工件的结构设计

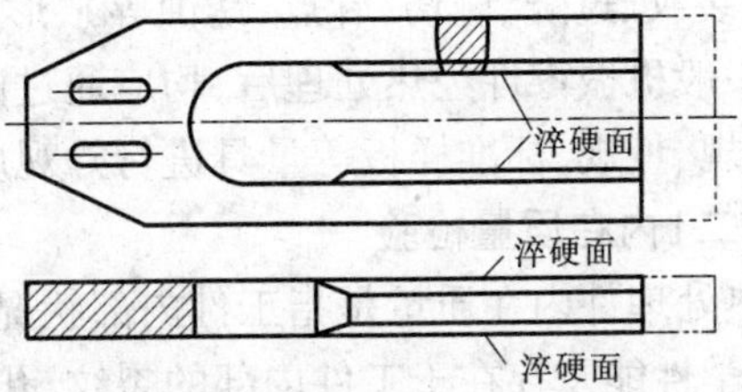

图6-40 汽车拉条的封闭结构

（三）防止热处理开裂的结构设计

尽量避免尖角、棱角等应力集中结构。工件的尖角、棱角处易形成应力集中，常引起淬火开裂。一般应尽量设计成圆角，应倒角以免开裂，如图6-41所示。

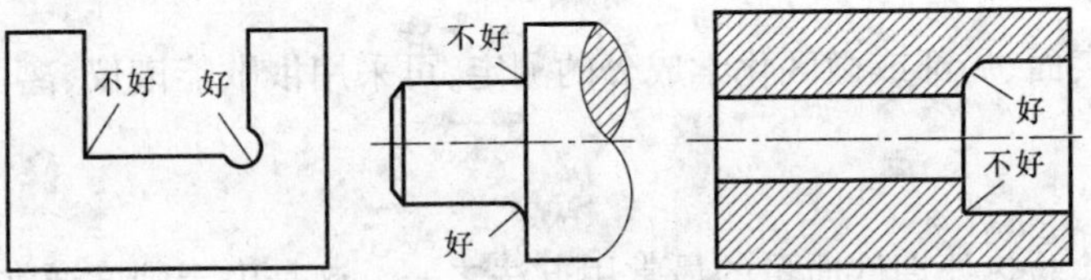

图6-41 避免尖角、棱角的结构设计

（四）其他结构工艺性要求

（1）便于热处理装卡、吊挂的结构设计。工件在热处理装卡、吊挂、转移时的设计是否合适，不仅影响热处理变形、开裂，而且还影响热处理后的性能。若淬火时，直接在工件表面装夹具，则淬火后夹持部位会出现软点。因此，工件结构要便于热处理吊装，必要时应设计出工艺孔或工艺筋。

（2）对形状复杂或截面尺寸变化较大的工件，尽量采用组合结构或镶拼结构。形状越复杂，截面尺寸变化越大，则工件热处理时的应力状态就越复杂，工件变形、开裂的可能性就越大。因此，可采用“化整为零”的思想，把复杂结构的大工件分成几个简单结构小工件分别进行热处理后，再通过螺纹、键槽或焊接等方式连接成整体。

四、热处理件质量检验

热处理件质量检验是指根据用户要求（或订货合同）、图样技术要求以及相关国家（或行业）技术标准等有关规定，用目测、量具、仪器、仪表或其他手段检验热处理件是否合格的操作过程的总称。其目的是评定产品的质量，找出质量问题的原因，并制定提高产品质量的措施。热处理件质量检验的内容包括外观质量检验和内在质量检验。

热处理件按其质量检验结果分为三类：合格品（符合技术要求），返修品（又称次品，虽有缺陷或质量问题，但经返修或修补、矫正后仍可达到技术要求），废品（不符合技术要求，且无法返修）。其中，返修品经返修或重新热处理后，还需进行质量检验，若仍不符合要求，即可评定为废品。

（一）外观质量检验

热处理件外观质量是指工件表面状况和形状、尺寸达到规定要求的程度，它包括表面缺陷（如裂纹、过烧、碰伤、麻点、锈蚀等）、形状偏差、尺寸公差及热处理后的清理情况等。

一般机械零件经热处理后，均应通过肉眼和低倍放大镜观察，或借助于百分表、游标卡尺、塞规、量规、标准样板等量具进行外观质量检验。

（二）内在质量检验

热处理件内在质量是指工件内部状况和达到规定要求的程度，它包括化学成分、金相组织、力学性能及存在于工件内部的裂纹、孔洞及夹杂物等缺陷情况。下面简单介绍一下常用的内部质量检验方法。

1. 化学成分分析

一般当热处理件的力学性能，尤其是硬度达不到技术要求，或发生早期失效时，首先要检测工件的化学成分。测定化学成分的方法很多，其中最传统且较准确的方法是化学分析法，在实验室内进行。生产过程中在现场经常使用的方法是光谱分析法和火花鉴别法。

对于工件的表面、局部或微区化学成分的测定，可采用俄歇能谱仪、离子探针、电子探针等仪器。

2. 硬度试验

硬度试验是检验热处理件质量的最常用方法之一。这是由于硬度通常作为热处理技术要求之一，它能敏感地反映热处理工艺与材料成分、组织、结构之间的关系。此外，硬度试验还具有如下特点：可代替某些力学性能试验，反映出其他力学性能；多数工件经硬度试验后，不受损伤，可看做是无损试验；试验机价格便宜，操作迅速简便，数据重现性好等。常用的硬度试验有布氏试验、洛氏试验、维氏试验等试验方法。具体试验方法可参考本书第一章相关内容。具体试验方法可参考本书第一章相关内容。

应当指出的是，热处理件在硬度试验前，应将工件表面清理干净，去除氧化皮、脱碳层及毛刺等，且表面不应有明显的机加工痕迹。被测工件的温度以室温为准，或略高于室温但以人手能稳稳抓住为限。一般的正火件、退火件及调质件采用布氏硬度计检验；淬火件、表面淬火件及其他硬化层厚度较大的工件用洛氏硬度计检验；渗氮层、渗碳层及表面淬火硬化层较薄的工件，用维氏硬度计检验。

3. 其他力学性能试验

除硬度试验外，热处理件的力学性能试验还有室温拉伸、冲击、弯曲、疲劳、扭转及磨损等，其中室温拉伸试验应用较多。但具体试验项目，通常根据工件服役时所受载荷类型来确定。例如，以静载荷为主的螺栓，需做静拉伸试验；有抗冲击性要求的曲轴，要做冲击试验；有耐疲劳和耐磨性要求的齿轮，需做接触疲劳试验和磨损试验。

4. 金相试验

金相试验主要检测热处理件的晶粒大小、组织类型、内部缺陷以及渗碳层、脱碳层厚度等。其具体应用有以下几个方面：

（1）按照国家有关技术标准，对各种热处理后的显微组织进行评级，以便控制热处理质量。

(2)用于热处理参数的控制，如高速钢淬火加热时，用晶粒度试验控制加热温度，用渗碳层金相组织的检验控制渗碳气氛和渗碳时间。

(3)测定各种硬化层深度，如渗碳层、渗氮层、表面淬硬层及各种镀层厚度。

(4)测定热处理缺陷，如过热、过烧、表面脱碳增碳、显微裂纹等。

5. 无损检测

无损检测是在不损坏热处理件的条件下，检验其内部及表面缺陷，或者对硬度及硬化层厚度进行测定。它是检验、保证和提高热处理质量的重要手段。

常用的无损检验方法有射线探伤、超声波探伤、磁粉探伤、渗透探伤等。其中，射线探伤和超声波探伤主要用于检验热处理件内部缺陷，包括淬火裂纹、内部孔洞及非金属夹杂物等。磁粉探伤和渗透探伤主要用于检验热处理件表面或表层裂纹的检验。另外，热处理件的硬度及表面硬化层厚度也可通过电磁法、涡流法及超声波法进行无损测定。

第六节　热处理技术条件的标注及工序位置的确定

一、热处理技术条件的标注

根据工件的服役条件、所选用的材料及性能要求，设计者应在工件(毛坯或零件)的图样上标注出热处理技术条件。其内容包括热处理方法以及热处理后应达到的组织要求和力学性能指标等，以此作为热处理生产及检验的重要依据。

工件经热处理后应达到的力学性能指标，一般只需标出硬度值，而对于重要工件，如重型零件、动力机械上的关键零件(如曲轴、连杆、齿轮)等，还应标出强度、塑性及韧性指标，有时还应提出金相组织和热处理缺陷的限定等。

标注的硬度值应允许有一个波动范围，一般布氏硬度范围在 30 ~ 40 单位；洛氏硬度范围在 5 个单位。例如，调质 220 ~ 250 HBS 或淬火回火 40 ~ 45 HRC。

对于表面淬火件应标明热处理部位、淬硬层深度及硬度等。对于渗碳或渗氮件应标出渗碳或渗氮部位、渗层深度、渗层组织要求，以及渗碳淬火和回火后的硬度(表面和心部)等。

在图样上标注热处理技术条件时，可用文字在标题栏上方对热处理技术条件作扼要说明。为了简便，推荐采用《金属热处理工艺分类及代号》(GB/T 12603—2005)规定的代号来标注热处理工艺。

热处理工艺代号，由基础分类工艺代号和附加分类工艺代号两大部分构成，且两者由半字线连接。前者细分为工艺总称、工艺类型、工艺名称三个层次(见表 6-4)；后者是对前者中某些工艺的具体条件更细化的分类，包括加热方式及代号(见表 6-5)、退火工艺及代号(见表 6-6)、淬火冷却介质和冷却方法及代号(见表 6-7)以及化学热处理中渗非金属、渗金属、多元素共渗等工艺。

热处理工艺代号标记规定如下：

例如，515 表示调质处理，511 - Sp 表示球化退火，513 - 01 表示气体渗氮。

应当指出，多工序热处理工艺代号用破折号将各工艺代号连接组成，但除第一个工艺外，后面的工艺均省略第一位数字 5，如 515——33 - 01 表示调质 + 气体渗氮。

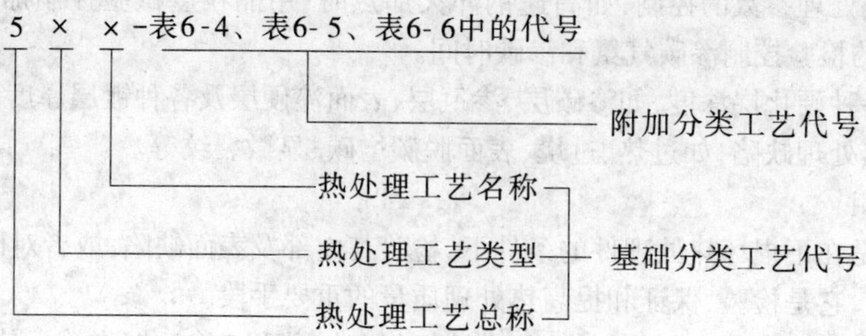

表6-4 热处理工艺分类及代号

工艺总称	代号	工艺类型	代号	工艺名称	代号
热处理	5	整体热处理	1	退火	1
				正火	2
				淬火	3
				淬火和回火	4
				调质	5
				稳定化处理	6
				固溶处理、水韧处理	7
				固溶处理+时效	8
		表面热处理	2	表面淬火和回火	1
				物理气相沉积	2
				化学气相沉积	3
				等离子体增强化学气相沉积	4
				离子注入	5
		化学热处理	3	渗碳	1
				碳氮共渗	2
				渗氮	3
				氮碳共渗	4
				渗其他非金属	5
				渗金属	6
				多元共渗	7

表6-5 加热方式及代号

加热方式	可控气氛（气体）	真空	盐浴（液体）	感应	火焰	激光	电子束	等离子体	固体装箱	流态床	电接触
代号	01	02	03	04	05	06	07	08	09	10	11

表 6-6 退火工艺及代号

退火工艺	去应力退火	均匀化退火	再结晶退火	石墨化退火	脱氢处理	球化退火	等温退火	完全退火	不完全退火
代号	St	H	R	G	D	Sp	I	F	P

表 6-7 淬火冷却介质和冷却方法及代号

冷却介质和方法	空气	油	水	盐水	有机聚合物水溶液	热浴	加压淬火	双介质淬火	分级淬火	等温淬火	形变淬火	气冷淬火	冷处理
代号	A	O	W	B	Po	H	Pr	I	M	At	Af	G	C

二、热处理工序位置的确定

机械零件的生产往往是由毛坯生产、切削加工、热处理等工艺按一定的工艺路线来进行的。合理安排热处理工序位置对消除毛坯缺陷、改善切削加工性、保证工件质量等具有重要意义。根据热处理目的和工序位置的不同,热处理可分为预先热处理和最终热处理两大类,其工序位置安排如下。

(一)预先热处理的工序位置

预先热处理包括退火、正火、调质等。一般均安排在毛坯生产之后、切削加工之前,或粗加工之后、半精加工之前。

1. 退火、正火工序位置

退火、正火的主要作用是消除毛坯的某些缺陷(如化学成分不均、过热组织、网状碳化物等),调整工件硬度,改善切削加工性能,为最终热处理做好组织准备。其工序应安排在毛坯生产之后、切削加工之前。退火、正火件的加工路线为

毛坯生产(铸、锻、焊、冲压等)→退火(正火)→切削加工

2. 调质工序位置

调质的主要目的是提高零件的综合力学性能,或为以后表面淬火和易变形的精密零件的整体淬火做好组织准备。调质工序位置一般安排在粗加工之后、半精或精加工之前。若在粗加工前调质,则零件表面调质层的优良组织有可能在精加工中大部分被切除掉,造成浪费,影响工艺的经济性。调质件的加工路线为

下料 → 锻造→正火(或退火)→粗加工 →调质→半精加工(精加工)

应当指出,实际生产中灰铸铁件、铸钢件和某些无特殊要求的锻钢件,经退火、正火或调质后,已能满足使用要求,往往不再进行最终热处理,这时上述的热处理也就是最终热处理。

(二)最终热处理的工序位置

最终热处理包括淬火+回火和化学热处理。零件经最终热处理后硬度较高,除磨削外不宜再进行其他切削加工,故工序位置一般安排在半精加工之后、磨削加工之前。

1. 淬火工序的位置

淬火可分为整体淬火和表面淬火。

(1)整体淬火件的加工路线为

下料 → 锻造→退火(或正火)→粗加工、半精加工 → 淬火和回火(低、中温)→磨削

(2)表面淬火件的加工路线为

下料→锻造→退火(或正火)→粗加工→调质→半精加工→表面淬火和低温回火→磨削

2. 化学热处理工序的位置

在化学热处理中,渗碳和渗氮应用较广。

1)渗碳工序的位置

渗碳分为整体渗碳和局部渗碳两种。对于局部渗碳件,在不需渗碳部位采取增大加工余量(增大的余量称为防渗余量)或镀铜的方法,待渗碳后、淬火前切去该部位的防渗余量。

渗碳件的加工工艺路线为

下料→锻造→正火→粗、半精加工→渗碳(局部渗碳时,不渗碳部位镀铜或留防渗余量,待渗完后切除)→淬火和低温回火→磨削

2)渗氮工序的位置

渗氮的温度低、变形小、渗氮层硬而薄,因而其工序应尽量靠后,通常渗氮后不再磨削,对个别质量要求高的零件,应进行研磨或精磨。为保证渗氮件心部有良好的综合力学性能,在粗加工和半精加工之间进行调质处理。为防止因切削加工产生的残余应力,使渗氮件变形,渗氮前应进行去应力退火。

渗氮件的加工工艺路线为

下料→锻造→退火(或正火)→粗加工→调质→半精加工→去应力退火→粗磨→渗氮→精磨或研磨或抛光(必要时)

习　题

一、名词解释

热处理;奥氏体化;临界冷却速度;淬透性;回火脆性;调质处理;化学热处理;表面淬火

二、判断题

1. 过冷奥氏体的冷却速度越快,钢的硬度越大。
2. 本质细晶粒钢加热后的实际晶粒一定比本质粗晶粒钢细小。
3. 淬火后的钢,随回火温度的增高,其强度和硬度也增高。
4. 钢的最高淬火硬度主要取决于钢中奥氏体碳的质量分数。
5. 钢的质量分数越高,其淬火加热温度越高。
6. 高碳钢可用正火代替退火,以改善其切削性能。
7. 钢的晶粒因过热而粗化时,就有变脆的倾向。
8. 同一种钢在相同加热条件下,水淬比油淬的淬透性好。
9. 所有淬火工艺都是为了获得马氏体组织。
10. 热处理件出现过热现象后,无法挽救,只能报废。

三、简答题

1. 热处理的目的是什么？热处理工艺是由哪几个阶段组成的？

2. 共析钢奥氏体化过程分哪几个阶段？亚共析钢和过共析钢的奥氏体化又是怎样进行的？

3. 什么是奥氏体的晶粒度？常见的晶粒度类型有哪些？

4. 细化奥氏体晶粒的措施有哪些？

5. 奥氏体冷却方式有哪些？

6. 奥氏体、过冷奥氏体与残余奥氏体三者之间有何区别？

7. 影响 C 曲线的因素有哪些？

8. 简述 C 曲线与 CCT 曲线的区别。

9. 珠光体组织有哪几种类型？它们的形成条件、组织形态及性能有何特点？

10. 贝氏体组织有哪几种类型？它们的形成条件、组织形态及性能有何特点？

11. 马氏体组织有哪几种类型？它们的形成条件、组织形态及性能有何特点？

12. 马氏体转变的特点是什么？

13. 什么是淬火临界冷却速度？它对钢的淬火有何重要意义？

14. 什么是退火？退火的种类及其目的是什么？

15. 什么是正火？其目的是什么？

16. 什么是淬火？其目的是什么？

17. 亚共析钢和过共析钢的淬火温度应如何选择？为什么？

18. 淬透性好的材料，其淬硬性也一定好吗？为什么？

19. 理想的淬火介质应具有哪些特点？

20. 为什么淬火后的钢一般要进行回火？按回火温度不同，回火分哪几种？各种回火后的组织、性能及应用特点是什么？

21. 常见的回火脆性有哪两类？如何控制回火脆性？

22. 感应加热表面淬火的特点是什么？

23. 化学热处理的目的是什么？化学热处理的基本过程是什么？

24. 试讨论气体渗碳和气体渗氮的区别。（提示：从工艺特点和适用钢材的角度进行对比）

25. 简述影响热处理件质量的因素。

26. 常见的热处理缺陷有哪些？应如何控制或消除这些缺陷？

27. 热处理件结构设计应注意哪些事项？

四、综合应用题

1. 将 45 钢件、T12 钢件分别加热到 700 ℃、760 ℃、840 ℃保温后，进行水冷淬火，试问这些淬火温度是否正确？为什么 45 钢件在 760 ℃淬火后的硬度远低于 T12 钢件在 760 ℃淬火后的硬度？

2. 甲、乙两厂同时生产一种 45 钢零件，硬度要求为 22 ~ 25 HRC。甲厂采用正火处理，乙厂采用调质处理，均达到硬度要求。试问甲、乙两厂产品的组织和性能有何差异？

3. 确定下列工件的合理淬火及回火温度，并说明回火后得到的组织和大致硬度。

(1) 有一定综合力学性能要求的机床曲轴，材质 45 钢。

(2)拖拉机减振用螺旋弹簧,材质65 钢。

(3)木工用手工锉刀,材质 T10 钢。

4. 在一批45 钢制的螺栓中(要求头部热处理后硬度为 43 ~ 48 HRC),现混入少量20钢,若按45 钢的热处理工艺进行淬火和回火处理,试问这批螺栓能否达到要求?分别说明原因。

5. 将 $w_C = 1.0\%$、$w_C = 1.2\%$ 的碳钢同时加热到 780 ℃进行淬火,问:

(1)淬火后各是什么组织?

(2)淬火马氏体的含碳量及硬度是否相同?为什么?

(3)哪一种钢淬火后的耐磨性更好些?为什么?

6. 同规格的甲、乙两组45 钢零件,甲组进行普通淬火,乙组进行感应加热表面淬火,试问哪一组零件的表层硬度及耐磨性更高?为什么?

7. 现用 T12 钢制造形状简单的刀具,其加工路线为:锻造 → 热处理 → 机械加工 → 热处理 → 磨削。试回答:

(1)各热处理的作用是什么?

(2)制定最终热处理规范(加热温度、冷却介质)并绘制热处理工艺曲线。

8. 某厂用20 钢制造齿轮,其加工路线为:下料 → 锻造 → 正火 → 切削加工 → 渗碳 → 淬火和回火 → 磨削。试回答:

(1)各热处理的作用是什么?

(2)说明最终热处理后表层和心部的组织与性能。

9. 某柴油机凸轮,要求表面有高硬度(>50 HRC),心部具有良好的韧性。原采用45 钢经调质后,再在凸轮表面进行高频淬火和低温回火。现拟改用20 钢代替45 钢,试问:

(1)原45 钢各热处理工序的作用是什么?

(2)改用20 钢后,其热处理工序是否应进行修改?应采用何种热处理工序最合适?

(3)改用20 钢后,各热处理工序的作用是什么?

第七章 合金钢

碳素钢具有好冶炼、易加工、价格低的优点，并可通过调整含碳量和热处理工艺来改善其性能，因此它能满足工业生产上的很多要求，至今仍是应用最广泛的钢铁材料之一。但随着现代工业的发展，碳素钢往往很难满足使用性能方面更高的要求。对于结构零件，如各种轴、杆、轮等，由于碳素钢强度和淬透性相对较低，尺寸较大的零件无法通过淬火实现整个截面的均匀强化；对于刃具和冷冲模等工件，由于碳素钢耐磨性和热硬性较低，无法胜任高速切削和硬质材料的加工；对于一些在高温以及腐蚀介质中使用的零部件，如内燃机排气阀、化工容器及管道等，碳素钢的耐热性和耐腐蚀性都不能满足这些使用要求。

为了改善钢的上述性能或使之具有某些特殊的性能，在冶炼时有目的地加入一些合金元素来进行合金化的钢，称为合金钢。常用的合金元素有铬（Cr）、锰（Mn）、硅（Si）、铝（Al）、硼（B）、钨（W）、钼（Mo）、钒（V）、钛（Ti）、铌（Nb）、锆（Zr）和稀土（Re）等。

合金钢具有许多优点，但合金元素的加入往往使其冶炼、铸造、焊接及热处理等加工工艺比碳素钢困难，成本也比较高。因此，当碳素钢能满足使用要求时，尽量选用碳素钢，而不随便使用合金钢，尤其是高合金钢。

第一节 合金钢的分类及牌号

一、合金钢的分类

合金钢的分类方法有很多，最常用的是下面几种分类方法。

（一）按主要用途分类

合金钢按照其主要用途分为三类：合金结构钢、合金工具钢、特殊性能钢。

（1）合金结构钢。其主要用于制造重要的机械零件和工程结构，包括低合金高强度结构钢、易切削钢、渗碳钢、调质钢、弹簧钢以及滚动轴承钢等。

（2）合金工具钢。其主要用于制造各种刃具、模具及量具，包括刃具钢、模具钢、量具钢等。

（3）特殊性能钢。其具有各种特殊的物理、化学性能，用于有特殊要求的零件，包括不锈钢、耐热钢、耐磨钢等。

（二）按合金元素总含量分类

合金钢按照其所含合金元素总量的不同又可分为三类：低合金钢、中合金钢、高合金钢。

（1）低合金钢。其所含合金元素的总量低于5%。

（2）中合金钢。其所含合金元素的总量为5%～10%。

（3）高合金钢。其所含合金元素的总量高于10%。

（三）按冶炼质量等级分类

一般，合金钢按质量等级可分为优质钢、高级优质钢和特级优质钢。其区别主要在于钢中所含有害杂质(硫、磷)的量不同。

(四)按金相组织分

(1)按平衡组织或退火组织分类,可以分为亚共析钢、共析钢、过共析钢和莱氏体钢。

(2)按正火状态分类,可以分为珠光体钢、贝氏体钢、马氏体钢和奥氏体钢。

二、合金钢的牌号

我国合金钢的编号方法是以合金钢的碳含量、合金元素的种类和含量以及质量等级来表示的。从牌号上可以直接看出钢的化学成分、钢种和用途,选择使用起来比较方便。

(一)结构钢的编号方法

1. 合金结构钢

一般合金结构钢牌号由三部分组成,即"两位数字 + 元素符号 + 数字",前面两位数字表示钢中碳的质量分数平均值的万分之几,元素符号表示钢中所含的合金元素,元素符号后面的数字表示该元素质量分数平均值的百分之几。

应当指出,当合金元素的含量小于1.5%时,只标出合金元素符号,而不标明含量,当平均含量在1.5%~2.5%、2.5%~3.5%、3.5%~4.5%、…,则相应也以2、3、4、…等表示。合金结构钢都是优质钢、高级优质钢或特级优质钢。若为高级优质钢,在牌号后加"A";若为特级优质钢,在牌号后加"E"。

例如,18Cr2Ni4WA表示高级优质合金钢,其中碳的质量分数平均值为0.18%、铬的质量分数平均值为2%、镍的质量分数平均值为4%、钨的质量分数平均值<1.5%。

2. 滚动轴承钢

滚动轴承钢的牌号表示方法与合金结构钢不同,在牌号前面加"G"("滚"字汉语拼音首字母),其碳的质量分数不标出,合金元素铬后面的数字表示铬质量分数平均值的千分之几,其他合金元素表示方法同合金结构钢。

例如,GCr15SiMn钢为铬的质量分数平均值为1.50%,同时含有一定的硅和锰(其质量分数平均值<1.5%)的滚动轴承钢。

3. 低合金高强度结构钢

根据GB/T 1591—2008规定,低合金高强度结构钢牌号由代表屈服强度的汉语拼音字母(Q)、屈服强度最小数值、质量等级符号(A、B、C、D、E)三个部分按顺序排列。

例如,Q345D为质量等级为D级,屈服强度不低于345 MPa的低合金高强度结构钢。

(二)工具钢的编号方法

1. 金合工具钢

金合工具钢的编号方法与一般合金结构钢大体相似。但当含碳量小于1%时,牌号前面用一位数字表示碳的质量分数平均值的千分之几;当含碳量大于1%时,则不标出。

例如,9Mn2V钢表示碳的质量分数平均值为0.9%,锰的质量分数平均值为2%,钒的质量分数平均值小于1.5%。又如,CrWMn钢的牌号前面没有数字,即表示该钢的碳的质量分数平均值大于1%,铬、钨、锰的质量分数平均值小于1.5%。

2. 高速钢

高速钢的编号方法与合金工具钢略有不同,主要区别是钢中碳的质量分数平均值小于1%时,含碳量也不标出数字。

例如，W18Cr4V 钢中碳的质量分数实际为 0.7% ~0.8%，但不标出。

(三)特殊性能钢的编号方法

这类钢的编号方法与合金工具钢基本相同。例如，不锈钢 4Cr13 表示钢中碳的质量分数平均值为 0.4%，铬的质量分数平均值为 13%。而当碳的质量分数平均值小于 0.03% 和在 0.03% ~0.08% 时，在牌号前分别冠以“00”和“0”表示含碳量低。

例如，00Cr26Ni5Mo2 钢中碳的质量分数平均值小于 0.03%，铬的质量分数平均值为 26%，镍的质量分数平均值为 5%，钼的质量分数平均值为 2%；0Cr18Ni9 钢中碳的质量分数平均值为 0.03% ~0.08%，铬的质量分数平均值为 18%，镍的质量分数平均值为 9%。

第二节　合金元素在钢中的作用

合金元素在钢中不仅与铁和碳这两种基本组元发生作用，而且合金元素之间也相互作用，从而影响钢的相变过程和组织结构，改变钢的性能。合金元素的作用很复杂，下面仅仅简述其主要影响。

一、合金元素对钢中基本相的影响

(一)合金元素溶入铁素体

大多数合金元素能溶入铁素体，形成合金铁素体。由于合金元素与铁的晶格类型和原子半径均有差异，合金元素溶入铁素体后，必然引起铁素体晶格畸变，产生固溶强化，使铁素体的强度、硬度得到提高。但当合金超过一定的质量分数后，铁素体的塑性和韧性却又明显下降。图 7-1 和图 7-2 为几种合金元素对铁素体硬度和韧性的影响。

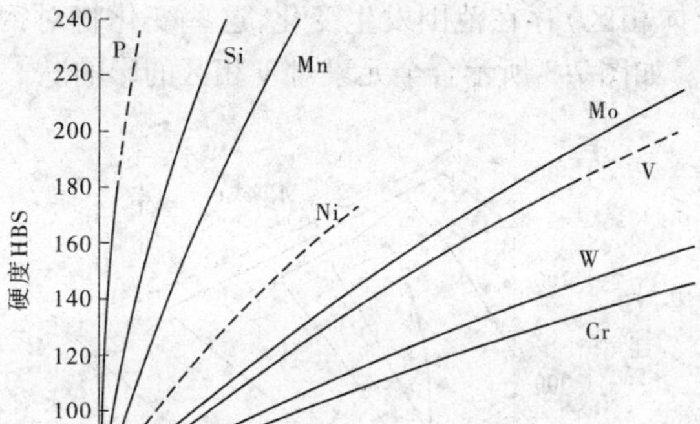

图 7-1　合金元素对铁素体硬度的影响

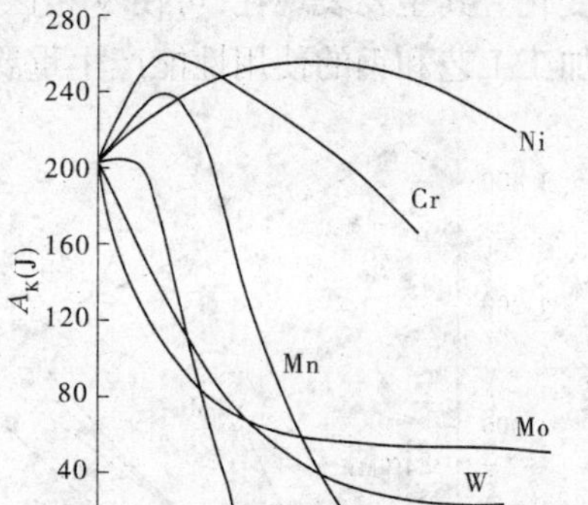

图 7-2　合金元素对铁素体韧性的影响

由图 7-1 可知，相同晶格类型的合金元素(Cr、Mo、W、V)对铁素体的强化能力较弱，而不同晶格类型的合金元素(Si、Mn、Ni)对铁素体的强化能力较强。

Si、Mn 能显著提高铁素体的强度和硬度，但超过 1% 时，则显著降低铁素体的韧性，Cr 的含量超过 1.3% 时，也将降低铁素体的韧性。只有 Ni 比较特殊，在铁素体中的含量高达 4% 时，仍然能显著强化铁素体和提高韧性。因此，通常使用的合金钢对各合金元素的含量都有一定限制。

(二)形成合金碳化物

加入钢中的合金元素 Ni、Si、Al、Co 在钢内不能形成碳化物,因为它们与碳的亲和力比 Fe 弱。而对于与碳的亲和力较强的合金元素,如 Cr、Mo、W、V、Nb、Ti 等,基本上是置换渗碳体内的铁原子而形成合金碳化物。碳化物形成元素与碳的亲和力的强弱与其在周期表中的位置有关。在元素周期表中,它们都是位于 Fe 左面的过渡族金属元素。一般来说,离 Fe 位置越远的金属元素,与碳的亲和力越强,形成的碳化物就越稳定。根据合金元素与碳的亲和力的不同,它们在钢中形成的碳化物可分为以下两类。

1. 合金渗碳体

Mn 是弱碳化物形成元素,它与碳的亲和力仅比 Fe 强一点,其在钢中一般溶入渗碳体中,形成合金渗碳体$(Fe,Mn)_3C$,这种碳化物的熔点较低,硬度也较低,稳定性较差。Cr、W、Mo 与碳的亲和力较 Mn 强一些。它们在钢中含量不多时,一般也溶于渗碳体中形成合金渗碳体,如$(Fe,Cr)_3C$、$(Fe,W)_3C$ 等。

2. 特殊碳化物

当 Cr、Mo、W 在钢中含量较多时,则形成晶格与 Fe_3C 完全不同的特殊碳化物,如 Cr_7C_3。这些碳化物的熔点、硬度、耐磨性以及稳定性都比较高。Nb、V、Ti 是强碳化物形成元素,它们在钢中除少量溶入铁素体外,都能形成特殊碳化物,如 NbC、VC、TiC 等。这些碳化物有极高的稳定性,不易分解,熔点、硬度、耐磨性也最高,能显著提高钢的强度、硬度和耐磨性。

二、合金元素对 $Fe-Fe_3C$ 相图的影响

合金元素对碳钢中的相平衡关系有很大的影响,加入合金元素后,$Fe-Fe_3C$ 相图要发生变化。其主要表现在,可使 γ 相区(即奥氏体相区)存在范围发生变化,这些变化将对钢的加工工艺和钢的使用性能产生重要的影响。如图 7-3 所示合金元素对 γ 相区的影响。

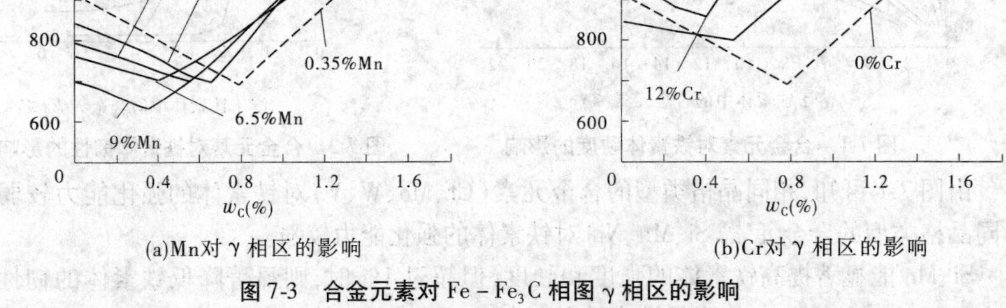

(a)Mn对 γ 相区的影响　　(b)Cr对 γ 相区的影响

图 7-3　合金元素对 $Fe-Fe_3C$ 相图 γ 相区的影响

根据合金元素对 $Fe-Fe_3C$ 相图的影响可将其分为两大类,即扩大 γ 相区的元素和缩小 γ 相区的元素,它们对 $Fe-Fe_3C$ 相图的影响如下。

(一)扩大 γ 相区的元素

扩大 γ 相区的合金元素有 Ni、Mn、Co 等,这些元素能使 A_1 和 A_3 温度降低,从而使奥氏体区域扩大。其中与 $\gamma-Fe$ 无限互溶的元素 Ni 或 Mn 的含量较多时,可使钢在室温下以稳定的奥氏体单相存在,这种室温平衡组织仍为单相奥氏体的钢,称为奥氏体钢。例如,Ni 的百分含量大于 9% 的不锈钢和 Mn 的百分含量大于 13% 的耐磨钢 ZGMn13 均属奥氏体钢。由于 A_1 和 A_3 温度降低就直接地影响热处理加热的温度,所以锰钢、镍钢的淬火温度低于碳钢。图 7-3(a)表示 Mn 对 γ 相区的影响。

(二)缩小 γ 相区的元素

缩小 γ 相区的元素有 Cr、V、Ti、Mo、Si、W 等,这些元素使 A_1 和 A_3 温度升高,从而使奥氏体区域缩小。由于 A_1 和 A_3 温度升高,钢的淬火温度也相应地得到了提高。当加入的元素超过一定含量后,则奥氏体可能完全消失。图 7-3(b)表示 Cr 对 γ 相区的影响。此时,若钢中含有大量的缩小 γ 相区的合金元素 Cr 时,将会使 γ 相区大大缩小,甚至使 γ 相区消失,从而使钢在包括室温在内的广大温度范围内获得单相铁素体,通常称之为铁素体钢。如含 17% ~28% Cr 的 Cr17、Cr25、Cr28 不锈钢就是铁素体不锈钢。

(三)对 $Fe-Fe_3C$ 相图临界点(S 点和 E 点)的影响

凡扩大 γ 相区的元素均使 S 点和 E 点向左下方移动,凡缩小 γ 相区的元素均使 S 点和 E 点向左上方移动。因此,大多数合金元素均使 S 点和 E 点向左移动。

S 点向左移动,意味着降低了共析点的含碳量,使同样含碳量的合金钢具有不同的平衡组织。例如,含碳量为 0.4% 的碳钢具有亚共析组织,但加入 14% 的铬后,因 S 点左移,使该合金钢具有过共析钢的平衡组织。

同样,E 点向左移动,会使发生共晶转变的含碳量降低,使出现莱氏体组织的含碳量降低。如在高速钢中,虽然含碳量只有 0.7% ~0.8%,但其铸态下却出现合金莱氏体组织,成为莱氏体钢。

三、合金元素对钢的热处理的影响

合金元素对钢性能的提高,主要是通过改变钢在热处理过程中的组织转变而体现出来的,因此合金钢的优越性也要通过相应的热处理才能充分发挥出来。合金元素对钢的热处理的影响主要体现在以下几个方面。

(一)合金元素对奥氏体化的影响

合金元素对加热时奥氏体形成的速度和奥氏体晶粒的大小均具有一定的影响。

1. 对奥氏体形成速度的影响

对于 Cr、Mo、W、V 等强碳化物形成元素,由于这些合金元素与碳的亲和力较大,加入钢中以后形成了难溶于奥氏体的合金碳化物,减缓了碳的扩散速度,所以显著减慢了奥氏体的形成速度。而 Co、Ni 等非碳化物形成元素,反而增大了碳的扩散速度,使奥氏体的形成速度加快。其他元素如 Al、Si、Mn 等合金元素,对奥氏体的形成速度影响不大。

2. 对奥氏体晶粒大小的影响

大多数合金元素都具有阻止奥氏体晶粒长大的作用,使合金钢在热处理后获得比碳钢更细的晶粒,但影响程度不同。

(1)强烈阻碍晶粒长大的元素有 V、Ti、Nb、Zr 等。

（2）中等阻碍晶粒长大的元素有 W、Mn、Cr 等。

（3）对晶粒长大影响不大的元素有 Si、Ni、Cu 等。

（4）促进晶粒长大的元素有 Mn、P 等。

（二）合金元素对淬透性的影响

除 Co 外，几乎所有合金元素都能增大过冷奥氏体的稳定性，推迟珠光体类型组织的转变，使 C 曲线右移，减小淬火临界冷却温度，从而提高钢的淬透性。常用的提高淬透性的元素有 Mo、Mn、Cr、Ni、Si、B 等。需要特别指出的是，只有加入的合金元素完全溶于奥氏体时，才能提高淬透性。如果未完全溶解，则碳化物会成为珠光体的核心，反而会降低钢的淬透性。

此外，通过实践证明，两种或多种合金元素的同时加入比单个元素对淬透性的影响要强得多（如铬锰钢、铬镍钢等）。通过复合元素，采用多元少量的合金化原则，对提高钢的淬透性会更有效。除 Co、Al 外，多数合金元素都使 M_s 点和 M_f 点下降。其作用大小的次序是：Mn、Cr、Ni、Mo、W、Si。其中 Mn 的作用最强，Si 实际上无影响。M_s 点和 M_f 点的下降使淬火后钢中残余奥氏体的量增多。当残余奥氏体量过多时，可进行冷处理（冷至 M_f 点以下），以使其转变为马氏体，或进行多次回火，这时残余奥氏体因析出合金碳化物会使 M_s、M_f 点上升，并在冷却过程中转变为马氏体或贝尔体（即发生所谓的二次淬火）。

（三）合金元素对回火转变的影响

1. 提高回火稳定性

淬火钢在回火时抵抗硬度下降的能力称为钢的回火稳定性。合金元素能使淬火钢在回火过程中推迟马氏体的分解和残余奥氏体的转变（即在较高温度时才开始分解和转变），提高铁素体的再结晶温度，使碳化物难以聚集长大，从而使钢的硬度在回火过程中下降的速度较慢，即提高了钢的回火稳定性。提高回火稳定性作用较强的合金元素有 V、Si、Mo、W、Ni、Co 等。

2. 产生二次硬化

一些含 Mo、W、V 等合金元素较多的高合金钢回火时，硬度并不是随回火温度升高而单调降低，而是到某一温度（约 400 ℃）后反而开始增大，并在另一更高温度（约 550 ℃）达到峰值，这就是回火过程的二次硬化现象。它与回火析出物的性质有关，当回火温度低于 450 ℃时，钢中析出渗碳体；在 450 ℃以上时，渗碳体溶解，钢中开始沉淀出呈弥散分布的稳定的难熔碳化物 Mo_2C、W_2C、VC 等，使硬度重新升高，称为沉淀硬化。回火时冷却过程中，残余奥氏体转变为马氏体的二次淬火也可导致二次硬化。W、Mo、V 等碳化物在 550 ℃时使钢达到最高硬度，产生二次硬化，如图 7-4 所示。

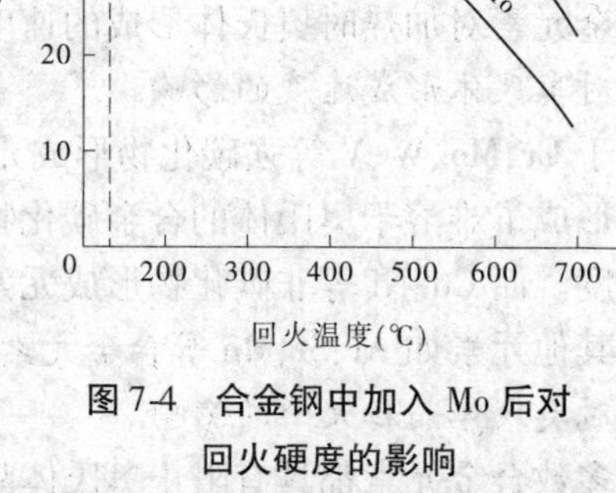

图 7-4 合金钢中加入 Mo 后对回火硬度的影响

3. 增大回火脆性

与碳钢一样，合金钢也产生回火脆性，而且更明显，这是合金元素的不利影响。回火时，一些合金元素能使钢的韧性显著下降。按产生脆性的温度范围及脆化机理不同，回火脆性通常可分为低温回火脆性和高温回火脆性两类。其详细内容可参见第六章第三节相关内容。

第三节　合金结构钢

合金结构钢是在碳钢的基础上适当地加入一种或数种合金元素，如 Cr、Mn、Si、Ni、Mo、V、Ti 等，使之具有良好的强度、足够的韧性、良好的淬透性、良好的回火稳定性以及奥氏体稳定性。合金结构钢常用于制造重要工程结构和机器零件，主要有低合金高强度结构钢、合金渗碳钢、合金调质钢、合金弹簧钢、滚动轴承钢等。

一、低合金高强度结构钢

低合金高强度结构钢是在含碳量小于 0.20% 的碳素结构钢的基础上，加入少量的合金元素发展起来的，强度高于碳素结构钢。此类钢中除含有一定量硅或锰基本元素外，还含有其他适合我国资源情况的元素，如钒（V）、铌（Nb）、钛（Ti）、铝（Al）、钼（Mo）、氮（N）和稀土（Re）等微量元素。根据最新标准《低合金高强度结构钢》（GB/T 19591—2008），这类钢中增加了 Q500、Q550、Q620、Q690 强度级别，取消了 Q295 强度级别。

（一）用途

这类钢的强度显著高于相同含碳量的碳素钢，并且具有较好的韧性、塑性以及良好的焊接性和耐磨性，最初常用于桥梁、车辆和船舶等行业，现在应用范围已经扩大到锅炉、高压容器、油管、大型钢结构以及拖拉机、挖土机械等产品方面。

（二）成分特点

低合金高强度结构钢的成分特点有以下几点。

1. 含碳量低

由于加工性能和焊接性能的要求，因此含碳量较低，碳的质量分数一般不超过 0.2%。

2. 加入以 Mn 为主的合金元素

最高 Mn 含量能达到 1.8%，其主要作用是溶入铁素体，实现固溶强化，以提高钢的强度。但 Mn 的含量也不可过多，若超过 1.8%，将会显著降低钢的塑性和韧性，也会影响其焊接性能。

3. 加入其他辅加元素

加入少量的 Ni、Ti 或 V 等合金元素可以在钢中形成细碳化物或碳氮化物，有利于获得细小的铁素体晶粒和提高钢的强度和韧性。此外，加入少量的 Cr、Al 以提高耐大气腐蚀性，同时含有一定的 Cu、P 时，效果更佳。加入少量稀土元素，可以脱硫、去气，使钢材净化，改善韧性和工艺性能。

（三）性能特点

采用这类合金钢的主要目的是减轻结构重量，提高零部件或钢结构的使用可靠性及耐久性，因此具有下列性能特点：

（1）高强度，良好的塑性和韧性。其屈服强度为 345 ~ 690 MPa。断后延伸率大于 15%，冲击韧性大于 34 kJ/cm^2。

（2）良好的焊接性能和冷成形性能。

(3)低的冷脆转变温度,良好的耐蚀性。

(四)常用的低合金高强度结构钢

Q345(16Mn)是我国低合金高强度钢中用量最多、产量最大的钢种。使用状态的组织为细晶粒的铁素体+珠光体,强度比普通碳素结构钢Q235高20%~30%,耐大气腐蚀性能高达20%~38%。

Q420(15MnVN)是中等级别强度钢中使用最多的钢种。其强度较高,且韧性、焊接性及低温韧性也较好,被广泛用于制造桥梁、锅炉、船舶等大型结构。

当强度需求级别超过500 MPa后,铁素体和珠光体组织难以满足要求,于是发展了低碳贝氏体钢。加入Cr、Mo、Mn、B等元素,有利于在空冷条件下得到贝氏体组织,使强度更高,塑性、焊接性能也较好,多用于高压锅炉、高压容器等。

(五)热处理

低合金高强度结构钢一般在热轧空冷状态下使用,焊接后不需要再进行热处理。使用状态下的显微组织一般为铁素体+珠光体。也有在淬火成低碳马氏体或热轧空冷后获得贝氏体的组织状态下使用。

二、合金渗碳钢

某些结构零件是在承受较强烈的冲击和磨损的条件下工作的,例如汽车、拖拉机上的变速齿轮,内燃机上的凸轮,活塞销以及部分量具等。这些零件要求表层具有高硬度和耐磨性,心部要有高的韧性和足够强度,为了兼顾零件表层和心部不同的性能要求,常采用低碳钢通过渗碳淬火及低温回火来达到,这种钢称为合金渗碳钢。

(一)用途

合金渗碳钢主要用于制造汽车、拖拉机中的变速齿轮,内燃机上的凸轮、活塞销等机器零件。这类零件在工作中遭受强烈的摩擦磨损,同时又承受较大的交变载荷,特别是冲击载荷。

(二)成分特点

1. 含碳量低

为使渗碳零件心部具有足够的塑性和韧性,渗碳钢的含碳量一般都很低,其质量分数一般为0.10%~0.25%。

2. 加入合金元素

合金渗碳钢常加入一定量的Cr、Ni、Mn、B等合金元素,以提高淬透性,保证零件在热处理后表层和心部均得到强化,具有"表硬内韧"的性能。同时,Cr能细化碳化物,提高渗碳层的耐磨性,Ni能提高渗碳层和心部的韧性,微量的B能显著提高钢的淬透性。

3. 加入阻碍奥氏体晶粒长大的元素

主要加入少量强碳化物形成元素,如Ti、V、W、Mo等,形成稳定的合金碳化物,能防止高温渗碳时奥氏体晶粒粗化,还能增加渗碳层硬度,提高耐磨性。

(三)性能特点

合金渗碳钢具有下列性能特点:

(1)有良好的热处理工艺性能。在高的渗碳温度(900~950 ℃)下,奥氏体晶粒不易长大,并有良好的淬透性。

(2)渗碳处理后，具有优越的综合性能。

①表层硬度高。表层渗碳层硬度高，以保证优异的耐磨性和接触疲劳抗力，同时具有适当的塑性和韧性。

②心部韧。心部要求具有高的韧性和足够高的强度。心部韧性不足时，在冲击载荷或过载作用下容易断裂；强度不足时，则较脆的渗碳层易碎裂、剥落。

(四)常用的合金渗碳钢

1. 低淬透性合金渗碳钢

常用的低淬透性合金渗碳钢有 20Cr，还有 20MN2、20MNV、15Cr 等。这类钢含合金元素较少，淬透性较低，心部强度较低。常用于制造受冲击载荷较小的耐磨件，如小轴、活塞销、小齿轮等。

2. 中淬透性合金渗碳钢

常用的中淬透性合金渗碳钢有 20CrMnTi，还有 20CrMn、20CrMnMo、20CrVB 等。这类钢淬透性较高，过热敏感性较小，渗碳过渡层比较均匀，具有良好的力学性能和工艺性能，大量应用于制造高速、中载、要求抗冲击和耐磨损的零件，特别是汽车、拖拉机上的零件。

3. 高淬透性合金渗碳钢

常用的高淬透性合金渗碳钢有 18Cr2Ni4WA、20Cr2Ni4A 等，这类钢含有较多的 Cr、Ni 等合金元素，淬透性很高，且具有很好的韧性和低温冲击韧性。主要用于制造尺寸较大、高载荷的重要耐磨件，如飞机、坦克中的曲轴及齿轮。

(五)热处理和组织性能

合金渗碳钢的热处理工艺一般都是渗碳后直接淬火，再低温回火。对渗碳时容易过热的钢种，如 20Cr、20Mn2 等，渗碳后先正火，消除过热组织，然后再淬火，低温回火。热处理后，表面渗碳层的组织为合金渗碳体 + 回火马氏体 + 少量残余奥氏体组织，硬度为 60 ~ 62 HRC。心部组织与钢的淬透性及零件截面尺寸有关，完全淬透时为低碳回火马氏体(强调)，硬度为 40 ~ 48 HRC，多数情况下是屈氏体、回火马氏体和少量铁素体，硬度为 25 ~ 40 HRC，心部韧性一般都高于 70 kJ/cm^2。图 7-5 为 20CrMnTi 钢制造齿轮的热处理工艺曲线。

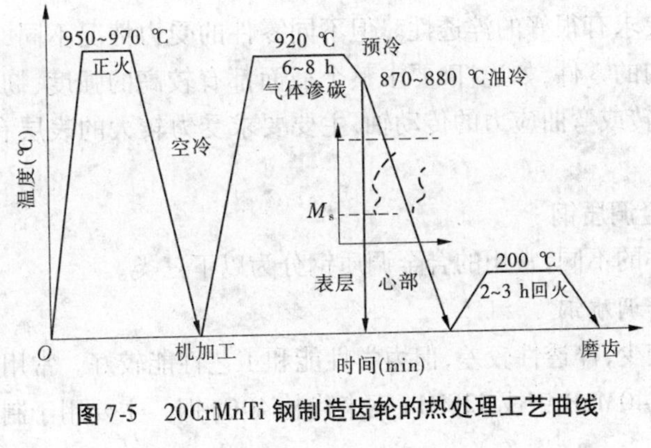

图 7-5　20CrMnTi 钢制造齿轮的热处理工艺曲线

三、合金调质钢

许多机器设备上的重要零件，如机床主轴、汽车拖拉机的后桥半轴、柴油发动机曲轴、连杆、高强度螺栓等，都是在多种应力负荷下工作的，受力情况比较复杂，要求具有很高的强度、良好的塑性和韧性，即要求良好的综合力学性能。合金钢经调质处理后获得回火索氏体组织，可以满足以上这些机器零件对使用性能提出的要求。

(一)用途

合金调质钢广泛用于制造汽车、拖拉机、机床和其他机器上的各种重要零件，如齿轮、轴类件、连杆、螺栓等。

(二)成分特点

1. 中碳

调质钢的碳质量分数一般在0.25%～0.5%。若含碳量过低，不易淬硬，回火后不能达到所要求的强度；若含碳量过高，则韧性差。常用的碳素合金钢，其含碳量接近上限，如40钢、45钢、50钢等，合金调质钢则比较接近下限，如40Cr、30CrMnTi等，这是因为合金元素有强化基体的作用，相当于代替了一部分碳量。

2. 加入提高淬透性的合金元素

通常加入少量的Cr、Mn、Ni、Si等合金元素，这些合金元素主要是为了提高钢的淬透性。此外，还能形成合金铁素体，提高钢的强度。

3. 加入防止第二类回火脆性的合金元素

含Ni、Cr、Mn的合金调质钢，高温回火慢冷时易产生第二类回火脆性。通常在钢中加入少量的Mo、W等合金元素，可阻止奥氏体颗粒长大，提高钢的回火稳定性和消除第二类回火脆性，同时改善钢的性能。其适宜含量：Mo的质量分数为0.15%～0.30%，W的质量分数为0.8%～1.2%。

(三)性能特点

合金调质钢具有下列性能特点。

1. 高强度和良好的塑性、韧性

调制钢件大多承受多种工作载荷，受力情况比较复杂，要求高的综合力学性能，即具有高的强度和良好的塑性、韧性。

2. 好的淬透性

合金调质钢还要求有很好的淬透性。但不同零件的受力情况不同，对淬透性的要求不一样。截面受力均匀的零件，如连杆，要求整个截面都有较高的强度、韧度。截面受力不均匀的零件，如承受扭转或弯曲应力的传动轴，主要要求受力较大的表层有较好的性能，心部要求较低。

(四)常用的合金调质钢

按照淬透性大小的不同，常用的合金调质钢分为以下三类。

1. 低淬透性合金调质钢

合金元素含量较少，淬透性较差，但力学性能和工艺性能较好。常用的牌号有40Cr钢，为了节约Cr，可以用40MnB钢或42SiMn钢来代替40Cr钢。主要用于制造一般尺寸的重要零件。

2. 中淬透性合金调质钢

合金元素含量较高，淬透性较高。常用的牌号有35CrMo钢、40CrMn钢。主要用于制造截面较大、承受较大载荷的调质件。

3. 高淬透性合金调质钢

合金元素含量比前两类都多,淬透性特别大,甚至空冷都能淬得马氏体组织。具有较好的力学性能,较高的强度、韧性和塑性。常用的牌号有 40CrNiMo 钢、40CrNiMoA 钢。适量的 Mo 不仅可提高淬透性,而且可防止第二类回火脆性。主要用于制造大截面、承受重载荷的重要零件。

常用合金调质钢的牌号、化学成分、热处理及力学性能如表 7-1 所示。

表 7-1 常用合金调质钢的牌号、化学成分、热处理及力学性能(摘自 GB/T 3077—1999)

类别	牌号	化学成分 w(%)					热处理		力学性能				
		C	Si	Mn	Cr	其他	淬火温度(℃)	回火温度(℃)	σ_b(MPa)	σ_s(MPa)	δ_5(%)	ψ(%)	A_K(J)
									不小于				
低淬透性	40Cr	0.37 ~ 0.44	0.17 ~ 0.37	0.50 ~ 0.80	0.80 ~ 1.10		850 油	520 水、油	980	785	9	45	47
	40Mn2	0.37 ~ 0.44	0.17 ~ 0.37	1.40 ~ 1.80			840 油	540 水、油	885	735	12	45	55
	40MnB	0.37 ~ 0.44	0.17 ~ 0.37	1.10 ~ 1.40		B:0.000 5 ~ 0.003 5	850 油	500 水、油	980	785	10	45	47
	40MnVB	0.37 ~ 0.44	0.17 ~ 0.37	1.10 ~ 1.40		B:0.000 5 ~ 0.003 5 V:0.05 ~ 0.10	850 油	520 水、油	980	785	10	45	47
中淬透性	35CrMo	0.32 ~ 0.40	0.17 ~ 0.37	0.40 ~ 0.70	0.80 ~ 1.10	Mo: 0.15 ~ 0.25	850 油	550 水、油	980	835	12	45	63
	30CrMnSi	0.27 ~ 0.34	0.90 ~ 1.20	0.80 ~ 1.10	0.80 ~ 1.10		880 油	520 水、油	1 080	885	10	45	39
	40CrNi	0.37 ~ 0.44	0.17 ~ 0.37	0.50 ~ 0.80	0.45 ~ 0.75	Ni: 1.00 ~ 1.40	820 油	500 水、油	980	785	10	45	55
	38CrMoAl	0.35 ~ 0.42	0.20 ~ 0.45	0.30 ~ 0.60	1.35 ~ 1.65	Mo: 0.15 ~ 0.25 Al: 0.70 ~ 1.10	940 水、油	640 水、油	980	835	14	50	71
高淬透性	40CrMnMo	0.37 ~ 0.45	0.17 ~ 0.37	0.90 ~ 1.20	0.90 ~ 1.20	Mo: 0.20 ~ 0.30	850 油	600 水、油	980	785	10	45	63
	40CrNiMo	0.37 ~ 0.44	0.17 ~ 0.37	0.50 ~ 0.80	0.60 ~ 0.90	Mo: 0.15 ~ 0.25 Ni:1.25 ~ 1.65	850 油	600 水、油	980	835	12	45	78
	25Cr2Ni4WA	0.21 ~ 0.28	0.17 ~ 0.37	0.30 ~ 0.60	1.35 ~ 1.65	W: 0.80 ~ 1.20 Ni:4.00 ~ 4.50	850 油	550 水、油	1 080	930	11	45	71

注:试样尺寸 ϕ25 mm;38CrMoAl 钢试样尺寸为 ϕ30 mm。

（五）热处理和组织性能

合金调质钢的最终热处理是淬火加高温回火。合金调质钢淬透性较高，一般都用油淬，淬透性特别大时甚至可以空冷，这能减少热处理缺陷。合金调质钢的最终性能取决于回火温度，一般采用 500 ~ 650 ℃回火。通过选择回火温度，可以获得所要求的性能。为防止第二类回火脆性，回火后快冷（水冷或油冷）有利于韧性的提高。合金调质钢常规热处理后的组织是回火索氏体。对于表面要求耐磨的零件（如齿轮、主轴），再进行感应加热、表面淬火及低温回火，表面组织为回火马氏体。表面硬度可达 55 ~ 58 HRC。若截面尺寸大而未淬透，则性能显著降低。图 7-6 为 40Cr 钢制造连杆螺栓的热处理工艺曲线。

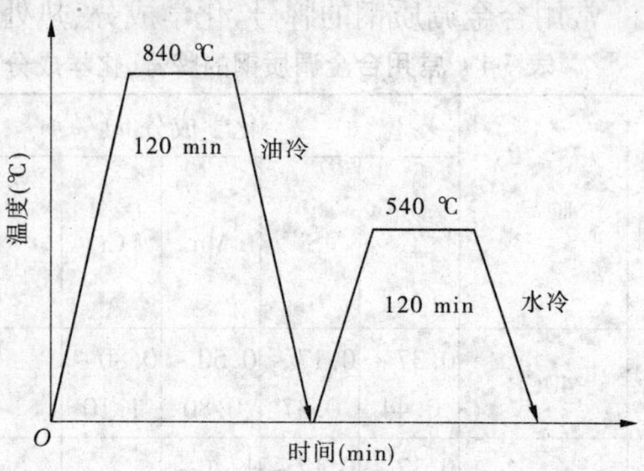

图 7-6　40Cr 钢制造连杆螺栓的热处理工艺曲线

四、合金弹簧钢

（一）用途

合金弹簧钢是一种专用结构钢，主要用于制造各种机械和仪表中的弹簧和弹性零件。

（二）成分特点

合金弹簧钢的成分特点有以下几点。

1. 含碳量中、高

由于弹簧钢的主要性能要求是高弹性极限和屈服极限，因此弹簧钢采用较高的含碳量。碳素弹簧钢的含碳量一般为 0.60% ~ 0.90%，而合金弹簧钢的含碳量一般为 0.50% ~ 0.70%。

2. 加入 Si、Mn 合金元素

这些合金元素的主要作用是提高钢的淬透性和回火稳定性，强化铁素体，有效地改善弹簧钢的力学性能，提高弹性极限和疲劳强度。其中以 Si 的作用更为突出，但 Si 元素在热处理时促进表面脱碳，使钢易于过热。

3. 加入 Cr、V、W 合金元素

为克服 Si 钢易于过热和脱碳的缺点，对于一些重要的弹簧，常加入这些碳化物形成元素，同时进一步提高弹性极限、屈服比及耐热性。V、W 可以细化晶粒，提高强韧性。

（三）性能特点

弹簧主要利用弹性变形吸收能量以减缓振动和冲击，或依靠弹性变形储能以起到驱动作用。由于弹簧一般在动负荷条件下使用，弹簧钢应具有以下性能：

（1）高的弹性极限或屈服极限和高的屈强比，以保证弹簧有足够高的弹性变形能力，并能承受大的载荷。

（2）高的疲劳极限，以保证弹簧在长期的振动和交变应力作用下不产生疲劳破坏。

（3）具有一定的塑性和韧性，同时还要求有较好的淬透性和低的脱碳敏感性，以满足成形的需要和承受可能的冲击载荷。

（4）弹簧的表面质量对弹簧的使用寿命影响很多，淬火时应尽量避免表面氧化、脱碳及划伤和裂纹等缺陷。

(四)常用的合金弹簧钢

常用合金弹簧钢有以下几种。

1. 65Mn和60Si2Mn

65Mn和60Si2Mn是以Si、Mn为主要合金元素的弹簧钢。这类钢的价格便宜,淬透性明显优于碳素弹簧钢,Si、Mn的复合合金化使得合金性能比只用Mn的好得多。这类钢主要用于汽车、拖拉机上的板簧和螺旋弹簧。

2. 50CrVA

50CrVA是含Cr、V、W等元素的弹簧钢。Cr、V复合合金化不仅提高钢的淬透性,而且还提高钢的高温强度、韧性和热处理工艺性能。这类钢可制作在350~400 ℃下承受重载的较大弹簧。

(五)加工与热处理

弹簧按加工和热处理可分为两类。

1. 热成形弹簧

当弹簧钢丝直径或板簧厚度大于10 mm时,一般采用此法。即将弹簧钢加热到比正常淬火温度高50~60 ℃进行热卷成形,然后淬火和中温(450~550 ℃)回火,获得回火屈氏体组织,具有很高的屈服强度和弹性极限,并有一定的塑性和韧性。一般汽车上大型板弹簧均用此法。

2. 冷成形弹簧

当弹簧钢丝直径或板簧厚度小于10 mm时,一般采用此法。先进行强化处理(冷变形强化或热处理强化),然后冷卷成形,最后进行回火和稳定尺寸。根据强化工艺的不同,可以分为以下三种情况。

1)铅淬冷拔钢丝

铅淬处理是将弹簧钢(T8A、T9A、T10A)经正火酸洗后,先冷拔到一定尺寸,然后再加热到A_{c3}以上50~100 ℃,从而得到奥氏体组织,接着通过温度为500~550 ℃的铅浴进行等温冷却,使其转化为索氏体组织。此时钢丝具有很高的塑性和较高的强度。在此基础上再进行多次冷拔,最后可获得表面光洁,并具有极高强度及一定塑性的弹簧钢丝,常称为白钢丝或琴弦丝。这种铅淬冷拔钢丝实际上是一种变形热处理强化钢丝,其强度达3 000 MPa以上。这类钢丝经冷卷成形后,只进行消除应力的回火处理。

2)冷拔钢丝

在室温经拔丝而成的弹簧钢丝称为冷拔钢丝。其强度比铅淬冷拔钢丝低。它是由弹簧钢通过冷拔变形强化,但未经铅淬处理。在冷拔工序中间加入一道680 ℃的中间退火,以提高塑性,之后使钢丝继续冷拔到最终尺寸。冷卷成弹簧后只进行消除应力的回火处理。

3)淬火回火钢丝

这种钢丝是在冷拔到最终尺寸后,再经淬火和中温回火处理,最后冷卷成弹簧。

以上三种强化方式的钢丝,在冷成形之后,必须进行一道回火,以消除应力、稳定尺寸。其回火温度一般为250~300 ℃,时间为1 h。弹簧经热处理后,一般进行喷丸处理,使表面强化并在表面产生残余压应力,以提高疲劳强度。

常用合金弹簧钢的牌号、化学成分、热处理及力学性能如表7-2所示。

表 7-2　常用合金弹簧钢的牌号、化学成分、热处理及力学性能(摘自 GB 1222—2007)

类别	牌号	化学成分 w(%)									热处理		力学性能				
		C	Si	Mn	Cr	Ni	Cu	P	S	其他	淬火温度(℃)	回火温度(℃)	R_{eL}(MPa)	R_m(MPa)	A(%)	$A_{11.3}$(%)	Z(%)
						不小于							不小于				
硅锰系	55Si2Mn	0.52 ~ 0.60	1.50 ~ 2.00	0.60 ~ 0.90	≤0.35	0.35	0.25	0.035	0.035		870 油	480	1 177	1 275		6	30
	55Si2MnB	0.52 ~ 0.60	1.50 ~ 2.00	0.60 ~ 0.90	≤0.35	0.35	0.25	0.035	0.035	B: 0.005 ~ 0.004	870 油	480	1 177	1 275		6	30
	60Si2Mn	0.56 ~ 0.64	1.50 ~ 2.00	0.60 ~ 0.90	≤0.35	0.35	0.25	0.035	0.035		870 油	480	1 177	1 275		5	25
	55SiMnVB	0.52 ~ 0.60	0.70 ~ 1.00	1.00 ~ 1.30	≤0.35	0.35	0.25	0.035	0.035	V:0.08 ~ 0.16 B:0.000 5 ~ 0.003 5	860 油	460	1 226	1 373		5	30
硅铬系	60Si2CrA	0.56 ~ 0.64	1.40 ~ 1.80	0.40 ~ 0.70	0.70 ~ 1.00	0.35	0.25	0.030	0.030		870 油	420	1 569	1 765	6		20
	60SiCrVA	0.56 ~ 0.64	1.40 ~ 1.80	0.40 ~ 0.70	0.90 ~ 1.20	0.35	0.25	0.030	0.030	V: 0.10 ~ 0.20	850 油	410	1 667	1 863	6		20
铬锰系	55CrMnA	0.52 ~ 0.60	0.17 ~ 0.37	0.65 ~ 0.95	0.65 ~ 0.95	0.35	0.25	0.030	0.030		830 ~ 850 油	450 ~ 520	1 080 ($R_{p0.2}$)	1 226	9		20
	60CrMnA	0.56 ~ 0.64	0.17 ~ 0.37	0.70 ~ 1.00	0.70 ~ 1.00	0.35	0.25	0.030	0.030		830 ~ 850 油	450 ~ 520	1 080 ($R_{p0.2}$)	1 226	9		20
铬钒系	50CrVA	0.46 ~ 0.64	0.17 ~ 0.37	0.50 ~ 0.80	0.80 ~ 1.10	0.35	0.25	0.030	0.030	V:0.10 ~ 0.20	850 油	500	1 128	1 275	10		40
	30W4Cr2VA	0.26 ~ 0.34	0.17 ~ 0.37	≤0.40	2.00 ~ 2.50	0.35	0.25	0.030	0.030	V:0.50 ~ 0.80 W:4.00 ~ 4.50	1 050 ~ 1 100 油	600	1 324	1 471	7		40

注:表列性能适用于截面单边尺寸≤80 mm 的钢材。

五、滚动轴承钢

在柴油机、拖拉机、机床、汽车以及其他高速运转的机械中，广泛使用着滚动轴承。滚动轴承的品种很多，但结构上一般均由外套、内套、滚动体和保持架等组成。用于制造滚动轴承的钢称为滚动轴承钢。

（一）用途

滚动轴承钢主要用来制造滚动轴承的滚动体（滚珠、滚柱、滚针）、内外套圈等，属于专用结构钢。也广泛用于制造精密量具、冷冲模、机床丝杠等耐磨件。

（二）成分特点

滚动轴承钢的成分特点如下。

1. 含碳量高

碳质量分数一般为0.95%～1.10%，从而保证其高硬度、高耐磨性和高强度。

2. 基本合金元素为Cr

Cr的主要作用是提高钢的淬透性，并在热处理后形成合金渗碳体$(Fe,Cr)_3C$，呈细密、均匀分布，能提高钢的耐磨性，特别是疲劳强度。但Cr含量过高，会增加淬火钢中残余奥氏体量和使得碳化物分布不均匀，影响轴承的使用寿命和尺寸稳定性。因此，适宜的铬质量分数为0.40%～1.65%。

3. 加入Si、Mn合金元素

加入适量的Si、Mn能进一步提高钢的淬透性、耐磨性并防止过热，以便于制造大型轴承。

4. 质量要求高

滚动轴承钢都是高级优质钢，其对有害元素及非金属夹杂控制严格，非金属杂质（如氧化物、硅化物、硅酸盐等）含量必须很低，才能保证轴承钢的力学性能，延长轴承的使用寿命。因此，轴承钢一般采用电炉冶炼，并采用真空去气处理，以提高钢的纯度。

（三）性能特点

轴承元件的工作条件非常复杂和苛刻，对轴承钢的性能要求非常严格，主要有以下几方面。

1. 很高的强度与硬度

轴承元件大多是在点接触（滚珠与套圈）或线接触（滚柱与套圈）的条件下工作的，零件之间的接触面积极小，在接触面上承受着极大的压应力，可达1 500～5 000 MPa。因此，轴承钢必须具有非常高的抗压屈服强度和硬度。

2. 很高的接触疲劳强度

轴承在工作时，滚动体在套圈之中高速运转，应力交变次数每分钟可达数万次甚至更多，容易造成接触疲劳破坏，如产生麻点剥落等，因此轴承钢必须具有很高的接触疲劳强度。

3. 很高的耐磨性

滚动轴承在高速运转时，不仅有滚动摩擦，而且还有滑动摩擦，因此要求轴承钢应具有很高的耐磨性。

4. 一定的韧性

轴承钢还应具有一定的韧性，对大气和润滑油有一定的抗腐蚀能力，保证尺寸的稳定性等。

（四）常用的滚动轴承钢

目前，最常用的滚动轴承钢是 GCr15 和 GCr15SiMn。GCr15 钢是一种铬轴承钢，使用量占轴承钢的绝大部分，主要用于制造中小型轴承。GCr15SiMn 钢是在铬轴承钢中加入 Si、Mn 以提高淬透性，主要用于制造大型和特大型轴承，还可以制造冷冲模、精密模具、机床丝杠、喷油嘴等。根据我国资源条件，为了节约 Cr，加入 Mo、V 可得到无铬轴承钢，如 GSiMnMoV、GSiMn-MoVRE 等，其性能与 GCr15 钢相近。

（五）热处理及组织性能

轴承钢的热处理主要为球化退火、淬火和低温回火。

1. 球化退火

轴承钢的预先热处理是球化退火。其目的不仅是降低钢的硬度，以利于切削加工，更重要的是，获得细的球状珠光体和均匀分布的过剩的细粒状碳化物，为零件的最终热处理做组织准备。

2. 淬火和低温回火

淬火温度要求十分严格，若温度过高，会过热使晶粒长大，从而导致韧性和疲劳强度下降，且易淬裂和变形；若温度过低，则奥氏体中所溶解的铬量和碳量不够，钢淬火后硬度不足。GCr15 钢的淬火温度应严格控制在 820 ~ 840 ℃，回火温度一般为 150 ~ 160 ℃。轴承钢淬火后的组织为极细的回火马氏体、均匀分布的粒状碳化物以及少量残余奥氏体。精密轴承为了稳定尺寸，淬火后可立即进行“冷处理”（-60 ~ -50 ℃），并在回火和磨削加工后，进行低温时效处理（120 ~ 130 ℃），保温 5 ~ 10 h。

常用滚动轴承钢的牌号、化学成分、热处理及用途如表 7-3 所示。

表 7-3　常用滚动轴承钢的牌号、化学成分、热处理及用途

类别	牌号	化学成分 w（%）								热处理			用途举例
		C	Cr	Mn	Si	Mo	V	Re	S、P	淬火温度（℃）	回火温度（℃）	回火后硬度（HRC）	
铬轴承钢	GCr9	1.0 ~ 1.10	0.9 ~ 1.2	0.2 ~ 0.4	0.15 ~ 0.35	—	—	—	—	810 ~ 830	150 ~ 170	62 ~ 66	ϕ10 ~ 20 mm 的钢球和滚针
	GCr15	0.95 ~ 1.05	1.3 ~ 1.65	0.2 ~ 0.4	0.15 ~ 0.35	—	—	—	—	825 ~ 845	150 ~ 170	62 ~ 66	厚度 20 mm 的中小型套圈，直径小于 50 mm 的钢球，柴油机油泵的精密件
	GCr15SiMn	0.95 ~ 1.05	1.3 ~ 1.65	0.9 ~ 1.2	0.4 ~ 0.65	—	—	—	—	820 ~ 840	150 ~ 170	≥62	壁厚 > 30 mm 的大型套圈，ϕ50 ~ 100 mm 的钢球

续表 7-3

类别	牌号	化学成分 w(%)								热处理			用途举例
		C	Cr	Mn	Si	Mo	V	Re	S、P	淬火温度(℃)	回火温度(℃)	回火后硬度(HRC)	
无铬轴承钢	GSiMnV	0.95 ~ 1.10	—	1.3 ~ 1.8	0.55 ~ 0.8	—	0.2 ~ 0.3	—	≤ 0.03	780 ~ 810	150 ~ 170	≥62	可代替 GCr15 钢
	GSiMnVRe	0.95 ~ 1.10	—	1.1 ~ 1.3	0.55 ~ 0.8	—	0.2 ~ 0.3	0.1 ~ 0.15	≤ 0.03	780 ~ 810	150 ~ 170	≥62	可代替 GCr15 钢及 GCrSiMn 钢
	GSiMnMoV	0.95 ~ 1.10	—	0.75 ~ 1.05	0.4 ~ 0.65	0.2 ~ 0.4	0.2 ~ 0.3	—	—	770 ~ 810	165 ~ 175	≥62	可代替 GCr15SiMn 钢

第四节　合金工具钢

用于制造各种刃具、模具和量具的钢称为工具钢。工具钢可分为碳素工具钢和合金工具钢两种。碳素工具钢容易加工,价格便宜,但是淬透性差,容易变形和开裂,而且红硬性差,工作温度不超过 200 ℃。因此,尺寸大、精度高和形状复杂的模具、量具和切削速度较高的刃具,常采用合金工具钢制造。合金工具钢是在碳素工具钢的基础上加入 Si、Mn、Ni、Cr、W、Mo、V 等合金元素以提高其淬透性、韧性、耐磨性和耐热性的一类钢种。

合金工具钢的淬硬性、淬透性、耐磨性和韧性均比碳素工具钢高,按用途大致可分为刃具用钢、模具用钢和量具用钢三类。其中含碳量高的钢(碳质量分数大于 0.8%)多用于制造刃具、量具和冷作模具,这类钢淬火后的硬度在 60 HRC 以上,且具有足够的耐磨性;含碳量中等的钢(碳质量分数 0.35% ~0.70%)多用于制造热作模具,这类钢淬火后的硬度稍低,为 50 ~55 HRC,但韧性良好。

一、合金刃具钢

(一)用途

合金刃具钢主要用于制造各种金属切削刀具,如车刀、铣刀、钻头等。

(二)成分特点

根据合金刃具钢中所含合金元素量的不同,可以将其分为低合金刃具钢和高速钢两种。

1. 低合金刃具钢

在碳素工具钢的基础上加入少量合金元素的钢称为低合金刃具钢,合金元素含量一般为 3% ~5%。其成分特点有以下两点。

1)高碳

低合金刃具钢的含碳量较高,碳质量分数为 0.9% ~1.1%,以保证高硬度和高耐磨性。

2）加入 Cr、Mn、Si、W、V 等合金元素

Cr、Mn、Si 主要是提高钢的淬透性，Si 还能提高钢的回火稳定性；W、V 能提高硬度和耐磨性，并防止加热时过热，保护细小的晶粒。由于合金元素的加入，低合金刃具钢的硬度、耐磨性和淬透性均比碳素工具钢有较大的提高，但由于合金元素较少，其最高工作温度不超过 300 ℃。

2. 高速钢

高速钢（即高速工具钢）是一种高合金刃具钢，有很高的淬透性和淬硬性，空冷即可获得马氏体，俗称"风钢"。高速钢经淬火和反复回火后，具有很高的热硬性和耐磨性，刃部工作温度可高达 600 ℃，能适应高速度的切削，且非常锋利，故有时也称为"锋钢"。其成分特点有以下两点。

1）高碳

碳质量分数一般在 0.7% 以上，最高可达 1.5%，它一方面要保证能与 W、Cr、V 等合金元素形成足够数量的碳化物，另一方面还要保证有一定数量的碳溶于奥氏体中，以确保马氏体的高硬度，使高速钢具有高的硬度和耐磨性。

2）加入 Cr、W、Mo、V 等合金元素

高速钢中加入的合金元素的总量一般都大于 10%，几乎所有的高速钢的含铬量都为 4% 左右，其主要作用是提高淬透性。另外，W、Mo 保证高的热硬性，在退火状态下，W、Mo 以 M_6C 型碳化物形式存在。这类碳化物一部分在淬火后存在于马氏体中，在随后的 560 ℃ 回火时，形成 W_2C 或 Mo_2C 弥散分布，造成二次硬化。这种碳化物在 500 ~ 600 ℃ 内非常稳定，从而使钢具有良好的热硬性。V 能提高耐磨性，细化晶粒。

（三）性能特点

刃具切削时受工件压力的影响，刃部与切屑之间产生强烈的摩擦。由于切削发热，刃部温度可达 500 ~ 600 ℃。此外，刃具还承受一定的冲击和振动。因此，对刃具钢提出如下基本性能要求。

1. 高硬度

只有刃具的硬度高于被切削材料的硬度时，才能顺利地进行切削。金属切削刃具的硬度一般都在 60 HRC 以上。

2. 高耐磨性

耐磨性实际上是一种反映抵抗磨损的能力，当磨损量超过了所规定的公差范围时，刃部就失去了切削能力，刃具不能继续使用。因此，耐磨性的高低直接影响着刃具的使用寿命。钢的硬度越高，其耐磨性越好。当硬度基本相同时，耐磨性与钢中碳化物的性质、数量、大小和分布有关。实践证明，一定数量的硬而细小的碳化物均匀分布在强而韧的金属基体中，可获得较为良好的耐磨性。

3. 高热硬性

所谓热硬性，是指刃部受热升温时，刃具钢在高温下仍保持高硬度的能力，热硬性又称红硬性。热硬性与钢的回火稳定性和特殊碳化物的弥散程度等因素有关。

4. 足够的塑性和韧性

刃具要有足够的塑性和韧性，以防刃具受冲击、振动载荷时突然发生折断和崩刃。

5. 好的导热性能

刃具要有好的导热性能，以便及时将切削摩擦所产生的热量导出。

(四)常用的合金刃具钢

1. 低合金刃具钢

常用的低合金刃具钢有 9SiCr、CrWMn 和 9Mn2V，它们的性能良好，不仅用于刃具制作，还经常用于制造冷冲模和量具。9SiCr 钢具有较高的淬透性、耐磨性和回火稳定性，热硬性高达 300 ℃，用于制造形状复杂、变形小的低速切削刃具，特别是薄刃刃具，如板牙、铰刀、丝锥和钻头等。CrWMn 钢由于同时加入 Cr、W、Mo 元素，因此具有更高的硬度和耐磨性，热处理后变形小，但是热硬性不如 9SiCr 钢，主要用于制造较精密的低速刃具，如拉刀、长铰刀等。

常用低合金刃具钢的牌号、成分、热处理及用途举例如表 7-4 所示。

表 7-4　常用低合金刃具钢的牌号、成分、热处理及用途举例(摘自 GB/T 1299—2000)

牌号	化学成分 w(%)					试样淬火		退火状态 HBS (不小于)	用途举例
	C	Mn	Si	Cr	其他	淬火温度 (℃)	HRC (不小于)		
Cr06	1.30 ~ 1.45	≤0.40	≤0.40	0.50 ~ 0.70	—	780 ~ 810 水	64	241 ~ 187	锉刀、刮刀、刻刀、刀片、剃刀
Cr2	0.95 ~ 1.10	≤0.40	≤0.40	1.30 ~ 1.65	—	830 ~ 860 油	62	229 ~ 179	车刀、插刀、绞刀、冷轧辊等
9SiCr	0.85 ~ 0.95	0.30 ~ 0.60	1.20 ~ 1.60	0.95 ~ 1.25	—	820 ~ 860 油	62	241 ~ 197	丝锥、板牙、钻头、绞刀、冷冲模等
8MnSi	0.75 ~ 0.85	0.80 ~ 1.10	0.30 ~ 0.60	—	—	800 ~ 820 油	60	≤229	长绞刀、长丝锥
9Cr2	0.85 ~ 0.95	≤0.40	≤0.40	1.30 ~ 1.70	—	820 ~ 850 油	62	217 ~ 179	尺寸较大的绞刀、车刀等刃具

2. 高速钢

常用高速钢有钨系高速钢和钨钼系高速钢两类。钨系高速钢常见的为 W18Cr4V 钢，简称 18-4-1；钨钼系高速钢典型钢种为 W6Mo5Cr4V2 钢，简称 6-5-4-2。由于我国的钨资源丰富，因此 W18Cr4V 钢应用最为广泛，其热硬性较好，热处理时的脱碳和过热倾向较小。而 W6Mo5Cr4V2 钢的耐磨性、热塑性和韧性较好。

(五)热处理及组织性能

1. 低合金刃具钢

预备热处理为球化退火，最终热处理为淬火和低温回火。图 7-7 为 9SiCr 钢板牙的淬火回火工艺，首先在 600 ~ 650 ℃ 预热，这是为了减少高温停留时间，从而降低板牙的氧化脱碳倾向。热处理后的组织为回火马氏体、碳化物和少量残余奥氏体。

2. 高速钢

高速钢的含碳量最高约为 1.5%，但其中含有大量的钨、钼、铬、钒等合金元素，使其相

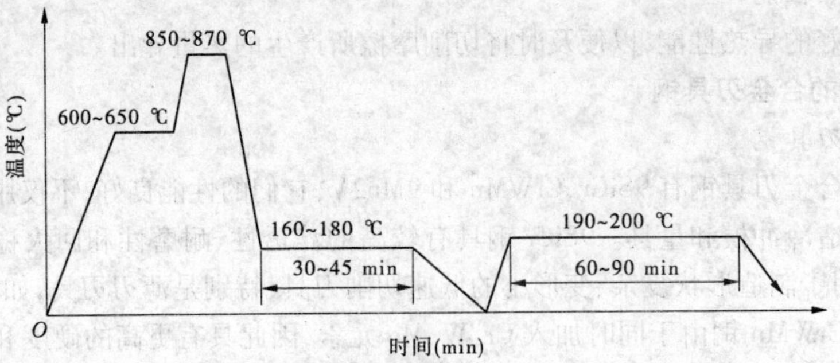

图 7-7　9SiCr 钢板牙的淬火回火工艺曲线

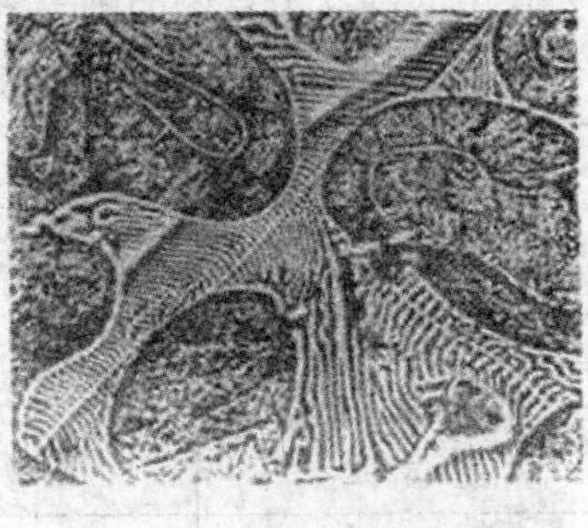

图 7-8　高速钢的铸态组织(300×)

图 *E* 点显著左移,因此高速钢在铸态组织中就出现了莱氏体组织,属莱氏体钢。图 7-8 为高速钢的铸态组织,共晶碳化物呈鱼骨状分布。这种碳化物硬而脆,通过热处理方法仍不能消除,必须进行反复锻造才能将其打碎,使其分布均匀。如果高速钢中的碳化物分布不均匀,淬火时易变形和开裂,使用时易出现崩刃和磨损现象。

由于高速钢中含有大量合金元素,导热性较差,而淬火温度又很高(一般为 1 220 ~ 1 280 ℃),为了减少内应力和高温所需加热时间,需经过预热后快速加热到淬火温度。淬火组织为马氏体 + 残余奥氏体 + 碳化物。然后在 550 ~ 570 ℃高温下回火三次,以消除淬火应力,使残余奥氏体转变为回火马氏体,进一步提高钢的硬度及耐磨性。高速钢回火后的组织为回火马氏体 + 细粒状碳化物 + 少量残余奥氏体。图 7-9 为高速钢 W18Cr4V 的热处理工艺。

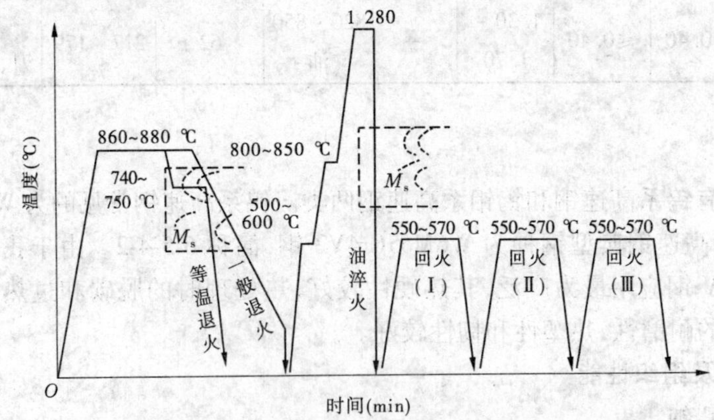

图 7-9　高速钢 W18Cr4V 的热处理工艺

二、合金模具钢

用于制造冲压、模锻、挤压、压铸等模具的钢,称为模具钢。根据模具工作条件的不同,可将合金模具钢分为冷作模具钢和热作模具钢两大类。

(一)冷作模具钢

1. 用途

冷作模具钢主要用于制造各种冷冲模、冷镦模、冷挤压模和拉丝模等,这类模具用于金属或非金属材料冷态成形,其工作温度一般不超过 200 ~ 300 ℃。

2. 成分特点

1)高碳

既要保证与 Cr、Mo、W、V 等合金元素形成足够数量的碳化物,又要有一定的碳溶于高温奥氏体中,使获得含碳量过饱和的马氏体,以保证高的硬度、高耐磨性和一定的热硬性。因此,冷作模具钢的含碳量较高,碳质量分数多在 1.0% 以上,个别甚至达到 2.0%。

2)加入 Cr、Mo、W、V 等合金元素

这些合金元素形成难熔碳化物,提高耐磨性。尤其是 Cr,典型钢种是 Cr12 型钢,铬的含量高达 12%。铬与碳形成 M_7C_3 型碳化物,能极大提高钢的耐磨性,铬还显著提高钢的淬透性。

3. 性能特点

冷作模具多在室温下工作,其工作时承受很大的压力、弯曲力、冲击载荷和摩擦。主要失效形式是磨损,也常会出现崩刃、断裂和变形等失效现象。因此,冷作模具钢应具有以下基本性能:

(1)高硬度,一般为 58 ~ 62 HRC。

(2)高耐磨性。

(3)足够的韧性和疲劳抗力。

(4)模具的精度要求高,因此要求热处理变形小。

4. 常用冷作模具钢

常见的冷作模具钢有 9Mn2V、9SiCr、CrWMn,工作时受力较轻的小型冷作模具,常采用 9Mn2V,而形状复杂、高精度的冷冲模可用 CrWMn。对于承受重载荷,截面较大,形状复杂,要求高耐磨性、高淬透性、变形量小的冷作模具,如螺纹滚模、拉丝模等,采用 Cr12、Cr12MoV 等高碳高铬钢制造。

5. 热处理及组织性能

一般的冷作模具钢的热处理与低合金刃具钢类似,这里不再赘述。

高碳高铬冷作模具钢的热处理方法有以下两种。

1)一次硬化法

在较低温度(950 ~ 1 000 ℃)下淬火,然后低温(150 ~ 180 ℃)回火,硬度可达 61 ~ 64 HRC,使钢具有较好的耐磨性和韧性,且淬火变形小,适用于重载和形状复杂的模具。

2)二次硬化法

在较高温度(1 100 ~ 1 150 ℃)下淬火,然后于 510 ~ 520 ℃多次(一般为三次)回火,产生二次硬化,使硬度达 60 ~ 62 HRC,红硬性和耐磨性都较高,但由于淬火加热温度较高,晶粒较粗大,因此韧性较前一种方法处理的差。适用于在 400 ~ 450 ℃下工作、承受强烈磨损的模具。Cr12 型钢热处理后组织为回火马氏体、碳化物和残余奥氏体。

（二）热作模具钢

1. 用途

热作模具钢用于制造各种热锻模、热压模、热挤压模和压铸模等，该类模具用于高温下的金属和非金属成形，工作时型腔表面温度可达 600 ℃以上。

2. 成分特点

热作模具钢的成分特点如下。

1）含碳量适中

碳质量分数一般为 0.3% ~0.6%。如果含碳量过高，将使塑性下降，导热性也差；如果含碳量过低，则硬度和耐磨性达不到要求。

2）加入提高淬透性的合金元素

加入较多的 Cr、Ni、Mn、Si 等元素提高淬透性，Cr 是提高淬透性的主要元素，同时和 Ni 一起提高钢的回火稳定性。Ni 在强化铁素体的同时还增加钢的韧性，并与 Cr、Mo 一起提高钢的淬透性和耐热疲劳性能。

3）加入产生二次硬化的合金元素

加入 Mo、W、V 等元素，目的是产生二次硬化，同时 Mo 还能防止第二类回火脆性，提高高温强度和回火稳定性。

3. 性能特点

热模具工作时承受很大的冲击载荷、强烈的摩擦、剧烈的冷热循环所引起的不均匀热应变和热应力，以及高温氧化，出现崩裂、塌陷、磨损、龟裂等失效形式。因此，热作模具钢的主要性能要求如下：

（1）高的热硬性和高温耐磨性。

（2）高的抗氧化性能。

（3）高的热强性和足够的韧性，尤其是受冲击较大的热锻模钢。

（4）高的热疲劳抗力，以防止龟裂破坏。

（5）由于热模具一般较大，所以还要求热作模具钢有高的淬透性和导热性。

4. 常用的热作模具钢

热锻模对韧性要求高而对热硬性要求不太高，常采用 5CrMnMo、5CrNiMo 及 5CrMnSiMoV。而压铸模和挤压模要求热强性较好和热硬性较高，常采用 3Cr2W8V、4Cr5MoVSi。

5. 热处理及组织性能

为使碳化物均匀分布及获得所需模具形状，通常对热作模具钢进行反复锻造。热作模具钢的预备热处理为锻造后进行退火处理，目的是消除锻造应力、降低硬度，以改善切削加工性能。最终热处理和调质钢相似，淬火后高温（550 ℃左右）回火，以获得回火索氏体或回火屈氏体组织。热压模钢淬火后在略高于二次硬化峰值的温度（600 ℃左右）下回火，组织为回火马氏体、粒状碳化物和少量残余奥氏体，与高速钢类似。为了保证热硬性，要进行多次回火。

三、合金量具钢

目前，量具没有专用钢，通常用于制造各种测量工具的合金钢统称为合金量具钢。它包括刃具钢、模具钢及滚动轴承钢等。

(一)用途

合金量具钢用于制造各种量测工具,如游标卡尺、千分尺、螺旋测微仪、块规、塞规和样板等。

(二)成分特点

根据量具的性能与组织要求,合金量具钢的组成成分与低合金刃具钢基本相同,即为高碳(0.9% ~1.5%),以保证较高的硬度和耐磨性。加入 Cr、W、Mn 等合金元素以形成合金碳化物,提高钢的淬透性和耐磨性,减少淬火变形及应力,提高马氏体的稳定性,从而获得较高的尺寸稳定性。

(三)性能特点

量具在使用过程中要求测量精度高,不能因磨损或尺寸不稳定影响测量精度,对其性能的主要要求如下:

(1)高硬度(大于 56 HRC)和高耐磨性。

(2)热处理变形要小,在存放和使用过程中,尺寸不发生变化。

(3)足够的韧性。

(四)常用量具钢

量具钢不属于专用钢。尺寸小、形状简单、精度较低的量具选用高碳钢制造;复杂的精密量具一般选用低合金刃具钢;精度要求高的量具选用 CrMn、CrWMn、GCr15 等制造。CrWMn 的淬透性较高,淬火变形小,主要用于制造高精度且形状复杂的量规和块规。GCr15 的耐磨性、尺寸稳定性较好,多用于制造高精度块规、螺旋塞头、千分尺。9Cr18、4Cr13 是在腐蚀介质中使用的量具用钢。

(五)热处理及组织性能

量具钢热处理的主要特点是在保持高硬度与高耐磨性的前提下,尽量采取各种措施使量具在长期使用中保持尺寸的稳定。量具在使用过程中随时间延长而发生尺寸变化的现象称为量具的时效效应。因此,常采取如下热处理措施。

1. 调质处理

调质处理的目的是获得回火索氏体组织,以减少淬火变形和提高机械加工的光洁度。

2. 淬火和低温回火

量具钢为过共析钢,通常采用不完全淬火加低温回火处理。在保证硬度的前提下,尽量降低淬火温度并进行预热,以减少加热和冷却过程中的温差及淬火应力。量具的淬火方式为油冷(20 ~30 ℃),不宜采用分级淬火和等温淬火。一般采用低温回火,回火温度为 150 ~160 ℃,回火时间不应少于 4 ~5 h。

3. 冷处理

高精度量具在淬火后必须进行冷处理,以减少残余奥氏体量,从而增加尺寸稳定性。冷处理温度一般为 -70 ~ -80 ℃,并在淬火后冷却至室温后立即进行,以免残余奥氏体发生陈化稳定现象,使冷处理效果不佳。另外,冷处理后最好立即在 150 ~160 ℃进行一次回水。

4. 时效处理

为了进一步提高尺寸稳定性,淬火、回火后,再在 120 ~150 ℃进行 24 ~36 h 的时效处理,这样可消除残余内应力,大大增加尺寸稳定性而不降低其硬度。

总之，量具钢的热处理为除要进行一段过共析钢的正常热处理（不完全淬火＋低温回火）外，还需要有三个附加的热处理工序，即淬火之前进行的调质处理、正常淬火处理之间的冷处理及正常热处理之后的时效处理。

第五节　特殊性能钢

用于制造在特殊工作条件或特殊环境（如腐蚀介质、高温等）下工作，具有特殊物理、化学性能要求的机械零件的钢材，称为特殊性能钢。特殊性能钢的种类很多，一般包括不锈钢、耐热钢和耐磨钢等。

一、不锈钢

不锈钢包括不锈钢与耐酸钢，故也称为不锈耐酸钢。能耐大气、蒸汽和水等弱腐蚀性介质腐蚀的钢称为不锈钢。耐酸、碱、盐等强腐蚀性介质腐蚀的钢称为耐酸钢。不锈钢不一定耐酸，而耐酸钢一般都具有良好的耐腐蚀性能。习惯上也将这两种钢统称为不锈钢。

不锈钢是石油、化工、化肥等工业中广泛使用的金属材料，常因腐蚀而失效。因此，为防止或控制钢的腐蚀，有必要了解一下腐蚀方面的知识。

（一）腐蚀的基本概念

腐蚀分为化学腐蚀和电化学腐蚀两类。化学腐蚀是金属和环境介质直接发生化学作用而产生的损坏，在腐蚀过程中没有电流产生。引起金属化学腐蚀的介质不能导电。例如，金属在高温的空气中或氯气中的腐蚀，非电解质对金属的腐蚀等。电化学腐蚀是金属在电解质溶液中发生电化学作用而引起的损坏，在腐蚀过程中有电流产生。引起电化学腐蚀的介质都能导电。例如，金属在酸、碱、盐、土壤、海水等介质中的腐蚀。电化学腐蚀与化学腐蚀的主要区别在于它可以分解为两个相互独立而又同时进行的阴极过程和阳极过程，而化学腐蚀没有这个特点。电化学腐蚀比化学腐蚀更为常见和普遍。

（二）腐蚀的类型

常见的腐蚀类型有以下几种。

1. 点蚀

点蚀又称坑蚀和小孔腐蚀。点蚀有大有小，一般情况下，点蚀的深度要比其直径大得多。点蚀经常发生在表面有钝化膜或保护膜的金属上。这是由于金属材料中存在缺陷、杂质和溶质等的不均一性，当介质中含有某些活性阴离子（如 Cl^-）时，这些活性阴离子首先被吸附在金属表面某些点上，从而使金属表面钝化膜发生破坏。一旦这层钝化膜被破坏又缺乏自钝化能力时，金属表面就发生腐蚀。这是因为在金属表面缺陷处易漏出基体金属，使其呈活化状态，而钝化膜处仍为钝态，这样就形成了活性－钝性腐蚀电池。由于阳极面积比阴极面积小得多，阳极电流密度很大，所以腐蚀往深处发展，金属表面很快就被腐蚀成小孔，这种现象被称为点蚀。

2. 应力腐蚀

材料在腐蚀介质和拉应力（包括外加载荷、热应力、冷加工、热加工、焊接等所引起的残余应力）作用下，所出现的低于强度极限的脆性开裂现象，称为应力腐蚀开裂。应力腐蚀开裂是先在金属的腐蚀敏感部位形成微小凹坑，产生细长的裂纹，且裂纹扩展很快，能在短时间内发生严重的破坏。应力腐蚀开裂在石油、化工腐蚀失效类型中所占比例最高,可达50%。通常应力腐蚀开裂时没有任何变形,因而事故突然发生,后果严重。

防止应力腐蚀应从减少腐蚀和消除拉应力两方面来采取措施。主要措施包括:要尽量避免使用对应力腐蚀敏感的材料;在设计设备结构时要力求合理,尽量减少应力集中和积存腐蚀介质;在加工制造设备时,要注意消除残余应力。

3. 晶间腐蚀

晶间腐蚀是金属材料在特定的腐蚀介质中,沿着材料的晶界产生腐蚀,使晶粒之间丧失结合力的一种局部腐蚀破坏现象。受这种腐蚀的设备或零件,有时从外表看仍是完好光亮,但由于晶粒之间的结合力被破坏,材料几乎丧失了强度,严重者会失去金属声音,轻轻敲击便成为粉末。一般认为,晶界处析出高电位的碳化物,同时在晶界附近形成低电位的合金元素的贫化区(如奥氏体不锈钢中的"贫铬区")是产生晶间腐蚀的主要原因。通过提高材料的纯度,去除碳、氮、磷和硅等有害微量元素或加入少量稳定化元素(钛、铌),以控制晶界上析出的碳化物,以及采用适当的热处理工艺和适当的加工工艺,可防止晶间腐蚀的产生。

(三)提高耐腐蚀性的途径

为防止金属的腐蚀,通常采用以下几种办法。

1. 形成钝化膜

在金属表面形成一层氧化物薄膜,将腐蚀介质与金属材料隔绝起来,从而提高金属的耐腐蚀性。

2. 提高基体的电极电位

改变阳极的电极电位使电极电位提高,可以降低腐蚀电流的强度,从而提高金属的耐腐蚀性。

3. 形成单一的组织结构

如果使金属呈单相组织(如铁素体或奥氏体),可以避免形成微电池的两个电极,通过这种方法来消灭原电池的存在,或者说减少原电池的数目,从而提高金属的耐腐蚀性。

工程上常采用以下几种方法防止晶间腐蚀:

(1)降低钢中的碳量。使钢中含碳量低于平衡状态下在奥氏体内的饱和溶解度,即从根本上解决了铬的碳化物 $Cr_{23}C_6$ 在晶界上析出的问题。通常钢中含碳量降至 0.03% 以下即可满足抗晶间腐蚀性能的要求。

(2)加入碳化物形成元素。加入 Ti、Nb 等能形成稳定碳化物(TiC 或 NbC)的元素,避免在晶界上析出 $Cr_{23}C_6$,即可防止奥氏体不锈钢的晶间腐蚀。

(3)通过调整钢中奥氏体形成元素与铁素体形成元素的比例,使其具有奥氏体 + 铁素体双相组织,其中铁素体占 5% ~12%。这种双相组织不易产生晶间腐蚀。

(4)采用适当热处理工艺。发现有晶间腐蚀倾向时,可采用 850 ~900 ℃保温 2 ~3 h,然后空冷,以消除这种倾向。

(四)常用的不锈钢及热处理

通常,按正火状态的组织,不锈钢可分为马氏体不锈钢、铁素体不锈钢、奥氏体不锈钢和奥氏体 - 铁素体双相不锈钢。常用不锈钢的牌号、性能和热处理如表 7-5 所示。

表 7-5　常用不锈钢的牌号、性能和热处理

类别	牌号	化学成分 w(%)						热处理(℃)				力学性能				
		C	Si	Mn	Ni	Cr	其他	退火温度	固溶处理温度	淬火温度	回火温度	σ_s (MPa)	δ_s (%)	ψ (%)	HBS	A_K (J)
奥氏体型	1Cr18Ni9	≤0.15	≤1.00	≤2.00	8.00~10.00	17.00~19.00			1 010~1 150 快冷			≥520	≥60	≥60	≤187	
	00Cr18Ni10N	≤0.030	≤1.00	≤2.00	8.50~11.50	17.00~19.00	N: 0.12~0.22		1 010~1 150 快冷			≥520	≥40	≥50	≤217	
奥氏体－铁素体型	0Cr26Ni5Mo2	≤0.08	≤1.00	≤1.50	3.00~6.00	23.00~28.00	Mo: 1.00~3.00 Si: 1.3~2.0		950~1 100 快冷			≥520	≥18	≥40	≤277	
	00Cr18Ni5Mo3Si2	≤0.030	1.30~2.00	1.00~2.00	4.50~5.50	18.00~19.50	Mo: 2.50~3.00		950~1 050 快冷			≥590	≥20	≥40		
铁素体型	1Cr17	≤0.12	≤0.75	≤1.00	≤0.60	16.00~18.00		780~850 空冷或缓冷				≥450	≥22	≥50	≤183	
	00Cr30Mo2	≤0.010	≤0.40	≤0.40		28.50~32.00	Mo:1.50~2.50	900~1 025 快冷				≥520	≥20	≥45	≤228	
马氏体型	1Cr13	≤0.15	≤1.00	≤1.00	≤0.60	11.50~13.50		800~900 缓冷或约750快冷		950~1 000 油	700~750 快冷	≥450	≥25	≥35	≥159	≥78
	3Cr13	0.26~0.40	≤1.00	≤1.00	≤0.60	12.00~14.00				920~980 油	600~750 快冷	≥540	≥12	≥40	≥217	≥24
	1Cr17Ni2	0.11~0.17	≤0.80	≤0.80	1.50~2.50	16.00~18.00		680~700 高温回火空冷		950~1 050 油	275~350 空冷	≥735	≥10			≥39
沉淀硬化型	0Cr17Ni7Al	≤0.09	≤1.00	≤1.00	6.50~7.50	16.00~18.00	Cu: ≤0.50 Al: ≤0.75~1.50		1 000~1 100 快冷		565 时效	≥960	≥5	≥25	≥363	
											510 时效	≥1 030	≥4	≥10	≥388	

1. 马氏体不锈钢

马氏体不锈钢常用牌号有 1Cr13、3Cr13、7Cr17 等,因可淬火获得马氏体组织而称为马氏体不锈钢。因其含碳量较高,故具有较高的强度、硬度和耐磨性,但耐腐蚀性稍差,可采用固溶处理或稳定化处理,以消除这种倾向。这种钢用于力学性能要求较高、耐腐蚀性能要求一般的一些零件上,如弹簧、汽轮机叶片、水压机阀等。这类钢是在淬火、回火处理后使用的。

2. 铁素体不锈钢

铁素体不锈钢的含铬量为 12% ~30%。其耐蚀性、韧性和焊接性随含铬量的增加而提高,耐氯化物应力腐蚀性能优于其他种类不锈钢。属于这一类的有 Cr17、Cr17Mo2Ti、Cr25、Cr25Mo3Ti、Cr28 等。因为含铬量高,铁素体不锈钢的耐腐蚀性能与抗氧化性能均比较好,但力学性能与工艺性能较差,多用于受力不大的耐酸结构及作抗氧化钢使用。这类钢能抵抗大气、硝酸及盐水溶液的腐蚀,并具有高温抗氧化性能好、热膨胀系数小等特点,用于制作储存硝酸及食品工厂设备,也可制作在高温下工作的零件,如燃气轮机零件等。

3. 奥氏体不锈钢

奥氏体不锈钢的含铬量大于 18%,含镍量大于 8%,以及含有少量 Mo、Ti、N 等元素。奥氏体不锈钢的常用牌号有 1Cr18Ni9、0Cr19Ni9 等。0Cr19Ni9 钢的含碳量小于 0.08%,钢号中标记为“0”。这类钢中含有大量的 Ni 和 Cr,使钢在室温下呈奥氏体状态,因此具有良好的塑性、韧性、焊接性和耐蚀性能,在氧化性和还原性介质中耐蚀性均较好,用来制作耐酸设备,如耐蚀容器及设备衬里、输送管道、耐硝酸的设备零件等。

奥氏体不锈钢在 450 ~850 ℃保温或缓慢冷却时,会出现晶间腐蚀。对于奥氏体不锈钢,由于其含铬量大于 18%,当温度升高时,碳在不锈钢晶粒内部的扩散速度大于铬的扩散速度。因为室温时碳在奥氏体中的溶解度很小,为 0.02% ~0.03%,而一般奥氏体不锈钢中的含碳量均超过此值,故多余的碳就不断地向奥氏体晶粒边界扩散,并和铬化合,在晶间形成碳化铬的化合物,如 $Cr_{23}C_6$ 等。结果就使晶界附近的含铬量大为减少,形成所谓的“贫铬区”。在腐蚀介质作用下,贫铬区就会失去耐腐蚀能力,而产生晶间腐蚀。含碳量越高,晶间腐蚀倾向性越大。

奥氏体不锈钢常用的热处理工艺有固溶处理、稳定化处理和去应力处理等。

(1)固溶处理。将钢加热到 1 050 ~1 150 ℃,使所有碳化物全部溶于奥氏体中,然后快速冷却(一般水冷,薄件空冷),以获得高耐蚀性的单相奥氏体组织的热处理称为固溶处理。与普通钢的淬火硬化不同,奥氏体不锈钢的固溶处理的目的是提高耐腐蚀性,并使钢软化。

(2)稳定化处理。对含有稳定剂 Ti、Nb 的奥氏体不锈钢,加热至 900 ℃左右(高于 $Cr_{23}C_6$ 溶解温度,而低于稳定剂碳化物溶解温度)使 $Cr_{23}C_6$ 充分溶解到奥氏体中,让碳尽可能形成更稳定的 TiC 或 NbC,然后空冷,达到稳定住碳而防止 $Cr_{23}C_6$ 析出的目的。经稳定化处理后,钢的抗晶间腐蚀能力大大提高,即使再经过“敏化温度区”,也不易出现晶间腐蚀。

(3)去应力处理。经冷加工或焊接后,奥氏体不锈钢需进行去应力处理,以提高抗应力腐蚀性能。对不含稳定剂 Ti、Nb 的不锈钢,一般加热到 300 ~350 ℃,保温后空冷;对含稳定剂 Ti、Nb 的不锈钢,需加热到 500 ~950 ℃,同时可起到减轻晶间腐蚀倾向的作用。

4. 奥氏体－铁素体双相不锈钢

奥氏体和铁素体组织各约占一半的不锈钢称为奥氏体－铁素体双相不锈钢。其中，Cr含量在18%～28%，Ni含量在3%～10%。有些钢还含有Mo、Cu、Si、Nb、Ti、N等合金元素。典型钢号有0Cr21Ni5、1Cr21Ni5Ti、00Cr18Ni5Mo3Si2、Mo2等。该类钢兼有奥氏体不锈钢和铁素体不锈钢的特点。与铁素体不锈钢相比，双相不锈钢的塑性、韧性更高，无室温脆性，耐晶间腐蚀性能和焊接性能均显著提高，同时还保持有铁素体不锈钢的475 ℃脆性以及导热系数高，具有超塑性等特点。与奥氏体不锈钢相比，双相不锈钢的强度高且耐晶间腐蚀和耐氯化物应力腐蚀性能有明显提高。双相不锈钢具有优良的耐腐蚀性能，也是一种节镍不锈钢。

二、耐热钢

具有高温抗氧化性和高温强度的特殊钢称为耐热钢。高温抗氧化性是指金属材料在高温下对氧化作用的抵抗能力，而高温强度指金属材料在高温下对机械负荷作用具有较高的抗力。耐热钢广泛用于制造工业加热炉、热工动力机械（如内燃机）、石油及化工机械与设备等高温条件工作的零件。

耐热钢按其性能可分为抗氧化钢和热强钢两类。

（一）抗氧化钢

在高温下有较好的抗氧化性、一定的强度的钢称为抗氧化钢，又称不起皮钢。一般用于制作承受载荷较低而要求有高温抗氧化性的部件，如燃气轮机燃烧室、锅炉吊挂、加热炉底板及炉管等。

抗氧化钢中加入的合金元素为Cr、Al、Si等。这些铁素体形成元素在高温下能促使金属表面生成致密的、高熔点的、稳定的氧化膜，牢固地覆盖在钢的表面，使钢与高温氧化性气体隔绝，防止继续氧化，是提高钢的抗氧化性和抗高温气体腐蚀的主要元素。常用的抗氧化钢有4Cr9Si2、1Cr13SiAl等。

（二）热强钢

热强钢是指在高温下具有良好的抗氧化性能并具有较高的高温强度的钢。有些不锈钢也属于热强钢。

常用的热强钢按正火态组织不同，大致分为珠光体钢、马氏体钢、奥氏体钢等。

1. 珠光体钢

珠光体钢的合金元素以Cr、Mo为主，总量一般不超过5%。其正火组织主要由珠光体和铁素体组成。这类钢在500～600 ℃有良好的高温强度及工艺性能，价格较低，广泛用于制造600 ℃以下的耐热部件，如锅炉钢管、汽轮机叶轮、转子、紧固件及高压容器、管道等。典型钢种有16Mo、15CrMo、12Cr1MoV、12Cr2MoWVTiB、10Cr2Mo1、25Cr2Mo1V、20Cr3MoWV等。

2. 马氏体钢

马氏体钢的含铬量一般为7%～13%，在650 ℃以下有较高的高温强度、抗氧化性和耐水汽腐蚀的能力，但焊接性较差。含铬量在12%左右的1Cr13、2Cr13，以及在此基础上发展出来的钢号，如1Cr11MoV、1Cr12WMoV、2Cr12WMoNbVB等，通常用来制造汽轮机叶片、轮盘、轴、紧固件等。

3. 奥氏体钢

奥氏体钢含有较多的 Ni、Mn、N 等奥氏体形成元素，在 600 ℃以上时，有较好的高温强度和组织稳定性，焊接性能良好。通常用于制造在 600 ℃以上工作的热强材料。典型钢种有 1Cr18Ni9Ti、1Cr23Ni13、1Cr25Ni20Si2、2Cr20Mn9Ni2Si2N、4Cr14Ni14W2Mo 等。

三、耐磨钢

在强烈冲击载荷作用和磨损条件下具有良好韧性和高耐磨性的钢称为耐磨钢。主要用于车辆的履带板、破碎机衬板、铁路道岔、球磨机衬板等。

典型的耐磨钢是高锰钢，常用牌号为 ZGMn13，其含碳量为 0.9% ~1.4%，含锰量在 11.0% ~14.0%，一般不应低于 13%。高锰钢具有良好的铸造性能，但其铸态组织中存在大量碳化物，使钢又硬又脆，严重影响冲击韧性。因此，使用前须将其加热到 Ac_{cm}线以上使所有的碳化物溶入奥氏体中，然后水冷获得单一的奥氏体组织，通常将这种热处理方法称为水韧处理。

经水韧处理后，高锰钢的强度、硬度较低(180 ~200 HBS)，而塑性、韧性较好，且极易产生加工硬化。当这种钢在工作时受到强烈的冲击、压力与摩擦后，表面会由于塑性变形而产生强烈的加工硬化，并发生奥氏体向马氏体的转变，零件表面硬度可达到 50 ~58 HRC，从而使金属表层具有高的硬度和耐磨性，而心部仍保持原来奥氏体所具有的高韧性与塑性。当旧表面磨损后，新露出的表面又可在冲击与摩擦作用下，获得新的耐磨层，故这种钢具有很高的抗冲击能力与耐磨性。同时，由于加工硬化的作用会减缓、抵制裂纹的继续扩展，即使在寒冷的气候条件下也不会产生冷脆现象。因此，这种钢适应性特别强，常用于挖掘机铲斗、破碎机衬板以及坦克履带和防弹板等。

习　题

思考题

1. 何谓合金钢？常加入的合金元素有哪些？
2. 合金钢常用的分类方法有哪几种？
3. 说明合金钢的牌号表示的基本方法。
4. 指出 9SiCr、40Cr、5CrMnMo 是哪种钢？其含碳量约多少？
5. 钢中常用合金元素有哪些是强碳化物形成元素、弱碳化物形成元素？
6. 合金元素对钢的热处理的影响主要体现在哪几个方面？
7. 常用以提高钢淬透性的元素有哪些？强烈阻碍奥氏体晶粒长大的元素有哪些？
8. 什么是钢的回火稳定性？常用以提高回火稳定性的元素有哪些？
9. 简述 20CrMnTi 钢制造汽车变速齿轮的热处理工艺过程。
10. 简述合金弹簧钢的性能和用途。
11. 合金结构钢按其主要用途可分为哪几种？简述它们的含碳量及主要用途。
12. 合金工具钢按其主要用途可分为哪几种？它们的主要用途是什么？
13. 何谓热硬性？碳素工具钢和低合金刃具钢相比较，哪种钢的热硬性较好？
14. 简述高速钢的成分特点、主要特性及热处理特点。

15. 什么是模具钢？按工作条件不同，模具钢分为哪几类？试述各类模具钢的主要用途。

16. 什么是量具钢？对量具钢有哪些性能要求？简述量具钢的热处理特点及其作用。

17. 什么叫不锈钢？不锈钢如何分类？含碳量对不锈钢性能有何影响？

18. 简述耐热钢的性能和用途。

第八章　铸　铁

第一节　铸铁概述

铸铁是含碳量大于2.11% 的铁碳合金的统称。工业上常用铸铁中还含有较多的硅、锰等合金元素以及一定的硫、磷等杂质元素。铸铁与钢的主要区别为:一是其碳、硅含量较高;二是其中碳元素多以石墨或渗碳体形式存在;三是硫、磷杂质较多。因此,铸铁与钢相比,抗拉强度低,塑性、韧性较差。但是碳以石墨形式存在的灰铸铁,具有优良的铸造性、减摩性及耐磨性,良好的减振性和切削加工性,以及较大的抗压强度、较低的缺口敏感性等优点,而且生产成本低,所以铸铁广泛应用于机械制造、冶金、石油化工、交通、建筑和国防工业各部门。

一、铸铁的分类

(一)按碳的存在形式分类

按碳在铸铁中存在的形式,铸铁可分为以下几种:

(1)灰铸铁。碳主要以游离状态的石墨形式存在,凝固后其断口呈暗灰色,故称为灰铸铁。这种铸铁综合性能较好,是工业上应用最广泛的铸铁。

(2)白口铸铁。碳主要以渗碳体的形式存在,其断口呈白亮色。这种铸铁硬度高、脆性大、切削加工难,因此很少作为结构材料使用,主要用做炼钢原料,又称为"生铁"。但因其耐磨性较好,有时也铸成表面为白口组织的铸件,如轧辊、磨球、犁铧等。

(3)麻口铸铁。碳一部分是以石墨形式存在,另一部分是以渗碳体形式存在,其断口呈灰白相间的麻点状。麻口铸铁是介于白口铸铁和灰铸铁之间的一种铸铁,脆性也较大,工业上极少应用。

(二)按石墨存在形态分类

按铸铁中石墨存在的形态,工业上应用最广泛的灰铸铁分为以下几种:

(1)普通灰铸铁。石墨呈片状。

(2)球墨铸铁。石墨呈球状。

(3)蠕墨铸铁。石墨形态介于片状和球状之间,近似蠕虫状存在。

(4)可锻铸铁 。石墨呈团絮状。

图 8-1 给出了这四种灰铸铁中石墨形态的示意图。

(三)按化学成分及用途分类

铸铁按化学成分及用途分为普通铸铁和特殊性能铸铁(合金铸铁)。特殊性能铸铁是有某些特性的铸铁。根据用途的不同,又可分为耐磨铸铁、耐热铸铁、耐蚀铸铁等,在机械制造上应用较广泛。

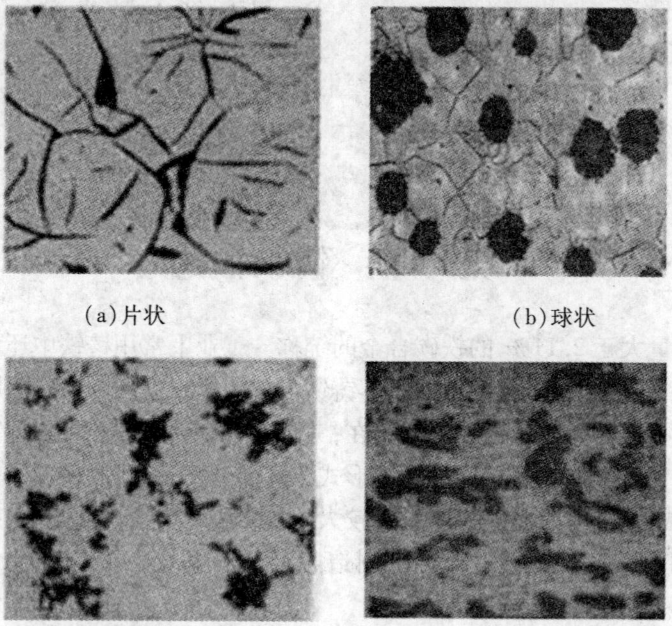

(a)片状　　(b)球状

(c)团絮状　　(d)蠕虫状

图 8-1　铸铁石墨形态示意图

二、铸铁的石墨化

铸铁中的碳有两种存在形式，即化合态的渗碳体(Fe_3C)和游离态的石墨(G)。石墨是稳定相，渗碳体是一个亚稳定相，在一定条件下将分解成石墨。因此，描述铁碳合金结晶过程和组织转变的相图实际上有两个，一个是 $Fe-Fe_3C$ 相图，另一个是 Fe－G(石墨)相图。研究铸铁时，通常把两者叠合在一起，就可以得到铁碳合金的双重相图，如图 8-2 所示。

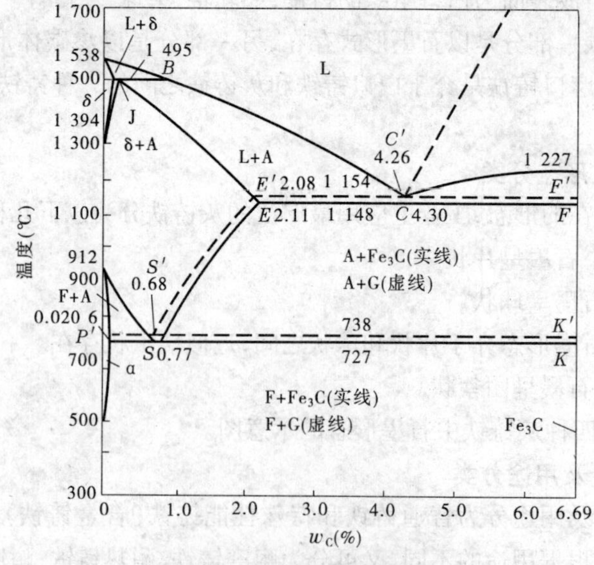

图 8-2　铁碳合金双重相图

图 8-2 中的实线表示 $Fe-Fe_3C$ 相图,部分实线再加上虚线表示 Fe-G 相图,凡虚线与实线重合的线条都以实线表示。从图 8-2 可以看出:虚线都位于实线的上方和左上方,在 Fe-G 相图中,碳在液态合金、奥氏体和铁素体中的溶解度都比在 $Fe-Fe_3C$ 相图中的溶解度小,发生石墨转变的共晶温度和共析温度都比发生渗碳体转变的共晶温度和共析温度高。

(一)铸铁的石墨化过程

铸铁中的碳原子以石墨形式析出的过程称为石墨化。铸铁的石墨化有两种形式:一种是按 Fe-G(石墨)相图由液态和固态相中直接析出石墨;另一种是按 $Fe-Fe_3C$ 相图先析出渗碳体,然后在石墨化退火时从渗碳体中分解而析出石墨。

现以过共晶铁液为例来介绍铸铁的石墨化过程。

1. 按 Fe-G 相图进行结晶时

铸铁的石墨化过程可分为以下三个阶段:

第一阶段(液态阶段):冷却至液相线时,从液相中结晶出的一次石墨($G_Ⅰ$),以及冷却至 1 154 ℃发生共晶转变所形成的共晶石墨($G_{共晶}$)。

第二阶段(脱溶析出阶段):在 1 154 ~ 738 ℃之间冷却时,从过饱和奥氏体中脱溶析出的二次石墨($G_Ⅱ$)。

第三阶段(共析阶段):冷却至 738 ℃时,奥氏体发生共析转变形成的共析石墨($G_{共析}$)。

2. 按 $Fe-Fe_3C$ 相图结晶时

其石墨化过程分为以下三个阶段:

第一阶段:由一次渗碳体和共晶渗碳体,在高温石墨化退火中分解而析出石墨。

第二阶段:由奥氏体中析出的二次渗碳体,在石墨化退火中分解而析出石墨。

第三阶段:由共析渗碳体,在低温石墨化退火中分解而析出石墨。

应当指出,石墨化过程是原子扩散的过程,同一铸铁在不同的石墨化温度、保温时间及冷却速度等条件下,其各阶段的石墨化程度也不同,从而可以相应地获得不同类型的铸铁及组织,如表 8-1 所示。

表 8-1 铸铁经不同程度的石墨化后获得不同类型的铸铁及组织

铸铁类型	石墨化程度			铸铁室温组织
	第一阶段	第二阶段	第三阶段	
灰铸铁	充分进行	充分进行	充分进行	F + G
	充分进行	充分进行	部分进行	F + P + G
	充分进行	充分进行	不进行	P + G
麻口铸铁	部分进行	部分进行	不进行	Ld′ + P + G
白口铸铁	不进行	不进行	不进行	$Ld' + P + Fe_3C_Ⅱ$

(二)影响石墨化的因素

石墨化过程受众多因素影响,其中最主要的因素是化学成分和结晶时的冷却速度。

1. 化学成分的影响

化学成分是影响石墨化进程的内在因素,因此控制铸铁的化学成分是改善铸件组织和性能的基本方法,生产上主要是控制碳、硅的含量。碳、硅是强烈促进石墨化的元素,其含量越高越利于石墨化。但碳、硅含量过高，不仅使石墨数量多且粗大，而且使基体中铁素体量增多，降低铸件的性能。一般含碳量为2.3%～4.0%，含硅量为1.0%～3.0%。

硫、锰是强烈阻碍石墨化的元素。硫不仅强烈地阻止石墨化，而且还会降低灰铸铁的力学性能和流动性，故其含量应尽量低，一般限制在0.15%以下。而锰因能与硫形成MnS，减弱了硫的有害作用，尽管锰也是阻止石墨化的元素，但其含量略高，一般为0.5%～1.4%。

磷是一种弱促进石墨化元素，但含磷较高时会增加铸铁的脆性，易产生冷裂纹，因此也应控制其含量，一般不超过0.3%。

2. 冷却速度的影响

铸件的冷却速度对石墨化过程也有明显的影响。一般来说，铸件冷却速度越缓慢，即过冷度较小时，就越有利于按照Fe－C稳定状态相图进行结晶与转变，即越有利于石墨化过程的充分进行；反之，铸件冷却速度快，则有利于按照Fe－Fe_3C亚稳定状态相图进行结晶与转变，最终获得白口铸铁。

第二节　常用铸铁

一、灰铸铁

灰铸铁是价格最便宜、应用最广泛的一种铸铁，在各类铸铁的总产量中，灰铸铁占80%以上。

（一）灰铸铁的化学成分和组织特征

灰铸铁的成分大致范围为：含碳2.7%～3.6%，含硅1.4%～2.7%，含锰0.5%～1.2%，并限制硫、磷含量。根据不同阶段石墨化程度的不同，灰铸铁存在三种不同的基体组织：铁素体基、珠光体基和铁素体＋珠光体基，如图8-3所示。

（a）铁素体基　（b）铁素体＋珠光体基　（c）珠光体基

图8-3　灰铸铁的显微组织

（二）灰铸铁的牌号

根据《铸铁牌号表示方法》（GB/T 5612—2008）规定，灰铸铁的牌号以“HT＋数字”的方式表示。HT是“灰铁”二字的汉语拼音的第一个大写字母。牌号中代号后面的一组数字表示最低抗拉强度。例如，HT150表示最低抗拉强度为150 MPa的灰铸铁。《灰铸铁件》（GB/T 9439—2010）中规定，目前灰铸铁的牌号共有HT100、HT150、HT200、HT225、HT250、HT275、

HT300 和 HT350 等八个牌号

常用灰铸铁的牌号、性能、组织和应用举例见表 8-2。从表 8-2 中可以看出,灰铸铁的强度与铸件的壁厚有关,同一牌号的铸铁的抗拉强度随铸件壁厚的增加而降低。因此,在设计铸件时,要根据零件的性能要求及壁厚合理地选择相应的铸铁牌号。

表 8-2　灰铸铁的牌号、性能、组织和应用举例(摘自 GB/T 9439—2010)

牌号	铸件壁厚(mm)		抗拉强度(MPa)	显微组织		应用举例
	>	≤	≥	基体	石墨	
HT100	2.5	10	130	F	粗片状	手工铸造用砂箱、盖、下水管、底座、外罩、手轮、手把、重锤等
	10	20	100			
	20	30	90			
	30	50	80			
HT150	2.5	10	175	F+P	较粗片状	机械制造业中一般铸件,如底座、手轮、刀架;冶金业中流渣槽、渣缸等;机车用铸件如水泵壳、阀体等;动力机械中拉钩、阀门、油泵壳等
	10	20	145			
	20	30	130			
	30	50	120			
HT200	2.5	10	220	P	中等片状	一般运输机械中的汽缸体、缸盖、飞轮等;一般机床用机身、机座等;通用机械承受中等压力的泵体、阀门等;动力机械中的外壳、轴承座、水套筒等
	10	20	195			
	20	30	170			
	30	50	160			
HT250	4.0	10	270	细 P	较细片状	运输机械中的薄壁缸体、缸盖、线排气管;机床中立柱、横梁、床身、滑板、箱体等;冶金矿山机械中的轨道板、齿轮;动力机械中的缸体、缸套、活塞等
	10	20	240			
	20	30	220			
	30	50	200			
HT300	10	20	290	细 P	细小片状	机床导轨、受力较大的机床床身、立柱机座等;通用机械的水泵出口管、吸入盖等;动力机械中的液压阀体、蜗轮、汽轮机隔板、泵壳、大型发动机缸体、缸盖等
	20	30	250			
	30	50	230			
HT350	10	20	340	细 P	细小片状	大型发动机缸体、缸盖、衬套;水泵缸体、阀体、凸轮等;机床导轨、工作台等摩擦件、需经表面淬火的铸件
	20	30	290			
	30	50	260			

(三)灰铸铁的使用性能

1. 力学性能

灰铸铁中存在交错的石墨片网,片状石墨网的存在相当于在灰铸铁中存在微小的裂纹,这样在石墨尖端位置不仅会引起应力集中,而且还会破坏基体的连续性,所以灰铸铁的抗拉强度比较差,强度、塑性和韧性几乎为零。但石墨对抗压强度和硬度影响不大,其抗压强度显著高于抗拉强度。因此,灰铸铁被广泛应用于制造承受压载荷的零部件,如机床的底座、床身、支柱等。

2. 减振性

灰铸铁中的石墨对振动可起缓冲作用,可阻止振动传播,并将振动转化为热能而消失,故铸铁还具有良好的减振性(铸铁的减振能力比钢大10倍左右)。

另外,灰铸铁还有较低的缺口敏感性和较好的减摩耐磨性能。这些是灰铸铁被广泛应用于机械制造的重要原因之一。

3. 灰铸铁的工艺性

1)铸造性能

由于灰铸铁的含碳量高,化学成分接近于共晶点,故熔点比较低,铁水的流动性好,铸件内应力小,铸造收缩率小。另外,灰铸铁件凝固后,既不易形成集中缩孔,也较少形成分散缩孔,仅有长度方向的线收缩,所以可以铸造形状非常复杂或者薄壁的零件。总之,灰铸铁具有优良的铸造性能,广泛用于铸造生产。

2)切削加工性能

由于灰铸铁组织中的石墨本身有润滑作用,而且脱落的石墨空隙具有储油功能,可减缓摩擦面油膜的破损,对刀具起到减摩的作用,所以灰铸铁的切削加工性是优良的,其可切削性能明显优于钢。

3)焊接性能

灰铸铁的碳当量高,焊接冷裂纹倾向大,焊接性能很差,因此焊接时,必须预热,并选择合适的焊接材料和焊接工艺。

(四)灰铸铁的孕育处理

为了细化石墨、改善组织,提高灰铸铁的力学性能,生产上常对其进行孕育处理,即在浇注之前向铁液中加入少量的孕育剂(也叫变质剂),从而在铁液中形成大量的、高度弥散的固相质点,以促进石墨的非自发形核,提高形核率,增加晶核数目,获得细小而弥散分布的片状石墨,减小石墨片对基体组织的割裂作用而使灰铸铁的强度和塑性得到提高。这种经过孕育处理的高性能灰铸铁称为孕育铸铁。

常用的孕育剂有硅铁合金和硅钙合金,其中以含硅量为75%的硅铁合金最为常用。铸铁经孕育处理后,使灰铸铁的组织变细,强度有较大提高,塑性和韧性也有所改善。同时由于孕育剂的加入,还可以使铸铁对冷却速度的敏感性显著减小,使各部位都能得到均匀一致的组织。所以,孕育铸铁常常用来制造力学性能要求较高,截面尺寸变化较大的铸件,例如大型汽缸、泵体、凸轮及机床导轨等。

(五)灰铸铁的热处理

灰铸铁热处理的主要目的是用来消除铸件内应力,消除白口组织,改善切削性能、基体组织和提高表面耐磨性等。结合生产实际并参考《灰铸铁件热处理》(JB/T 7711—2010)规定,我们介绍几种常用的灰铸铁热处理方法。

1. 去应力退火

铸件在凝固冷却和发生组织转变过程中,不可避免地要产生内应力而使铸件翘曲,甚至开裂。在机械加工过程中,由于内应力的重新分布,可进一步地引起铸件变形,因此铸造后要进行去应力退火(即人工时效,又称为时效退火)。

这种退火工艺是，将铸件加热到520～560 ℃，保温一定时间后，随炉缓慢冷却(20～50 ℃/h)到150～200 ℃，出炉空冷。

2. 石墨化退火

通常按热处理目的和加热温度不同，把石墨化退火分为高温石墨化退火和低温石墨化退火两类。一般所谓的石墨化退火多指高温石墨化退火。

1)高温石墨化退火

在铸造过程，灰铸铁件的表层及薄壁处由于冷速较快，可能出现白口组织，使切削加工难以进行，因此需要高温石墨化退火。即将铸件均匀加热到850～950 ℃，保温1～4 h(保温时间与铸件成分、壁厚及装炉量有关)，随炉缓慢冷却，使共晶渗碳体和自由渗碳体分解，从而达到消除白口组织、降低(表面)硬度、改善切削加工性能的目的。

2)低温石墨化退火

低温石墨化退火主要用于不含自由渗碳体和共晶渗碳体的，且硬度过高的珠光体基灰铸铁。其工艺是将铸件加热到650～700 ℃，保温2～5 h，然后随炉缓慢冷却，使共析渗碳体发生分解，以获得珠光体+铁素体基或铁素体基灰铸铁，从而达到降低硬度，并改善塑性和韧性的目的。

3. 正火

正火的目的是增加铸铁基体中的珠光体组织，提高铸件的强度、硬度和耐磨性，并可作为表面热处理的预先热处理，改善基体组织，或者为以后的淬火做好组织准备。其工艺是将铸件加热到850～900 ℃，保温1～3 h，使铸铁奥氏体化后，出炉空冷，最终获得综合性能较好的细小珠光体基灰铸铁。

4. 表面淬火

与钢的表面淬火工艺相似，其目的是提高铸件的硬度和耐腐蚀性。但进行表面淬火的铸件，其原始组织中的珠光体量应大于65%，石墨细小并应分布均匀，否则会因为基体中铁素体量过多，在快速加热时奥氏体溶碳量太少，致使淬火硬度不高。因此，如果基体组织中铁素体量过多，应在淬火前进行一次正火处理，保证基体组织有足够的珠光体，以获得良好的表面淬火效果。

二、球墨铸铁

球墨铸铁是在浇注前向铁液中加入球化剂和孕育剂进行球化处理和孕育处理，获得石墨呈球状的铸铁，简称“球铁”。球墨铸铁是20世纪50年代发展起来的一种高强度铸铁材料，因其综合性能良好，力学性能接近于钢，且工艺简单、成本低廉，已迅速发展为仅次于灰铸铁且应用广泛的铸铁材料。所谓“以铁代钢”，主要是指球墨铸铁的应用。

(一)球墨铸铁的化学成分和组织

1. 球墨铸铁的化学成分

球墨铸铁的化学成分应当在有利于石墨球化的前提下，根据铸件壁厚的大小、组织与性能要求来决定。通常情况下，球墨铸铁中都含有碳、硅、锰、磷、硫和镁等元素，而且对球墨铸铁的成分要求比较严格。其成分特点是高碳(3.6%～4.0%)和高硅(2.0%～3.0%)，较低锰(0.3%～0.8%)，低硫(<0.03%)、低磷(<0.08%)。

2. 球墨铸铁的组织

球墨铸铁的显微组织由球状石墨与金属基体两部分组成。其中球状石墨通常是孤立地分布在金属基体中的，石墨的圆整度越好，对基体的强度、塑性和韧性影响越小。球状石墨球径越小，分布越均匀，球墨铸铁的力学性能越高。随着化学成分和冷却速度的不同，球墨铸铁在铸态下有铁素体、铁素体 + 珠光体、珠光体及贝氏体四种基体类型，如图 8-4 所示。

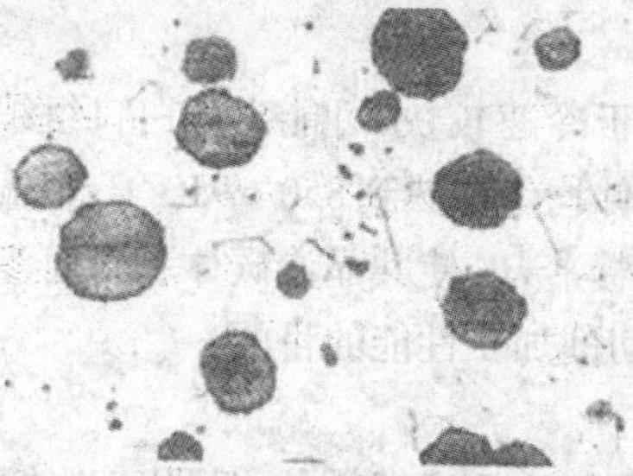

(a)铁素体基体

(b)铁素体 + 珠光体基体

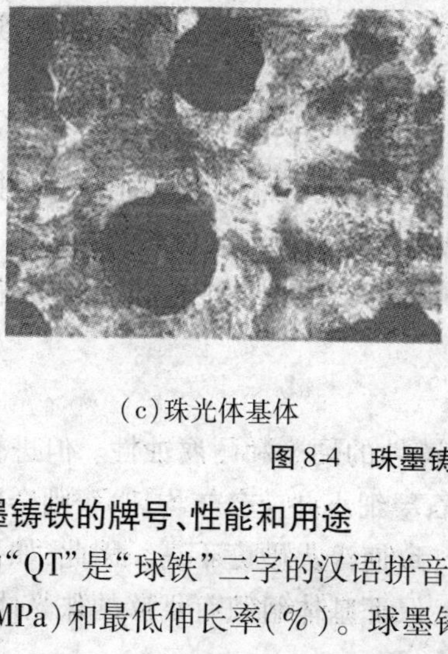

(c)珠光体基体

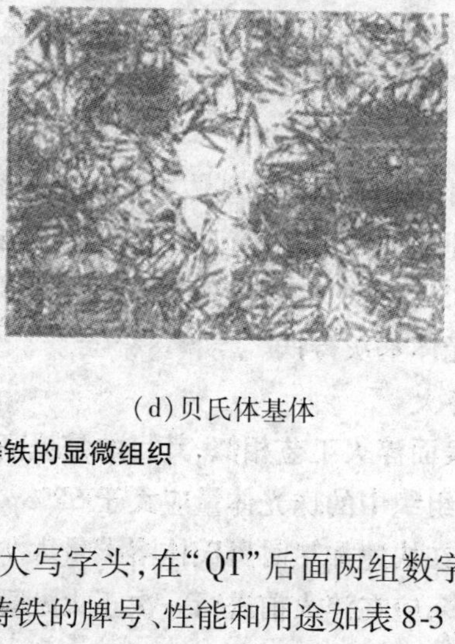

(d)贝氏体基体

图 8-4　珠墨铸铁的显微组织

(二)球墨铸铁的牌号、性能和用途

牌号中的“QT”是“球铁”二字的汉语拼音大写字头，在“QT”后面两组数字分别表示最低抗拉强度(MPa)和最低伸长率(%)。球墨铸铁的牌号、性能和用途如表 8-3 所示。

表 8-3　球墨铸铁的牌号、性能和用途

牌号	基体	力学性能(不小于)					应用举例
		σ_b (MPa)	$\sigma_{0.2}$ (MPa)	δ (%)	a_K (J·cm^{-2})	HB	
QT400 - 17	F	400	250	17	60	≤179	阀体和阀盖，汽车底盘零件、机床零件
QT420 - 10	F	420	270	10	30	≤207	
QT500 - 05	F + P	500	350	5	—	147 ~ 241	机油泵齿轮和轴瓦
QT600 - 02	P	600	420	2	—	229 ~ 302	汽油机的曲轴、凸轮，车床主轴，空压机、冷冻机的缸体、缸套
QT700 - 02	P	700	490	2	—	229 ~ 304	
QT800 - 02	S	800	560	2	—	241 ~ 321	
QT1200 - 01	B	1 200	840	1	30	≥38 HRC	拖拉机的减速齿轮等

（三）球墨铸铁的球化处理和孕育处理

1. 球墨铸铁的球化处理

在球墨铸铁生产中，铁液浇注前加入一定量的球化剂，以促使石墨结晶时生长为球状的操作工艺，称为球化处理。目前，国内广泛应用的球化剂主要有三类：镁、稀土或稀土－硅铁－镁合金球化剂。镁有很强的脱硫去氧能力，当铁液中硫、磷的含量较高时，球化剂镁的加入量就要增加，保证石墨顺利球化。稀土－硅铁－镁合金球化剂的显著特点是具有抵抗干扰元素反球化作用的能力，因此可用于含有干扰元素的铁液的球化处理。

2. 球墨铸铁的孕育处理

球化处理所添加的球化剂镁及稀土元素，能强烈阻碍石墨化，难以产生石墨晶核，因此在球化处理后，必须进行孕育处理。其工艺是在铁水经球化处理后，补加剩余铁水时，将孕育剂均匀地撒在出铁槽内，随着补加的铁液冲入到经球化处理的铁水中进行孕育处理。经孕育处理后的球铁，石墨球数量增多，球径减小，形状圆整，且分布均匀，从而改善了球铁的力学性能。

（四）球墨铸铁的热处理

球墨铸铁的热处理与钢的热处理基本相同，但由于含硅量较高，石墨导热性较差，所以加热温度较高，加热、冷却速度较缓慢。常用的热处理方法有以下几种。

1. 去应力退火

球墨铸铁的弹性模量较高，因此铸造后产生的残余应力一般比灰铸铁高1～2倍。特别是形状复杂、壁厚相差悬殊的铸件，残余内应力较大，故必须进行去应力退火。其工艺与灰铸铁的去应力相似，这里不再赘述。

2. 石墨化退火

与灰铸铁相似，球墨铸铁也可进行保温石墨化退火和低温石墨化退火。

在球墨铸铁生产过程中，如果化学成分选择不当，球化剂加入量过多或者孕育剂加入量不够，在铸态组织中就会出现一定数量的自由渗碳体，使铸件加工困难，因此必须采用高温石墨化退火，以消除白口组织、改善铸件的切削加工性能。进行高温石墨化退火时，一般加热温度为900～950 ℃。

为了提高球墨铸铁的塑性和韧性，可对珠光体基或珠光体＋铁素体基球墨铸铁进行低温石墨化退火，使其共析渗碳体分解，最终获得单一的铁素体基球墨铸铁。其低温石墨化退火温度一般为720～760 ℃。

3. 正火

根据加热温度不同，球墨铸铁的正火一般分为高温正火和低温正火两种。

1）高温正火

高温正火又称为完全奥氏体化正火，其目的是为了增加基体组织中的珠光体量，提高强度、硬度和耐磨性，同时消除自由渗碳体。高温正火后的基体组织为珠光体或者珠光体加少量铁素体。此工艺为将铸件加热至共析温度范围之上，一般为880～920 ℃，保温1～2 h，出炉空冷。

2）低温正火

低温正火又称为不完全奥氏体化正火，正火后基体中仍保留一部分铁素体相。其目的是在提高强度、硬度和耐磨性的同时，仍有较好的塑性和韧性，即获得较好的综合力学性能。

一般低温正火加热温度为820～860 ℃。

4. 淬火和回火

球墨铸铁经正火处理后可获得较好的综合力学性能,但对于某些要求高的铸件在正火处理达不到预期效果时,就必须采用淬火、回火的热处理工艺,来充分发挥球墨铸铁件的性能潜力。

1)球墨铸铁的淬火

球墨铸铁的淬火温度应根据球墨铸铁的化学成分和原始组织来选择。如含硅量在2%～3%时,淬火温度取850～900 ℃为宜。含硅量高,取上限;反之,取下限。珠光体基体球墨铸铁的淬火温度较铁素体基体球墨铸铁低,将使马氏体针变粗并增加残余奥氏体量,使力学性能变坏,尤其韧性显著下降。因此,在保证奥氏体化的前提下,应尽量采用较低的淬火温度。

2)球墨铸铁的回火

淬火后的球墨铸铁基体组织为马氏体+少量残余奥氏体,硬度可达58～60 HRC,且组织不稳定、内应力大、脆性大,因此必须进行适当的回火。

球墨铸铁常用的回火为低温回火和高温回火。一般淬火后若进行150～250 ℃的低温回火,则铸件具有很高的硬度和耐磨性,可用于制造高压泵体、套筒、阀座等耐磨件;若进行500～600 ℃的高温回火,即所谓的调质处理,则具有非常优良的综合力学性能,可以替代部分铸钢和锻钢制造一些重要的结构零件,例如曲轴、连杆以及内燃机车万向轴等。

3)等温淬火

等温淬火的目的是得到高强度或超高强度的贝氏体基体球墨铸铁。等温淬火适用于外形复杂,热处理易变形、开裂,而综合性能要求又高的铸件,如齿轮、滚动轴承套圈、凸轮轴等。球墨铸铁等温淬火后,除得到高强度外,同时它还具有较高的塑性、韧性,因此具备了良好的综合力学性能和耐磨性能。等温淬火比普通淬火有较少的内应力,所以能够防止复杂形状的铸件变形和开裂。

4)感应加热表面淬火

对于某些球墨铸铁铸件,例如在动载荷与摩擦条件下工作的齿轮、凸轮轴、曲轴和主轴等,它们除要求具有良好的综合力学性能外,同时还要求工作表面具有较高的硬度、耐磨性和疲劳强度。因此,对于有这种要求的球墨铸铁铸件都需要进行表面淬火,如火焰加热表面淬火、中频感应加热表面淬火和高频感应加热表面淬火。最常应用的是感应加热表面淬火。

当然,球墨铸铁也不是十全十美的。与灰铸铁相比,其凝固时的收缩率较大,铸造性能较差,且减摩、减振性能也比较低。与钢相比,其塑性和韧性也较低。

三、蠕墨铸铁

蠕墨铸铁是指铁水经过蠕化处理和孕育处理后,获得石墨呈蠕虫状的铸铁。我国在20世纪60年代就已开发出蠕墨铸铁,但直到20世纪80年代后,人们才认识到其优越性能,并迅速发展成为一种新型的优质铸铁。

(一)蠕墨铸铁的化学成分和组织特征

蠕墨铸铁的化学成分和球墨铸铁相似,即要求高碳(3.5%～3.9%)、高硅(2.1%～2.8%)、低硫(<0.06%)、低磷(<0.1%)及一定量的锰(0.4%～0.8%)。

蠕墨铸铁的组织是在铸铁的基体上分布着蠕虫状的石墨,如图 8-5 所示。蠕墨铸铁不同于灰铸铁的是,其片较短而厚、头部较圆(形似蠕虫)。通过对蠕虫状石墨微观结构的分析,发现其结晶位向和球状石墨有较多的相似性,所以可以认为蠕虫状石墨是一种过渡型石墨。

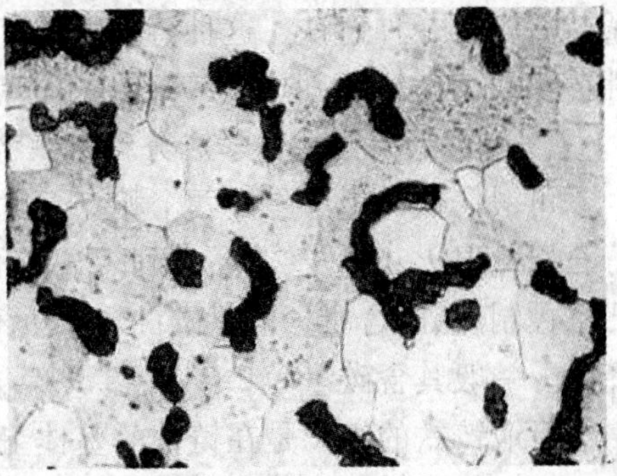

图 8-5 蠕墨铸铁的显微组织

(二)蠕墨铸铁的牌号、性能特点及用途

蠕墨铸铁的牌号中,“RuT”表示“蠕铁”二字的汉语拼音首字母,后面的数字表示最低抗拉强度(MPa)。例如,牌号 RuT300 表示最低抗拉强度为 300 MPa 的蠕墨铸铁。蠕墨铸铁的牌号、性能特点及用途如表 8-4 所示。表中的“蠕化率”表示在有代表性的显微视野内,蠕虫状的石墨数目与全部石墨数目的百分比。

表 8-4 蠕墨铸铁的牌号、性能特点及用途

牌号	基体组织	力学性能			蠕化率(%)	HBS	应用举例
		σ_b (MPa)	$\sigma_{0.2}$ (MPa)	δ (%)			
RuT420	P	420	335	0.75	≥50	200 ~ 280	活塞环、制动盘、钢球研磨盘、泵体等
RuT380	P	380	300	0.75		193 ~ 274	
RuT340	P + F	340	270	1.0		170 ~ 249	机床工作台、大型齿轮箱体、飞轮等
RuT300	F + P	300	240	1.5		140 ~ 217	变速器箱体、汽缸盖、排气管等
RuT260	F	260	195	3.0		121 ~ 197	汽车底盘零件、增压器零件等

蠕墨铸铁的力学性能介于相同基体组织的灰铸铁和球墨铸铁之间。其抗拉强度和伸长率均高于灰铸铁,但低于球墨铸铁;耐热疲劳性及减振性均优于球墨铸铁,与灰铸铁相近;铸造性能低于灰铸铁但优于球墨铸铁;切削加工性能和球墨铸铁相似,比灰铸铁稍差。因此,蠕墨铸铁已开始在生产中广泛使用,主要用来制造大马力柴油机气缸盖、气缸套、电动机外壳、机座、机床床身、制动器鼓轮、阀体等零件。

(三)蠕墨铸铁的热处理

蠕墨铸铁的热处理主要是为了调整其基体组织,以获得不同的力学性能。经常用到的热处理方式是正火和退火。

(1)正火。蠕墨铸铁正火的目的是增加珠光体量、提高强度和耐磨性。

(2)退火。蠕墨铸铁退火是为了获得 85% 以上的铁素体基体或消除薄壁处的自由渗碳体。

四、可锻铸铁

可锻铸铁是由一定成分的白口铸铁通过长时间石墨化退火处理得到的,组织中具有团絮状石墨的一种铸铁。这种铸铁因具有一定的塑性和韧性，所以俗称玛钢、马铁，又称为展性铸铁或韧性铸铁，但可锻铸铁并不能锻造。

（一）可锻铸铁的化学成分和组织特征

可锻铸铁的生产是由两个相互矛盾的工艺过程所组成的，即先浇注出白口铸铁，然后进行石墨化退火获得灰铸铁。因此，与其他灰铸铁相比，可锻铸铁的成分特点是低碳、低硅，并严格控制硫、磷含量。但是碳硅含量也不能太低，否则要延长石墨化退火周期，使得生产率降低。一般其含碳量为2.2% ~2.9%，含硅量为0.9~1.9%。

可锻铸铁的组织是在铸铁的基体上分布着团絮状的石墨，如图8-6所示。根据热处理工艺、室温组织及断口特征的不同，可锻铸铁可分为黑心可锻铸铁、珠光体可锻铸铁及白心可锻铸铁三类，其中生产中常用的是前两种可锻铸铁。

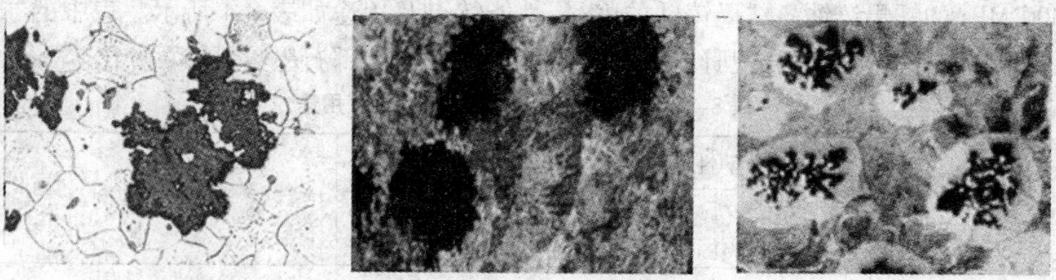

（a）铁素体基体　　（b）珠光体基体　　（c）铁素体 + 珠光体基体

图8-6　可锻铸铁的三种显微组织

黑心可锻铸铁的室温组织为铁素体基体 + 团絮状石墨，它是由白口毛坯高温石墨化退火得来的，其断口呈黑灰色，因此称为黑心可锻铸铁，又称为铁素体可锻铸铁。

珠光体可锻铸铁的室温组织为珠光体基体 + 团絮状石墨，它是强度最高、综合力学性能最好的可锻铸铁，因而应用也最广泛。

白心可锻铸铁的室温组织为铁素体基体 + 少量珠光体基体 + 团絮状石墨。这种铸铁实际上由于脱碳不充分，铸件外层是铁素体基体，而中心是珠光体基体，因其断口中心呈灰白色，表层呈暗灰色，俗称白心可锻铸铁。由于白心可锻铸铁的韧性差、退火周期长，这种可锻铸铁很少应用。

（二）可锻铸铁的牌号、性能特点和用途

可锻铸铁的牌号以“KTH”（可铁黑）或“KTZ”（可铁珠）或“KTB”（可铁白）为分类代号，其后两组数字分别表示其最低抗拉强度值（MPa）和最低断后伸长率（%）。例如，KTH300 - 6 表示最低抗拉强度值为 300 MPa、最低断后伸长率为 6% 的黑心可锻铸铁。表8-5给出了常用的可锻铸铁的牌号、性能特点和用途。

可锻铸铁中石墨呈团絮状分布，石墨尖端引起的应力集中不明显，石墨对金属基体的割裂和破坏作用较小。因此，与灰铸铁相比，可锻铸铁具有较高的强度和韧性，尤其是珠光体基体可锻铸铁，强度已可与铸钢相媲美，可用于制作承受冲击和振动的零件，如汽车、拖拉机的后桥外壳、管接头、中低压阀门等零件。与球墨铸铁相比，其具有质量稳定、铁液处理简单、易于组织流水线生产等优点，尤其是用于大量生产的薄壁件。但可锻铸铁退火时间长，生产过程较为复杂，因而生产效率低，成本高，在一定程度上使用受到限制。

表 8-5　常用可锻铸铁的牌号、性能特点和用途

分类	牌号	试棒直径（mm）	抗拉强度 σ_b（MPa）	伸长率 δ（%）	硬度（HB）	应用举例
铁素体基	KTH300－6	12 或 15	300	6	120～163	弯头、三通等管件
	KTH330－8	12 或 15	330	8	120～163	螺丝扳手等，犁刀、犁柱、车轮壳等
	KTH350～10	12 或 15	350	10	120～163	拖拉机前后轮壳、减速器壳、转向节壳、制动器等
	KTH370－12	12 或 15	370	12	120～163	
珠光体基	KTZ450－5	12 或 15	450	5	152～219	曲轴、凸轮轴、连杆、齿轮、活塞环、轴套、万向接头、棘轮、扳手、传动链条
	KTZ500－4	12 或 15	500	4	179～241	
	KTZ600－3	12 或 15	600	3	201～269	
	KTZ700－2	12 或 15	700	2	240～270	

（三）可锻铸铁的石墨化退火

可锻铸铁是由一定成分的白口铸铁经高温石墨化退火产生的。因此，可锻铸铁最重要的热处理就是石墨化退火。如图 8-7 所示，其石墨化退火工艺是把白口铸铁加热到 900～980 ℃，保温 60～80 h，使共晶渗碳体分解为奥氏体和石墨，由于石墨化是在固态下进行的，在各方向上石墨长大的速度相差不大，故形成团絮状石墨。在高温下完成了第一阶段石墨化后，使温度缓慢下降，让奥氏体中不断析出二次石墨，并附着在已形成的石墨表面，完成第二阶段石墨化。在冷至共析转变温度区间内，以极慢的速度冷却（图 8-7 中实线）或冷却到共析温度下限附近长时间保温（图 8-7 中虚线），进行第三阶段石墨化，然后出炉空冷，获得铁素体基体可锻铸铁，即黑心可锻铸铁，其工艺曲线如图 8-7 中曲线①所示。如果完成第一阶段石墨化后直接空冷，则可获得珠光体可锻铸铁，其工艺曲线如图 8-7 中曲线②所示。

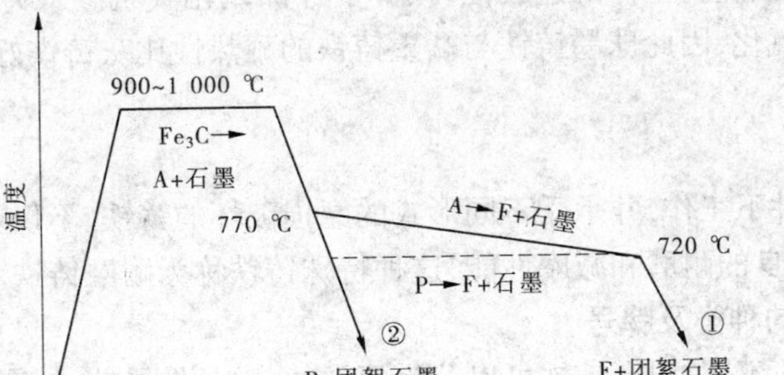

图 8-7　可锻铸铁的石墨化退火工艺曲线

第三节　合金铸铁

随着工业的发展，对铸铁性能的要求越来越高，除要求铸铁有一定的力学性能外，有时还要求其具有很高的耐磨性、耐热性、耐蚀性等特殊性能。在普通铸铁的基础上加入一定量的硅、铬、铝、铜、钼和铌等合金元素，制成具有特殊性能的铸铁，称为合金铸铁，主要包括耐热铸铁、耐磨铸铁和耐蚀铸铁等。

一、耐热铸铁

耐热铸铁是指在高温下具有良好的抗氧化和抗生长能力的铸铁。耐热铸铁就是在铸铁中加入铝、硅、铬等合金元素，具有良好的耐热性，可替代耐热钢用于加热炉的炉底板、坩埚、废气管道、换热器及钢锭模等。

（一）耐热铸铁的种类及牌号

根据《耐热铸铁件》（GB/T 9439—2009）中规定，按石墨形态不同，耐热铸铁主要可分为耐热灰铸铁和耐热球墨铸铁两类，其牌号编制办法分别是“HTR + 元素符号 + 数字”和“QTR + 元素符号 + 数字”。牌号前“HTR”和“QTR ”分别表示耐热灰铸铁和耐热球墨铸铁，后面的元素符号及数字，表示所含主要合金元素及其名义含量（质量百分数）。例如，HTRCr16 表示名义含铬量为16%的耐热灰铸铁，QTR Si5 表示名义含硅量为5%的耐热球墨铸铁。

按主要合金元素不同，耐热铸铁可分为硅系、铝系、硅铝系和铬系等耐热铸铁。其中因铝系耐热铸铁的脆性大、耐热急变性差，且不易熔铸，而铬系耐热铸铁的价格又较昂贵，故在我国得到较广泛应用和发展的是硅系和硅铝系耐热铸铁。

（二）提高铸铁耐热性的途径

（1）合金化。在铸铁中加入铝、硅、铬等合金元素，通过高温下的氧化，一方面在铸件表面形成致密的、牢固的、匀整的氧化膜，阻碍氧化气氛进一步渗入铸铁内部产生内氧化；另一方面提高铸件的临界温度，使基体变成单相铁素体，不发生石墨化过程，抑制铸铁的生长，从而改善铸铁的耐热性。

（2）提高铸铁金属基体的连续性 。通过球化处理或变质处理的铸铁，由于石墨呈球状或蠕虫状，提高了铸铁金属基体的连续性，减少了外部氧化气氛渗入铸铁内部的现象，有利于防止铸铁产生内氧化，因此球墨铸铁与蠕墨铸铁的耐热性比灰铸铁好。

二、耐磨铸铁

在摩擦磨损条件下工作，并承受不同形式的磨损破坏的铸铁，不仅要求有一定的力学性能，而且还要求有优良的耐磨和减摩性能，这种特殊铸铁称为耐磨铸铁。

（一）耐磨铸铁的种类及牌号

根据工作条件的不同，耐磨铸铁可以分为两类：一类是像导轨、缸套等铸件，希望摩擦系数要小，这类铸铁称为减摩铸铁；另一类是像轧辊、抛丸机叶片等铸件，要求摩擦系数要大，这类铸铁称为抗磨铸铁。

根据《铸铁牌号表示方法》（GB/T 5612—2008）规定，耐磨铸铁的牌号编制为“QTM 或

HTM＋元素符号＋名义含量＋最低抗拉强度”。牌号前“QTM或HTM”表示耐磨球墨或耐磨灰铸铁，元素符号及名义含量表示所含主要合金元素及其名义质量百分数(%)，最后数值表示最低抗拉强度(MPa)。

例如，QTMn8－300表示名义含锰量为8%的、抗拉强度不小于300 MPa的耐磨球墨铸铁。

(二)常见的耐磨铸铁及其应用

1. 减摩铸铁

减摩铸铁是指在有润滑、湿摩擦条件下工作的铸铁。减摩铸铁的组织特点是在软基体上弥散分布有坚硬的强化相。软基体在磨损后形成沟槽能储存润滑油，有利于润滑而减摩；而坚硬相直接承受载荷而抗磨。细片状珠光体为基体的灰铸铁基本上能满足这样的要求。其中基体中的铁素体相为软基体，渗碳体为强化相，同时石墨还有自润滑作用。为了进一步提高珠光体基灰铸铁的耐磨性，可加入适量的Cu、Cr、Mo、P、V、Ti等合金元素。减摩铸铁用于制造在有润滑条件时工作的零件，如机床床身、导轨、托板、发动机的汽缸套和活塞、各种滑块等，这些零件要求较小的摩擦系数。

常用的减摩铸铁主要有高磷铸铁、磷铜钛铸铁、铬钼铜铸铁等。例如，高磷铸铁含有0.4%～0.7%的磷。磷在基体中能形成各种Fe_3P共晶的坚硬骨架，使铸铁的耐磨性提高。另一种减摩铸铁是磷铜钛铸铁，在这种铸铁中，磷的作用同高磷铸铁，铜能促进第一阶段石墨化并能细化珠光体，钛能促进石墨化，并可形成高硬度的TiC。含高磷的铬钼铜铸铁也是一种有价值的减摩铸铁。

2. 抗磨铸铁

抗磨铸铁是指在无润滑、干摩擦条件下工作的铸铁。这类铸铁的组织特点是硬度高且均匀，抗磨性好，其常见组织为莱氏体、贝氏体或马氏体。抗磨铸铁包括普通白口铸铁、高韧性白口铁、中锰球墨铸铁、高铬白口铁、铬钒钛白口铁和激冷铸铁等。

普通白口铸铁就是一种抗磨性高的铸铁，但其脆性大，因此常加入适量的Cu、Cr、Mo、W、Ni、Mn等合金元素，增加其韧性，并具有更高的硬度和耐磨性。

近年来，我国试制成功一种具有较好冲击韧性和强度的中锰球墨铸铁，即在稀土镁球墨铸铁中加入5%～9.5%的锰，含硅量控制在3.3%～5.0%范围内，经球化处理和孕育处理，适当控制冷却速度，使铸铁在浇注后得到“马氏体＋残余奥氏体＋碳化物＋球状石墨”的组织，具有高耐磨性。适于制造在冲击载荷和干磨损条件下工作的零件，如轧辊、球磨机磨球及拖拉机履带等，可用来代替部分高锰钢。

三、耐蚀铸铁

普通的铸铁是由石墨、渗碳体和铁素体等组成的多相合金，在大气、海水及酸碱盐等介质中工作时很容易发生电化学腐蚀或化学腐蚀。因此，为了提高铸铁件的耐腐蚀性，在普通铸铁基础上加入铬、硅、铝、钼、铜、镍等合金元素而获得的较好耐腐蚀性的合金铸铁，称为耐蚀铸铁。

(一)耐蚀铸铁的种类及牌号

耐蚀铸铁已经广泛应用于石油、化工、船舶等工业，可用来制造容器、管道、泵、阀门等零件。耐蚀铸铁的种类很多，有些耐热铸铁也兼作耐蚀铸铁使用。通常按其主要化学成分的不同,耐蚀铸铁可分为高硅铸铁、高硅钼铸铁、铝铸铁和高铬铸铁等。

耐蚀铸铁的牌号编制原则与耐热铸铁相同。例如,HTSSi15Cr4Re 表示名义含硅量为15%、含铬量为4%,稀土元素的含量不超过1%的耐蚀灰铸铁。

(二)提高耐腐蚀性的机理和途径

提高铸铁耐腐蚀性的机理有三种:一是在铸铁表面形成致密牢固的氧化膜;二是提高基体相的电极电位;三是改善铸铁的组织或获得单相基体。而通过合金化,能很好满足上述三种机理,提高铸铁耐腐蚀性。

提高耐腐蚀性的途径有:在铸铁中加入硅、铬、铝等合金元素在铸铁件表面形成致密的保护膜;加入铬、硅、钼、铜、镍使铸铁基体电极电位提高;加入铬、硅、镍等合金元素还可以获得单相金属基体组织铁素体或奥氏体,减少铸铁与腐蚀介质间形成微电池的可能性,从而显著提高铸铁的耐腐蚀性。此外,减少石墨数量、形成球状石墨等也能明显提高铸铁的耐腐蚀性。

(三)常用的耐腐蚀铸铁及其应用

高硅铸铁是目前最常用的耐蚀铸铁,其含硅量为14%~18%,其金相组织为含硅铁素体+石墨+Fe_3Si_2。高硅铸铁耐腐蚀性优良的原因是:硅可溶入铁素体中形成单一的固溶体,并使铁素体基体电极电位升高;硅与氧作用,能在铸铁表面形成致密、完整且耐腐蚀性高的SiO_2保护膜。因而,高硅铸铁在含氧、酸类和盐类介质中具有良好的耐腐蚀性,广泛用于制造耐酸泵、管道、阀门等零件。

习　题

一、名词解释

灰铸铁;球墨铸铁;可锻铸铁;蠕墨铸铁;合金铸铁

二、判断题

1. 热处理可以改变灰铸铁的基体组织,但不能改变石墨的形状、大小和分布情况。
2. 可锻铸铁比灰铸铁的塑性好,因此可以进行锻压加工。
3. 厚壁铸铁的表面硬度总比其内部高。
4. 可锻铸铁一般只适用于制造薄壁小型铸件。
5. 白口铸铁的硬度适中,易于进行切削加工。

三、复习思考题

1. 铸铁的石墨形态有几种?试述石墨形态对铸铁性能的影响。
2. 试述铸铁的成分特点以及碳和硅在铸铁中的作用机制。
3. 什么是铸铁的石墨化?影响石墨化的主要因素有哪些?
4. 铸铁的种类有哪些?各有哪些性能特点?
5. 试述灰铸铁孕育处理过程及热处理类别。
6. 试述球墨铸铁的组织及热处理特点。
7. 试述蠕墨铸铁显微组织和性能特点。
8. 特殊合金铸铁有哪几种?

第九章　有色金属及粉末冶金材料

金属材料分为黑色金属和有色金属两大类。黑色金属是指铁、锰、铬及其合金,其中锰、铬合金在工程上很少单独应用,故通常用铁合金,即钢和铸铁泛指黑色金属。工业上将黑色金属以外的金属材料,统称为有色金属,如铝、铜、镁、钛、锡、铅、锌、金、银等及其合金。与黑色金属相比,有色金属的冶炼比较复杂,成本高。但是,由于有色金属具有许多优良的特性,因此已经成为现代工业,特别是航空航天工业中不可缺少的材料。粉末冶金是一种不用熔炼和铸造而用压制、烧结金属粉末来制造零件的工艺。粉末冶金技术和理论的研究已经成为材料科学领域热点和前沿方向,而且粉末冶金技术已经渗透到材料的各个领域。

第一节　铝及其合金

铝及其合金在工业上的应用仅次于钢,尤其在航空航天、电力工业及日常生活用品中应用广泛。

一、纯铝

纯铝具有银白色金属光泽。它密度小($2.72\ g/cm^3$),熔点低(660.4 ℃),沸点高(2 477 ℃),强度较低,塑性较好,导电、导热性能优良。纯铝无同素异构转变,无磁性,易与氧作用生成一层牢固致密的氧化膜,所以纯铝在大气和淡水中具有良好的耐蚀性。纯铝具有一系列优良的工艺性能,易于铸造、切削,也易于通过压力加工制成各种规格的半成品。

纯铝含有少量杂质,主要杂质为铁和硅,此外还有铜、锌、镁、锰、镍、钛、铬和锆等。纯铝分为纯铝($99\% < w_{Al} < 99.85\%$)和高纯铝($w_{Al} > 99.85\%$)两类。纯铝分为铸造纯铝及变形铝两种。按 GB/T 8063—94 规定,铸造纯铝牌号由“Z”和铝的化学元素符号及表明铝含量的数字组成。例如,ZAl99.5 表示 $w_{Al} = 99.5\%$ 的铸造纯铝;按 GB/T 16474—1996 规定,原始纯铝用 1A××表示,牌号的最后两位数字表示最低铝百分含量×100(质量分数×100)后小数点后面两位数字,例如牌号 1A30 的变形铝表示 $w_{Al} = 99.30\%$ 的原始纯铝。按 GB/T 3190—1998 规定,我国变形铝的牌号有 1A50、1A30 等。高纯铝的牌号有 1A99、1A97、1A93、1A90、1A85 等。

二、铝合金分类

目前,用于制造铝合金的合金元素大致分为主要元素(硅、铜、镁、锰、锌、锂)和辅加元素(铬、钛、锆、稀土、钙、镍、硼等)两类。图 9-1 是铝与主要添加元素的二元相图,根据该相图可以把铝合金分为变形铝合金和铸造铝合金。相图上最大饱和溶解度(D 点)是这两类合金的理论分界线。凡位于 D 点左边的合金,

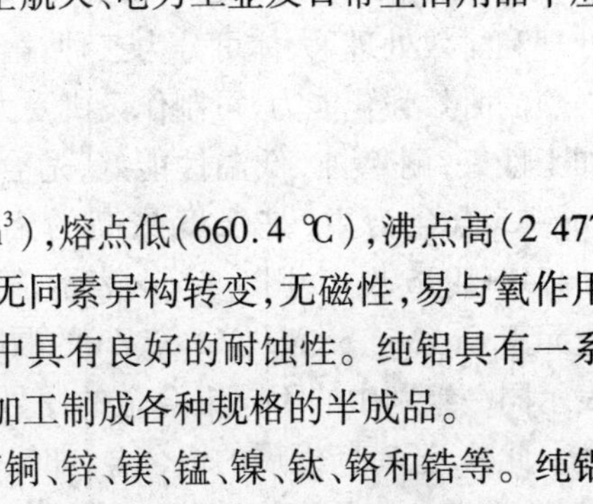

图 9-1　铝合金分类示意图

在加热时能形成单相固溶体组织，其塑性较高，适于压力加工而被用做变形铝合金；凡成分位于 D 点右边的合金，都具有共晶转变，流动性好，适于铸造而被用做铸造铝合金。

变形铝合金又可分为两类：①不可热处理强化变形铝合金。凡成分在 F 点以左的合金，其固溶体成分不随温度而变化，不可通过时效处理强化合金，故称为不可热处理强化变形铝合金。②可热处理强化变形铝合金。凡成分在 F、D 之间的合金，其固溶体的成分随温度而变化，可以进行时效处理强化，称为可热处理强化变形铝合金。

凡成分大于 D 点的铝合金，其流动性相对比较好，并且高温和强度都比较高，可以防止热裂现象的发生，故适于铸造，直接铸成各种形状复杂的、甚至是薄壁的成形件。我国常用的铸造铝合金可分为铝硅系、铝铜系、铝镁系、铝锌系及铝锂系五大类。

三、变形铝合金

变形铝合金是指需要经过不同的压力加工变成型材的铝合金。这些变形铝合金是机械工业和航空工业中重要的结构材料。由于密度低、比强度高，在航空工业中占有特殊地位。变形铝合金分为两大类：一类是不可热处理强化变形铝合金，另一类是可热处理强化变形铝合金。不可热处理强化变形铝合金是防锈铝合金，它耐腐蚀，易加工成形和好焊接，强度较低，适宜制作耐腐蚀和受力不大的零部件及装饰材料。可热处理强化变形铝合金通过固溶处理和时效处理，大体可分为三种：第一种是硬铝，以 Al－Cu－Mg 合金为主，应用广泛，有强烈的时效强化能力，可制作飞机受力构件；第二种是锻铝，以 Al－Mg－Si 合金为主，冷热加工性好，耐磨蚀，低温性能好，适合制作飞机上的锻件；第三种是超硬铝，以 Al－Zn－Mg－Cu合金为主，是强度最高的铝合金。变形铝合金牌号新的表示方法是按 GB/T 16474—1996 规定，用 ×A×× 表示，第一、三、四位为数字。牌号中第一位数字是依主要合金元素 Cu、Mn、Si、Mg、Mg_2Si、Zn 的顺序从 2～7 来表示变形铝合金的组别，第三、四位数字表示同一组别中的不同铝合金的序号。例如，2A11 表示以铜为主要合金元素的变形铝合金。此外，还有新发展的铝合金，如铝锂合金、快速凝固铝合金等。变形铝合金的主要牌号、成分、力学性能及用途如表 9-1 所示。

（一）不可热处理强化变形铝合金

铝锰合金和铝镁合金是不能用热处理强化的变形铝合金，这两个合金系的特点是具有优良的耐蚀性，又称为防锈铝合金。

防锈铝合金中，锰的作用是提高抗蚀能力，起固溶强化作用。常用的铝锰合金为 3A21（LF21）合金，有较高的强度和优良的塑性。铝锰合金有优良的耐腐蚀性，铁是杂质元素，使合金的塑性降低，故要限制铁的质量分数。镁固溶于 α 固溶体引起的固溶强化效果显著，经扩散退火及冷变形后退火等热处理，耐腐蚀性良好。铝镁合金的强度高于铝锰合金的强度。

（二）可热处理强化变形铝合金

可热处理强化变形铝合金通过固溶＋时效，使合金的强度显著提高。这类铝合金品种系列多、用途广。

（1）硬铝。硬铝属于 Al－Cu－Mg 合金，又称为杜拉铝。硬铝中添加一定量的锰，目的是中和铁的有害影响，改善耐蚀性。同时，锰有固溶强化和抑制再结晶作用，耐热强化作用好。2A12（LY12）是使用最广、强度最高的硬铝，具有较高强度和塑性，合金板材用于制作飞机蒙皮、壁板，型材用做飞机隔框、翼肋等。

表 9-1 变形铝合金的主要牌号、成分、力学性能及用途

类别	代号（旧代号）	化学成分 w(%)						热处理状态	力学性能			用途
		Cu	Mg	Mn	Zn	其他	Al		σ_b（MPa）	δ（%）	HB	
防锈铝合金	5A05（LF5）		4.5～5.5	0.3～0.6			余量		280	20	70	中载零件、铆钉、焊接油箱、油管
防锈铝合金	3A21（LF21）			1.0～1.6			余量	退火	130	20	30	管道、容器、铆钉及轻载零件制品
硬铝合金	2A01（LY1）	2.2～3.0	0.2～0.5				余量		300	24	70	中等强度、工作温度不超过 100 ℃的铆钉
硬铝合金	2A11（LY11）	3.8～4.8	0.4～0.8	0.4～0.8			余量		420	18	100	中等强度构件和零件、如骨架、螺旋桨叶片铆钉
硬铝合金	2A12（LY12）	3.8～4.9	1.2～1.8	0.3～0.9			余量	固溶处理＋自然时效	470	17	131	高强度的构件及150 ℃以下工作的零件,如骨架、梁、铆钉
超硬铝合金	7A04（LC4）	1.4～2.0	1.8～2.8	0.2～0.6	5.0～7.0	Cr0.1～0.25	余量		600	12	150	主要受力构件及高载荷零件,如飞机大梁,加强框、起落架
超硬铝合金	7A09（LC9）	1.1～2.0	2.0～3.0	0.15	5.1～6.1	Cr0.16～0.30	余量		680	7	190	
锻铝合金	2A50（LD5）	1.8～2.6	0.4～0.8	0.4～0.8		Si0.7～1.2	余量		420	13	105	形状复杂和中等强度的锻件
锻铝合金	2A70（LD7）	1.9～2.5	1.4～1.8			Ti0.02～0.1 Ni1.0～1.5 Fe1.0～1.5	余量		415	13	120	高温下工作的复杂锻件和结构件、内燃机活塞
锻铝合金	2A14（LD10）	3.9～4.8	0.4～0.8	0.4～1.0		Si0.5～1.2	余量	固溶处理＋人工时效	480	19	135	高载荷锻件和模锻件

(2)锻铝。锻铝属于 Al－Mg－Si 合金,具有优良的热塑性,故称为锻铝。但铝镁硅合金中存在较严重的停放效应,即淬火后在室温停置一段时间再经人工时效时,合金的沉淀强化效应将降低。为减少停放效应,将铜加入合金,但铜会降低其耐蚀性和工艺性能。加锰也可以减小铝镁硅合金的停放效应。锰还有固溶强化、提高韧性和耐蚀性的作用。这方面铬也可起与锰相似的作用。

(3)超硬铝。超硬铝在铝合金中是强度最高的,韧性储备也很高,又有良好的工艺性能(热塑性和焊接性),缺点是有应力腐蚀倾向,热稳定性较差。超硬铝是在铝锌镁合金系基础上加入铜及其他微量元素发展起来的,铜的加入可提高强度和塑性。但铜会降低超硬铝的焊接性,故一般超硬铝采用铆接或黏接。

(4)铝锂合金。铝锂合金是一种既轻且强度又高的合金,具有较高的抗蚀性能和低温性能。加入镁、铜、锆等元素可以改善铝锂合金的力学性能。

(三)变形铝合金的热处理

1. 热处理特点

铝合金的热处理机理与钢不同。钢经淬火后,硬度和强度立即提高,塑性下降。铝合金则不同，可热处理强化的铝合金，固溶处理后硬度和强度不能立即提高，而塑性与韧性能显著提高；但在室温放置一段时间后，硬度和强度才显著提高，塑性与韧性则明显下降。这种合金的性能随时间的变化而发生显著变化的现象，称为时效或时效硬化。这是因为铝合金固溶处理后，获得的过饱和固溶体是不稳定的，有析出第二相金属化合物的趋势。时效分为自然时效和人工时效两种。铝合金工件经固溶处理后，在室温下进行的时效称为自然时效；在加热条件（一般为 100 ~200 ℃）下进行的时效称为人工时效。

2. 热处理方法

（1）退火。铝合金退火的主要目的是消除应力或偏析，稳定组织，提高塑性。为了消除变形铝合金在塑性变形过程中产生的冷变形强化现象，可以对其进行再结晶退火。

（2）淬火和时效。这是可热处理强化铝合金的最终处理工艺。铝合金淬火加热时，温度一般在 500 ℃左右，温度范围很窄，一般允许温度波动范围在 5 ~15 ℃，淬火转移时间不超过 35 s，对超硬铝合金不超过 25 s。通常，硬铝采用自然时效，时间不少于 4 天，而超硬铝及锻铝一般采用人工时效。

四、铸造铝合金

铸造铝合金有铝硅系、铝铜系、铝镁系、铝锌系合金和铝稀土系。铸造铝合金的主要牌号、成分、力学性能及用途如表 9-2 所示。

表 9-2　铸造铝合金的主要牌号、成分、力学性能及用途

组别	代号	化学成分 w（%）						力学性能					用途
		Si	Cu	Mg	Mn	其他	Al	方法	热处理	σ_b（MPa）	δ（%）	HB	
铝硅合金	ZL101	6.0 ~8.0		0.2 ~0.4			余量	J J SB	T4 T5 T6	190 210 230	4 2 1	50 60 70	形状复杂的零件
	ZL104	8.0 ~10.5		0.17 ~0.30	0.2 ~0.5		余量	J J	T1 T6	200 240	1.5 2	70 70	形状复杂、工作温度 200 ℃以下的零件
	ZL105	4.5 ~5.5	1.0 ~1.5	0.35 ~0.60			余量	J J	T5 T7	240 180	0.5 1	70 65	形状复杂、工作温度为 250 ℃以下的零件
	ZL107	6.5 ~7.5	3.5 ~4.5				余量	SB J	T6 T6	250 280	2.5 3	90 100	强度和硬度较高的零件
	ZL109	11.0 ~13.0	0.5 ~1.5	0.8 ~1.5		Ni0.5 ~1.5	余量	J J	T1 T6	200 250	0.5 —	90 100	较高温度下工作的零件
	ZL110	4.0 ~6.0	5.0 ~8.0	0.2 ~0.5			余量	J S	T1 T1	170 150	— —	90 80	活塞及高温下工作的其他零件
铝铜合金	ZL201		4.5 ~5.3		0.6 ~1.0	Ti0.15 ~0.35	余量	S S	T4 T5	300 340	8 4	70 90	砂型铸造温度为 175 ~300 ℃的零件

续表 9-2

组别	代号	化学成分 w(%)						力学性能					用途
		Si	Cu	Mg	Mn	其他	Al	方法	热处理	σ_b (MPa)	δ (%)	HB	
铝铜合金	ZL202		9.0~11.0				余量	S J	T6 T6	170 170	— —	100 100	高温下工作不受冲击的零件
	ZL203		4.0~5.0				余量	J J	T4 T5	210 230	6 3	60 70	中等载荷、形状比较简单的零件
铝镁合金	ZL301 ZL302			9.5~11.5 4.5~5.5	0.1~0.4		余量	S S,J	T4 —	280 150	9 1	20 55	在大气或海水中工作的零件,承受冲击载荷的零件
铝锌合金	ZL401	6.0~8.0		0.1~0.3		Zn9.0~13.0	余量	J	T1	250	1.5	90	结构形状复杂的零件,也可制造日用品
	ZL402			0.4~0.7		Zn5.0~7.0 Cr0.4~0.6 Ti0.1~0.3		J	T1	240	4	70	

注:J——金属模;S——砂模;B——变质处理。

(一)铝硅及铝硅镁合金

铝硅系铸造合金用途很广,其最基本的合金为 ZL102 二元铸造合金,这种合金的比重轻、焊接性能良好。铸造铝硅合金一般需要采用变质处理,常用的变质剂为钠盐。镁在铝硅合金起强化作用。

(二)铝铜铸造合金

铝铜铸造合金有较高的强度和热稳定性,适于铸造耐热件,但密度大,耐蚀性差,铸造性能不好。为了改善其铸造性能、提高流动性、减少铸后热裂倾向,可加入一定量钛。ZL203 合金的热处理强化效果最大,是常用的铝铜铸造合金,主要用于制造较高温度下工作的要求高强度的零件,如内燃机汽缸头、增压器导风叶轮等。

(三)铝镁铸造合金

铝镁铸造合金的优点是比重轻,强度和韧性较高,并具有优良的耐蚀性、切削性和抛光性。铝镁铸造合金适用于造船、食品及化学工业。

第二节　铜及其合金

一、工业纯铜

纯铜外观呈玫瑰红色,表面形成氧化膜后呈紫色,故俗称紫铜,它的相对密度为 8.96 g/cm³,熔点为 1 083 ℃。纯铜具有抗磁性,优良的导电性和导热性。纯铜无同素异构转变,塑性好而强度低,可以承受各种形式的冷、热压力加工。但在冷变形过程中,纯铜明显有加工硬化现象。纯铜只能以冷作硬化的方式进行强化。纯铜在常温下与干燥空气和湿空气均不起作用,也就是说,在大气、水蒸气、热水中基本上不被腐蚀,在海水中会被腐蚀。

杂质对纯铜的力学性能和物理性能影响很大,所以工业纯铜对杂质含量有规定,分为

T1、T2、T3、T4 四种,纯度为99.95% ~99.50%。纯铜主要用于制造导电、导热及兼有抗蚀性的器材,如电线、电缆、电刷、铜管等。但纯铜多为配制铜合金的原料。铜合金是电气仪表、化工、造船、航空、机械等工业部门中的重要原料。

二、铜合金概述

(一)铜的合金化

铜的合金化主要是为了实现固溶强化、时效强化及过剩相强化,从而获得高强度铜合金。用于铜合金固溶强化的元素主要有锌、铝、锡、锰、镍等。固溶效果最大可以使铜的强度由240 MPa 提高到650 MPa。许多元素在固态铜中的溶解度随温度降低而剧烈减小,如铍、钛、锆、铬等,因而具有时效强化效果。最突出的为 Cu - Be 合金,热处理后最高强度可达1 400 MPa。过剩相强化在铜合金中应用也十分普遍。例如,黄铜和青铜中均有较高的过剩相强化作用。

(二)铜合金的分类及编号

以锌为主要合金元素的铜合金,称为黄铜。按其他合金元素种类,黄铜可分为普通黄铜和特殊黄铜。以镍为主要合金元素的铜合金,称为白铜。白铜分为结构白铜和电工白铜两类。除锌和镍外的其他元素作为主要合金元素的铜合金称为青铜。按所含主要合金元素的种类分为锡青铜、铝青铜、铅青铜、硅青铜、铍青铜、钛青铜、铬青铜等。

(三)铜合金

1. 黄铜

铜锌合金称为黄铜,也可加入其他元素构成多元黄铜。黄铜有良好的力学性能和冷热加工性。锌的质量分数小于32%的合金称为α黄铜,在铸态,α黄铜的强度和塑性随锌含量增加而升高,再增加锌含量,则全部组织为β相。β相是以 CuZn 为基础的固溶体,在低温下为β′有序相。高温无序的β相的塑性好,而有序的β′相难以冷变形。故含β′相的黄铜只能采用热加工成形。当 Zn 的质量分数大于47%以后,合金强度、塑性急剧下降,无使用价值。表9-3 给出了部分普通黄铜的牌号、成分、力学性能及用途。

表9-3　部分普通黄铜的牌号、成分、力学性能及用途

代号	化学成分 w(%)		力学性能				用途
	Cu	Zn	加工状态	σ_b(MPa)	δ(%)	HB	
H96	95.0 ~97.0	余量	软	250	35	—	冷凝管、散热器及导电零件
			硬	400	—	—	
H80	70.0 ~81.0	余量	软	270	50	—	薄壁管、装饰品
			硬	—	—	145	
H70	69.0 ~72.0	余量	软	—	—	—	弹壳、机械及电气零件
			硬	660	3	150	
H68	67.0 ~70.0	余量	软	300	40	—	形状复杂的深冲零件,散热器外壳
			硬	400	15	150	
H62	60.5 ~63.5	余量	软	300	40	—	机械、电气零件,铆钉、螺帽、垫圈、散热器及焊接件、冲压件
			硬	420	10	164	
H59	57.0 ~60.0	余量	软	300	25	—	机械、电气零件,螺帽、垫圈、铆钉、散热器及焊接件、冲压件
			硬	420	5	103	

注:软——退火状态;硬——变形加工状态。

黄铜的腐蚀表现在脱锌和应力腐蚀，脱锌是电化学腐蚀。在中性盐水溶液中，锌发生选择性溶解，可通过加入微量砷来防止。黄铜经冷变形后放置时，可发生自动破裂，又称为“自裂”。低锌黄铜 H96、H90、H85 有良好的导电性、导热性和耐蚀性，有适宜的强度和良好的塑性，大量用于冷凝器和散热器。三七黄铜 H70、H68 强度较高，塑性特别好，用于深冲或深拉制造复杂形状的零件，如散热器外壳、导管、波纹管等以及枪弹和炮弹壳体。四六黄铜 H62、H59 为($\alpha+\beta$)黄铜，可经受高温热加工。H62 黄铜强度高，塑性较好，用于制造销钉、螺帽、导管及散热器零件等。

1）铝黄铜

在黄铜中加入少量铝可在合金表面形成致密的并和基体结合牢固的氧化膜，提高合金对腐蚀介质特别是高速海水的耐蚀性。铝在黄铜中的固溶强化作用，进一步提高了合金的强度和硬度。铝黄铜可制成强度高、耐蚀性好、应用广泛的管材，用于海轮和发电站的冷凝器等。

2）铜锌铝形状记忆合金

铜锌铝合金具有导热率大，电阻小，加工性特别是热加工性好，工艺简单，制造成本低等优点，在工业上已获实际应用，制成棒状、管状和线状，用于制造螺旋弹簧、防火洒水器、各种安全阀、控温装置、断路器等。

3）锡黄铜

黄铜中加入锡能提高其在海水中的耐蚀性，抑制脱锌，并能提高强度。HSn70－1 锡黄铜又称为“海军黄铜”，用于舰船。

4）铅黄铜

铅作为金属夹杂物分布在 α 黄铜间，引起热脆。在四六黄铜中加入铅($w_{Pb}=1\%\sim2\%$)，可提高切削性。

2. 青铜

青铜是铜和锡、铝、铍、硅、锰、铬、镉、锆和钛等元素组成的合金的统称。青铜根据成分可分为锡青铜和特殊青铜。在特殊青铜中，根据主加元素又分别命名为铝青铜、铍青铜等。部分铸造青铜的牌号、成分、力学性能及用途如表 9-4 所示。

1）锡青铜

锡青铜是指以锡为主要加入元素的铜合金。锡青铜的性能受锡含量的影响显著。$w_{Sn}<5\%$ 的锡青铜塑性好，适于进行冷变形加工，一般加工成板、带、棒、管材使用。$w_{Sn}=5\%\sim7\%$ 的锡青铜热塑性好，适于进行热加工，$w_{Sn}=10\%\sim14\%$ 的锡青铜塑性较低，适于作铸造合金。

锡青铜的铸造流动性差，易形成分散缩孔，铸件致密度低，但合金体积收缩率小，适于铸造外形及尺寸要求精确的铸件。锡青铜具有良好的耐蚀性，减摩性、抗磁性和低温韧性，在大气、海水、蒸汽、淡水及无机盐溶液中的耐蚀性比纯铜和黄铜好，但在亚硫酸钠、酸和氨水中的耐蚀性较差。

为了消除铸造内应力、减轻铸造偏析、改善组织、提高力学性能，铸造锡青铜采用扩散退火，并且为防止脆性相的析出，退火后采用水冷。

2）铝青铜

铝青铜是指以铝为主要加入元素的铜合金。铝青铜有良好的力学性能、耐蚀性和耐磨性，是青铜中应用最广的一种。铝青铜可在表面生成含铝、铜的致密复合氧化膜，有良好的耐蚀性，在大气、海水、碳酸和有机酸中，耐蚀性优于黄铜和锡青铜。

表 9-4　部分铸造青铜的牌号、成分、力学性能及用途

组别	代号	化学成分 w(%)					力学性能			用途
		Sn	Al	Pb	其他	Cu	σ_b (MPa)	δ (%)	HB	
锡青铜	ZQSn10－1	9.0～11.0				余量	200 250	3 10	80 90	水管附件、轴承阀门、泵体、齿轮等载荷零件，中速中载轴承、螺母等耐磨零件，水管配件
	ZQSn10－2	9.0～11.0			Zn1.5～3.5	余量	200 250	10 6	70 80	
	ZQSn6－6－3	5.0～7.0		2.0～4.0	Zn5.0～7.0	余量	180 200	8 10	60 65	
铝青铜	ZQAl 10－3－15		9.0～11.0		Fe2.0～4.0 Mn1.0～2.0	余量	450 500	10 20	110 120	较高载荷的轴承、轴套和齿轮、螺母、轴套
	ZQAl 9－4		8.0～10.0		Fe2.0～4.0	余量	400 450	10 12	100 110	
铅青铜	ZQPb30			27.0～33.0		余量	— 60	— 4	— 25	高速高压下工作的航空发动机及高速柴油机的轴承、冷轧机轴承、中等载荷的轴承、轴套以及双金属耐磨零件、耐酸铸件
	ZQPb12－8			11.0～13.0	Sn7.0～9.0	余量	150 200	6 3	60 65	
	ZQPb10－10			8.0～11.0	Sn8.0～11.0	余量	150 200	3 5	65 70	

3）铍青铜

铍青铜有强的沉淀强化效应，经固溶、淬火和时效后，可得到较高的强度和弹性极限，且稳定性好，弹性滞后小，并具有良好的导电和导热性能，耐蚀和耐磨性，无磁，冲击时无火花，可制造高级弹性元件和特殊耐磨元件，还可用于电气转向开关、电接触器等。铍为强毒性金属，生产时应严格操作。

3. 白铜

白铜是以镍为主要合金元素的铜合金。白铜可分为简单白铜和特殊白铜。

简单白铜为铜镍二元合金，常用的牌号有 B10、B20、B30。由于在大气、海水、过热蒸汽和高温下有优良的耐蚀性，而且冷热加工性能都很好，可制造高温高压下的冷凝器、热交换器，广泛用于船舶、电站、石油化工、医疗器械等部门。B20 也是常用的镍币材料，可制造高面额的硬币。

特殊白铜是在简单白铜的基础上添加锌、锰和铝等元素形成的，分别称为锌白铜、锰白铜和铝白铜。它具有很高的耐蚀性、强度和塑性，成本也较低，适于制造精密仪器、精密机械零件、医疗器械等。

第三节　滑动轴承合金

在滑动轴承中，制造滑动轴承轴瓦及其内衬的耐磨合金称为轴承合金。滑动轴承是许多机器设备中对旋转轴起支撑作用的重要部件,由轴承体和轴瓦两部分组成。与滚动轴承相比,滑动轴承具有承压面积大、工作平稳、无噪声及检修方便等优点,所以滑动轴承在应用中还占有相当重要的位置,如磨床的主轴轴承、连杆轴承、发动机轴承等。

一、轴承合金的性能要求

滑动轴承与轴直接配合使用,当轴承支撑着轴进行工作时,由于轴的高速旋转,对轴施以定期性交变负荷和冲击载荷,并在轴和轴承之间产生高速的相对运动,使轴和轴瓦之间产生强烈的摩擦、磨损和生热。为了减少轴承对轴颈的磨损、确保机器的正常运转,又因轴的价格较贵、更换困难,轴承合金应具有以下性能:

(1)要有良好的力学性能。硬度要合适,太低容易变形,不耐磨,太高不易同轴颈磨合,轴的运转情况恶化;具有良好的塑性和韧性,以抵抗交变冲击和振动而发生开裂;具有较高的疲劳强度,避免疲劳破裂;足够的抗压强度和屈服强度,以承受轴的压力和摩擦生热、抵抗热变形。

(2)要有较小的热膨胀系数,良好的导热性和耐蚀性,以防止轴与轴瓦之间咬合。

(3)要有良好的磨合性和耐磨性,并能保持住润滑油。磨合性是指在短时间的工作后,轴颈和轴承能够紧密配合,即基体软而塑性高。磨合好,接触面积就大,压力小,轴承与轴之间就具有了良好的磨合性。具有较小的摩擦系数,能够保持良好的耐磨性,并能保留润滑油,以减少轴颈磨损,保证轴与轴瓦良好的跑合。

(4) 有良好的工艺性,容易制造并且价格低廉。

二、轴承合金的组织

为满足轴承性能要求,轴承合金即要求有较高的强度,又要求有较好的减摩性。针对这两个对立的性能要求,合金组织应同时存在两类不同的组织组成物。如图 9-2 所示。

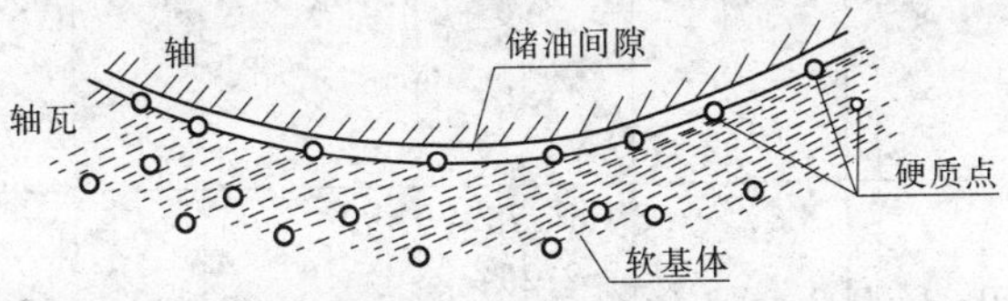

图 9-2　轴承合金的理想组织示意图

轴承合金的组织最好是在软的基体上分布着硬的质点或硬的基体上分布着软的质点。当轴旋转跑合后,软的基体(或质点)被磨损而凹陷下去,减少了轴颈与轴瓦的接触面积,有利于储存润滑油,以便形成连续的油膜,另外软的基体还能承受冲击和振动,使得轴与轴瓦之间能够很好的磨合,软基体(或质点)还能起嵌藏外来硬杂质颗粒的作用, 以避免擦伤轴颈。这类组织承受高负荷能力差。

硬的质点凸出于基体上支撑着轴施加的压力,减小轴与轴瓦的接触面,且凹下去的基体可以储存润滑油,从而减小轴与轴颈间的摩擦系数。同时偶然进入外来硬物也被压入软基体中,这样避免擦伤轴,起承载和耐磨作用,还能承受冲击与振动,并能使轴与轴瓦很好地磨合。这类组织有较大的承载能力,但是磨合能力较差。

三、常用的轴承合金

(一)锡基轴承合金

锡基轴承合金是以锡为基础,加入少量的锑、铜等元素组成的合金。最常用的轴承合金是锡基或铅基轴承合金,都是软基体硬质点型轴承合金。亦称"巴氏合金",其牌号、成分、力学性能及用途如表 9-5 所示。

表 9-5　轴承合金牌号、化学成分、力学性能及用途举例

类别	牌号	化学成分 w(%)					HBS	用途举例
		Sb	Cu	Pb	Sn	杂质		
锡基轴承合金	ZSnSb12Pb10Cu4	11.0~13.0	2.5~5.0	9.0~11.0	余量	0.55	29	一般发动机的主轴承,但不适于高温工作
	ZSnSb11Cu6	10.0~12.0	5.5~6.5	—	余量	0.55	27	1 500 kW 以上蒸汽机,370 kW 涡轮压缩机,涡轮泵及高速内燃机轴承
	ZSnSb8Cu4	7.0~8.0	3.0~4.0	—	余量	0.55	24	一般大机器轴承及高载荷汽车发动机的双金属轴承
	ZSnSb4Cu4	4.0~5.0	4.0~5.0	—	余量	0.50	20	涡轮内燃机的高速轴承及轴承衬
铅基轴承合金	ZPbSb16Sn16Cu2	15.0~17.0	1.5~2.0	余量	15.0~17.0	0.6	30	110~880 kW 蒸汽涡轮机,150~750 kW 电动机和小于 1 500 kW 起重机及重载荷推力轴承
	ZPbSb15Sn5Cu3Cd2	14.0~16.0	2.5~3.0	Cd1.75~2.25,As0.6~1.0 余量 Pb	5.0~6.0	0.4	32	船舶机械、小于 250 kW 电动机、抽水机轴承
	ZPbSb15Sn10	14.0~16.0	—	余量	9.0~11.0	0.5	24	中等压力的机械,也适用于高温轴承
	ZPbSb15Sn5	14.0~15.5	0.5~1.0		4.0~5.5	0.75	20	低速、轻压力机械轴承
	ZPbSb10Sn6	9.0~11.0	—		5.0~7.0	0.75	18	重载荷、耐蚀、耐磨轴承

锡基及铅基轴承合金的牌号为:"Z+基体元素+主加元素及含量+辅加元素及含量"。其中"Z"为"铸"字汉语拼音字首。例如,ZSnSb11Cu6 为铸造锡基轴承合金,基体元素为锡,

主加元素为锑,辅加元素为铜。合金中加入锑,既能溶入锡中形成 α 固溶体作为软基体,又能生成化合物作为硬质点。锡基轴承合金的优点是摩擦系数和膨胀系数小,并具有良好的导热性、塑性和耐蚀性,适用于制造高速重负荷条件的重要轴承,如大功率汽轮机、电动机、发电机和压气机等大型机器的高速轴瓦。典型牌号为 ZSnSb11Cu6,其显微组织如图 9-3 所示。

图 9-3 ZSnSb11Cu6 轴承合金的显微组织

锡基轴承合金的疲劳强度低,熔点较低,允许应用的温度范围也较低(不高于 150 ℃),又由于锡较贵,是稀缺元素,应尽量少用,因此条件允许的话,一般采用铅基轴承合金代替锡基轴承合金。

(二)铅基轴承合金

铅基轴承合金是以铅为基体,加入少量锑、锡、铜等合金元素组成的合金,适于制造中、低载荷的轴瓦,如汽车、拖拉机曲轴轴承,铁路车辆轴承等。铅锑系的铅基轴承合金应用很广,常用牌号 ZPbSb16Sn16Cu2。

锡基和铅基轴承合金强度比较低,为提高其承载能力和使用寿命,常采用离心浇注法。将合金用离心浇注法镶铸在钢质轴瓦上,形成薄而均匀的一层内衬,从而成为双金属轴承,这步工艺称为"挂衬"。

(三)铜基轴承合金

铜基轴承合金通常有锡青铜(如 ZCuSn10P1)与铅青铜(如 ZCuPb30)。铜基轴承合金的牌号、成分、力学性能及用途如表 9-6 所示。这是一种硬基体软质点类型的轴承合金。铅青铜和巴氏合金相比,具有高的疲劳强度和承载能力、优良的耐磨性、良好的导热性、低的摩擦系数等优点,能在 250 ℃以下正常工作,因此适合于制造高速、重载下工作的轴承,如高速柴油机、绞车、压缩机和航空发动机轴承等。

表 9-6 铜基轴承合金的牌号、化学成分、力学性能及用途

组别	代号	化学成分 w(%)				力学性能			用途
		Pb	Sn	其他	Cu	σ_b (MPa)	δ (%)	HB	
铅青铜	ZQPb30	27.0 ~ 33.0			余量	60	4	25	高速高压下工作的航空发动机、高压柴油机轴承
	ZQPb25 - 5	23.0 ~ 27.0	4.0 ~ 6.0		余量	140	6	50	高压力轴承,轧钢机轴承,机床、抽水机轴衬
	ZQPb12 - 8	11.0 ~ 13.0	7.0 ~ 9.0		余量	120 ~ 200	3 ~ 8	80 ~ 120	冷轧机轴承
锡青铜	ZQSn10 - 1		9.0 ~ 11.0	P0.6 ~ 1.2	余量	250	5	90	高速高载荷柴油机轴承
	ZQSn 6 - 6 - 3	2.0 ~ 4.0	5.0 ~ 7.0	Zn5.0 ~ 7.0	余量	200	10	65	中速中载轴承

锡青铜常用牌号有 ZCuSn10P1 和 ZCuSn510Pb5Zn5。该合金具有高的强度，适于制造高速度、高载荷的柴油机轴承。由于锡基、铅基轴承合金及不含锡的铅青铜的强度比较低，承受不了大的压力，所以使用时必须将其镶铸在钢的轴瓦上，形成一层薄而均匀的内衬，做成双金属轴承。含锡的铅青铜，由于锡溶于铜中使合金强化，获得高的强度，所以不必做成双金属，可以直接做成轴承或者轴套使用。

（四）铝基轴承合金

铝基轴承合金是以铝为基础，加入锡、锑等合金元素组成的合金。铝基轴承合金是一种新型减摩材料，具有密度小、导热性和耐蚀性好、疲劳强度和高温强度高等优点，而且原料丰富，价格便宜，故广泛应用于高速、重载下工作的汽车、拖拉机及柴油机轴承等。

铝基轴承合金的缺点是膨胀系数较大，运转时容易与轴咬合使轴磨损。但是可以通过提高轴颈硬度、加大轴承间距和降低轴承和轴颈表面粗糙度值等方法来解决。常用的铝基轴承合金有如下两类。

1. 铝锑镁轴承合金

该合金用 08 钢板作衬背，一起热轧成双合金带，可以改进轴瓦生产工艺，并提高轴瓦的承载能力。这种合金有高的抗疲劳性能和耐磨性，生产工艺简单，成本低廉，但是承载能力不大，适于制造在载荷不超过 20 MPa、滑动速度不超过 10 m/s 的条件下工作的轴承，例如受中等载荷的内燃机轴承等。

2. 高锡铝基轴承合金

该合金也以 08 钢为衬背，轧制成双合金带。它具有较高的疲劳强度和较好的耐热性、耐磨性及耐蚀性，且生产工艺简单，成本低。目前用它代替其他轴承合金，例如巴氏合金、铜基轴承合金和铝锑镁合金，适于制造在载荷为 28 MPa，滑动速度不超过 13 m/s 的条件下工作的轴承。现已广泛应用于汽车、拖拉机和内燃机车等。

第四节　粉末冶金材料

粉末冶金材料是指不经熔炼和铸造，直接将几种金属粉末或金属粉末与非金属粉末混合后通过配制、压制成形，并在低于金属熔点的温度下进行烧结和后处理等工艺后制成的材料。粉末冶金是制取金属粉末，及采用成形和烧结工艺将金属粉末（或金属粉末与非金属粉末的混合物）制成材料和制品的加工方法。此法既可以制取普通熔炼方法难以制取的特殊材料，又可以制取各种精密的机械零件，省工省料，但是其模具和金属粉末成本较高，批量小或者制品尺寸大时不宜采用。粉末冶金是冶金和材料科学的一个分支学科。现仅介绍硬质合金。

硬质合金是以难熔的 WC、TiC、TaC 等为基体，以 Co、Ni、高速钢粉为黏结相形成的、具有金属性质的粉末冶金材料。硬质合金具有高的硬度、热硬性和耐磨性。常温硬度为 83 ~ 93 HRA，1 000 ℃时硬度为 650 ~ 850 HV。此外，其还具有高的抗压强度、弹性模量、抗弯强度，但冲击韧度低，脆性大，导热性差。

（一）金属陶瓷硬质合金

硬质合金按成分可分为钨钴类（WC - Co 系）、钨钛钴类（WC - TiC - Co 系）、钨钛钽（铌）类（WC - TiC - TaC（NbC） - Co 系、WC - TaC（NbC） - Co 系），它们都属于金属陶瓷硬

质合金。表9-7给出常用硬质合金的牌号、化学成分、性能和适用范围。

表9-7 常用硬质合金的牌号、化学成分、性能和适用范围

类别	牌号	化学成分 w(%)				性能	适用范围
		WC	TiC	TaC	Co		
钨钴类合金	YG3X	96.5	—	<0.5	3	适于铸铁、有色金属及其合金的精镗、精车等,亦可用于合金钢、淬火钢及钨、钼材料的精加工	碳化钨含量较高,黏结剂含量较低时,其硬度较高,抗弯强度则较低;YG3则适于精加工;反之,YG15能承受较大的冲击载荷,适用于粗加工
	YG6	94.0	—	—	6	适于铸铁、有色金属及其合金、非金属材料连续切削时的粗车,间断切削时的半精车、精车	
	YG8C	92.0	—	—	8	适于冲击回转凿岩机,凿坚硬岩石含坚硬夹石的切煤机齿、油井钻头、钻进坚硬岩石的冲击式钻头、冲压模具、刨刀和插刀等	
	YG15	85	—	—	15	适于冲击回转凿岩机凿坚硬、极坚硬岩石,在较大应力下工作的穿孔及冲压工具	
钨钛钴类合金	YT5	85	5	—	10	适于碳钢、合金钢、锻件、冲压件、铸件的表皮加工,不平整断面、间断切削时的粗车、粗刨、半精刨、粗铣、钻孔等	加入碳化钛,提高了硬度和耐热性。含碳化钛越多,钴越少,则合金的硬度、耐磨性和耐热性越好,而抗弯强度就越差。因此,YT30用于精加工,而YT15适用于粗加工
	YT15	79	15	—	6	适于碳钢、合金钢连续切削时半精车、精车,间断切削时小断面精车,连续面半精铣、精铣、孔精扩、粗扩等	
	YT30	66	30	—	4	适于碳钢、合金钢精加工,如小断面精车、精镗、精扩等	
通用合金	YW1	84~85	6	3~4	6	适于耐热钢、高锰钢、不锈钢等难加工钢材的精加工,及一般钢材、普通铸铁、有色金属的精加工	加入碳化钽,显著提高了合金的硬度、耐磨性、耐热性及抗氧化的能力。可铸铁、耐热钢、高锰钢、高级合金钢等难加工的材料和有色金属
	YW2	82~83	6	3~4	8	适于耐热钢、高锰钢、不锈钢、高级合金钢等难加工钢材的半精加工,及一般钢材、普通铸铁、有色金属的半精加工	

1. 钨钴类硬质合金

此类硬质合金的主要化学成分是碳化钨(WC)及钴。牌号为“YG+数字”(YG为“硬钴”汉语拼音首字母），数字表示钴平均质量分数。例如，YG6 表示钴平均质量分数为 6%，余量为碳化钨的钨钴类硬质合金。该类合金的抗弯强度高、韧性好，能承受较大的冲击，磨削加工性较好，但热硬性较低（800～900 ℃），耐磨性较差，主要用来制造刀具、模具、耐磨零件等。由其制成的刀具主要用来切削脆性材料，如铸铁和有色金属等。

2. 钨钛钴类硬质合金

此类硬质合金的主要化学成分是碳化钨、碳化钛（TiC）及钴。牌号为“YT + 数字”（YT 为“硬钛”汉语拼音首字母），数字表示碳化钛平均质量分数。例如，YT15 表示 TiC 的平均质量分数为 15%，其余为 WC 和 Co 的硬质合金。该类硬质合金的热硬性高（900～1 100 ℃），耐磨性好，但抗弯强度较低，不能承受较大的冲击，磨削加工性较差，由其制成的刀具主要用于加工韧性材料，如各种钢材。

3. 通用硬质合金

钨钛钽（铌）类硬质合金又称为通用硬质合金或万能硬质合金。它是由碳化钨、碳化钛、碳化钽（TaC）或碳化铌（NbC）和钴组成。牌号为“YW + 顺序号”（YW 表示“硬万”汉语拼音首字母），如 YW1 表示万能硬质合金。该类硬质合金是在上述硬质合金中添加 TaC 或 NbC，具有热硬性高（＞1 000 ℃）的特点，其他性能介于钨钴类与钨钛钴类之间，它既能加工钢材，又能加工非铁金属。

（二）碳化铬硬质合金

碳化铬硬质合金是以碳化铬为基体，以铌或铌合金为黏结相形成的硬质合金。它具有极高的抗高温氧化性，加热到 1 100 ℃以上仅表面变色，且具有高的耐磨性和耐蚀性，但强度低。碳化铬硬质合金用 YLN 或 YLWN + Ni 的质量分数表示，如 YLN15。碳化铬硬质合金可用于制作电真空玻璃器皿成形模、铜材挤压模、燃油喷嘴、油井阀阀球、轴承、机械密封摩擦副等。

（三）钢结硬质合金

钢结硬质合金是后来发展起来的工具材料。它是一种或者几种碳化物（TiC、WC）为硬化相，以合金钢（如高速钢、铬钼钢）粉末为黏结剂，经过配料、混料、压制和烧结而成的粉末冶金材料。钢结硬质合金烧结坯件经退火后可进行一般的切削加工，经淬火回火后有相当于金属陶瓷硬质合金的高硬度和良好的耐磨性，也可以进行焊接和锻造，并有耐热、耐蚀抗氧化等特性。

习　题

一、名词解释

时效；黄铜；白铜；青铜；轴承合金；普通黄铜；特殊黄铜；变形铝合金；铸造铝合金；硬质合金

二、简答题

1. 根据二元铝合金一般相图，说明铝合金是如何分类的？

2. 变形铝合金分哪几类？主要性能特点是什么？

3. 铜合金分哪几类？举例说明黄铜的代号、化学成分、力学性能及用途。

4. 滑动轴承合金必须具备哪些特性？常用的滑动轴承合金有哪些？

5. 常用的硬质合金有哪些？

三、课外调研

1. 观察有色金属在日常生活和生产中的应用，查阅有关资料调查有色金属在地球上的储量，并以“如何合理使用有限的金属资源”为主题进行交流和研讨，或者撰写一篇小型科技论文。

2. 查阅相关资料，了解有色金属发展的最新工艺和应用范围；了解硬质合金类材料最新研究进展。

第十章　非金属材料

在机械产品中,金属材料以其优良的性能长期占据着主导地位。随着工业技术的不断进步,工程材料的使用结构也在发生着变化,新的工程材料不断涌现。除金属材料外,机械产品或工程上常用的材料还有高分子材料、陶瓷材料和复合材料等,这些材料以其特殊的性能(如质轻、耐蚀、绝缘、隔热等)在机械产品中所占的比重越来越大,其使用量也在迅速增加。

第一节　高分子材料

高分子材料可以分为天然高分子材料和人工合成高分子材料两大类。天然高分子材料有羊毛、蚕丝、淀粉、橡胶等。工程上使用的高分子材料主要是人工合成的,如塑料、合成橡胶、合成纤维等。由于人工合成的高分子材料,尤其是塑料,使用性能优良,成本低廉,外表美观,正在逐步取代一部分金属材料。

一、高分子材料基础知识

所谓高分子材料,是指以高分子化合物(相对分子质量很大的化合物)为主要组成成分,与各种添加剂配合而形成的材料。

(一)高分子化合物

高分子化合物是分子量很大的有机化合物,相对分子质量小于500的化合物称为低分子化合物;相对分子质量大于500的化合物称为高分子化合物。一般来说,高分子化合物的相对分子量在$10^3 \sim 10^4$范围内,所以高分子也常称为大分子。表10-1列举了几种常见物质的相对分子质量。

表10-1　常见物质的相对分子质量

类别	低分子物质				高分子物质			
名称	水	石英	乙烯	单糖	天然高分子物质		人工合成高分子物质	
	H_2O	SiO_2	$CH_2=CH_2$	$C_6H_{12}O_6$	淀粉	纤维素	聚苯乙烯	聚氯乙烯
相对分子质量	18	60	28	180	>200 000	570 000	>50 000	50 000~160 000

高分子化合物的相对分子质量虽然很大,但它的化学组成并不复杂,通常由C、H、O、N、S等构成。其中主要是碳氢化合物及其衍生物。它们往往是由一种或几种简单的低分子化合物的成千上万个原子以共价键形式重复连接而成的大分子所组成的。这类能组成高分子化合物的低分子化合物称为单体,如乙烯是聚乙烯的单体。将单体转变为高分子化合物的过程称为聚合。构成聚合物的重复结构单元称为链节,聚合物分子中链节的数目称为聚合度。因此,高分子化合物也称为高聚物。

(二)高分子化合物的聚合类型

高分子化合物的合成方法很多,但按最基本的化学反应分类,可分为加聚反应和缩聚反应两大类。

1. 加聚反应

由一种或多种单体相互结合而形成大分子链高聚物的过程称为加聚反应。加聚反应进行得较快,反应过程中不停留,没有中间产物生成。加聚反应是高分子材料工业合成的基础,约有 80% 的高分子材料都是由加聚反应得到的。目前,产量较大的聚乙烯、聚丙烯、聚苯乙烯以及合成橡胶等都是加聚反应的产品。

2. 缩聚反应

具有官能团(如—OH、—COOH、$—NH_3$ 等)的单体彼此相互反应形成大分子链高聚物的过程称为缩聚反应。缩聚反应是分步进行的,可以在反应过程中的某个阶段停留而得到中间产物,在生成聚合物的同时有小分子物质(如 H_2O、HCl、NH_3 等)产生。缩聚反应有很大的实用价值,如涤纶、尼龙、酚醛树脂、环氧树脂等重要的高分子化合物都是由缩聚反应合成的。

(三)高分子化合物的结构特点

高分子化合物的结构有两方面的含义:一是指聚合物中大分子链的结构,二是指大分子的聚集态结构。和金属材料一样,高分子化合物的结构直接决定着高分子材料的性能。这里只介绍聚合物中大分子链的结构特点。

大分子链的结构是指大分子的内部结构,即大分子链中原子或基团间的几何排列形态,有线形、支链形和网体形三种。

1. 线形结构

由许多链节以共价键连接成线形长链分子,其分子直径为几埃,而长度可达几千甚至几万埃,像一条长线。通常其分子直径与长度之比在 1∶1 000 以上,如图 10-1(a)所示。

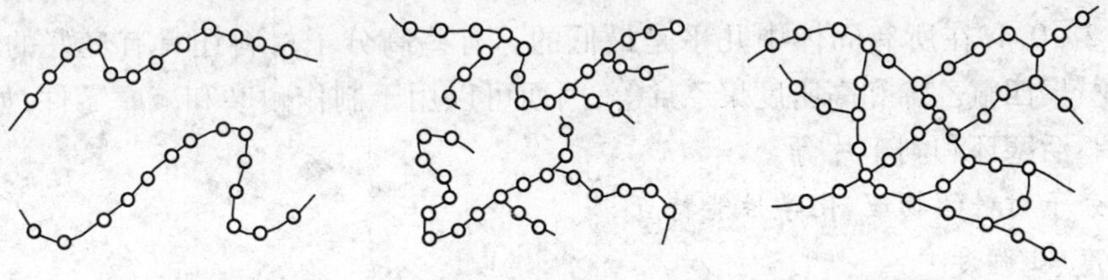

(a)线形　　(b)支链形　　(c)网体形

图 10-1　高分子材料分子链的几何形状

2. 支链形(或称带支链的线形)结构

由一条很长的主链和许多较短的支链相互连接成若干分支链的结构称为支链形结构,如图 10-1(b)所示。这种结构也可看做是线形结构,其性质和线形结构基本相同。

线形和支链形结构的大分子,其长链在非拉伸状态下通常蜷曲成不规则的线团状,在外力作用下可以伸长,在外力取消后又恢复到原来蜷曲的线团状。线形结构高分子化合物的特点是可以溶解在一定的溶剂中,加热时可以熔化,易于加工成形,并能反复使用。具有这种结构特点的高分子材料又称为热塑性高分子材料,如聚乙烯、聚氯乙烯、未硫化的橡胶等。

3. 网体形结构

线形主链之间的支链彼此交联便形成三维体(网)形结构,称为网体形结构,如图 10-1

(c)所示。网体形结构的高分子材料的特点是加热时不熔化,只能软化,不溶于任何溶剂,最多只能溶胀,不能重复加工和使用,这种现象称为热固性。具有这种结构特点的高分子材料又称为热固性高分子材料,如酚醛树脂、氨基树脂、硫化橡胶、尿醛树脂等。热固性聚合物只能在形成交联结构之前一次热模压成形,且成形之后不可逆变。

(四)高分子材料的性能特点

1. 高分子化合物的力学性能

1)高弹性

轻度交联的高聚物在玻璃化温度以上时具有典型的高弹性,即变形大、弹性模量小,而且弹性随温度的升高而增大,如橡胶。

2)黏弹性

高聚物的黏弹性是指高聚物材料即具有弹性材料的一般特性,又具有黏性流体的特性,即受力同时发生高弹性变形和黏性流动,变形与时间有关。高聚物的黏弹性主要表现为蠕变、应力松弛、滞后和内耗等。

3)强度、断裂和韧性

(1)强度。高聚物的强度很低,如塑料的抗拉强度一般比金属材料低得多。但高聚物的密度很小,只有钢的14%~18%,所以部分高聚物的比强度要比一些金属高。

(2)断裂。高聚物材料由于内部结构不均一,含有许多微裂纹,从而造成应力集中,使裂纹容易很快发展。某些高聚物在一定的介质中,在小应力下即可断裂,称为环境应力断裂。

(3)韧性。高聚物的韧性用冲击韧度表示。各类高聚物的冲击韧度相差很大,脆性高聚物的冲击韧度值一般都小于0.22,韧性高聚物的冲击韧度值一般都大于0.92。

4)耐磨性

高分子材料的硬度虽低于金属,但具有优于金属的耐摩擦性能。大多数的聚合物摩擦系数在0.2~0.4,在所有固体中几乎是最低的。有些高分子材料还具有良好的自润滑性能,如尼龙、聚四氟乙烯和高密度聚乙烯等,因而可以用于制作耐磨和减摩零件,如轴承、凸轮、密封圈、活塞环和刹车片等。

2. 高分子材料的物理、化学性能特点

1)密度、比强度

高聚物比金属和陶瓷的密度都小,密度在1 000~2 000 kg/m^3,最轻的聚丙烯密度为910 kg/m^3,而泡沫塑料只有10 kg/m^3。因此,尽管其强度低,但其比强度却很高。

2)热性能

高聚物在受热过程中,大分子链和链段容易产生运动,因此其耐热性较差。由于高聚物内部无自由电子,因此具有低的导热性能。高聚物的线膨胀系数也较大。

3)电学性能

高分子材料内部无自由电子,也无足够的离子,因此大多数高分子材料是绝缘体。

4)化学稳定性

高聚物大分子链以共价键结合,没有自由电子,因此不发生电化学反应,也不易与其他物质发生化学反应。所以,大多数高聚物具有较高的化学稳定性,对酸、碱溶液具有优良的耐腐蚀性能。

3. 高分子化合物的老化及防止措施

高分子材料在储存和使用过程中，由于空气、水、光、热、辐射等环境因素的作用，使聚合物失去原有性能的现象称为老化。聚合物的老化是很普遍的现象，如塑料、橡胶材料变硬变脆，出现龟裂，或者变软发黏、褪色、变色、透明度下降，等等。

防止老化的措施主要有：对高聚物改性，改变大分子结构，提高其稳定性；进行表面处理，在材料表面镀上一层金属或喷涂一层耐老化涂料，隔绝材料与外界的接触；加入各种稳定剂，如热稳定剂、抗氧化剂等。

二、常用的高分子材料

高分子材料种类很多，分类方法也较多，常见的分类方法见表10-2。

表10-2　高分子化合物常见的分类方法

分类方法	类别	特性举例
按聚合物来源分类	天然聚合物	天然橡胶、纤维素、蛋白质等
	人造聚合物	人工改性的天然聚合物，如硝酸纤维、醋酸纤维
	合成聚合物	由低分子物质合成，如聚氯乙烯、聚酰胺
按聚合类型分类	加聚物	加成聚合反应产物，如聚烯烃
	缩聚物	缩合聚合反应产物，如酚醛树脂
按聚合物的工艺特性分类	塑料	有一定的形状、热稳定性和强度
	橡胶	有高的弹性，可用做弹性或密封材料
	纤维	单丝强度高，多用做纺织原料
	涂料	用来涂覆于材料表面，形成防护膜
	胶粘剂	用来将两个材料黏合在一起
按高分子的几何结构分类	线形聚合物	线形或支链形结构高分子材料
	网体形聚合物	网状或体形结构高分子材料
按聚合物的热特性分类	热塑性聚合物	线形结构加热后保持不变
	热固性聚合物	线形结构加热后变为体形
按聚合物的分子结构分类	碳均链聚合物	一般为加聚物，－C－C－C－
	杂链聚合物	一般为缩聚物，－C－C－O－C－，－C－C－N－
	元素有机聚合物	一般为缩聚物，－O－Si－O－Si－O－

天然高分子材料按其来源和性质以专用名称命名，如纤维素、蛋白质、淀粉等。加聚类高分子材料通常在其单体(即低分子原材料)前加“聚”字，如聚乙烯、聚氯乙烯等。缩聚类高分子材料通常在其单体后加“树脂”或“橡胶”，如酚醛树脂、丁苯橡胶等。结构复杂的高分子材料可直接称其商品名称，如有机玻璃、涤纶树脂、锦纶、尼龙等。

(一)塑料

塑料是在玻璃态使用的一种高分子物质合成材料。它是以树脂为基础，加入添加剂制成的。由于塑料的原料丰富易得，制取方便、成形简单、成本低廉以及性能的多样性，因此应用越来越广泛。目前，全世界塑料年产量(按体积)已超过非铁金属年产量的总和，可以逐渐取代部分的非铁金属、钢铁、木材、水泥、天然纤维、橡胶、皮革、陶瓷、玻璃和搪瓷等，成为现代工业领域，尤其是能源、交通、航空工业中不可缺少的工程材料。

1. 塑料的组成

塑料的组成有简单组分和复杂组分之分。简单组分的塑料基本上由树脂组成,如聚四氟乙烯、聚苯乙烯、有机玻璃等。复杂组分的塑料则由多种组分组成,除树脂外,还加入各种添加剂,如酚醛塑料、环氧塑料等。一般说来,塑料是由树脂和若干种添加剂(如填充剂、增塑剂、润滑剂、着色剂、稳定剂、固化剂和阻燃剂)组成的。

1)树脂

树脂是组成塑料的基本成分,一般占塑料全部组成的40% ~100%(质量分数)。它是塑料中能起黏结作用的部分,并使塑料具有成形性能。合成树脂是人工合成的有机高分子化合物,如聚乙烯、聚碳酸酯、酚醛树脂等。合成树脂是现代塑料的基本原料,其种类、性质和所占比例大小决定着塑料的性能。

2)填充剂

填充剂又称为填料或填充母料,是塑料的重要组成部分,一般占总量的40% ~70%(质量分数)。它可以起增强作用或赋予塑料新的性能,还可以减少树脂用量,降低塑料成本。例如,加入石棉可以提高塑料的热硬性,加入云母可以提高塑料的电绝缘性。

3)增塑剂

增塑剂用来提高树脂的塑性,用量一般不高于20%(质量分数)。增塑剂主要是通过降低大分子间作用力,增大链段的运动能力来改善树脂大分子链的柔顺性,从而降低树脂的软化温度和硬度,提高塑性。

4)稳定剂

稳定剂是为了防止老化的添加剂,其主要作用是提高某些塑料的受热或光照稳定性。加入少量稳定剂(千分之几)可防止过早老化,延长塑料制品的使用寿命。常用稳定剂有硬脂酸盐、铅化物、酚类和胺类物质等。

5)固化剂

固化剂为热固性塑料所必须的添加剂,目的在于促使线形结构转变为体形结构,使大分子链之间产生交联,成形后获得坚硬的塑料制品。

6)润滑剂

润滑剂是为防止塑料在成形过程中粘模而加入的添加剂,用量少,一般为0.5% ~1.5%(质量分数)。常用的润滑剂为硬脂酸及硬脂酸盐类。

7)着色剂

着色剂是使塑料制品具有美丽色彩的有机或无机颜料。常用着色剂有铁红、铬黄、氧化铬绿、士林蓝、锌白、钛白、炭黑等。

8)其他添加剂

塑料添加剂除上述几项外,还有阻燃剂(如氧化锑、含溴化合物)、抗静电剂、发泡剂、溶剂、稀释剂等。需要注意的是,并非每一种塑料都要加入全部添加剂,添加剂的种类很多,要根据塑料品种和产品功能要求来决定添加与否及添加量的多少。

2. 塑料的种类

1)按塑料中合成树脂的分子结构及热性能的不同分类

塑料按合成树脂的分子结构及热性能的不同可分为热固性塑料和热塑性塑料。

热塑性塑料的分子链具有线形结构,用聚合反应生成。加热软化、熔融,可塑制成一定形状的制品，冷却后变硬并保持既得形状，并可多次反复，性能也不发生显著变化。

热固性塑料的分子链是网体形结构，在一定温度加热时会软化或熔融，但同时发生了结构变化。冷却后塑料会固化成形，但这种软化和固化是不可逆的。固化成形后呈现不溶和不熔特性，直至强热分解、破坏。

2）按使用范围分类

塑料按使用范围可分为通用塑料、工程塑料和特种塑料。

通用塑料是指产量大（占塑料总产量的75%以上）、价格低、用途广的塑料，如聚乙烯、聚氯乙烯、聚苯乙烯、酚醛塑料等。

工程塑料是指在工程技术中用做结构材料的塑料，其强度高，耐热、耐蚀性能也较好，主要有聚酰胺、聚甲醛、聚碳酸酯、ABS、聚苯醚、氟塑料等。

特种塑料是指具有某些特殊性能（如耐高温、耐腐蚀）的塑料。这类塑料产量少，价格贵，只用于特殊需要的场合。

3. 常用塑料的性能及应用

塑料在生产和生活中的应用越来越广泛。常用塑料的特点及用途见表10-3。

表10-3 常用塑料的特点及用途

类别	名称	代号	主要特点	用途举例
热塑性塑料	聚乙烯	PE	具有良好的耐蚀性和电绝缘性	薄膜、塑料瓶、电线电缆的绝缘材料及管道、中空制品
	聚酰胺（尼龙）	PA	具有较高的强度和韧性，耐磨、耐疲劳、耐油、耐水，但吸湿性大，日光下暴晒易老化	用于制造一般机械零件，如齿轮、轴承、凸轮轴、蜗轮、泵及阀零件等
	聚甲醛	POM	具有优良的综合力学性能，吸湿性较小，尺寸稳定性高，但遇火易燃，暴晒易老化	用于制造减摩、耐磨零件，如齿轮、轴承、叶轮、仪表外壳、阀、汽化器、线圈骨架等
	聚碳酸酯	PC	具有良好的力学性能、耐热性、耐寒性及电绝缘性能，尺寸稳定性高，但耐候性不够，长期暴晒易开裂	用于制造机械传动零件、高绝缘性零件及飞机构件，如轴承、齿轮、蜗轮、蜗杆、垫圈、电容器、飞机挡风罩及座舱盖等
	聚四氟乙烯	F—4	具有优良的耐低温、耐腐蚀、耐候性和电绝缘性能，不受任何化学药品的腐蚀，但强度和刚度较低，250 ℃以上分解并释放出毒性气体	用于制造有特殊性能要求的零件，如化工机械中的过滤板、反应罐、贮藏液态气体的低温设备、自润滑轴承、密封环等
	ABS塑料	ABS	具有良好的综合性能，尺寸稳定性好，易于成形加工	用途广泛，如方向盘、手柄、仪表盘、化工容器、电器设备外壳等
	聚砜	PSU	具有良好的电绝缘性和化学稳定性，尺寸稳定性好，蠕变极值低，可在 −100 ~ 150 ℃下长期工作	用于制造耐腐蚀、耐磨及绝缘零件，如汽车零件、齿轮、凸轮、仪表精密零件、管道、涂层等
	有机玻璃	PMMA	强度高，透光性好，耐老化，易于成形加工	用于制造航空、仪器仪表及无线电工业中的透明件，如飞机座舱、汽车风窗玻璃、屏幕、光学镜片等

续表 10-3

类别	名称	代号	主要特点	用途举例
热固性塑料	酚醛塑料	PF	具有良好的耐热性、绝缘性、化学稳定性和尺寸稳定性,蠕变值低,强度、硬度高,脆性大,价格便宜	用于制造磨损零件,如轴承、齿轮、刹车片、离合器片等,在电器工业中应用也很广泛
	环氧塑料	EP	强度和韧性高,电绝缘性、化学稳定性及耐有机溶剂性好	用于制造塑料模具、量具、电子元件等,也是一种封装材料

(二)橡胶

橡胶是在使用温度范围内(-50~150 ℃)处于高弹性状态的高分子材料,在较小的载荷作用下能产生很大的变形(一般在100%~1 000%),载荷卸除后又能很快恢复原来的状态。另外,橡胶具有优良的耐磨性、隔音性和绝缘性,是常用的弹性材料、密封材料、减振材料和传动材料。

1. 橡胶的组成

橡胶的原料是生胶,性能差,加入配合剂硫化后才能得到所需的各种产品。

生胶是橡胶制品的主要成分,不同生胶可制成不同性能的橡胶制品,是把各种配合剂和骨架材料结合成一体的黏结剂。按原料来源不同,生胶可分为天然橡胶和合成橡胶两类。天然橡胶是以热带橡胶树中流出的胶乳为原料,经凝固、干燥、加压等工序制成的片状固体。合成橡胶是用化学合成方法制成的与天然橡胶性质相似的高分子材料,如丁苯橡胶、氯丁橡胶等。

为了改善橡胶制品的某些性能而加入的物质称为配合剂。配合剂主要有硫化剂、软化剂、防老化剂、填充剂等。使橡胶分子交联起来形成立体网状结构的过程称为硫化。起硫化作用的物质称为硫化剂。天然橡胶常以硫磺作为硫化剂,并加入氧化锌和硫化促进剂加速硫化,以缩短硫化时间,降低硫化温度,减少硫化剂用量,改善橡胶性能。加入硬脂酸、石蜡及油类物质作为软化剂,可以提高橡胶的塑性,改善其黏附能力。加入石蜡、蜂蜡或其他比橡胶更易氧化的物质作为防老化剂,在橡胶表面形成稳定的氧化膜,防止或延缓橡胶制品的老化。用炭黑、陶土、滑石粉等作填充剂,可以增加橡胶制品的强度,降低成本。

2. 橡胶的种类

根据原材料的来源可分为天然橡胶和合成橡胶,按应用范围又可分为通用橡胶和特种橡胶。

由于资源的限制,天然橡胶的产量远远不能满足工业生产的需要,因而大力发展用人工方法将单体聚合而成的合成橡胶。合成橡胶的种类繁多,目前世界上的合成橡胶主要有七大品种:丁苯橡胶、顺丁橡胶、氯丁橡胶、异戊橡胶、丁基橡胶、乙丙橡胶和丁腈橡胶。习惯上把性能和天然橡胶接近,可以代替天然橡胶的称为通用橡胶或普通橡胶,而把具有特殊性能并在特殊条件下使用的橡胶称为特种橡胶。通用橡胶主要用于制作轮胎、运输带、胶管、绝缘层、密封装置等,特种橡胶主要用于制造在高(低)温、强腐蚀、强辐射等环境下工作的橡胶制品。

3. 常用橡胶的性能及应用

对于橡胶材料,根据不同的使用要求提出或规定其性能指标,如高弹性、回弹性、耐磨性、伸长率、永久变形、抗拉强度、抗撕裂强度、耐高温或低温性、电绝缘性能及透气性等，但这些性能中最主要的是高弹性和力学性能。橡胶在氧化、光照的环境下，容易发生老化、破裂、发黏、变脆等现象，因此在使用或储存过程中要特别注意保护。常用橡胶的性能特点及用途见表10-4。

表10-4　常用橡胶的性能特点及用途

类别	名称	主要特点	用途举例
通用橡胶	天然橡胶	弹性高、耐低温、耐磨损、耐疲劳、电绝缘性好、加工方便，但耐氧及臭氧性差、不耐油，适于100℃以下使用	轮胎、胶带、管路等
	丁苯橡胶	耐磨性好，热硬性、耐油性、耐老化性能优于天然橡胶，但耐低温性、耐疲劳性不如天然橡胶，尤其是自黏性差，生胶强度低	轮胎、胶板、胶布等各种硬质橡胶制品
	顺丁橡胶	弹性、耐磨性突出，耐低温，易与金属黏合，但加工性、自黏性和抗撕裂性差	轮胎，耐寒胶带，弹性元件，耐热管路，绝缘制品
	丁基橡胶	耐老化性、气密性、热硬性优异，抗振性好，但弹性和加工性较差	车轮内胎，软管，垫片，化工容器内衬，防振制品
	乙丙橡胶	耐老化性突出，耐腐蚀，电绝缘，吸水性小，耐低温性好，但不耐油，加工性差	车轮内、外胎，耐热、耐腐蚀传输管、带，电缆护套等
特种橡胶	丁腈橡胶	耐油性突出，耐老化性、热硬性、耐磨性、气密性和耐水性好，但耐低温性、耐臭氧性和加工性差	各种油管，耐油密封垫圈，耐热、减振零件等
	聚氨酯橡胶	耐磨性突出，抗拉强度高，耐油性好，耐酸碱、耐水性及热硬性较差	胶辊，实心轮胎，齿形带，各种耐磨零件
	硅橡胶	耐高温、低温性突出，可在 −70～280 ℃下工作，耐老化、电绝缘性优良，耐水，无毒，无味，但常温下力学性能较差，耐油、耐腐蚀性较差	各种管路的接头，高温下使用的各种垫圈、密封件，耐高温的电线、电缆护套等

（三）胶粘剂

胶粘剂是以黏性很强的物质为基础，加入各种添加剂制成的。它能将各种物质胶粘在一起，并形成一定的胶接强度。

胶接在某些情况下可以代替铆接、焊接或机械连接，如胶接无法焊接的金属材料、胶接金属与非金属材料等。

常用的胶粘剂有天然胶粘剂和人工合成树脂胶粘剂两类。天然胶粘剂有骨胶、虫胶、桃胶等。使用最多的还是人工合成树脂胶粘剂，由黏结剂（酚醛树脂、聚苯乙烯等）、固化剂、填料及各种附加剂组成，使用要求不同，其各组成分的比例不同。

用胶粘剂进行胶接时，接头可以在一定温度和时间条件下经固化后形成，也可以经加热、冷却固化后形成，或先将胶粘剂溶入易挥发的溶液中，胶接后，溶剂挥发而形成。常用胶粘剂的种类、特点和用途见表10-5。

表 10-5 常用胶粘剂的种类、特点和用途

类别	名称	主要特点	用途举例
环氧胶粘剂	环氧－丁腈胶	具有良好的密封性和耐热性，可在 150 ℃下使用	用于胶接金属、玻璃钢等多种材料
	环氧通用胶	具有良好的耐水、耐油性能，固化迅速，使用方便，价格便宜	用于胶接、修补或固定各种材料
聚氨酯胶粘剂	—	具有良好的电绝缘性、耐老化性、耐油性及耐低温性能，胶膜柔软	用于胶接金属、塑料、橡胶、陶瓷、木材、皮革等多种材料
酚醛胶粘剂	酚醛－缩醛胶	具有较高的胶接强度和良好的抗冲击、抗疲劳及耐老化性能	用于胶接金属、塑料、玻璃、木材、皮革等多种材料
	酚醛－丁腈胶	具有高的胶接强度和良好的弹性与韧性，耐冲击，耐振动，可在 －50～80 ℃下长期工作	用于胶接金属、玻璃钢、陶瓷等多种材料，也可用于胶接蜂窝结构
厌氧胶	—	具有良好的流动性、密封性、耐腐蚀性、耐热性、耐寒性和工艺性，固化迅速，使用方便	用于各种机械零件的固定、各种接头的防漏及填堵缝隙
瞬干胶	α－氰基丙烯酸酯胶	具有良好的流动性，室温下固化迅速，可在 －40～70 ℃下工作，但胶膜较脆，耐水性差	用于胶接金属、塑料、橡胶、陶瓷、玻璃等多种材料，特别适于小面积的胶接和固化

第二节 陶瓷材料

一、概述

传统意义上的陶瓷，是指使用天然材料（黏土、长石和石英）经烧结成形的陶器与瓷器的总称。现代广义上的陶瓷，是指使用天然的或人工合成的粉状化合物经成形和高温烧结制成的一类无机非金属固体材料，它具有高硬度、高熔点、抗压强度高、耐磨损、抗氧化、耐腐蚀等优点。作为结构材料，陶瓷在许多场合是金属材料和高分子材料所不能替代的，而其某些特殊性能又可用做功能材料。

（一）陶瓷材料的分类

陶瓷材料的种类很多，主要有以下几种。

1. 按原材来源分类

按原料来源不同，可将陶瓷材料分为普通陶瓷和特种陶瓷两类。普通陶瓷一般是由黏土、长石和石英等天然原料烧结而成。这类陶瓷按其性能、特点和用途又可分为日用陶瓷、建筑陶瓷、电绝缘陶瓷和化工陶瓷等。

特种陶瓷又称为现代陶瓷，一般是由高纯度人工合成原料制成，并具有特殊物理、化学性能的新型陶瓷（包括功能陶瓷）。特种陶瓷按用途又可分为高温陶瓷、压电陶瓷、光学陶瓷和磁性陶瓷等。

2. 按化学成分及组成物分类

按化学成分及组成物不同，可将陶瓷材料分为氧化物陶瓷、碳化物陶瓷、氮化物陶瓷及其他化合物陶瓷四类。氧化物陶瓷种类多、应用广，常用的有 SiO_2、Al_2O_3、ZrO_2、MgO 等。碳化物陶瓷熔点高，易氧化，常用的有 SiC、B_4C、WC、TiC 等。氮化物陶瓷常用的有 Si_3N_4、AlN、TiN、BN 等。

3. 按性能和用途分类

按性能和用途分类，可将陶瓷材料分为结构陶瓷和功能陶瓷两类。在工程结构上使用的陶瓷称为结构陶瓷。利用陶瓷特有的物理性能制造的陶瓷材料称为功能陶瓷。它们的物理性能差异往往很大，因此用途很广泛。

(二)陶瓷的组织结构

陶瓷的性能与其组织结构有关。金属晶体是以金属键相结合构成的，高分子材料晶体是以共价键结合构成的，而陶瓷则是由天然或人工合成的原料经高温烧结成的致密固体材料，其组织结构比金属复杂得多，其内部存在晶相、玻璃相和气相。这三种相的相对数量、形状和分布对陶瓷性能的影响很大。

1. 晶相(晶体相)

大多数陶瓷是由离子键构成的离子晶体(如 MgO、Al_2O_3 等)，但也有由共价键构成的(如 Si_3N_4、SiC 等)，这是陶瓷的主要组成相，一般这两种晶体都存在。离子键的结合能较高，正负离子以静电作用结合得比较牢固，因此陶瓷具有硬度高、熔点高、质脆等特性。与金属晶体类似，陶瓷一般也是多晶体，也存在晶粒和晶界。细化晶粒及亚晶粒同样能提高强度并影响其性能。

2. 玻璃相

陶瓷烧结时，由各组成物和杂质通过一系列物理、化学作用形成的非晶态物质，称为玻璃相。玻璃相熔点较低，主要作用是把分散的晶相黏结在一起，还可以降低烧结温度，抑制晶体长大并填充气孔空隙，但是降低了抗热性和绝缘性，所以玻璃相一般限制在 20% ~ 40%(体积分数)。

3. 气相

陶瓷中存在的气孔为气相，常以孤立的状态分布在玻璃相、晶界或晶体内。气相会引起应力集中，降低陶瓷的强度和抗电击穿能力，所以应尽量减少气孔的数量和尺寸，并使其均匀分布，一般气相控制在占陶瓷体积的 5% ~ 10%。

(三)陶瓷材料的性能

1. 力学性能

陶瓷的硬度在各类材料中最高，可作为超硬耐磨损材料。由于陶瓷中存在着大量相当于裂纹源的气孔，在拉应力的作用下会迅速扩展而导致脆断，因此陶瓷的抗拉强度低，但它具有较高的抗压强度，可以用于承受压缩载荷的场合。多数陶瓷弹性模量高于金属，在外力作用下只产生弹性变形，伸长率和断面收缩率几乎为零，完全是脆性断裂，故冲击韧性和断裂韧性很低。

2. 物理性能

陶瓷的熔点很高，有很好的高温强度，高温抗蠕变能力强，热硬性高达 1 000 ℃，但热膨胀系数和热导率小，温度剧烈变化时易破裂，不能急热骤冷。大多数陶瓷绝缘性较好，是传统的绝缘材料，如电瓷。有的陶瓷还具有各种特殊性能，如压电陶瓷、磁性陶瓷、铁电陶瓷等。

3. 化学性能

陶瓷的结构稳定，金属离子被周围的非金属离子包围，很难与介质中的氧发生反应，甚至在1 000 ℃的高温下也是如此，所以具有优良的耐火性或不燃烧性。陶瓷对酸、碱、盐等腐蚀介质有较强的抗蚀性，与许多熔融金属不发生作用，所以可做坩埚材料。

陶瓷材料还有一些特殊的光学性能、磁性能，生物相容性以及超导性能等。而陶瓷薄膜的力学性能除与其结构因素有关外，还应服从薄膜的力学性能规律以及其独特的光、电、磁等物理、化学性能。利用这些将可开发出具有各种功能的材料，有着广泛的应用前景。

二、常用陶瓷材料的制备

陶瓷是先成形后烧结而成的产品，其生产工艺过程主要有配料及原料处理、制坯及压制成形、烧结三个阶段。

压制成形的方法有干压、注浆、等静压、挤压、热压注等。

烧结的过程是使陶瓷内部发生一系列物理、化学变化，对陶瓷质量影响很大。烧结后的产品很难再加工。通常，陶瓷烧结后就可以使用，只有在要求尺寸精确或表面质量很高时才进行研磨加工。烧结可以在煤窑、煤气炉或电炉等高温炉窑中进行。

此外，还有将粉料同时加热、加压制成陶瓷的热压法和高温等静压法等方法。

三、常用陶瓷材料的性能、特点及用途

（一）普通陶瓷（传统陶瓷）

普通陶瓷产量最大，具有质地坚硬、不会氧化生锈、耐腐蚀、不导电、耐一定高温、加工成形性好、成本低廉等优点，所以广泛用做建筑、日用、卫生、化工、纺织、高低压电器等行业的结构件和用品，例如化学工业用的耐酸耐碱容器、管道、反应塔等，供电系统用的绝缘子、瓷套等。但是这类陶瓷抗拉强度较低，抗热冲击性差，热膨胀系数和导热系数均低于金属。

（二）特种陶瓷

1. 高温陶瓷

高温陶瓷分为以下两种类型。

1）氧化物陶瓷

以纯氧化物（如 Al_2O_3、ZrO_2、MgO、BeO 等）为基（晶相）的陶瓷称为氧化物陶瓷，通常熔点超过2 000 ℃，具有较高的室温强度和高温强度，良好的化学稳定性和介电性能，但热稳定性一般较差。目前，以氧化铝陶瓷应用最多。例如，高温试验用的容器和熔融金属用的坩埚，内燃机用火花塞，以及油泵的密封环等。

2）非氧化物陶瓷

非氧化物陶瓷的主要特点是耐高温、硬度高，但脆性大。目前，应用最广的是碳化硅陶瓷。

碳化硅陶瓷（SiC）是一种高强度、高硬度且热硬性良好的高温结构陶瓷。在1 400 ℃高温下，碳化硅陶瓷仍可保持较高的抗弯强度，还具有良好的导热性、抗氧化性、导电性，高的冲击韧性和抗蠕变性，但不抗强碱腐蚀。此陶瓷可用于制作火箭尾喷管的喷嘴、浇注金属用

喉嘴，以及电热偶套管、炉管等高温零部件，还可作高温下热交换器材料以及制造砂轮、磨料等。

2. 金属陶瓷

金属陶瓷是由金属或合金与陶瓷组成的非均质复合材料，综合了金属和陶瓷的优良性能，具有高强度、高温强度、高韧性和高的耐蚀性。

金属陶瓷中常用陶瓷材料有各种氧化物、碳化物和氮化物，如 Al_2O_3、MgO、TiC、WC、TiB 等；常用的金属有铁、铬、镍、钴及其合金等。采用不同组分和比例的金属与陶瓷制成的金属陶瓷，可以得到不同性能和用途的材料。作为工具用的金属陶瓷均以陶瓷为主；作为结构材料的金属陶瓷，则是以金属为主，且含量较高。现在实际使用的大多是以陶瓷（氧化物和碳化物）为主的金属陶瓷，且在切削工具方面得到广泛应用。

1）氧化物基金属陶瓷

这类金属陶瓷是应用最早、最广泛的（如 $Al_2O_3 + Cr$），其中 $w_{Cr} < 10\%$。铬的高温性能好，氧化时生成 Cr_2O_3 膜，而 Cr_2O_3 膜又与 Al_2O_3 形成固溶体，把氧化铝粉牢固地粘在一起，所以这种陶瓷比纯氧化铝陶瓷的韧性好，热稳定性和抗氧化性均有改善。如果再加入 Ni 和 Fe，则在高温下形成 $FeO \cdot Al_2O_3$、$NiO \cdot Al_2O_3$ 等复杂氧化物，可进一步改善陶瓷的高温性能。

这种金属陶瓷主要作为切削工具。切削时粘着倾向小，有利于提高被加工工件的加工精度和提高表面质量，故适用于高速切削，尤其适于切削硬度达 65 HRC 的淬火钢和冷硬铸铁。

2）碳化物基金属陶瓷

工具材料中的硬质合金就是一种碳化物基金属陶瓷，其黏结剂主要是铁族元素，如 TiC－Ni、WC－Co 等。作为工具材料时，是利用碳化物的高硬度和金属的韧性；作为高温结构材料时，是利用碳化物的高温强度和金属的塑性。

高温材料的金属陶瓷，其抗氧化能力大，熔点和硬度都很高，强度较大且密度小。常用的黏结剂有 Ni 和 Co，有时还加入少量难熔元素 Cr、Mn、W 等，以提高韧性和热稳定性。

第三节 复合材料

一、概述

（一）复合材料的概念

顾名思义，复合材料是由两种或两种以上不同性质的材料复合而成的一种新材料。对人类而言，它是一种既古老又年轻，既陌生又熟悉的材料。例如，远古时代人们由黏土和干草（如稻草）的复合混制成的草房土坯，当今由钢筋、水泥及砂子浇筑的楼房墙体，以及人们脚下由石块沥青复合的柏油路，等等。但是科学意义上的复合材料则发源于 20 世纪 40 年代出现的纤维增强塑料，即玻璃钢。

根据国际标准化组织为复合材料下的科学定义，复合材料是由两种或两种以上物理和化学性质不同的物质组合而成的一种多相固体材料。其中，一组分或相连续性好，其黏结复合作用，称为基体相（连续相或基体材料）；另一组分或相均匀分散在基体相中，称为增强相

(分散相或增强材料)。

因此,复合材料通常是由基体相和增强相两部分组成。基体相一般高韧性、低强度、低模量,而增强相一般高强度、高硬度、高模量,这样复合材料既保持了各组分的性能特点,又使各组分之间“取长补短、协同作用”,产生超越单一材料的新性能。

(二)复合材料的分类

1. 按基体相类型分类

按基体相类型不同,复合材料分为金属基复合材料、聚合物基(或树脂基、高分子基)复合材料、陶瓷基复合材料、碳基复合材料及水泥基复合材料等。

2. 按增强相形态分类

按增强相形态不同,复合材料分为纤维增强复合材料、颗粒增强复合材料、层叠增强复合材料等。

3. 按材料的用途分类

按材料的用途不同,复合材料分为结构复合材料和功能复合材料两大类。

另外,复合材料按性能高低又可分为常用复合材料和先进复合材料,其中先进复合材料是以碳纤维或晶须为增强体与耐高温的陶瓷或碳为基体构成的复合材料,主要用于航空航天中用量少而性能要求高的场合。

(三)复合材料的性能特点

复合材料是一种异性非均质的新型工程材料,与金属和其他固体材料相比,具有以下性能特点:

(1)高比强度、高比模量。因为复合材料的增强相和基体相的密度一般都较小,而增强相多为强度高的纤维,所以多数复合材料都具有高的比强度和比模量,如铝和硼纤维的比强度为380 MPa,玻璃钢的比强度为530 MPa。

(2)较高的疲劳强度。一般金属材料的疲劳强度为抗拉强度的40% ~50%,而碳纤维增强塑料是70% ~80%,这是由于基体中密布着大量纤维,疲劳断裂时,裂纹的扩展常要经历非常曲折和复杂的路径,所以疲劳强度很高。

(3)减振性好。构件的自振频率不但与构件的结构有关,而且与材料的比模量的平方根成正比。复合材料的比模量大,其自振频率高,不容易与一般载荷的变化频率发生共振而失效。其次,基体和纤维之间的界面对振动有反射和吸收作用,而且基体材料的阻尼也较大,使复合材料的减振性比钢和铝合金等金属更好。

(4)高温性能好。一般铝合金升温到400 ℃时,强度只有室温时的1/10,弹性模量大幅度下降并接近于零。如用碳纤维或硼纤维增强的复合铝材,在400 ℃时的强度和模量几乎可保持室温下的水平。耐热合金最高工作温度一般不超过900 ℃,陶瓷粒子弥散型复合材料的最高工作温度可达到1 200 ℃,而石墨纤维复合材料的瞬时高温可达2 000 ℃。

(5)高的化学稳定性。生产上可以选用耐蚀性优良的树脂作基体材料,并用高强度纤维来增强,使复合材料耐酸、碱、油脂等化学介质的侵蚀。

此外,复合材料制造工艺较简单,易于加工,并可按人们的需求增强其某些特殊性能。如原位内生 TiB_2 颗粒铝锡基复合材料,由于 TiB_2 颗粒增强相的存在,显著提高了铝锡基体的减摩耐磨性能,为制造高性能滑动轴承提供了新材料。因此,人们已充分认识到了复合材料的优越性,并把复合材料作为开发新材料的重要方向。

二、常用复合材料

由于复合材料往往具有强度高、刚度大、密度小、减振、耐热、抗氧化等优良的综合性能，因此在航空、航天、交通运输、机械工业、建筑工业、化工及国防工业等部门都有广泛的使用。常用复合材料主要有以下几种。

(一)纤维增强复合材料

纤维增强复合材料是以纤维增强相均匀分布在基体相内所构成的材料。这类复合材料应用最早、最广。纤维增强相对材料的强化效果，主要取决于纤维的特性、含量和排布方式，一般其沿纤维方向上的强度可超过垂直纤维方向的几十倍，因此这种复合材料通常具有各向异性的特点。

纤维增强相按化学成分可分为有机纤维和无机纤维。有机纤维如聚酯纤维、尼龙纤维、芳纶纤维等，无机纤维有玻璃纤维、碳纤维、碳化硅纤维等。常见纤维增强复合材料的种类、特性和应用如表10-6所示。

表10-6　常见纤维增强复合材料的种类、特性和应用

纤维种类	基体	主要特点	用途举例
聚芳酰胺纤维	合成树脂	韧性好，弹性模量高，密度低，但耐压强度及弯曲疲劳强度较低	可制造雷达天线罩、高强度绳索(如降落伞)、高压防腐容器、游艇的船体等
玻璃纤维	合成树脂	有优良的抗拉、抗弯、抗压及抗蠕变性能，耐冲击性、电绝缘性好	可制作减摩、耐磨的机械零件，密封件，仪器仪表零件、管道、泵阀、汽车船舶壳体，以及用于建筑结构、飞机制造等
碳纤维	合成树脂 陶瓷 金属	密度小，强度和弹性模量高，耐磨，自润滑性好。热膨胀系数小，可经受剧烈的加热或冷却，且可耐2 000 ℃以上的高温	在航天、航空、原子能工业中用做燃气轮机叶片，发动机体，轴瓦，齿轮，卫星结构。还可作人工关节
硼纤维	合成树脂 金属	弹性模量高，耐热性能好	可制作航空、航天、飞行器结构件，涡轮机、推进器零件
碳化硅纤维	合成树脂	有极高的强度，高温下的化学稳定性好	可制作涡轮叶片
石棉纤维	合成树脂	耐热、耐酸、耐磨，吸湿性小，绝缘性好	可制作密封件、制动件，及作为绝热材料

(二)颗粒增强复合材料

颗粒增强复合材料是由一种或多种颗粒状增强相与基体相组成的材料。与纤维增强不同，颗粒增强能均匀提高材料的强度和硬度，使材料强化并具有各向同性的特点。其强化效果主要取决于颗粒的种类、数量、大小及分布状态，一般颗粒与基体相润湿性、兼容性越好，颗粒数量越多、尺寸越小、分布越弥散，则强化效果越明显，复合材料的整体力学性能越好。

颗粒增强复合材料的基体类型有金属基、聚合物基以及陶瓷基，其中金属基复合材料发展较快，应用较广。

颗粒增强金属基复合材料中，按化学组成不同，增强颗粒分为碳化物（如 TiC、WC、SiC 等）、硼化物（如 TiB_2、ZrB_2、CrB_2 等）和氮化物（如 TiN、BN、Si_3N_4）及氧化物（如 Al_2O_3、ZrO_2、MgO 等）；按来源不同，增强颗粒又分为外加颗粒和内生颗粒两大类。其中，内生颗粒是在浇注前向金属熔体内添加反应物（或混合盐），通过化学反应在基体相内生成的，因此颗粒与金属基体之间的结合强度高，颗粒尺寸细小且分布较均匀，增强效果好。同时内生颗粒能促进金属基体的非自发形核，并阻碍晶粒的长大，从而起到很好的细化晶粒、均匀组织的作用。

常见的颗粒增强金属基复合材料有铝及其合金基、铜及其合金基、钛及其合金基、铁及其合金基、钴及其合金基等复合材料，这些材料以其优良的减摩性、耐磨性、耐高温性，以及高的比强度、比刚度等综合性能，被广泛应用于汽车、航空、航天、矿山机械等工业，用于汽车发动机缸套、活塞、轴瓦、制动器、航天器精密构件、破碎机鄂板等关键性零部件。

（三）层叠复合材料

层叠复合材料是由两层或两层以上不同材料结合而成的。其目的是为了更有效地发挥各分层材料的最佳性能，从而使强度、刚度、耐磨、耐腐蚀、绝热、隔音、减轻自重等性能得到改善。常用的层叠复合材料有：双层金属或三层金属复合材料、塑料－金属多层复合材料、夹层结构复合材料等。例如双金属轴承复合材料是在低碳钢板上浇注（或轧制）一层轴承合金（例如铝锡基轴承合金）制成钢－铝双金属轴承材料，这样既可节省有色金属，又可提高滑动轴承的强度。又如“SF 型”三层复合材料，它是以钢为基体，烧结多孔青铜作为中间媒介层，聚四氟乙烯塑料为表面层的三层复合材料，这样它具有了钢的强度、塑料的减摩的自润滑性，也是一种新型的无油润滑轴承复合材料。

（四）骨架复合结构

骨架复合材料包括多孔浸渍材料和夹层结构材料。多孔材料浸渗低摩擦系数的油脂或氟塑料，可作油枕及轴承；浸树脂的石墨可作抗磨材料；夹层结构材料质轻、抗弯强度大，可作大电机罩、门板及飞机机翼等。

第四节　新型材料

新材料是指以新制备工艺制成的或正在发展中的材料，这些材料比传统材料具有更优异的特殊性能。新材料是高新技术的一个组成部分，因为它不但具有高技术产业的特点，即高效益、高智力、高投入、高竞争、高风险、高起点，而且新材料的发展亦有赖于其他高新技术的支持。新型材料种类繁多，下面只介绍其中的几种。

一、纳米材料

纳米是英文 namometer 的译名，是一个几何尺寸的度量单位，简写为 nm。1 纳米为百万分之一毫米，约相当于 45 个原子串起来那么长。所谓纳米材料，就是用化学、物理、生物方法，把普通物质变成纳米级的微细颗粒（其尺寸通常在 100 nm 以下）后形成的材料，微粒可以是晶体，也可以是非晶体。纳米材料可分为纳米粉末、纳米纤维、纳米薄膜、纳米块体、纳米复合材料、纳米结构等六类。

纳米材料的微粒尺寸小到纳米量级时，性质上的改变不是一种渐变，而是一种质变。纳米材料的出现将给材料科学和凝聚态物理学带来新的发展。由于纳米材料在结构和性能上具有独特性，因此实际应用的前景非常广阔。

（一）纳米材料的性能特点

纳米材料的晶粒尺寸小、界面数量多及晶界原子结构特殊，与一般多晶体和非晶体不同，其具有独特的力学性能。例如，纳米陶瓷具有超塑性。

由于组织结构不同，纳米晶体的热容与普通多晶体或非晶体的差别很大。另外，纳米晶体中微孔隙及杂质对材料的性能有显著影响。

纳米颗粒一般为单畴颗粒，其磁化过程取决于晶粒的磁各向异性和晶粒间的磁相互作用。纳米晶粒的磁各向异性与纳米颗粒的形状、晶体结构、内应力及晶粒表面的原子状态有关，同粗晶粒材料有显著的差别，表现出小尺寸效应。纳米晶体的饱和磁化强度与其界面的状态有关，界面孔隙、杂质对磁性有重要影响。当晶粒尺寸减小到纳米级时，晶粒之间的磁相互作用开始对材料的宏观磁性产生影响，使纳米颗粒表现出超顺磁性和超铁磁性。

（二）纳米材料的应用

纳米材料可用于热点转换、功能涂层、电子封装、大屏幕平板显示、环境保护、生态建筑等方面。还可用于制造固体燃料的添加剂、汽车尾气的净化剂、化学反应的催化剂。在医学生物领域用于制造人造牙齿、人造骨、人造器官、骨水泥、药物载体、生物陶瓷、纳米机器人等。运用纳米技术可以进行医学检测，如细胞分离、细胞内部染色等，还可以对传统产业进行改造，提高传统产品质量、促使传统产品更新换代，或赋予传统产品新的功能。

二、超导材料

某些材料在被冷却到一定温度时会出现电阻为零，即电阻消失的现象，通常将材料的这种特性称为超导电性，而将这种材料称为超导材料。超导材料在电阻消失后的状态称为超导状态。

超导材料的出现给人类带来了一个新的技术领域，促进了交通和能源的发展，对科技、经济、军事及社会发展产生了深远的影响。

（一）超导材料的性能特点

（1）完全导电性。超导材料处于超导态时电阻为零，能够无损耗地传输电能。超导材料的零电阻是指直流电阻，与常导体的零电阻有本质区别。常导体的零电阻是对理想晶体中自由电子可以不受限制地运动而言的。如果用磁场在超导材料组成的闭合回路中引发感生电流，这一电流可以毫不衰减地维持下去。

（2）完全抗磁性。超导材料处于超导态时，只要外加磁场不超过一定值，磁力线不能透入，超导材料内的磁场恒为零。超导材料的完全抗磁性证明了超导体不是理想导体，超导状态是一个热力学平衡状态，与超导材料进入超导状态的途径无关。

完全抗磁性与完全导电性是超导材料的两个独立基本属性。一种材料是否具有超导电性要看其是否同时具有完全导电性和完全抗磁性。

（二）超导材料的应用

超导材料主要有以下三个方面的应用。

1. 强电应用

强电应用又称为大电流应用，有超导输电、超导发电、超导储能、核磁共振成像等。用超导材料制成输电线路，由于导线电阻消失，输电线路的能量损耗可降为零，输电成本显著降低，达到节约能源、保护环境的目的。用超导材料代替发电机或电动机中的钢材，可使发电机或电动机的体积减小、重量减轻、能量损耗降低、输出功率提高，对大规模电力工程、航海以及航空有非常重要的作用。在医疗方面利用超导磁体产生的强磁场，穿透人体软组织，经过计算机的数据处理，可以判断人体有无异常等。

2. 弱电应用

弱电应用又称为电子学应用，有超导探测器、超导器件、超导计算机等。利用超导材料制成探测器，可对磁场或电磁辐射进行测量，即使是微弱的电磁信号也能被采集和传递，灵敏度非常高，频带范围较宽。超导微波器件应用在移动通信系统中，可提高基站接收机的抗干扰能力，减少输入信号的损耗，扩大覆盖面积，改善通话质量。

3. 抗磁性应用

超导材料具有抗磁性，将超导材料放在永磁体的上方，超导体与永磁体之间产生排斥力，使超导体悬浮在永磁体上方。利用这种磁悬浮效应可以制造超导磁悬浮列车，这种列车运行速度快、平稳，噪声小，无污染，是一种新型的陆上交通工具。

三、非晶态合金

自然界的各种物质的微观结构可以按其组成原子的排列状态分为两大类：有序结构（如晶体）和无序结构（如气体、液体和非晶态固体等）。

传统的氧化物玻璃是人们熟悉的典型非晶态材料。随着人类认识的发展和技术进步，20 世纪 50 年代以后出现了许多新型非晶态材料，如金属玻璃、非晶态半导体、非晶态超导体、非晶态合金等。凝聚态物理学是非晶态材料发展的理论基础，近年来，非晶态材料已经成为科技界和产业界重点研究和开发的对象之一。

（一）非晶态合金的性能特点

非晶态合金的密度比相应的晶态合金低，与成分之间存在着线性关系。非晶态合金具有较高的电阻率和低的电阻温度系数，电阻率随温度而变化。由于原子排列无长程有序，因此非晶态合金中没有晶界，具有优良的耐腐蚀性，能够抑制局部腐蚀和特殊条件下的点蚀与晶间腐蚀。非晶态合金具有很高的屈服点和抗拉强度，有良好的塑性。例如，铁基和钴基非晶态合金的屈服点可以达到 2 000 ~ 3 000 MPa，抗拉强度可以达到 4 000 MPa。非晶态合金的弹性模量在一定温度范围内，随温度变化很小。

（二）非晶态合金的应用

非晶态合金广泛用于磁性元器件的制造，如电力变压器铁芯、开关型电源、电磁传感器、应变传感器、漏电保护开关互感器、高导磁器件、油过滤器、扬声器用振动板等。随着非晶态理论研究的发展和生产工艺的改进，非晶态合金的应用范围将不断扩大，特别是在精密机械、化工、电工等方面会获得越来越多的应用。

四、形状记忆合金

合金材料能够“记忆”住原始形状的功能称为形状记忆效应。具有形状记忆效应的合金材料称为形状记忆合金，简称 SMA。一般金属材料在受到外力作用时，首先发生弹性变形，当应力超过屈服点后，产生塑性变形，应力去除后，塑性变形将永久保留下来，不可能通过加热的方式来消除。而形状记忆合金在产生塑性变形后，经加热至某一温度以上时，将完全恢复到变形前的形状。形状记忆合金是一种特殊的功能材料，能随环境的变化而发生形状的改变。因其功能特异，可以制造体积小、自动化程度高、性能可靠的器件而引起人类的高度重视。随着研究的逐步深入，人类对形状记忆效应的物理本质及其影响因素有了比较清晰的认识。目前，形状记忆合金的应用已非常广泛，包括电子、机械、航空、能源、建筑、运输、化工、医疗及日常生活等方面。

习　题

一、名词解释

加聚反应；缩聚反应；热固性；热塑性；复合材料

二、思考题

1. 高分子化合物有哪几种结构？
2. 高分子材料有哪些性能特点？并举例说明。
3. 塑料是有哪些组成物组成的？其主要作用是什么？
4. 简述通用塑料、工程塑料和特种塑料的主要特点及应用范围。
5. 什么是陶瓷材料？其性能如何？
6. 简述陶瓷材料的分类及应用。
7. 相对单一材料而言，复合材料一般有哪些性能特点？
8. 简述纤维增强复合材料和颗粒增强复合的概念，并说出其整体性能特点。

第十一章 材料的选用

任何机械零件产品的设计与制造都应包括结构设计、材料选择和工艺设计三个方面，缺一不可。然而，不少工程技术人员往往有一种偏向，即只重视产品结构设计，而把选材看成一种简单而又不太重要的任务，以为只要参考类似零件选用类似材料，或根据简单计算和查阅材料性能手册所提供的数据，找出一种通用材料，便可万事大吉。事实上，许多机器设备的重大质量事故均来源于材料问题。因此，如何合理地选用材料与安排加工路线，使之既能满足机械零件使用性能的要求，又能提高零件生产过程的经济效益，这是一个细致复杂又必须解决的问题。

选材是指选择材料的成分、组织状态、冶金质量及力学和物理化学性能。在选材时应根据零件的工作条件、失效形式，找出该零件选用材料的主要力学性能指标。此外，因为性能与工艺有很大关系，因此在选材的同时必须考虑相应的热处理方法。

第一节 失效分析

一、失效的概念

所谓失效，是指零部件在使用过程中，由于尺寸、形状或材料的组织与性能等的变化而失去预定功能的现象。具体表现为：完全破坏不能使用；虽然能工作，但不能起到预定的作用；损伤不严重，但继续工作不安全。

上述情况发生任何一种，都认为零件已失效。例如，齿轮在工作过程中磨损而不能正常啮合及传递动力、主轴在工作过程中变形而失去精度等。

二、失效的形式

一般机器零件常见的失效形式有过量变形、断裂和表面损伤三种。

（一）过量变形

过量变形包括过量弹性变形、塑形变形和蠕变等。

除弹簧之类的零件外，大多数零件必须限制过量弹性变形，要求有足够的刚度。例如，镗床的镗杆工作中产生过量弹性变形，不仅会使镗床产生振动，造成零部件加工精度下降，而且会使轴与轴承的配合不良，甚至会引起弯曲塑性变形或断裂。引起弹性变形失效的原因，主要是零部件的刚度不足。要预防弹性变形失效，应选用弹性模量大的材料。

零部件承受的静载荷超过材料的屈服强度时，将产生塑性变形。过量的塑性变形是机械零件失效的重要形式，轻则使机器工作情况变坏，重则使其不能继续运行，甚至破坏。例如，压力容器上的紧固螺栓拧得过紧，或因过载引起螺栓塑性伸长，便会降低预紧力，致使配合面松动，导致螺栓失效。

在恒定载荷和高温下，蠕变一般是不可避免的，通常是以金属在一定温度和应力下，经过一定时间所引起的变形量来衡量的。

(二)断裂

断裂是金属材料主要的、也是最重要的失效形式,特别是在没有明显塑性变形的情况下突然发生的脆性断裂,往往会造成灾难性事故。断裂按断裂原因可分为以下几种:

(1)韧性断裂。零件承受的载荷大于零件材料的屈服强度,断裂前零件有明显的塑性变形,尺寸发生明显的变化,一般断面缩小,且断口呈纤维状。零件的韧性断裂往往是由于受到很大的负荷或过载引起的。

(2)低温脆性断裂。零件在低于其材料的脆性转变温度以下工作时,其韧性和塑性大大降低并发生脆性断裂而失效。

(3)疲劳断裂。零件在承受交变载荷时,尽管应力的峰值在抗拉强度甚至在屈服强度以下,但经过一定周期后仍会发生断裂,这种现象称为疲劳断裂。疲劳断裂为脆性断裂,往往没有明显的先兆而突然发生。

(4)蠕变断裂。在高温下工作的零件,当蠕变变形量超过一定范围时,零件内部产生裂纹而很快断裂。有些材料在断裂前产生颈缩现象。

(5)环境破断失效。在负载条件下,由于环境因素(如腐蚀介质)的影响,往往出现低应力下的延迟断裂,使零件失效。环境破断失效包括应力腐蚀、氢脆、腐蚀和疲劳等。

(三)表面损伤

表面损伤失效的种类很多,主要有磨损失效、腐蚀失效和接触疲劳失效三种。

1. 磨损失效

相互接触的一对金属部件,在相对运动时金属表面不断发生损耗产生塑性变形,使金属表面状态和尺寸改变的现象,称为磨损。磨损种类很多,最常见的有磨粒磨损和粘着磨损两种。

磨粒磨损是在相对运动的物体作相对摩擦时,由于有硬颗粒嵌入金属表面的切削作用而造成了沟槽,致使磨面材料逐渐耗损的一种磨损,是机械中普遍存在的一种磨损形式,磨损速度较大。这种磨损常发生在农业机械、矿山机械以及车辆、机床等机械运行时嵌入硬屑(硬质颗粒)等情况下。

粘着磨损是由相对运动物体表面的微凸体,在摩擦热的作用下发生焊合或粘着,当相对运动物体继续运动时,两粘着表面发生分离,从而将部分表面物体撕去,造成表面严重损伤。粘着磨损又称为咬合磨损。

由于摩擦副表面凹凸不平,当相互接触时,局部接触面积很小,接触压力很大,超过材料的屈服强度,而发生塑性变形,使润滑油膜和氧化油膜被挤破,使净金属直接接触,发生粘着磨损。粘着磨损在滑动摩擦条件下,磨损速度快,具有严重的破坏性。这种磨损在所有的摩擦副中均会产生,例如蜗轮与蜗杆、内燃机的活塞环和缸套、轴瓦与轴颈等。为了减少粘着磨损,所选材料应当为与所配合的摩擦副不同性质的材料,而且摩擦系数应尽可能小,最好具有自润滑能力或有利于保存润滑剂。例如,近年来在不少设备上已采用尼龙、聚甲醛、聚碳酸酯、粉末冶金材料以及铝锡基复合减摩材料等制造轴承、轴套等。

根据磨损的机理,为了解决磨损失效、降低磨粒磨损,要求提高材料的硬度。为减少粘着磨损,必须使摩擦系数减小,最好要有自润滑能力或有利于保存润滑剂或改善润滑条件。

2. 腐蚀失效

零件暴露于活性介质环境中并与环境介质间发生化学和电化学作用，从而造成零件表面材料的损耗，引起零件尺寸和性能的变化，最后导致失效。腐蚀失效较复杂，分类方法也很多，常见的有点蚀、晶间腐蚀和应力腐蚀等。详细腐蚀机理可见第七章第五节有关腐蚀类型的相关内容。

3. 接触疲劳失效

接触疲劳失效是指相互接触的两个运动表面，在工作过程中承受交变接触应力的作用，并使表面层材料发生疲劳脱落而造成的零件失效。按初始裂纹的位置来分，接触疲劳可分为麻点剥落和表层压碎两大类。在接触应力小、摩擦力大、表面质量比较差的情况下，裂纹首先在表面萌生，产生麻点剥落；反之，裂纹首先在次表面萌生，产生表面压碎。但两者往往同时发生。

为了提高零件的抗表面接触疲劳能力，常采用提高零件表面硬度和强度的方法，如表面淬火、化学热处理，使表面硬化层有一定的深度，同时也可提高材料纯洁度，限制夹杂物数量和提高润滑剂的黏度等。

实际上零件的失效形式往往不是单一的，随着外界条件的变化，失效可以从一种形式转变为另一种形式。例如，齿轮的失效往往先有点蚀、剥落，后出现断齿等多种形式。

三、失效的原因

造成零部件失效的原因很多，主要有设计、选材、加工工艺、装配使用等因素。

(一)设计不合理

零部件设计不合理主要表现在零部件尺寸和结构设计上。例如，太小的过渡圆角、尖锐的切口、尖角等会造成较大的应力集中而导致失效。另外，对零部件的工作条件及过载情况估计不足，所设计的零部件承载能力不够，或对环境的恶劣程度估计不足，忽略或低估了温度、介质等因素的影响等，都会造成零部件过早失效。

(二)选材不恰当

选材所依据的性能指标，不能反映材料对实际失效形式的抗力，不能满足工作条件的要求。另外，材料的冶金质量太差，如存在夹杂物、偏析等缺陷，而这些缺陷通常是零部件失效的发源地。因此，对原材料进行严格检验是避免零件失效的重要步骤。

(三)加工工艺不当

零部件在加工或成形过程中，采用的工艺不当将产生各种质量缺陷，例如较深的切削刀痕、磨削裂纹等，都可能成为引发零部件失效的危险源。在对零部件进行热处理时，冷却速度不够、表面脱碳、淬火变形和开裂等，都是产生失效的重要原因。

(四)装配、使用不当

在将零部件装配成机器或装置的过程中，由于装配不当、对中不好、过紧或过松都会使零部件产生附加应力或振动，使零部件不能正常工作，造成零部件的失效。使用维护不良、不按工艺规程操作，也可使零部件在不正常的条件下运转，造成零部件过早失效。

以上只讨论了导致失效的四个主要原因，实际情况往往很复杂。一个零件的失效可能是由多种因素造成的，要逐一考查分析在设计、材料、加工和安装使用等各方面可能出现的问题，逐一排除各种可能失效的原因，找出真正起决定性作用的失效原因。

四、失效分析

零部件失效造成的危害是巨大的,因而失效分析愈来愈受到重视。通过失效分析,找出失效原因和预防措施,可改进产品结构,提高产品质量,发现管理上的漏洞,提高管理水平,从而提高经济效益和社会效益。失效分析的成果也常作为新产品开发的前提,并能推动材料科学理论的发展。失效分析是一个涉及面很广的交叉学科,掌握了正确的失效分析方法,才能找到真正合乎实际的失效原因,提出补救和预防措施。

失效分析的一般程序是:调查研究→残骸收集和分析→试验分析→综合分析,得出结论,写出报告。

第二节　选材的原则

在掌握各种工程材料性能的基础上,正确、合理地选择和使用材料是从事工程构件和机械零件设计与制造的工程技术人员的一项重要任务。

选用材料应考虑的一般原则包括使用性原则、工艺性原则和经济性原则。

一、使用性原则

在进行零件选材时,应根据零件的工作条件和失效形式确定材料应具有的主要性能指标,这是保证零件安全可靠、经久耐用的先决条件。

零件的工作条件主要指以下几方面。

(一)受力情况

受力情况包括受力形式(如拉伸、压缩、弯曲、扭转等)、载荷性质(如静载、循环变载、冲击、载荷分布等)、受摩擦情况等。

(二)工作环境

工作环境包括工作温度、环境介质的性质、是否有腐蚀性等。

(三)特殊性要求

特殊性要求包括导电、导热以及密度、外观、色泽等。

若材料性能不能满足零件工作条件,零件就不能正常工作或早期失效。

一般零件的使用性能主要是指材料的力学性能。零件工作条件不同、失效形式不同,其力学性能指标要求也不同。表 11-1 举出了几种常用零件的工作条件、失效形式及所要求的主要力学性能。但是,零件所要求的力学性能数据,不能简单地与手册中所给出的完全等同相待,还必须注意以下情况:

(1)材料的性能不仅与化学成分有关,也与加工、处理后的状态有关,金属材料尤其明显。所以,要分析手册中的性能指标是在什么加工、处理条件下得到的。

(2)材料的性能与加工处理时试样的尺寸有关,随着截面尺寸的增大,力学性能一般是降低的。因此,必须考虑零件尺寸与手册中试样尺寸的差别,并进行适当的修正。

(3)材料的化学成分、加工处理的工艺参数本身都有一定的波动范围。一般,手册中的性能大多是波动范围的下限值。也就是说,在尺寸和处理条件相同时,手册数据是偏安全的。

对于在复杂条件下工作的零件，必须采用特殊实验室性能指标作为选材依据，例如采用高温强度、低周疲劳及热疲劳性能、疲劳裂纹扩展率和断裂韧性、介质作用下的力学性能等。

表 11-1　几种常用零件的工作条件、失效形式及所要求的主要力学性能

零件	工作条件			常见的失效形式	所要求的主要力学性能
	应力种类	载荷性质	受载状态		
紧固螺栓	拉、剪应力	静载	—	过量变形，断裂	强度，塑性
传动轴	弯、扭应力	循环，冲击	轴颈摩擦，振动	疲劳断裂，过量变形，轴颈摩损	综合力学性能
传动齿轮	压、弯应力	循环，冲击	摩擦，振动	齿折断，磨损，疲劳断裂，接触疲劳（麻点）	表面高强度及疲劳极限，心部强度、韧性
弹簧	扭、弯应力	交变，冲击	振动	弹性失稳，疲劳破坏	弹性极限，屈强比，疲劳极限
冷作模具	复杂应力	交变，冲击	强烈摩擦	磨损，脆断	硬度，足够的强度，韧性

二、工艺性原则

材料的工艺性能表示材料加工的难易程度。任何零部件都要通过一定的加工工艺才能制造出来。在满足使用性能选材的同时，必须兼顾材料的工艺性能。工艺性能的好坏直接影响零部件的质量、生产效率和成本。当工艺性能与使用性能相矛盾时，有时正是从工艺性能考虑，不得不放弃某些使用性能合格的材料，工艺性能实际上成为选择材料的主导因素。工艺性能对大批量生产的零部件尤为重要，因为在大批量生产时，工艺周期的长短和加工费用的高低常常是生产的关键。

（一）金属材料的工艺性能

金属材料的加工工艺路线复杂，要求的工艺性能比较多，如铸造性能、锻造性能、切削加工性能、焊接性能、热处理工艺性能等。在金属材料中，铸造性能最好的是共晶成分附近的合金，铸造铝合金和铜合金的铸造性能优于铸铁，铸铁又优于铸钢。锻造性能最好的是低碳钢，中碳钢次之，高碳钢则较差。变形铝合金和加工铜合金的锻造性较好，而铸铁、铸造铝合金不能进行冷热压力加工。低碳钢焊接性能最好，随碳和合金元素含量的增加，焊接性能下降，铸铁则很难焊接，铝合金和铜合金的焊接性比碳钢差。热处理工艺性能包括淬透性、淬火变形开裂及氧化、脱碳倾向等。钢的含碳量越高，其淬火变形和开裂倾向越大。

（二）高分子材料的工艺性能

高分子材料的加工工艺比较简单，切削加工性尚好，但它的导热性较差，在切削过程中不易散热，易使工件温度急剧升高，可能使热固性塑料变焦，使热塑性塑料变软。高分子材料主要成形工艺的比较见表 11-2。

表 11-2 高分子材料主要成形工艺的比较

工艺	适用材料	形状	表面光洁度	尺寸精度	模具费用	生产率
热压成形	范围较广	复杂形状	很好	好	高	中等
喷射成形	热塑性塑料	复杂形状	很好	非常好	很高	高
热挤成形	热塑性塑料	棒类	好	一般	低	高
真空成形	热塑性塑料	棒类	一般	一般	低	低

(三)陶瓷材料的工艺性能

陶瓷材料的加工工艺也比较简单,主要工艺是成形。按零部件的形状、尺寸精度和性能要求的不同,可采用不同的成形加工方法(如粉浆、热压、挤压、可塑等)。

三、经济性原则

在机械设计和生产过程中,一般在满足使用性能和工艺性能的条件下,经济性也是选材必须考虑的主要因素。选材时应注意以下几点。

(一)尽量降低材料及其加工成本

在满足零件对使用性能与工艺性能要求的前提下,能用铸铁不用钢,能用非合金钢不用合金钢,能用硅锰钢不用铬镍钢,能用型材不用锻件,且尽量用加工性能好的材料,能正火使用的零件就不必调质处理。材料来源要广,尽量采用符合我国资源情况的材料,如含铝超硬高速钢(W6Mo5Cr4V2Al)具有含钴高速钢(W18Cr4V2Co8)相似的性能,但价格便宜。

(二)用非金属材料代替金属材料

非金属材料的资源丰富,性能也在不断提高,应用范围不断扩大,尤其是发展较快的聚合物因具有很多优异的性能,在某些场合可代替金属材料,既能改善使用性能,又可降低制造成本和使用维护费用。

(三)零件的总成本

零件的总成本包括原材料价格、零件的加工制造费用、管理费用、试验研究费和维修费等。选材时不能一味地追求原材料低价而忽视总成本的其他各项。

四、选材的方法和步骤

(一)经验法

经验法也可称为套用法,即根据以往生产相同零件时选材的成功经验,或者有关设计手册对此类零件的推荐用材(它是总结前人的成功经验而得出的)进行选材。此外,在国内外已有同类产品的情况下,可通过技术引进或进行材料成分与性能测试,套用其中同类零件所用的材料。

(二)类比法

通过参考其他种类产品中功能或使用条件类似,且实际使用良好的零件的用材情况,经过合理的分析、对比后,选择与之相同或相近的材料。

(三)代替法

在生产零件或维修机械更新零件时,如果原来所选用的材料因某种原因无法得到或不能使用,则可参照原用材料的主要性能判据,另选一种性能与之近似的材料。为了确保零件的使用安全性,替代材料的品质和性能一般应不低于原用的材料。

(四)试差法

如果是新设计的关键零件,应按照上述选材步骤的全过程进行。如果试验结果未能达到设计的性能要求,应找出差距,分析原因,并对所选材料牌号或热处理方法加以改进后再进行试验,直至其结果满足要求,并根据此结果确定所选材料及其热处理方法。

掌握了以上方法之后,可根据具体情况,有选择性地按照以下步骤进行选材:

(1)分析零件的工作条件及失效形式,确定零件的性能要求(使用性能和工艺性能)。一般主要考虑力学性能,特殊情况应考虑物理、化学性能。

(2)对同类零件的用材情况进行调查研究,从使用性能、原材料供应和加工等方面分析选材是否合理,以此作为选材的参考。

(3)从确定的零件性能要求中找出最关键的性能要求,然后通过力学计算或试验等方法,确定零件应具有的力学性能指标或物理、化学性能指标。

(4)合理选择材料。所选材料除应满足零件使用性能和工艺性能要求外,还要能适应高效加工和组织现代化生产。

(5)确定热处理方法或其他强化方法。

(6)审核所选材料的经济性(包括材料费、加工费、使用寿命等)。

(7)关键零件投产前应对所选材料进行试验,以验证所选材料与热处理方法能否达到各项性能指标要求,冷热加工有无困难等。当试验结果基本满意后,可小批投产。

对于不重要零件或某些单件、小批生产的非标准设备以及维修中所用的材料,若对材料选用和热处理都有成熟资料和经验,可不进行试验和试制。

根据分析可以总结出以下规律:陶瓷材料是重要的工具材料和耐高温材料,有较好的绝缘性能,目前在航空工业、国防尖端产品中占有重要的地位,但陶瓷材料几乎没有塑性,脆性极大,目前不适合制作重要的受力构件。高分子材料由于存在强度和刚度较低、易老化等缺点,只能制造一些轻载齿轮、壳体、密封圈等零件,在工程上还不能制作承载较大的结构零件。复合材料虽然具有很好的性能,但价格昂贵,在一般工业中应用有限。金属材料具有优良的综合力学性能和某些物理、化学性能,且可以通过不同的工艺来调整其性能,所以金属材料特别是钢铁材料,目前仍然是机械工业中最主要的结构材料。

第三节　典型零件选材实例及工艺分析

一、齿轮类零件的选材

齿轮是应用极广的重要机械零件,它的主要作用是传递扭矩、调节速度、换挡或改变传动方向。在不同条件下工作的齿轮不仅转速可以相差很大,齿轮的直径也由几毫米到几米,因此齿轮的工作条件是复杂的,但大多数重要齿轮仍有共同特点。

(一)齿轮的工作条件

齿轮工作时的受力情况如下:

(1)由于传递扭矩,齿根承受较大的交变弯曲应力。

(2)由于滑动和滚动,齿面承受较大接触应力,并发生强烈的摩擦。

(3)由于换挡、启动或啮合不良,齿部承受一定的冲击。

(二)齿轮的失效形式

由于齿轮的工作特点,其主要失效形式有以下几种:

(1)疲劳断裂。主要发生在齿根,常常一齿断裂引起数齿甚至更多的齿断裂。它是齿轮最严重的失效形式。

(2)齿面磨损。齿面接触区摩擦,使齿厚变小、齿隙增大。

(3)齿面接触疲劳破坏。在交变接触应力作用下,齿面产生微裂纹并逐渐发展,引起点状剥落。

(4)过载断裂。主要是冲击载荷过大造成的断齿。

(三)齿轮的性能要求

根据工作条件和失效形式,对齿轮用材提出如下性能要求:

(1)高的弯曲疲劳强度。

(2)高的接触疲劳强度和耐磨性。

(3)齿轮心部要有足够的强度和韧性。

(四)齿轮类零件常用材料及选用

(1)低、中碳钢或低、中碳合金钢。根据齿轮的性能要求,齿轮常用材料可选用低、中碳钢或低、中碳合金钢,并对轮齿表面进行强化处理,使轮齿表面有较高强度和硬度,心部有较好的韧性。此类钢材的工艺性良好,价格较便宜。机床、汽车、航空齿轮的选材及热处理见表11-3。

表11-3　机床、汽车、航空齿轮的选材及热处理

齿轮工作条件	材料牌号	热处理工艺	硬度要求
低载,要求耐磨,小尺寸机床齿轮	15	900~950 ℃渗碳,直接淬火,或780~800 ℃淬火	58~63 HRC
低速(<0.1 m/s)、低载荷下工作的不重要的变速箱齿轮和挂轮架齿轮	45	840~860 ℃正火	156~217 HB
低速(<1 m/s)、低载荷下工作的齿轮(如车床溜板上的齿轮)	45	820~840 ℃水淬,500~550 ℃回火	200~250 HB
中速、中载荷或高载荷下工作的齿轮(如车床变速箱中的次要齿轮)	45	高频淬火,水冷,300~340 ℃回火	45~50 HRC
速度较大或中等载荷下工作的齿轮,齿部硬度要求较高(如钻床变速箱中的次要齿轮)	45	高频加热,水冷,230~240 ℃回火	50~55 HRC
高速、中等载荷、要求齿面硬度高的齿轮(如磨床砂轮箱齿轮)	45	高频加热,水冷,180~200 ℃回火	54~60 HRC

续表 11-3

齿轮工作条件	材料牌号	热处理工艺	硬度要求
速度不大、中等载荷、断面较大的齿轮(如铣床工作面变速箱齿轮、立车齿轮)	40Cr、42SiMn、45MnB	840~860 ℃油冷,600~650 ℃回火	200~230 HB
中等速度(2~4 m/s)、中等载荷下工作的高速机床走刀箱、变速箱齿轮	40Cr、42SiMn	调质后高频加热,乳化液冷却,260~300 ℃回火	50~55 HRC
高速、高载荷、齿部要求高硬度的机床齿轮	40Cr、42SiMn	调质后高频加热,乳化液冷却,180~200 ℃回火	54~60 HRC
高速、中载荷、受冲击、模数<5 的齿轮(如机床变速箱齿轮、龙门铣床的电动机齿轮)	20Cr、20Mn2B	900~950 ℃渗碳,直接淬火,或800~820 ℃油淬,180~200 ℃回火	58~63 HRC
高速、重载荷、受冲击、模数>6 的齿轮(如立式车床上的重要齿轮)	20SiMnVB、20CrMnTi	900~950 ℃渗碳,降温至820~850 ℃淬火,180~200 ℃回火	58~63 HRC
汽车变速齿轮及圆锥齿轮	20CrMnTi、20CrMnMo	900~950 ℃渗碳,降温至820~850 ℃淬火,180~200 ℃回火	58~64 HRC
航空发动机大尺寸高载、高速齿轮	18Cr2Ni4WA、37Cr2Ni4A、40Cr2NiMoA	调质,氮化	>850 HV

(2)非铁金属及非金属材料。承受载荷较轻、速度较小的齿轮,还常选用非铁金属材料,如仪器仪表齿轮选用黄铜、铝青铜等。随着高分子材料性能的不断完善,工程塑料制成的齿轮也在越来越多的场合得到应用。

(3)铸铁材料。对于一些轻载、低速、不受冲击、精度和结构紧凑要求不高的不重要的齿轮,常采用灰铸铁并进行适当的热处理。近年来,球墨铸铁应用范围越来越广,对于润滑条件差而要求耐磨的齿轮及要求耐冲击、高速度、高韧性和耐疲劳的齿轮,可用贝氏体球墨铸铁代替渗碳钢。

(五)应用举例

图 11-1 所示为 C6120-1 卧式车床主轴箱中三联滑动齿轮简图。工作中,通过拨动主轴箱外手柄使齿轮在轴上作滑移运动,利用与不同齿数的齿轮啮合,可得到不同转速,工作时转速较高。其热处理技术条件是:轮齿表面硬度 50~55 HRC,齿轮心部硬度 20~25 HRC,整体强度 $\sigma_b = 780 \sim 800$ MPa,整体冲击韧度 $a_K = 40 \sim 60$ J·cm^{-2}。

从下列材料中选择合适的钢种,并制定其加工工艺路线,分析每步热处理的目的:35 钢、45 钢、T12、20Cr、40Cr、20CrMnTi、38CrMoAl、1Cr18Ni9Ti、W18Cr4V。

1. 分析及选材

该齿轮是普通车床主轴箱滑动齿轮,是主传动系统中传递动力并改变转速的齿轮。该

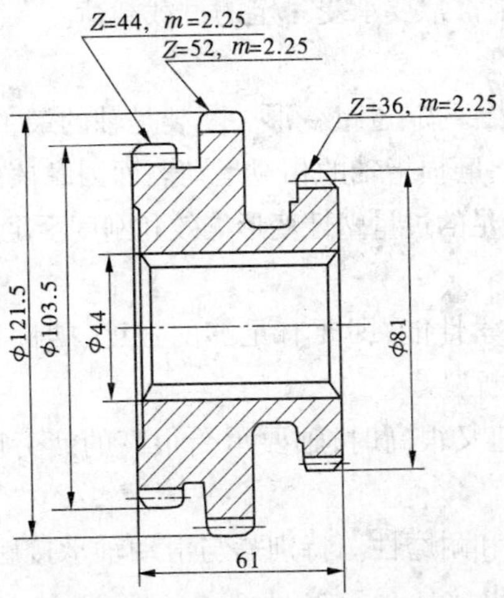

图 11-1　C6120－1 卧式车床主轴箱中三联滑动齿轮简图　（单位：mm）

齿轮受力不大，在变速滑移过程中，虽然同与其相啮合的齿轮有碰撞，但冲击力不大，运动也较平稳。根据题中要求，轮齿表面硬度只要求 50～55 HRC，选用淬透性适当的调质钢经调质、高频感应加热淬火和低温回火即可达到要求。但考虑到该齿轮较厚，为提高其淬透性，可选用合金调质钢，油淬即可使截面大部分淬透，同时也可尽量减少淬火变形量，回火后基本上能满足性能要求。因此，从所给钢种中选择 40Cr 钢比较合适。

2. 确定加工工艺

加工工艺路线为：下料→齿坯锻造→正火（850～870 ℃空冷）→粗加工→调质（840～860 ℃油淬，600～650 ℃回火）→精加工→齿轮高频感应加热淬火（860～880 ℃高频感应加热，乳化液冷却）→低温回火（180～200 ℃回火）→精磨。

3. 热处理目的

正火处理可消除锻造应力，均匀组织，改善切削加工性。对于一般齿轮，正火也可作为高频淬火前的最终热处理工序。调质处理可使齿轮获得较高的综合力学性能，齿轮可承受较大的弯曲应力和冲击载荷，并可减小淬火变形。高频淬火及低温回火提高了齿轮表面硬度和耐磨性，并且使齿轮表面产生压应力，提高了抗疲劳破坏的能力。低温回火可消除淬火应力，对防止产生磨削裂纹和提高抗冲击能力是有利的。

二、轴类零件的选材

轴是机械工业中最基础的零部件之一，主要用于支承传动零部件并传递运动和动力。一切回转零件都安装在轴上。根据承受载荷的不同，轴可分为心轴、传动轴和转轴三种。心轴是只承受弯矩、不传递转矩的轴，如自行车的前轴等。传动轴是只传递扭矩、不承受弯矩或承受较小弯矩的轴，如汽车的传动轴等。转轴既传递扭矩又承受弯矩，如齿轮减速箱中的轴等。此外，有些轴还要承受拉、压载荷。

（一）轴的工作条件

轴在工作时主要承受交变弯曲和扭转应力的复合作用，有时也承受拉、压应力。轴与轴上零件有相对运动，相互间存在摩擦和磨损。轴在高速运转过程中会产生振动，使轴承受冲击载荷。多数轴在工作过程中常常要承受一定的过载载荷。

(二)轴的失效形式

轴的主要失效形式有断裂、磨损、过量变形。断裂是轴的最主要失效形式,其中多数为疲劳断裂、少数为冲击过载断裂。磨损指轴的相对运动表面因摩擦而过度磨损。过量变形指在极少数情况下会发生因强度不足的过量塑性变形失效和刚度不足的过量弹性变形失效。

(三)轴的性能要求

(1)应具有优良的综合力学性能,即要有足够的强度、塑性和一定的韧性,以承受过载和冲击载荷,防止过量变形和断裂。

(2)当弯曲载荷很大、转速又很高时,轴要承受很高的疲劳应力。因此,要求具有高的疲劳强度,以防疲劳断裂。

(3)轴表面要具有高硬度和耐磨性。特别是与滑动轴承接触的轴颈部位的耐磨性要求高。轴转速愈高,耐磨性要求也愈高。

(4)在特殊条件下,还要提高抗蠕变能力和抗腐蚀性能。

(四)常用的轴类零件材料

高分子材料的强度、刚度太低,极易变形,而陶瓷材料太脆,疲劳性能差,这两类材料一般不适宜于制造轴类零件。因此,轴类零件(尤其是重要轴)几乎都选用金属材料,其中钢铁材料最为常见。根据轴的分类、工作条件、精度要求及轴承类型等不同,可选择具体成分的钢或铸铁作为轴的合适材料。

1. 锻钢

锻造成形的优质中碳或中碳合金调质钢是轴类材料的主体。35、40、45、50 等碳钢(其中 45 钢最常见)具有较高的综合力学性能且价格低廉,故应用广泛。对受力不大或不重要的轴,为进一步降低成本,也可采用 235、255、275 等普通碳钢制造;对受力较大、尺寸较大、形状复杂的重要轴,可选用综合力学性能更好的合金调质钢来制造,如 40、45 等钢,对其中精度要求极高的轴要采用专用氮化钢(如 38 等钢)制造。中碳钢轴的热处理特点是:正火或调质保证轴的综合力学性能(强韧性),然后对易磨损的相对运动部位进行表面强化处理(如表面淬火、渗氮或表面滚压、形变强化等)。考虑到轴的具体工作条件和性能要求不同,少数情况下还可选用低碳钢或高碳钢来制造轴类零件。如当轴受到强烈冲击载荷作用时,宜用低碳钢(如 20、25 等钢)渗碳制造;当轴所受冲击作用较小而相对运动部位要求更高的耐磨性时,则宜用高碳钢制造。

2. 铸钢

对形状极复杂、尺寸较大的轴,可采用铸钢来制造,如 ZG230 - 450。应注意的是,铸钢轴比锻钢轴的综合力学性能(主要是韧性)要低一些。

3. 铸铁

由于大多数轴很少有以冲击过载而断裂的形式失效,故近几十年来越来越多地采用球墨铸铁(如 QT700 - 2)和高强度灰铸铁(如 HT350)来代替钢作为轴(尤其是曲轴)的材料。与钢轴相比,铸铁轴的刚度和耐磨性不低,且具有缺口敏感性低、减振减摩、切削加工性好及生产成本低等优点,选材时值得重视。不同工作条件下轴类零件的选材及热处理见表 11-4。

表 11-4　不同工作条件下轴类零件的选材及热处理

序号	工作条件	选用钢号	热处理工艺	硬度要求	应用举例
1	①在滚动轴承内运转； ②低速、轻或中等载荷； ③精度要求不高； ④稍有冲击载荷	45	调质：820～840 ℃淬火，550～580 ℃回火	220～250 HB	一般简易机床主轴
2	①在滚动轴承内运转； ②转速稍高、轻或中等载荷； ③精度要求不太高； ④冲击、交变载荷不大	45	整体淬硬：820～840 ℃水淬，350～400 ℃回火	40～45 HRC	龙门铣床、立式铣床、小型立式车床的主轴
			正火或调质后局部淬火 正火：840～860 ℃空冷 调质：820～840 ℃水淬，550～580 ℃回火 局部淬火：820～840 ℃水淬，240～280 ℃回火	≤229 HB 220～250 HB 46～51 HRC	
3	①在滚动或滑动轴承内运转； ②低速、轻或中等载荷； ③精度要求不很高； ④有一定的冲击、交变载荷	45	正火或调质后轴颈部分表面淬火 正火：840～860 ℃空冷 调质：820～840 ℃水淬，550～580 ℃回火 轴颈表面淬火：860～900 ℃高频淬火（水淬），160～250 ℃回火	≤229 HB 220～250 HB 46～57 HRC（表面）	CW61100、CB3463、CA6140、C61200等重型车床主轴
4	①在滚动轴承内运转； ②中等载荷、转速略高； ③精度要求较高； ④交变、冲击载荷较小	40Cr 40MnB 40MnVB	整体淬硬：830～580 ℃油淬，360～400 ℃回火	40～45 HRC	滚齿机、铣齿机、组合机床的主轴
			调质后局部淬硬 调质：840～860 ℃油淬，600～650 ℃回火 局部淬硬：830～850 ℃油淬，280～320 ℃回火	220～250 HB 46～51 HRC	
5	①在滑动轴承内运转； ②中或重载荷、转速略高； ③精度要求较高； ④有较高的交变、冲击载荷	40Cr 40MnB 40MnVB	调质后轴颈表面淬火 调质：840～860 ℃油淬，540～620 ℃回火 轴颈淬火：860～880 ℃高频淬火，乳化液冷，160～280 ℃回火	220～280 HB 46～55 HRC	铣床、C6132车床主轴，M7475B磨床砂轮主轴
6	①在滚动或滑动轴承内运转； ②轻、中等载荷，转速较低	50Mn2	正火：820～840 ℃空冷	≤241 HB	重型机床主轴

续表 11-4

序号	工作条件	选用钢号	热处理工艺	硬度要求	应用举例
7	①在滑动轴承内运转； ②中等或重载荷； ③要求轴颈部分有更高的耐磨性； ④精度很高； ⑤有较高的交变应力，冲击载荷较小	65Mn	调质后轴颈和方头处局部淬火 调质：790～820 ℃油淬，580～620 ℃回火 轴颈淬火：820～840 ℃高频淬火，200～220 ℃回火 头部淬火：790～820 ℃油淬，260～300 ℃回火	250～280 HB 56～61 HRC 50～55 HRC	M1450 磨床主轴
8	工作条件同上，但表面硬度要求更高	GCr15 9Mn2V	调质后轴颈和方头处局部淬火 调质：840～860 ℃油淬，650～680 ℃回火 局部淬火：840～860 ℃油淬，160～200 ℃回火	250～280 HB ≥50 HRC	MQ1420、MB1432A 磨床砂轮主轴
9	①动轴承内运转； ②等载荷、转速很高； ③精度要求不很高； ④有很高的交变、冲击载荷	38CrMoAlA	调质后渗氮 调质：930～950 ℃油淬，630～650 ℃回火 渗氮：510～560 ℃渗氮	≤260 HB ≥850 HV （表面）	M1G1432 高精度磨床砂轮主轴、T4240A 坐标镗床主轴、C215056 多轴自动车床中心轴、T68 镗杆
10	①在滑动轴承内运转； ②中等载荷、转速很高； ③精度要求不很高； ④冲击载荷不大，但交变应力较高	20Cr 20Mn2B 20MnVB 20CrMnTi	渗碳淬火 910～940 ℃渗碳 790～820 ℃淬火（油） 160～200 ℃回火	表面 ≥59 HRC	Y236 刨齿机、Y58 插齿机主轴，外圆磨床头架主轴和内圆磨床主轴
11	①在滑动轴承内运转； ②重载荷，转速很高； ③高的冲击载荷； ④很高的交变应力	20CrMnTi 12CrNi3	渗碳淬火 910～940 ℃渗碳 320～340 ℃油淬 160～200 ℃回火	表面 ≥59 HRC	Y7163 齿轮磨床、CG1107 车床、SG8030 精密车床主轴

4. 应用举例

以 C6132 车床主轴为例来分析其选材及热处理，图 11-2 为其示意图。

该主轴受交变弯曲和扭转复合应力作用，载荷不大，转速中等，冲击载荷也不大，所以具有一般综合力学性能即可满足要求。但大的内锥孔、外锥体与卡盘、顶尖之间有摩擦，花键处与齿轮有相对滑动。为防止这些部位划伤和磨损，故这些部位要求有较高的硬度和耐磨

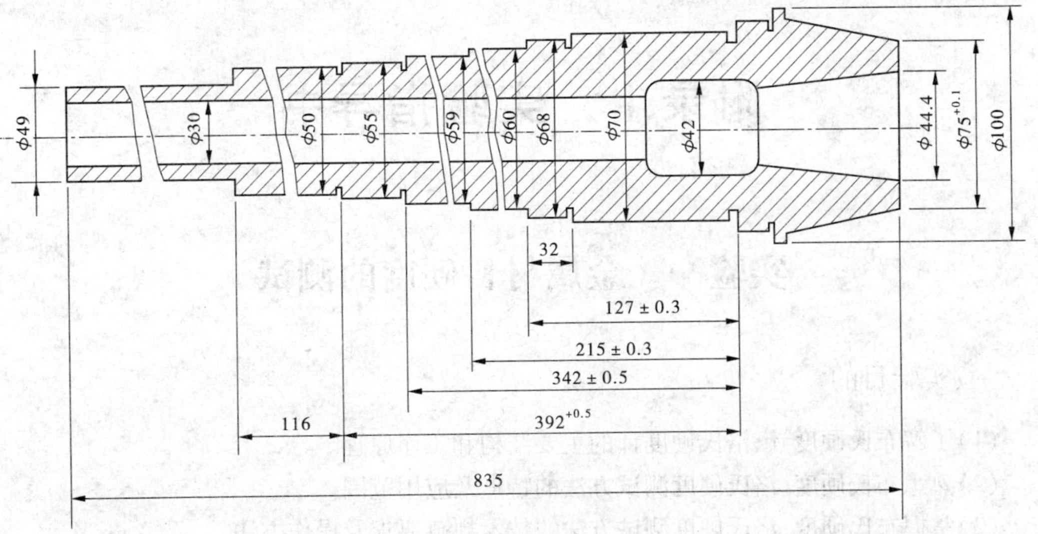

图 11-2　C6132 车床主轴简图　(单位:mm)

性。轴颈与滚动轴承配合,硬度要求不高(220～250 HBS)。

根据以上分析,C6132 车床主轴选用 45 钢即可。热处理技术条件为:整体硬度为 220～250 HBS,内锥孔和外锥体部分为 45～50 HRC,花键部分为 48～53 HRC。

其加工工艺路线为:锻造→正火→粗加工→调质→半精加工→淬火、低温回火→粗磨(外圆、锥孔、外锥体)→铣花键→花键淬火、回火→精磨。

其中,正火是为了细化晶粒,消除锻造应力,改善切削加工性能,并为调质处理做组织准备;调质处理是为使主轴获得良好的综合力学性能,且为了更好地发挥调质效果,将其安排在粗加工之后;内锥孔及外锥体的局部淬火和回火是为使该处获得较高的硬度。内锥孔、外锥体的局部淬火、回火可采用盐浴加热。花键处的表面淬火采用高频表面淬火、回火以减小变形和达到硬度要求。

习　题

思考题

1. 什么叫失效? 常见的失效形式有哪些?

2. 失效的原因有哪些?

3. 如何来合理选用工程材料?

4. 机床床头箱齿轮与汽车变速箱齿轮的工作条件各有何特点? 应选用哪种材料最合适? 请写出工艺路线和强化方法。

5. 某齿轮要求具有良好的综合力学性能,表面硬度 50～55 HRC,用 45 钢制造。加工路线为:下料→锻造→热处理→粗加工→热处理→精加工→热处理→精磨。试说明工艺路线中各热处理工序的名称和目的。

附录Ⅰ 实验指导书

实验一 金属材料硬度的测试

一、实验目的

(1)了解布氏硬度计、洛氏硬度计的主要结构和工作原理。
(2)熟悉布氏硬度、洛氏硬度测试方法的特点及应用范围。
(3)掌握布氏硬度、洛氏硬度测试方法的技术规范要求及操作方法。

二、实验原理

金属材料的硬度测试基本原理是压入法,即通过测定在一定条件下金属试样获得的压痕大小或深度来反映材料的软硬程度。布氏硬度计和洛氏硬度计的具体测试原理,可参见本书第一章第一节硬度指标的相关内容,此处不再赘述。

三、实验设备及实验材料

主要设备有布氏硬度计、洛氏硬度计、读数显微镜等。选用材料见附表1所示。

附表1 硬度实验选用的材料

实验项目	选用材料
布氏硬度实验	退火状态的低碳钢、中碳钢、高碳钢
洛氏硬度实验	淬火状态的低碳钢、中碳钢、高碳钢

(一)布氏硬度计的构造

布氏硬度实验设备主要有布氏硬度计和读数显微镜。常见的布氏硬度计有液压式和机械式两大类。附图1为HB-3000型机械式布氏硬度计结构图,它是由机身、工作台、大小杠杆、减速器、换向器等部件组成。

实验时将试样放在工作台上,按顺时针方向转动手轮,使工作台上升至试样与压头接触,并在手轮打滑后,再按加载开关启动电机,经减速器减速后,驱动连杆与摆杆向下运动,此时压头即可由砝码通过大、小杠杆及压轴的作用,以一定大小的载荷压入试样。保压至设定时间后,电动机自动反转,曲柄连杆带动摆杆上升而卸除载荷。在关闭电动机后,逆时针方向转动手轮,使工作台下降并取下试样,用读数显微镜测出压痕直径,如附图2所示,最后根据压痕直径的大小查附录Ⅱ即可求得被测材料布氏硬度值。

(二)洛氏硬度实验计的构造

一般洛氏硬度计由机身、加载机构、测量指示机构及试台升降机构等部分组成。附图3

为 HR－150A 型洛氏硬度计结构示意图。

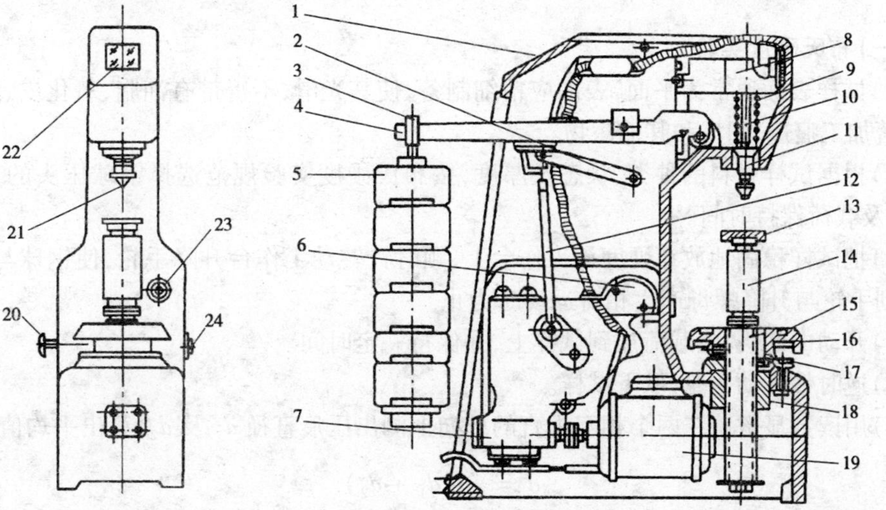

1—机身;2—摆杆;3—吊环;4—大杠杆;5—砝码;6—换向器;7—减速器;8—小杠杆;
9—弹簧;10—压轴;11—主轴衬套;12—连杆;13—工作台;14—工作台立柱;15—螺杆;16—手轮;
7—螺母;18—套筒;19—电动机;20—电源开关;21—压头;22—指示灯;23—加载开关;24—定时开关

附图 1　HB－3000 型机械式布氏硬度计结构图

实验时将试样放在工作台上,按顺时针方向转动手轮,使工作台上升至试样与压头接触,继续转动手轮,通过压头和压轴并带动指示器表盘(见附图 4)的指针转动。待小指针对准红点,大指针置于垂直向上位置时(左右偏移不超过 5 格),试样即已施加了 10 kgf 的预载荷,随后转动指示器表盘使大针对准 RB 与 RC 处,再向前推动操纵手柄,在砝码重力的作用下,使主载荷通过大杠杆、压轴和压头作用在试样上。停留数秒钟后,再扳动操纵手柄,卸下主载荷。由于试样压痕部位材料的弹性恢复,促使压轴向上移动,经小杠杆带动指示器上的大指针转动至一定位置后停止,此时大指针所指刻度盘上的读数就是所测试样的洛氏硬度值。

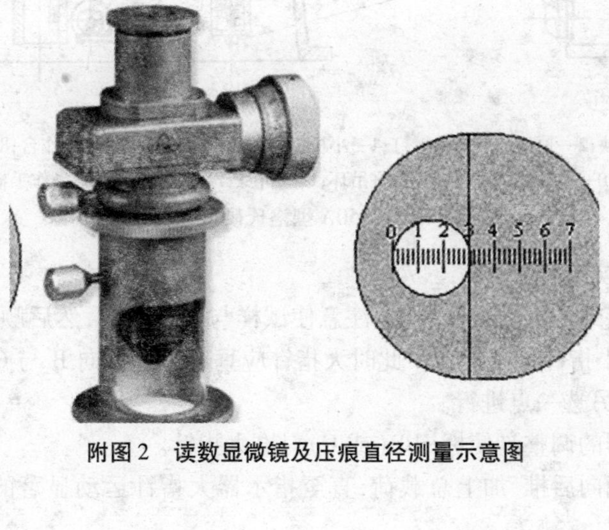

附图 2　读数显微镜及压痕直径测量示意图

四、实验方法和步骤

(一)布氏硬度实验

(1)试样表面通常为平面,表面应精细制备,使其光滑,不得带有油脂、氧化皮、漆层、裂纹、显著加工痕迹、凹坑和其他污物。

(2)根据试样材料的种类、状态及厚度,按布氏硬度实验规范选择钢球压头的直径、载荷大小及载荷保持时间。

(3)把试样稳固地放在硬度计工作台上,顺时针转动工作台升降手轮,使钢球与试样接触,直到手轮与升降螺母产生相对运动时为止。

(4)开动电动机,将载荷加到试样上,并保持一定时间。

(5)逆时针转动手轮,取下试样。

(6)用读数显微镜在两个相互垂直的方向上测出压痕直径 d_1 及 d_2,算出平均值,即

$$d = \frac{1}{2}(d_1 + d_2)$$

(7)根据压痕直径 d 查附录Ⅱ求出 HB 值。

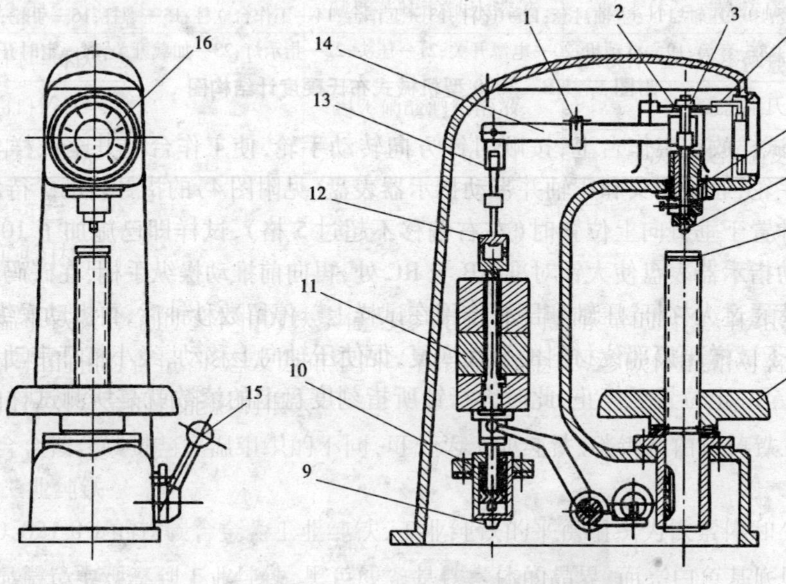

1—调整块;2—顶杆;3—调整螺钉;4—小杠杆;5—压轴;6—压头;7—工作台;8—手轮;9—放油螺丝;10—缓冲器;11—砝码;12—吊环;13—机身;14—大杠杆;15—操作手柄;16—指示盘

附图 3　HR-150A 型洛氏硬度计结构图

(二)洛氏硬度实验

(1)将试样稳妥地安置在工作台上,注意使试样与台面紧贴,然后顺时针转动手轮使试样升起至指示器的小指针指于红点。此时大指针应垂直向上指向 B 与 C 处,其偏移量不得超过 ±5 格,否则应另选一点进行。

(2)转动指示器的调整盘使标记 B(或 C)对准大指针。

(3)将操纵手柄向后推,加上总载荷,直至指示器大指针运动显著的变慢直到停顿后,

保留载荷约 10 s，再将操纵手柄扳回，以卸除主载荷。

(4)按指示器上大指针所指的刻度读取读数。当采用金刚石压头时，按刻度盘外圈标记为 C 的黑字读数；当采用钢球压头时，按刻度盘内圈标记为 B 的红字读数，如附图 4 所示。

(5)逆时针转动手轮，降下工作台，取下试样或者移动试样，选择新的位置继续进行实验。

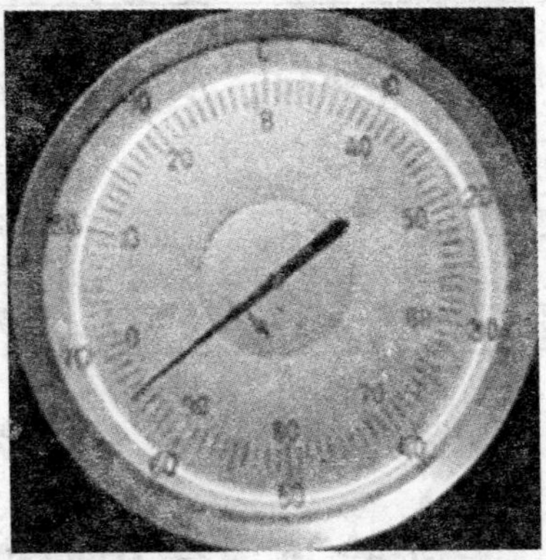

附图 4　洛氏硬度指示盘

五、注意事项

(一)布氏硬度实验

(1)试样测试表面应为无氧化或其他污物的光滑平面。

(2)安放试样的测试表面应垂直钢球加载方向。

(3)为保证实验结果准确，试样上压痕距试样边缘的距离应不小于压痕直径的 2.5 倍，而相邻压痕距离应不小于 4 倍压痕直径 d。

(4)压痕直径 d 的大小应在 $0.25D \sim 0.6D$ 范围内。

(二)洛氏硬度实验

(1)试样的厚度应不小于 8 倍压痕直径的深度，试样的表面应光平坦，不得带有油脂、氧化皮、裂纹及其他污染。

(2)根据试样的形状及尺寸选择合适的工作台。

(3)在每个试样上的实验次数不宜少于三次，并采用三次读数的算术平均值作为其硬度值。

(4)在试样上各压痕中心的距离及压痕中心至试样边缘的距离均不得小于 3 mm。

六、实验报告内容

(1)简述实验目的、仪器设备及实验材料。

(2)简述布氏、洛氏硬度实验法的优、缺点及应用范围。

(3)将实验结果分别填入附表 2 和附表 3。

附表 2　布氏硬度实验结果

材料	状态	实验规范			压痕直径			硬度值
		压头类型	载荷(kgf)	载荷保持时间(s)	d_1(mm)	d_2(mm)	$d_{平均}$(mm)	HB

附表 3　洛氏硬度实验结果

材料	状态	实验规范		实验结果			平均硬度值
		压头类型	载荷(kgf)	第一次	第二次	第三次	

(4)思考题:测量硬度前为什么要进行打磨?

实验二　金相显微镜的使用及金相试样的制备

一、实验目的

(1)了解普通金相显微镜的基本原理、构造及使用方法。

(2)了解金相试样的制备过程及方法。

(3)学习利用金相显微镜进行显微组织分析。

二、实验仪器、实验材料及用品

(1)金相显微镜。

(2)砂轮机、预磨机、抛光机、吹风机、抛光机。

(3)抛光液或化学抛光剂、3%硝酸酒精。

(4)金相砂纸、玻璃板。

(5)退火态工业纯铁金相试样、退火态碳钢试块(45 钢、T7 钢等)。

三、实验内容

利用肉眼或放大镜观察分析金属材料的组织和缺陷的方法称为宏观分析。为了研究金属材料的细微组织和缺陷,可采用显微分析。显微分析是利用放大倍数较高的金相显微镜,观察分析金属材料的显微组织和缺陷的方法。一般金相显微镜的放大倍数是数十倍～2 000倍,金属晶粒的平均直径在0.1～0.001 mm 范围内,这正是借助于金相显微镜可看清的范围,故显微分析是目前生产检验与科学研究的主要方法之一。

为了能观察到真实、清晰的显微组织,首先要了解金相显微镜的构造与使用,并制备好金相试样。

(一)金相显微镜

研究金属显微组织的光学显微镜称为金相显微镜。金相显微镜不同于生物显微镜。生物显微镜是利用透射光来观察透明物体的,而金相显微镜则是利用反射光将不透明物体放大后进行观察或摄影的。

1. 金相显微镜成像原理

金相显微镜是由两个透镜组成的,靠近金相试样的透镜称为物镜,靠近人眼的透镜称为目镜。金相显微镜通过物镜与目镜两次放大而得到倍数较高的放大像。其成像原理如附图5所示。物体 AB 置于物镜的一倍焦距(或焦点 F_1)以外、两倍焦距以内的位置上,通过物镜后可形成一个倒立、放大的实像 A_1B_1。当实像 A_1B_1 位于目镜的一倍焦距(或焦点 F_2)以内时,则目镜又使实像 A_1B_1 放大,在目镜的两倍焦距以外,得到 A_1B_1 的正立放大的虚像 A_2B_2。这最后映像 A_2B_2 是经过物镜、目镜两次放大后获得的。A_2B_2 又通过眼睛这一光学系统成像于视网膜上(A_3B_3),因而可观察到相对于物体是倒立的放大图像。

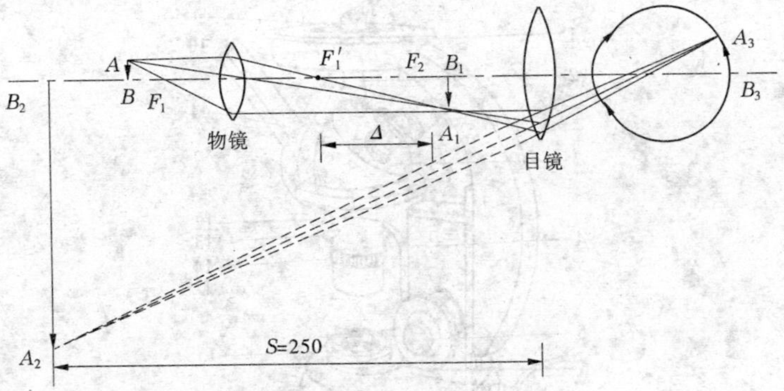

附图5　金相显微镜成像原理图

在设计显微镜时,让目镜的焦点位置与物镜放大所成的实像位置接近,并使最终的倒立虚像在人的明视距离处(约2 520 mm)成像,这样就可以使人的观察效果最为清晰。

显微镜的质量决定于显微镜的总放大倍数、分辨率以及透镜的像差。

1)显微镜的放大倍数

金相显微镜的放大倍数 M 应为物镜放大倍数 $M_{物}$ 与目镜放大倍数 $M_{目}$ 的乘积。物体 AB 经过物镜和目镜的两次放大后,其总放大倍数为

$$M = M_{物} \times M_{目} = \frac{\Delta}{f_1} \times \frac{250}{f_2}$$

式中　Δ——物镜后焦点 $F_1{}'$ 到目镜的前焦点 F_2 的距离,又称为显微镜的光学镜筒长度;

f_1——物镜的焦距;

f_2——目镜的焦距。

显微镜物镜和目镜的放大倍数分别可达100倍和25倍。但因受到物镜分辨率能力的限制,一般金相显微镜的最高放大倍数为1 500~2 000倍。

2)显微镜的分辨率

显微镜的分辨率是指在显微镜视场中能分辨出物体相邻两点的最小距离。由于物镜使被观察物体第一次放大,故显微镜的分辨率主要取决于物镜的分辨率。分辨率不同的两个物镜,在显微镜上配成相同的放大倍数时,其显微观察的效果是不同的,分辨率高,在显微镜下就能观察到更细小的质点。

3)透镜的像差

物镜、目镜都是由透镜组成的。由于透镜的中心和边缘厚薄不同,再者由于不同波长光线通过透镜成像时,其折射率是不同的,这就会使透镜成像产生各种缺陷(即像差),会使映像变得模糊不清。

2. 金相显微镜的构造

金相显微镜由光学系统、照明系统和机械系统三部分组成，完善的金相显微镜还有照明装置和其他附件。金相显微镜的形式很多，通常可分为台式、立式和卧式三类。

如附图6为XJP－2型台式金相显微镜构造示意图。它是采用倒置式光路，用安装在圆盘形底内的低压灯泡作为照明光源，利用灯座偏心套圈调整光源位置。光源聚光系统、反射镜、孔径光栏都安装在底座内。

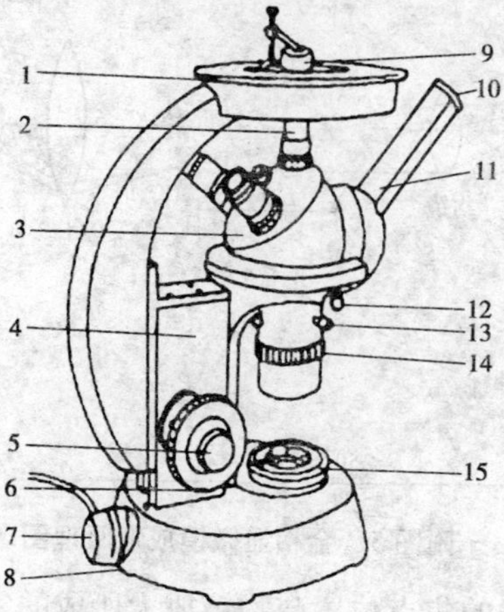

1—载物台；2—物镜；3—转换器；4—传动箱；5—微调焦手轮；6—粗调焦手轮；7—灯泡；8—偏心套圈；9—试样；10—目镜；11—目镜管；12—固定螺钉；13—调节螺钉；14—视场光栏；15—孔径光栏

附图6　XJP－2型台式金相显微镜构造示意图

金相试样放在载物台上。载物台与托盘之间有四方导架，并用黏性油加在两者之间，用手推动，可使载物台在水平面各方向上移动，以改变试样的观察位置。

粗调焦手轮和微调焦手轮共轴地安装在传动箱的两侧。旋转粗调焦手轮能使载物台迅速上升或下降，达到粗略调焦目的。微调焦手轮能使物镜作缓慢升降移动，达到精确调焦目的。

物镜安装在球面形的物镜转换器上。转换器上同时可安装三个不同放大倍数的物镜，通过转换器绕轴旋转而转换观察用的物镜。

目镜安装在目镜管上，目镜管用固定钉固定在联接座上。目镜管成45°倾斜，便于操作者观察。

孔径光栏用以调节射向物镜的入射光线束的粗细。一般以调节到物像最清晰即使人眼感到舒适为原则。在更换物镜后，必须重新调节孔径光栏。

视场光栏用以调节视场大小，一般以调节到其边缘正好与目镜视场同样大小或略小些为宜。有时为了观察某一试样的局部细微组织，也可将视场光栏缩小到刚好包围此局部组织，以收到更好的效果。若视场光栏不在目镜视场正中，可通过两个调节螺钉将其调到正中位置。

3. 金相显微镜的使用步骤

金相显微镜是精密、贵重的光学仪器，使用时必须细心谨慎。在使用时应按下列步骤进行：

(1)按金相观察放大倍数的要求，选配好物镜及目镜，分别安装在转换器的物镜座上及目镜筒内,并使转换器转至固定位置。

(2)移动载物台,使物镜位于载物台中心孔的中央,然后把试样倒置在载物台上。

(3)接通变压器电源,开亮灯泡。

(4)旋转粗调焦手轮进行调焦,当呈现出模糊的物像时,再转动微调焦手轮,直到所观察的像清晰为止。

(5)调节孔径光栏和视场光栏的大小,以获得最佳质量的物像。

(6)观察完毕,应立即关灯,以延长灯泡的使用寿命。

(二)金相试样的制备

金相试样的制备包括取样、磨制、抛光、侵蚀等四个步骤。制备好的试样应能观察到真实组织、无磨痕、麻点与水迹,并使金属组织中的夹杂物、石墨等不脱落,否则将会严重影响显微分析的正确性。

1. 取样

选择合适的、有代表性的试样是进行金相显微分析的极其重要的一步,包括选择取样部位、检验面及确定截取方法、试样尺寸和形状等。

1)取样部位及检验面的选择

取样部位和检验面的选择,应根据检验目的选取有代表性的部位。例如:分析金属的缺陷和破损原因时,应在发生缺陷和破损部位取样,同时也应在完好的部位取样,以便对比;检测脱碳层、化学热处理的渗碳层、淬火层、晶粒度等,应取横向截面;研究带状组织及冷塑性变形工件的组织和夹杂物的变形情况时,则应截取纵向截面。

2)试样的截取方法

试样的截取方法可因金属材料的性能不同而异。对于软材料,可以用锯、车、刨等方法;对于硬材料,可以用砂轮切片机切割或电火花切割等方法;对于硬而脆的材料,如白口铸铁,可以用锤击方法;在大工件上取样,可用氧气切割等方法。在用砂轮切割或电火花切割时,应采取冷却措施,以减少由于受热而引起的试样组织变化。试样上由于截取而引起的变形层或烧损层必须在后续工序中去掉。

3)试样尺寸和形状

金相试样的尺寸和形状以便于握持、易于磨制为准,通常采用直径 $\phi15\sim20$ mm、高 $15\sim20$ mm的圆柱体或边长 $15\sim20$ mm 的立方体。对形状特殊或尺寸细小、不易握持的试样,或为了试样不发生倒角,需要使用试样夹或利用样品镶嵌机,把试样镶嵌在低熔点合金或塑料(胶木粉、聚乙烯及聚合树脂等)中。

2. 磨制

试样取下后,如是钢铁材料试样可先用砂轮磨平,如是很软的材料(如铝、铜等有色金属)可用锉刀锉平。在砂轮上磨制时,应握紧试样,使试样受力均匀,压力不要太大,并随时用水冷却,以防受热引起金属组织变化。此外,在一般情况下,试样的周界要用砂轮或锉刀磨成圆角,以免在磨光及抛光时将砂纸和抛光织物划破。但是,对于需要观察表层组织(如渗碳层、脱碳层)的试样,则不能将边缘磨圆,这种试样最好进行镶嵌。

磨平的试样经清水冲洗并吹干后,随即把磨面依次在由粗到细的各号金相砂纸上磨光。常用的砂纸号数有 01、02、03、04 四种,号小者磨粒较粗,号大者较细。磨制时,砂纸应平铺于厚玻璃板上,左手按住砂纸,右手握住试样,使磨面朝下并与砂纸接触,在轻微压力作用下把试样向前推磨，用力要均匀，务求平稳，否则会使磨痕过深，且造成试样磨面的变形。试样退回时不能与砂纸接触，这样“单程单向”地反复进行，直至磨面上旧的磨痕被去掉，新的磨痕均匀一致为止，然后更换下一号更细号砂纸。在调换细砂纸时，应将试样上磨屑和沙粒清除干净，并转动90°角，使新、旧磨痕垂直，直至旧划痕完全消失。

3. 抛光

抛光的目的在于去除磨面上的细磨痕和变形层，以获得光滑的镜面。常用的抛光方法有机械抛光、电解抛光和化学抛光三种。其中以机械抛光应用最广，本实验仅介绍机械抛光。

机械抛光是在抛光机上进行的，抛光机主要由电动机和抛光圆盘（φ200～300 mm）组成，抛光盘转速为200～600 r/min。抛光盘上铺以细帆布、呢绒、丝绸等。抛光时在抛光盘上不断滴注抛光液。抛光液通常采用 Al_2O_3、MgO 或 Cr_2O_3 等细粉末（粒度为0.3～1 μm）在水中的悬浮液。机械抛光就是靠极细的抛光粉末与磨面间产生相对磨削和滚压作用来消除磨痕的。操作时将试样磨面均匀地压在旋转的抛光盘上，并沿盘的边缘到中心不断作径向往复运动。抛光时间一般为3～5 min。抛光后的试样，其磨面应光亮无痕，且石墨或夹杂物等不应抛掉或有曳尾现象。这时试样先用清水冲洗，再用无水酒精清洗磨面，最后用吹风机吹干。

4. 侵蚀

经抛光后的试样若直接放在显微镜下观察，由于试样的反射作用，只能看到某些非金属夹杂物（如 MnS 及石墨等），无法辨别出各种组成物及其形态特征。要观察金属的组织必须使用侵蚀剂对试样表面进行“侵蚀”，才能清楚地看到显微组织的真实情况。钢铁材料最常用的侵蚀剂为3%～4%硝酸酒精溶液或4%苦味酸酒精溶液。

对于纯金属单相合金来说，侵蚀是一个纯化学溶解过程。由于金属及合金的晶界上原子排列混乱，并有较高的能量，故晶界处容易被侵蚀而呈现凹坑。同时，由于每个晶粒原子排列的位向不同，表面溶解速度也不一样，因此试样侵蚀后会呈现出轻微的凹凸不平，在垂直光线的照射下将显示出明暗不同的晶粒。如附图7为纯铁显微组织。

对于两相以上的合金而言，侵蚀主要是一个电化学腐蚀过程。由于各组成相具有不同的电极电位，试样侵入侵蚀剂中就有两相之间形成无数对“微电池”。具有负电位的一相成为阳极被迅速侵入侵蚀剂中形成凹坑；具有正电位的另一相则为阴极，在正常电化学作用下不受侵蚀而保持原有平面。当光线照射到凹凸不平的试样表面时，由于各处对光线的反射程度不同，在显微镜下就能看到各种不同的组织和组成相。附图8为T7钢显微组织。

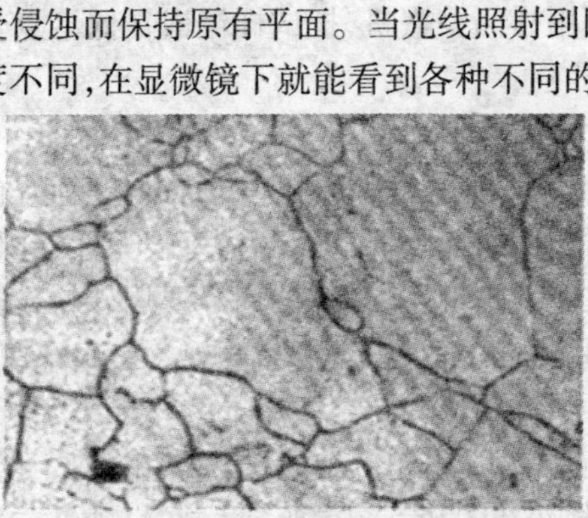

附图7　纯铁显微组织（500×）

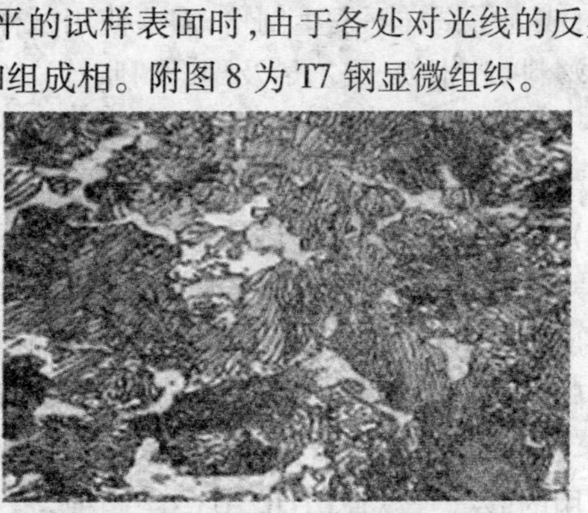

附图8　T7钢显微组织（500×）

侵蚀方法是将试样磨面侵入侵蚀剂中,或用棉花蘸上侵蚀剂擦拭表面。侵蚀时间要适当,一般试样磨面发暗时就可停止。如果侵蚀不足,可重复侵蚀。侵蚀完毕后,立即用清水冲诜,接着用酒精冲洗,最后用吹风机吹干。这样制得的金相试样即可在显微镜下进行观察和分析研究。如果一旦侵蚀过度,试样需要重新抛光,甚至还需在04号砂纸上进行磨光,再去侵蚀。

四、实验方法与步骤

(1)了解金相显微镜及有关设备的构造,熟悉正常操作步骤及注意事项。

(2)在教师指导下学习使用金相显微镜。

(3)每人选一个碳钢试块,并按金相试样的制备步骤,制备一合格的金相试样。

(4)对所制金相试样进行化学侵蚀、金相观察、组织分析,并手工绘出观察到的显微组织形貌。(绘制试样的显微组织时,应选择典型区域,并抓住其组织特征)

五、注意事项

(1)安装,换取物镜、目镜时,切勿使镜头触及硬物,切不可失手跌落,严禁用手、毛巾、手绢、棉花或一般纸张去擦拭镜头。镜头上若有赃物油污,必须用特制的擦镜纸轻轻擦拭。

(2)显微镜光源为低压电灯,必须使用固定的变压器,不得直接接220 V电源。

(3)要熟悉镜筒、样品台升降手轮的拧动方向。拧动时不要用力过猛,拧不动时不可粗暴用力。

(4)不能将侵蚀后未冲洗、冲洗后未干燥的样品置于样品台上,以免显微镜头、样品台等受侵蚀。

六、实验报告

(1)简述实验目的、仪器设备及实验用品。

(2)简述实验过程及操作要点。

(3)按下面格式要求绘制试样侵蚀后的显微组织示意图。

材料名称________________

处理方法________________

侵 蚀 剂________________

放大倍数________________

金相组织________________

(4)实验小结及体会。

实验三　铁碳合金平衡组织观察

一、实验目的

(1)熟悉 $Fe-Fe_3C$ 相图,了解不同成分的铁碳合金在平衡状态下的显微组织特征。

(2)分析碳钢的含碳量与平衡组织间的关系。

(3)加深对平衡状态下铁碳合金的成分、组织、性能间关系的理解。

二、实验设备及实验材料

(1)金相显微镜若干台。

(2)铁碳合金平衡状态的金相试样若干,见附表4。

附表4　铁碳合金平衡状态的金相试样

<table>
<tr><th>试样材料</th><th>处理状态</th><th>侵蚀剂</th><th>室温下的显微组织</th></tr>
<tr><td>工业纯铁</td><td rowspan="7">完全退火</td><td rowspan="6">4%硝酸酒精溶液</td><td>铁素体</td></tr>
<tr><td>20钢</td><td>铁素体+珠光体</td></tr>
<tr><td>45钢</td><td>铁素体+珠光体</td></tr>
<tr><td>60钢</td><td>铁素体+珠光体</td></tr>
<tr><td>T8钢</td><td>珠光体</td></tr>
<tr><td>T12钢</td><td>铁素体+二次渗碳体(亮白色)</td></tr>
<tr><td>T12钢</td><td>碱性苦味酸钠水溶液</td><td>铁素体+二次渗碳体(暗黑色)</td></tr>
<tr><td>亚共晶白口铸铁</td><td rowspan="3">铸态</td><td rowspan="3">4%硝酸酒精溶液</td><td>铁素体+二次渗碳体+变态莱氏体</td></tr>
<tr><td>共晶白口铸铁</td><td>变态莱氏体</td></tr>
<tr><td>过共晶白口铸铁</td><td>一次渗碳体+变态莱氏体</td></tr>
</table>

三、实验内容

在室温下铁碳合金的基本相为铁素体与渗碳体,不同含碳量的合金,在组织上差异仅是这两个基本相的相对含量、形态及分布不同。在铁碳合金中,渗碳体的相对含量、存在形态以及分布状况对合金的性能影响很大。

铁碳合金按含碳量与室温组织的不同,可分为工业纯铁、碳钢及白口铸铁三类。

(一)工业纯铁

$w_C < 0.021\,8\%$的铁碳合金为工业纯铁,工业纯铁的平衡组织为铁素体和少量的三次渗碳体。在显微镜中观察到工业纯铁,黑色线条是铁素体的晶界,而亮白色基底则是铁素体的不规则等轴晶粒,在某些晶界处可以看到不连续的薄片状三次渗碳体,若侵蚀程度较深时,不同晶粒略有明暗不同现象。

(二)碳钢

碳钢是指$w_C = 0.021\,8\% \sim 2.11\%$范围内的铁碳合金,按含碳量及室温组织的不同,又可分为亚共析钢、共析钢和过共析钢。

(1)亚共析钢。亚共析钢中碳的质量分数在0.021 8% ~0.77%范围内,其平衡组织由铁素体和珠光体所组成。在200倍左右的显微镜中观察时,珠光体呈暗区,铁素体呈亮区。当钢中含碳量较少时,铁素体在组织中占的面积较大,珠光体占的面积较少;随钢中含碳量的增加,珠光体所占的面积增加,铁素体所占的面积减少;当含碳量接近共析成分时,铁素体呈网状包围着珠光体。

(2)共析钢。共析钢中碳的质量分数 w_C 为0.77%,其平衡组织是铁素体和渗碳体组成的机械混合物,即层片状珠光体。一般其在低倍显示为灰暗一片,在高倍显示为指纹状形貌。

(3)过共析钢。过共析钢中碳的质量分数在0.77% ~2.11%范围内,其平衡组织由珠光体和二次渗碳体组成。二次渗碳体呈网状分布于晶界上,随着钢中含碳量的增加,二次渗碳体网连续性增强并逐渐变宽。用3% ~5%的硝酸酒精溶液侵蚀时,渗碳体在显微镜下呈白色,与铁素体相似,而珠光体呈暗黑色。用碱性苦味酸钠溶液侵蚀时,二次渗碳体网呈黑色。T12钢显微组织如附图9所示。

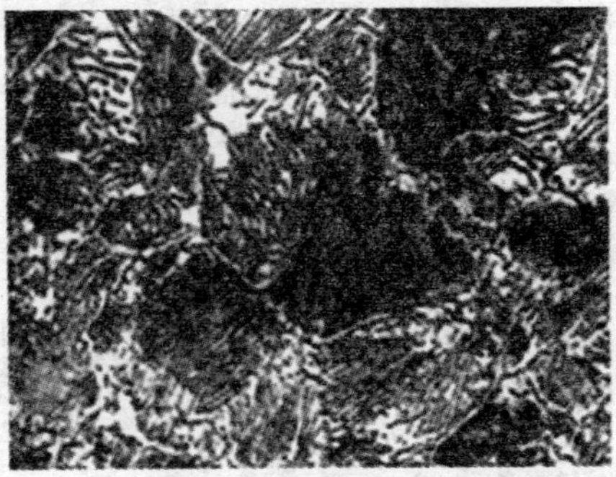

(a)硝酸酒精溶液侵蚀(500×)

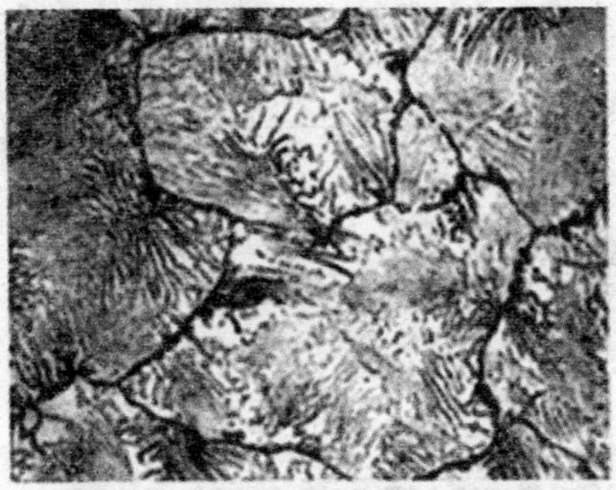

(b)碱性苦味酸钠溶液侵蚀(500×)

附图9　T12钢显微组织

(三)白口铸铁

白口铸铁是 w_C =2.11% ~6.69%范围内的合金,按含碳量及室温组织的不同,又可分为亚共晶白口铸铁、共晶白口铸铁和过共晶白口铸铁三种。

(1)亚共晶白口铸铁。其成分是 w_C =2.11% ~4.3%范围的白口铸铁,室温下的平衡组织为珠光体、二次渗碳体和变态莱氏体。经侵蚀后在显微镜下观察时,呈黑色块状或树枝状分布的是由初生奥氏体转变成的珠光体,白色渗碳体基底上散布着的暗黑色粒状物为变态莱氏体(低温莱氏体),从初生奥氏体及共晶奥氏体中析出的二次渗碳体都与共晶渗碳体连在一起,在显微镜下难以分辨。

(2)共晶白口铸铁。共晶白口铸铁的 w_C =4.3%,其室温下的平衡组织是变态莱氏体。经侵蚀后在显微镜下观察时,其由白色渗碳体基底上散布着暗黑色珠光体所组成。

(3)过共晶白口铸铁。其成分是 w_C =4.3% ~6.69%范围的白口铸铁,室温下的平衡组织为一次渗碳体和变态莱氏体。经侵蚀后在显微镜下观察时,其是由暗色颗粒状的莱氏体的基底上分布着亮白色粗大条状的一次渗碳体。过共晶白口铸铁中的一次渗碳体随着含碳量的增加而增加。

四、实验方法与步骤

(1)打开金相显微镜盖套,按照金相显微镜操作规程要求,调实好金相显微镜待用。

(2)根据老师所发试样类型及试样卡片信息,切换物镜,获得合适的放大倍数。

(3)认真观察附表4所列的铁碳合金室温下的显微组织,识别各显微组织的组织特征

(各相或组织组分的数量、形态与分布),并根据组织特征绘出其显微组织示意图。

(4)记录所观察的各种铁碳合金的牌号(或名称)、处理方法,显微组织、放大倍数及侵蚀。然后用箭头标出所绘组织示意图中各相(或组织组分)及其名称。

(5)观察、绘制完毕,切断显微电源,取下试样,盖上显微镜套,收好试样。

五、实验报告

(1)简述实验目的、实验设备及实验材料。

(2)简述实验内容及实验步骤。

(3)按下列要求绘制 20 钢、T8 钢、T12 钢、亚共晶白口铸铁、共晶白口铸铁、过共晶白口铸铁的各平衡状下的显微组织,并注明各组织的名称。

材料名称____________________

处理方法____________________

侵 蚀 剂____________________

放大倍数____________________

金相组织____________________

(4)思考题:在铁碳合金组织中,渗碳体可能有几种存在方式和组织形态?试分析它对性能有什么影响?

实验四 钢的热处理综合性实验

一、实验目的

(1)了解普通热处理(退火、正火、淬火和回火)的方法。

(2)分析碳钢热处理时的加热温度、冷却速度及回火温度对其组织与硬度的影响。

(3)分析碳钢的含碳量对淬火后硬度的影响。

(4)观察碳钢在普通热处理后的组织,并识别其组织特征。

(5)加深认识碳钢的成分、热处理工艺与其组织、性能间的关系。

二、实验设备、用品及试样

(一)实验设备

(1)实验室用箱式电阻加热炉(附测温控温装置)。

(2)洛氏硬度计。

(3)金相显微镜。

(二)实验用品

(1)淬火水槽,并装有 8% ~10% 的 NaCl 水溶液。

(2)淬火油槽,并装有矿物油或变压器油。

(3)金相砂纸,热处理用夹钳、钢丝、石棉手套等。

（三）实验试样

退火或正火态试样：20 钢、45 钢、T8 钢、T12 钢各若干块。

淬火态热处理试样：45 钢、T8 钢各若干块。

三、实验内容

钢的普通热处理有退火、正火、淬火和回火四种方法。当采用不同的热处理方法时，碳钢获得不同的组织和性能；当采用同一种热处理方法，不同的热处理工艺时，碳钢所获得的组织和性能也不同。

（一）碳钢热处理工艺

1. 加热温度

在碳钢进行普通热处理时，其退火、正火、淬火的加热温度，原则上可按附表 5 选定。但在生产中，应视工件的具体情况加以调整。

附表 5　碳钢退火、正火和淬火的加热温度

方法	加热温度（℃）	应用范围
退火	$Ac_3+(20\sim30)$	亚共析钢的完全退火
	$Ac_1+(20\sim30)$	过共析钢的球化退火
正火	$Ac_3+(30\sim50)$	亚共析钢
	$Ac_{cm}+(30\sim50)$	过共析钢
淬火	$Ac_3+(30\sim50)$	亚共析钢
	$Ac_1+(30\sim50)$	共析或过共析钢

回火是将淬火后的钢重新加热到 A_1 以下某个温度，保温一定时间然后冷却到室温的热处理工艺。根据对工件性能要求的不同，按其回火温度范围可分低温回火、中温回火和高温回火三种。低温回火温度为 150～250 ℃，适用于切削刃具、量具、冷冲模具、滚动轴承以及渗碳件等；中温回火温度为 350～500 ℃，适用于弹簧、中等硬度零件的回火；高温回火温度为 500～650 ℃，适用于齿轮、轴、连杆等要求综合力学性能的零件。一般钢回火后其硬度随回火温度的升高而减低。

2. 加热时间

热处理的加热时间（升温与保温时间）与钢的成分、原始组织、工件的尺寸与形状、使用的加热设备、装炉方式及热处理方法等许多因素相关。因此，要确切计算加热时间是比较复杂的。在实验室中，通常按工件有效厚度，用下列经验公式计算加热时间，即

$$T = \alpha D$$

式中　t——加热时间，min；

α——加热系数，min/mm；

D——工件有效厚度，mm。

当碳钢工件的有效厚度 $D\leqslant 50$ mm，在 800～960 ℃箱式电阻加热炉中加热时，$\alpha=1\sim1.2$ min/mm。

回火的保温时间要保证工件穿透加热，并使组织充分转变。组织转变时间一般不大于

0.5 h，但穿透加热时间则随回火温度、工件有效厚度、装炉量及加热方式而不同。生产中，一般为 1 ~ 3 h，但由于实验所用试样较小，故可用 0.5 h。

3. 冷却方法及冷却介质

（1）退火。退火冷却一般采用保温后随炉缓冷至 600 ℃以下，再出炉空冷。

（2）正火。正火冷却采用保温后直接从加热炉中取出，在静止或流动的空气中冷却。

（3）淬火。为了使淬火后的组织为马氏体、减少工件变形和开裂，淬火时应选用过冷奥氏体最不稳定的温度范围内（650 ~ 500 ℃）的冷却速度应大、而在 M_s 附近的冷却速度应尽可能低的冷却介质。对形状简单的工件，常采用简易的单液淬火法，即碳钢用水或盐水溶液作为冷却介质，合金钢常用油做冷却介质。

（4）回火。回火一般在保温后从加热炉中取出，在空气中进行冷却。

（二）碳钢热处理后的组织与性能

1. 珠光体型组织

珠光体型组织是过冷奥氏体在高温（Ar_1 至 C 曲线鼻尖）时的转变产物。随着奥氏体冷却时过冷度的增加，依次得到珠光体、索氏体、托氏体。它们都是铁素体与渗碳体的片层状混合物，但铁素体与渗碳体片层间距依次变小，使强度和硬度递增。

2. 贝氏体型组织

贝氏体型组织是过冷奥氏体在进行中温（C 曲线鼻尖至 M_s 点）等温时的转变产物，分为上贝氏体和下贝氏体。上贝氏体和下贝氏体都是由含碳量过饱和的铁素体（或 ε 碳化物）组成的两相混合物。上贝氏体在光学显微镜下呈羽毛状；下贝氏体在光学显微镜下呈黑色针片状，它的韧性与塑性高于上贝氏体。

3. 马氏体组织

马氏体组织是过冷奥氏体的低温（M_s 以下）时的转变的产物，马氏体是碳在 $\alpha-Fe$ 中的过饱和固溶体。当奥氏体中 $w_C<0.2\%$ 时，淬火之后得到的马氏体为低碳马氏体，在光学显微镜下，其形态是一束束平行排列的细条状组织，因此低碳马氏体也称为板条状马氏体，它不仅有较高的强度和硬度，同时还具有良好的塑性与韧性。当奥氏体中 $w_C>1.0\%$ 时，淬火之后得到的马氏体为高碳马氏体，在光学显微镜下，其形态是针状或竹叶状组织，也称高碳马氏体为片状马氏体，其性能硬而脆。

4. 回火组织

淬火组织为马氏体（含少量残余奥氏体）的碳钢，在低温回火后获得回火马氏体，它是由含碳过饱和的 α 固溶体与其共格的 η 碳化物组成。回火马氏体仍保留着原来马氏体的针片状或板条状形态，但由于在过饱和 α 固溶体上分布着大量高度弥散分布的 η 碳化物，使回火马氏体比淬火状态马氏体容易被腐蚀，故在光学显微镜下呈暗黑色。回火马氏体性能基本上与淬火马氏体相同，但脆性较低。

中温回火后可获得回火托氏体组织，它由尚未发生再结晶的铁素体与弥散分布的极细粒状渗碳体组成。这些极细的粒状渗碳体在光学显微镜下无法分辨，且因铁素体尚未再结晶，故仍保持稳定原来的马氏体形态。回火托氏体具有高的屈服点、弹性极限和较好的韧性。

高温回火后获得回火索氏体组织，它由已再结晶的铁素体和细粒状的渗碳体所组成，由于铁素体已发生了再结晶，故基本上已失去马氏体的形态，在放大 500 倍以上的显微镜下观察时,可以看到渗碳微粒。回火索氏体具有良好的力学性能。回火温度高时,形成回火珠光体,它由多边形铁素体和较大的粒状渗碳体组成,其光学显微组织形态与球化退火后的显微组织相似。

(三)碳钢含有碳量对淬火后的影响

一般钢的含碳量越高,则其淬火后获得马氏体的淬硬性越好。因此,正常淬火状态下,低碳钢、中碳钢、高碳钢的淬火组织的硬度应该递增。

四、实验方法与步骤

本实验综合性强,工作量大,要对学生进行分组分工,并使其同力协作,共同完成实验。

(1)学生按实验小组领取试样,并分别打上“钢印编号”,记录相应编号及所对应的材料牌号,以免混淆。

(2)第一组学生分析加热温度对淬火组织及硬度的影响。将45钢试样分为3批,分别加热到750 ℃、850 ℃、950 ℃,保温20 min后,在水中淬火。最后,测出其硬度并记录。

(3)第二组学生分析冷却速度对热处理组织及硬度的影响。将45钢分为4批,同时加热到850 ℃,保温20 min后,分别进行盐水冷、油冷、空冷和炉冷(至550 ℃后空冷)。最后,测定各试样硬度并记录。

(4)第三组学生分析回火温度对淬火组织及硬度的影响。先用洛氏硬度计测出45钢淬火态硬度,并记录。然后将其分3批,分别放入200 ℃、400 ℃、600 ℃(2个试样)的电炉中,保温30 min后空冷。最后,测定回火后试样的硬度并记录。

(5)第四组学生分析含碳量对碳钢淬火态硬度的影响。将低碳钢(3块20钢)、中碳钢(3块45钢)、高碳钢(T8钢和T12钢各3块)试样,分别在920 ℃、850 ℃、780 ℃条件下加热,保温20 min后在盐水中冷却。最后,测定其硬度并记录。

(6)观察不同钢在不同热处理状态的金相试样的显微组织,识别其组织及形态特征,并分析讨论钢的成分、热处理工艺与其组织、性能间的关系。

五、实验注意事项

(1)往炉中放、取试样时,应先切断电炉的电源。开、关炉门速度要快,以免炉门打开时间过长而使炉温下降。

(2)往炉中放、取试样时,操作者应戴上石棉手套,并使用夹钳以防烧伤。夹钳必须擦干,不得沾有水或油。

(3)淬火冷却时,要用夹钳夹紧试样,动作要迅速,并要在冷却介质中不断搅动。夹钳不要夹在测定硬度的表面上,以免影响硬度值。

(4)淬火水槽温度应保持在20~30 ℃,水温过高时应及时更换冷却水。

(5)测定硬度前,必须用砂纸将试样表面的氧化皮除去并磨光。每个试样在不同部位测定三次硬度,计算所测得硬度的平均值,并做好记录。

六、实验报告

(1)简述实验目的、实验设备、实验用品及试样。

(2)简述实验过程及安全注意事项。

(3)将各组实验数据填入附表6～附表9中。

(4)分析各组实验数据，并绘制出含碳量、冷却速度、回火温度与淬火钢硬度的关系曲线。

(5)谈谈本次实验的收获与体会。

附表6　加热温度对45钢淬火硬度的影响

加热温度(℃)	热处理后硬度值(HRC)			
	试样1	试样1	试样1	平均硬度值
750				
850				
950				

附表7　冷却速度对45钢热处理后硬度的影响

冷却方式	热处理后硬度值(HRC)			
	试样1	试样1	试样1	平均硬度值
盐水冷				
油冷				
空冷				
炉冷				

附表8　回火温度对45钢淬火后硬度的影响

回火温度(℃)	热处理后硬度值(HRC)			
	试样1	试样1	试样1	平均硬度值
200				
400				
600				

附表9　含碳量对碳钢淬火后硬度的影响

钢号	加热温度(℃)	热处理后硬度值(HRC)			
		试样1	试样1	试样1	平均硬度值
20	920				
45	850				
T8	780				
T12	780				

附录Ⅱ　压痕直径与布氏硬度对照表

球直径 D(mm)					F/D^2						
					30	15	10	5	2.5	1.25	1
					实验载荷 F(kgf)①						
10					3 000	1 500	1 000	500	250	125	100
	5				750	—	250	125	62.5	31.25	25
		2.5			187.5	—	62.9	31.25	15.625	7.813	6.25
			2		120	—	40	20	10	5	4
				1	30	—	10	5	2.5	1.25	1
压痕直径 d(mm)					布氏硬度(HBS 或 HBW)						
2.40	1.200	0.600	0.480	0.240	653	327	218	109	54.5	27.2	21.8
2.42	1.210	0.605	0.484	0.242	643	321	214	107	53.5	26.8	21.4
2.44	1.220	0.610	0.488	0.244	632	316	211	105	52.7	26.3	21.1
2.46	1.230	0.615	0.492	0.246	621	311	207	104	51.8	25.9	20.7
2.48	1.240	0.620	0.496	0.248	611	306	204	102	50.9	25.5	20.4
2.50	1.250	0.625	0.500	0.250	601	301	200	100	50.1	25.1	20.0
2.52	1.260	0.630	0.504	0.252	592	296	197	98.6	49.3	24.7	19.7
2.54	1.270	0.635	0.508	0.254	582	291	194	97.1	48.5	24.3	19.4
2.56	1.280	0.640	0.512	0.256	573	287	191	95.5	47.8	23.9	19.1
2.58	1.290	0.645	0.516	0.258	564	282	188	94.0	47.0	23.5	18.8
2.60	1.300	0.650	0.520	0.260	555	278	185	92.6	46.3	23.1	18.5
2.62	1.310	0.655	0.524	0.262	547	237	182	91.1	45.6	22.8	18.2
2.64	1.320	0.660	0.528	0.264	538	269	179	89.7	44.9	22.4	17.9
2.66	1.330	0.665	0.532	0.266	530	265	177	88.4	44.2	22.1	17.7
2.68	1.340	0.670	0.536	0.268	522	261	174	87.0	43.5	21.8	17.4
2.70	1.350	0.675	0.540	0.270	514	257	171	85.7	42.9	21.4	17.1
2.72	1.360	0.680	0.544	0.272	507	253	169	84.4	42.2	21.1	16.9
2.74	1.370	0.685	0.548	0.274	499	250	166	83.2	41.6	20.8	16.6
2.76	1.380	0.690	0.552	0.276	492	246	164	81.9	41.0	20.5	16.4

球直径 D(mm)					F/D^2						
					30	15	10	5	2.5	1.25	1
					实验载荷 F(kgf)①						
10					3 000	1 500	1 000	500	250	125	100
	5				750	—	250	125	62.5	31.25	25
		2.5			187.5	—	62.9	31.25	15.625	7.813	6.25
			2		120	—	40	20	10	5	4
				1	30	—	10	5	2.5	1.25	1
压痕直径 d(mm)					布氏硬度(HBS 或 HBW)						
2.78	1.390	0.695	0.556	0.278	485	242	162	80.8	40.4	20.2	16.2
2.80	1.400	0.700	0.560	0.280	477	239	159	79.6	39.8	19.9	15.9
2.82	1.410	0.705	0.564	0.282	471	235	157	78.4	39.2	19.6	15.7
2.84	1.420	0.710	0.568	0.284	464	232	155	77.3	38.7	19.3	15.5
2.86	1.430	0.715	0.572	0.286	457	229	152	76.2	38.1	19.1	15.2
2.88	1.440	0.720	0.576	0.288	451	225	150	75.1	37.6	18.8	15.0
2.90	1.450	0.725	0.580	0.290	444	222	148	74.1	37.0	18.5	14.8
2.92	1.460	0.730	0.584	0.292	438	219	146	73.0	36.5	18.3	14.6
2.94	1.470	0.735	0.588	0.294	432	216	144	72.0	36.0	18.0	14.4
2.96	1.480	0.740	0.592	0.296	426	213	142	71.0	35.5	17.8	14.2
2.98	1.490	0.745	0.596	0.298	420	210	140	70.1	35.0	17.5	14.0
3.00	1.500	0.750	0.600	0.300	415	207	138	69.0	34.6	17.3	13.8
3.02	1.510	0.755	0.604	0.302	409	205	136	68.2	34.1	17.0	13.6
3.04	1.520	0.760	0.608	0.304	404	202	135	67.3	33.6	16.8	13.5
3.06	1.530	0.765	0.612	0.306	398	199	133	66.4	33.2	16.6	13.3
3.08	1.540	0.770	0.616	0.308	393	196	131	65.5	32.7	16.4	13.1
3.10	1.550	0.775	0.620	0.310	388	194	129	64.6	32.3	16.2	12.9
3.12	1.560	0.780	0.624	0.312	383	191	128	63.8	31.9	15.9	12.8
3.14	1.570	0.785	0.628	0.314	378	189	126	62.9	31.5	15.7	12.6
3.16	1.580	0.790	0.632	0.316	373	186	124	62.1	31.1	15.5	12.4
3.18	1.590	0.795	0.636	0.318	368	184	123	61.3	30.7	15.3	12.3
3.20	1.600	0.800	0.640	0.320	363	182	121	60.5	30.3	15.1	12.1
3.22	1.610	0.805	0.644	0.322	359	179	120	59.8	29.9	14.9	12.0

球直径 D(mm)					F/D^2						
					30	15	10	5	2.5	1.25	1
					实验载荷 F(kgf)①						
10					3 000	1 500	1 000	500	250	125	100
	5				750	—	250	125	62.5	31.25	25
		2.5			187.5	—	62.9	31.25	15.625	7.813	6.25
			2		120	—	40	20	10	5	4
				1	30	—	10	5	2.5	1.25	1
压痕直径 d(mm)					布氏硬度(HBS 或 HBW)						
3.24	1.620	0.810	0.648	0.324	354	177	118	59.0	29.5	14.8	11.8
3.26	1.630	0.815	0.652	0.326	350	175	117	58.3	29.1	14.6	11.7
3.28	1.640	0.820	0.656	0.328	345	173	115	57.5	28.8	14.4	11.5
3.30	1.650	0.825	0.660	0.330	341	170	114	56.8	28.4	14.2	11.4
3.32	1.660	0.830	0.664	0.332	337	168	112	56.1	28.1	14.0	11.2
3.34	1.670	0.835	0.668	0.334	333	166	111	55.4	27.4	13.9	11.1
3.36	1.680	0.840	0.672	0.336	329	164	110	54.8	27.4	13.7	11.0
3.38	1.690	0.845	0.676	0.338	325	162	108	54.1	27.0	13.5	10.8
3.40	1.700	0.850	0.680	0.340	321	160	107	53.4	26.7	13.4	10.7
3.42	1.710	0.855	0.684	0.342	317	158	106	52.8	26.4	13.2	10.6
3.44	1.720	0.860	0.688	0.344	313	156	104	52.2	26.1	13.0	10.4
3.46	1.730	0.865	0.692	0.346	309	155	103	51.5	25.8	12.9	10.3
3.48	1.740	0.870	0.696	0.348	306	153	102	50.9	25.5	12.7	10.2
3.50	1.750	0.875	0.700	0.350	302	151	101	50.3	25.2	12.6	10.1
3.52	1.760	0.880	0.704	0.352	298	149	99.5	49.7	24.9	12.4	9.95
3.54	1.770	0.885	0.708	0.354	295	147	98.3	49.2	24.6	12.3	9.83
3.56	1.780	0.890	0.712	0.356	292	146	97.2	48.6	24.3	12.1	9.72
3.58	1.790	0.895	0.716	0.358	288	144	96.1	48.0	24.0	12.0	9.61
3.60	1.800	0.900	0.720	0.360	285	142	95.0	47.5	23.7	11.9	9.50
3.62	1.810	0.905	0.724	0.362	282	141	93.9	46.9	23.5	11.7	9.39
3.64	1.820	0.910	0.728	0.364	278	139	92.8	46.4	23.2	11.6	9.28
3.66	1.830	0.915	0.732	0.366	275	138	91.8	45.9	22.9	11.5	9.18
3.68	1.840	0.920	0.736	0.368	272	136	90.7	45.4	22.7	11.3	9.07

球直径 D(mm)					F/D^2						
					30	15	10	5	2.5	1.25	1
					实验载荷 F(kgf)①						
10					3 000	1 500	1 000	500	250	125	100
	5				750	—	250	125	62.5	31.25	25
		2.5			187.5	—	62.9	31.25	15.625	7.813	6.25
			2		120	—	40	20	10	5	4
				1	30	—	10	5	2.5	1.25	1
压痕直径 d(mm)					布氏硬度(HBS 或 HBW)						
3.70	1.850	0.925	0.740	0.370	269	135	89.7	44.9	22.4	11.2	8.97
3.72	1.860	0.930	0.744	0.372	266	133	88.7	44.4	22.2	11.1	8.87
3.74	1.870	0.935	0.748	0.374	263	132	87.7	43.9	21.9	11.0	8.77
3.76	1.880	0.940	0.752	0.376	260	130	86.8	43.4	21.7	10.8	8.68
3.78	1.890	0.945	0.756	0.378	257	129	85.8	42.9	21.5	10.7	8.58
3.80	1.900	0.950	0.760	0.380	255	127	84.9	42.4	21.2	10.6	8.49
3.82	1.910	0.955	0.764	0.382	252	126	83.9	42.0	21.0	10.5	8.39
3.84	1.920	0.960	0.768	0.384	249	125	83.0	41.5	20.8	10.4	8.30
3.86	1.930	0.965	0.772	0.386	246	123	82.1	41.1	20.5	10.3	8.21
3.88	1.940	0.970	0.776	0.388	244	122	81.3	40.6	20.3	10.2	8.13
3.90	1.950	0.975	0.780	0.390	241	121	80.4	40.2	20.1	10.0	8.04
3.92	1.960	0.980	0.784	0.392	239	119	79.5	39.8	19.9	9.94	7.95
3.94	1.970	0.985	0.788	0.394	236	118	78.7	39.4	19.7	9.84	7.87
3.96	1.980	0.990	0.792	0.396	234	117	77.9	38.9	19.5	9.73	7.79
3.98	1.990	0.995	0.796	0.398	231	116	77.1	38.5	19.3	9.63	7.71
4.00	2.000	1.000	0.800	0.400	229	114	76.3	38.1	19.1	9.53	7.63
4.02	2.010	1.005	0.804	0.402	226	113	75.5	37.7	18.9	9.43	7.55
4.04	2.020	1.010	0.808	0.404	224	112	74.7	37.3	18.7	9.34	7.47
4.06	2.030	1.015	0.812	0.406	222	111	73.9	37.0	18.5	9.24	7.39
4.08	2.040	1.020	0.816	0.408	219	110	73.2	36.6	18.3	9.14	7.32
4.10	2.050	1.025	0.820	0.410	217	109	72.4	36.2	18.1	9.05	7.24
4.12	2.060	1.030	0.824	0.412	215	108	71.7	35.8	17.0	9.00	7.10
4.14	2.070	1.035	0.828	0.410	213	106	71.0	35.5	17.7	8.87	7.10

球直径 D(mm)					F/D^2 30	15	10	5	2.5	1.25	1
					实验载荷 F(kgf)[①]						
10					3 000	1 500	1 000	500	250	125	100
	5				750	—	250	125	62.5	31.25	25
		2.5			187.5	—	62.9	31.25	15.625	7.813	6.25
			2		120	—	40	20	10	5	4
				1	30	—	10	5	2.5	1.25	1
压痕直径 d(mm)					布氏硬度(HBS 或 HBW)						
4.16	2.080	1.040	0.832	0.416	211	105	70.2	35.1	17.6	8.78	7.02
4.18	2.090	1.045	0.836	0.418	209	104	69.5	34.8	17.4	8.69	6.95
4.20	2.100	1.050	0.840	0.420	207	103	68.8	34.4	17.2	8.61	6.88
4.22	2.110	1.055	0.844	0.422	204	102	68.2	34.1	17.0	8.52	6.82
4.24	2.120	1.060	0.848	0.424	202	101	67.5	33.7	16.9	8.44	6.75
4.26	2.130	1.065	0.852	0.426	200	100	66.8	33.4	16.7	8.35	6.68
4.28	2.140	1.070	0.856	0.428	198	99.2	66.2	33.1	16.5	8.27	6.62
4.30	2.150	1.075	0.860	0.430	197	98.3	65.5	32.8	16.4	8.19	6.55
4.32	2.160	1.080	0.864	0.432	195	97.3	64.9	32.4	16.2	8.11	6.49
4.34	2.170	1.085	0.868	0.434	193	96.4	64.2	32.1	16.1	8.03	6.42
4.36	2.180	1.090	0.872	0.436	191	95.4	63.6	31.8	15.9	7.95	6.36
4.38	2.190	1.095	0.876	0.438	189	94.5	63.0	31.5	15.8	7.88	6.30
4.40	2.200	1.100	0.880	0.440	187	93.6	62.4	31.2	15.6	7.80	6.24
4.42	2.210	1.105	0.884	0.442	185	92.7	61.8	30.9	15.5	7.73	6.18
4.44	2.220	1.110	0.888	0.444	184	91.8	61.2	30.6	15.3	7.65	6.12
4.46	2.230	1.115	0.892	0.446	182	91.0	60.6	30.3	15.2	7.58	6.06
4.48	2.240	1.120	0.896	0.448	180	90.1	60.1	30.0	15.0	7.51	6.01
4.50	2.250	1.125	0.900	0.450	179	89.3	59.5	29.8	14.9	7.44	5.95
4.52	2.260	1.130	0.904	0.452	177	88.4	59.0	29.5	14.7	7.37	5.90
4.54	2.270	1.135	0.908	0.454	175	87.6	58.4	29.2	14.6	7.30	5.84
4.56	2.280	1.140	0.912	0.456	174	86.8	57.9	28.9	14.5	7.23	5.79
4.58	2.290	1.145	0.916	0.458	172	86.0	57.3	28.7	14.3	7.17	5.73
4.60	2.300	1.150	0.920	0.460	170	85.2	56.8	28.4	14.2	7.10	5.68

球直径 D(mm)					F/D^2						
					30	15	10	5	2.5	1.25	1
					实验载荷 F(kgf)①						
10					3 000	1 500	1 000	500	250	125	100
	5				750	—	250	125	62.5	31.25	25
		2.5			187.5	—	62.9	31.25	15.625	7.813	6.25
			2		120	—	40	20	10	5	4
				1	30	—	10	5	2.5	1.25	1
压痕直径 d(mm)					布氏硬度(HBS 或 HBW)						
4.62	2.310	1.155	0.924	0.462	169	84.4	56.3	28.1	14.1	7.03	5.63
4.64	2.320	1.160	0.928	0.464	167	83.6	55.8	27.9	13.9	6.97	5.58
4.66	2.330	1.165	0.932	0.466	166	82.9	55.3	27.6	13.8	6.91	5.53
4.68	2.340	1.170	0.936	0.468	164	82.1	54.8	27.4	13.7	6.84	5.48
4.70	2.350	1.175	0.940	0.470	163	81.4	54.3	27.1	13.6	6.78	5.43
4.72	2.360	1.180	0.944	0.472	161	80.7	53.8	26.9	13.4	6.72	5.38
4.74	2.370	1.185	0.948	0.474	160	79.9	53.3	26.6	13.3	6.66	5.33
4.76	2.380	1.190	0.952	0.476	158	79.2	52.8	26.4	13.2	6.60	5.28
4.78	2.390	1.195	0.956	0.478	157	78.5	52.3	26.2	13.1	6.54	5.23
4.80	2.400	1.200	0.960	0.480	156	77.8	51.9	25.9	13.0	6.48	5.19
4.82	2.410	1.205	0.964	0.482	154	77.1	51.4	25.7	12.9	6.43	5.14
4.84	2.420	1.210	0.968	0.484	153	76.4	51.0	25.5	12.7	6.37	5.10
4.86	2.430	1.215	0.972	0.486	152	75.8	50.5	25.3	12.6	6.31	5.05
4.88	2.440	1.220	0.976	0.488	150	75.1	50.1	25.0	12.5	6.26	5.01
4.90	2.450	1.225	0.980	0.490	149	74.4	49.6	24.8	12.4	6.20	4.96
4.92	2.460	1.230	0.984	0.492	148	73.8	49.2	24.6	12.3	6.15	4.92
4.94	2.470	1.235	0.988	0.494	146	73.2	48.8	24.4	12.2	6.10	4.88
4.96	2.480	1.240	0.992	0.496	145	72.5	48.3	24.2	12.1	6.04	4.83
4.98	2.490	1.245	0.996	0.498	144	71.9	47.9	24.0	12.0	5.99	4.79
5.00	2.500	1.250	1.000	0.500	143	71.3	47.5	23.8	11.9	5.94	4.75
5.02	2.510	1.255	1.004	0.502	141	70.7	47.1	23.6	11.8	5.89	4.71
5.04	2.520	1.260	1.008	0.504	140	70.1	46.7	23.4	11.7	5.84	4.67
5.06	2.530	1.265	1.012	0.506	130	69.5	46.2	22.8	11.6	5.50	4.00

球直径 D(mm)					F/D^2						
					30	15	10	5	2.5	1.25	1
					实验载荷 F(kgf)①						
10					3 000	1 500	1 000	500	250	125	100
	5				750	—	250	125	62.5	31.25	25
		2.5			187.5	—	62.9	31.25	15.625	7.813	6.25
			2		120	—	40	20	10	5	4
				1	30	—	10	5	2.5	1.25	1
压痕直径 d(mm)					布氏硬度(HBS 或 HBW)						
5.08	2.540	1.270	1.016	0.508	138	68.9	45.9	23.0	11.5	5.74	4.50
5.10	2.550	1.275	1.020	0.510	137	68.3	45.5	22.8	11.4	5.69	4.55
5.12	2.560	1.280	1.024	0.512	135	67.7	45.1	22.6	11.3	5.64	4.51
5.14	2.570	1.285	1.028	0.514	134	67.1	44.8	22.4	11.2	5.60	4.48
5.16	2.580	1.290	1.032	0.516	133	66.6	44.4	22.2	11.1	5.55	4.44
5.18	2.590	1.295	1.036	0.518	132	66.0	44.0	22.0	11.0	5.50	4.40
5.20	2.600	1.300	1.040	0.520	131	65.5	43.7	21.8	10.9	5.40	4.37
5.22	2.610	1.305	1.044	0.522	130	64.9	43.3	21.6	10.8	5.41	4.33
5.24	2.620	1.310	1.048	0.524	129	64.4	42.9	21.5	10.7	5.37	4.29
5.26	2.630	1.315	1.052	0.526	128	63.9	42.6	21.3	10.6	5.32	4.26
5.28	2.640	1.320	1.056	0.528	127	63.3	42.2	21.1	10.6	5.28	4.22
5.30	2.650	1.325	1.060	0.530	126	62.8	41.9	20.9	10.5	5.24	4.10
5.32	2.660	1.330	1.064	0.532	125	62.3	41.5	20.8	10.4	5.19	4.15
5.34	2.670	1.335	1.068	0.534	124	61.8	41.2	20.6	10.3	5.15	4.12
5.36	2.680	1.340	1.072	0.536	123	61.3	40.9	20.4	10.2	5.11	4.09
5.38	2.690	1.345	1.076	0.538	122	60.8	40.5	20.3	10.1	5.07	4.05
5.40	2.700	1.350	1.080	0.540	121	60.3	40.2	20.1	10.4	5.03	4.02
5.42	2.710	1.355	1.084	0.542	120	59.8	39.9	19.9	9.97	4.99	3.99
5.44	2.720	1.360	1.088	0.544	119	59.3	39.6	19.8	9.89	4.95	3.96
5.46	2.730	1.365	1.092	0.546	118	58.9	39.2	19.6	9.81	4.91	3.92
5.48	2.740	1.370	1.096	0.458	117	58.4	38.9	19.5	9.73	4.87	3.89
5.50	2.750	1.375	1.100	0.550	116	57.9	38.6	19.3	9.66	4.83	3.86
5.52	2.760	1.380	1.104	0.552	115	57.5	38.3	19.2	9.58	4.79	3.83

球直径 D(mm)					F/D^2						
					30	15	10	5	2.5	1.25	1
					实验载荷 F(kgf)①						
10					3 000	1 500	1 000	500	250	125	100
	5				750	—	250	125	62.5	31.25	25
		2.5			187.5	—	62.9	31.25	15.625	7.813	6.25
			2		120	—	40	20	10	5	4
				1	30	—	10	5	2.5	1.25	1
压痕直径 d(mm)					布氏硬度(HBS 或 HBW)						
5.54	2.770	1.385	1.108	0.554	114	57.0	38.0	19.0	9.50	4.75	3.80
5.56	2.780	1.390	1.112	0.556	113	56.6	37.7	18.9	9.43	4.71	3.77
5.58	2.790	1.395	1.116	0.558	112	56.1	37.4	18.7	9.35	4.68	3.74
5.60	2.800	1.400	1.120	0.560	111	55.7	37.1	18.6	9.28	4.64	3.71
5.62	2.810	1.405	1.124	0.562	110	55.2	36.8	18.4	9.21	4.60	3.68
5.64	2.820	1.410	1.128	0.564	110	54.8	36.5	18.3	9.14	4.57	3.65
5.66	2.830	1.415	1.132	0.566	109	54.4	36.3	18.1	9.06	4.53	3.63
5.68	2.840	1.420	1.136	0.568	108	54.0	36.0	18.0	8.99	4.50	3.60
5.70	2.850	1.425	1.140	0.570	107	53.5	35.7	17.8	8.92	4.46	3.57
5.72	2.860	1.430	1.144	0.572	106	53.1	35.4	17.7	8.85	4.43	3.54
5.74	2.870	1.435	1.148	0.574	105	52.7	35.1	17.6	8.79	4.39	3.51
5.76	2.880	1.440	1.152	0.576	105	52.3	34.9	17.4	8.72	4.36	3.49
5.78	2.890	1.445	1.156	0.578	104	51.9	34.6	17.3	8.65	4.33	3.46
5.80	2.900	1.450	1.160	0.580	103	51.5	34.3	17.2	8.59	4.29	3.43
5.82	2.910	1.455	1.164	0.582	102	51.1	34.1	17.0	8.52	4.26	3.41
5.84	2.920	1.460	1.168	0.584	101	50.7	33.8	16.9	8.45	4.23	3.38
5.86	2.930	1.465	1.172	0.586	101	50.3	33.6	16.8	8.39	4.20	3.36
5.88	2.940	1.470	1.176	0.588	99.9	50.0	33.3	16.7	8.33	4.16	3.33
5.90	2.950	1.475	1.180	0.590	99.2	49.6	33.1	16.5	8.26	4.13	3.31
5.92	2.960	1.480	1.184	0.592	98.4	49.2	32.8	16.4	8.20	4.10	3.28
5.94	2.970	1.485	1.188	0.594	97.7	48.8	32.6	16.3	8.14	4.07	3.26
5.96	2.980	1.490	1.192	0.596	96.9	48.5	32.3	16.2	8.08	4.04	3.23
5.98	2.990	1.495	1.196	0.598	96.2	48.1	32.1	16.0	8.02	4.01	3.21
6.00	3.000	1.500	1.200	0.600	96.5	47.7	31.8	15.9	7.96	3.98	3.13

参考文献

[1] 师昌绪,李成功,刘治国. 中国材料工程大典. 第1卷. 材料工程基础[M]. 北京:化学工业出版社,2006.

[2] 中国机械工程学会热处理分会. 热处理手册. 第1卷. 工艺基础[M]. 北京:机械工业出版社,2008.

[3] 崔国明,李兴霞. 机械工程材料课程的实验教学探索[J]. 中国冶金教育,2011,146(5).

[4] 朱兴元,刘忆. 金属学与热处理[M]. 北京:北京大学出版社,2006.

[5] 崔忠圻. 金属学与热处理[M]. 北京:机械工业出版社,2000.

[6] 胡赓祥,蔡珣. 材料科学基础[M]. 上海:上海交通大学出版社,2000.

[7] 丁建生. 金属学与热处理[M]. 北京:机械工业出版社,2007.

[8] 黄丽荣. 金属材料与热处理[M]. 大连:大连理工大学出版社,2010.

[9] 程芳,杜伟. 机械材料与热处理[M]. 北京:北京理工大学出版社,2008.

[10] 张洁. 金属热处理及检验[M]. 北京:化学工业出版社,2005.

[11] 石德珂,金志浩. 材料力学性能[M]. 西安: 西安交通大学出版社,1998.

[12] 李炜新. 金属材料与热处理[M]. 北京: 机械工业出版社, 2007.

[13] 丁仁亮. 金属材料及热处理[M]. 北京: 机械工业出版社, 2009.

[14] 王志刚. 金属材料与热处理[M]. 吉林:吉林大学出版社,2009.

[15] 宋杰. 工程材料与热处理[M]. 大连:大连理工大学出版社,2008.

[16] 崔国明,汤宏群,曾建民,等. TiB2p/Al - 10Sn 复合材料及摩擦磨损性能研究[J]. 铸造技术,2006(4).

[17] Guoming CUI, Xingxia LI, Jianmin ZENG. The Oil Lubricated Sliding Wear Behavior of in situ TiB2 Partical - reinforced Al - 10Sn Matrix Composites. Advance Materials Research. Vols. 97 - 101(2010).

[18] 荣守范. 铸造金属耐磨材料使用手册[M]. 北京:化学工业出版社,2010.

[19] GB/T 9439—2010 灰铸铁分类.

[20] GB/T 228—2002 金属材料　室温拉伸试验.

[21] GB /T 231. 1—2009 金属材料　布氏硬度试验.

[22] GB /T 12603—2005 金属热处理工艺分类及代号.

[23] GB/T 1298—2008 碳素工具钢的牌号、化学成分.

[24] GB/T 11352—2009 工程用铸钢的牌号及化学成分.

[25] GB/T 5612—2008 铸铁牌号表示方法.

[26] GB/T 9437—2009 耐热铸铁件.

[27] GB/T 1591—2008 低合金高强度结构钢.

[28] GB/T 1222—2007 弹簧钢.